信息技术人才培养系列规划教材

慕课版

C语言程序设计

慕课版 第2版

徐国华 袁立 代美丽 ◎ 主编 罗春 周沭玲 苟全登 ◎ 副主编

明日科技 ◎ 策划

人 民 邮 电 出 版 社

北 京

图书在版编目（CIP）数据

C语言程序设计 : 慕课版 / 徐国华，袁立，代美丽主编. -- 2版. -- 北京 : 人民邮电出版社，2021.2（2024.6重印）
信息技术人才培养系列规划教材
ISBN 978-7-115-53171-1

Ⅰ. ①C… Ⅱ. ①徐… ②袁… ③代… Ⅲ. ①C语言－程序设计－教材 Ⅳ. ①TP312.8

中国版本图书馆CIP数据核字(2019)第291551号

内 容 提 要

本书系统全面地介绍了有关C语言程序设计开发的各类知识。全书共分18章，内容包括C语言概述、算法、数据类型、运算符与表达式、常用的数据输入/输出函数、选择结构程序设计、循环控制、数组、函数、指针、结构体和共用体、位运算、预处理、文件、存储管理、网络套接字编程、综合开发实例——趣味俄罗斯方块、学生信息管理系统。每章内容都与实例紧密结合，有助于学生理解知识、应用知识，达到学以致用的目的。

本书为慕课版教材，各章节主要内容配备了以二维码为载体的微课，并在人邮学院（www.rymooc.com）平台上提供了慕课。此外，本书还提供了课程资源包。资源包中提供了本书所有实例、上机指导、综合案例的源代码，制作精良的电子课件PPT，重点及难点教学视频，自测题库（包括选择题、填空题、操作题题库及自测试卷等内容），以及拓展综合案例和拓展实验。其中，源代码全部经过精心测试，能够在Windows 7、Windows 8、Windows 10系统下编译和运行。

本书既可以作为高等院校“C语言程序设计”课程的教材，又可以作为从事C语言程序开发工作的编程人员的参考用书。

◆ 主　　编　徐国华　袁　立　代美丽
副 主 编　罗　春　周沭玲　苟全登
责任编辑　王　平
责任印制　王　郁　马振武

◆ 人民邮电出版社出版发行　　北京市丰台区成寿寺路11号
邮编　100164　　电子邮件　315@ptpress.com.cn
网址　https://www.ptpress.com.cn
北京天宇星印刷厂印刷

◆ 开本：787×1092　1/16
印张：25.5　　2021年2月第2版
字数：767千字　　2024年6月北京第11次印刷

定价：69.80元

读者服务热线：(010)81055256　印装质量热线：(010)81055316
反盗版热线：(010)81055315
广告经营许可证：京东市监广登字20170147号

前言
PREFACE

党的二十大报告中提到：“教育、科技、人才是全面建设社会主义现代化国家的基础性、战略性支撑。”在教育改革、科技变革等背景下，程序设计领域的教学发生着翻天覆地的变化。

为了让读者能够快速且牢固地掌握C语言开发技术，人民邮电出版社充分发挥在线教育方面的技术优势、内容优势、人才优势，潜心研究，为读者提供一种“纸质图书+在线课程”相配套，全方位学习C语言开发的解决方案。读者可根据个人需求，利用图书和“人邮学院”平台上的在线课程进行系统化、移动化的学习，以便快速全面地掌握C语言开发技术。

一、慕课版课程的学习

本课程依托人民邮电出版社自主开发的在线教育慕课平台——人邮学院（www.rymooc.com），该平台为读者提供优质、海量的课程，课程结构严谨，读者可以根据自身的学习程度，自主安排学习进度。该平台具有完备的在线“学习、笔记、讨论、测验”功能，可为读者提供完善的一站式学习服务（见图1）。

图1　人邮学院首页

为使读者更好地完成慕课的学习，现将本课程的使用方法介绍如下。

1. 用户购买本书后，找到粘贴在书封底上的刮刮卡，刮开，获得激活码（见图2）。

2. 登录人邮学院网站（www.rymooc.com），或扫描封面上的二维码，使用手机号码完成网站注册（见图3）。

图2　激活码

图3　注册人邮学院网站

3. 注册完成后，返回网站首页，单击页面右上角的“学习卡”选项（见图4），进入“学习卡”页面（见图5），输入激活码，即可获得该慕课课程的学习权限。

图4 单击“学习卡”选项

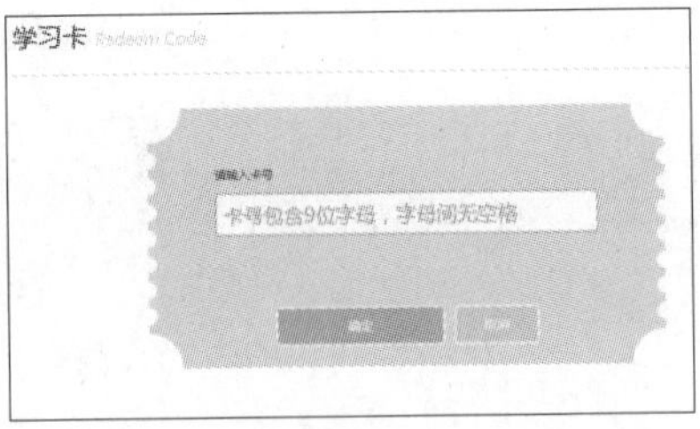

图5 在“学习卡”页面输入激活码

4. 读者可随时随地使用计算机、平板电脑、手机学习本课程的任意章节，根据自身情况自主安排学习进度（见图6）。

5. 在学习慕课课程的同时，阅读本书中相关章节的内容，可巩固所学知识。本书既可与慕课课程配合使用，也可单独使用，书中主要章节均放置了二维码，用户扫描二维码即可在手机上观看相应章节的视频讲解。

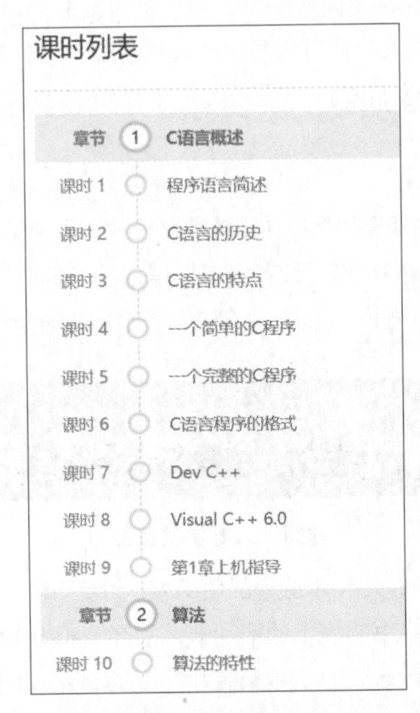

图6 课时列表

6. 读者如果对所学内容有疑问，还可到讨论区提问，除了有大牛导师答疑解惑，同学之间也可互相交流学习心得（见图7）。

7. 书中配套的PPT、源代码等教学资源，用户也可在该课程的首页找到相应的下载链接（见图8）。

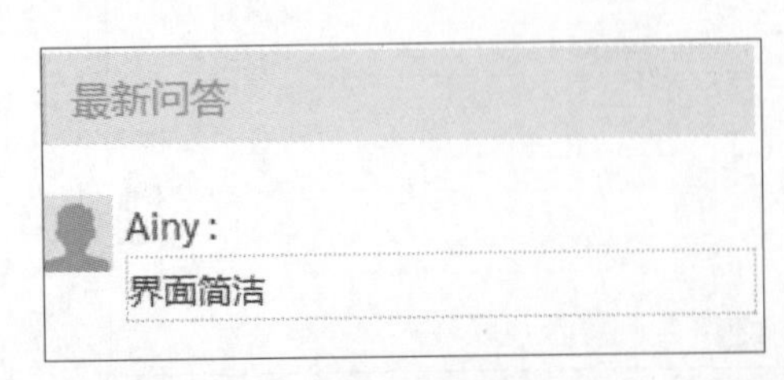

图7 讨论区

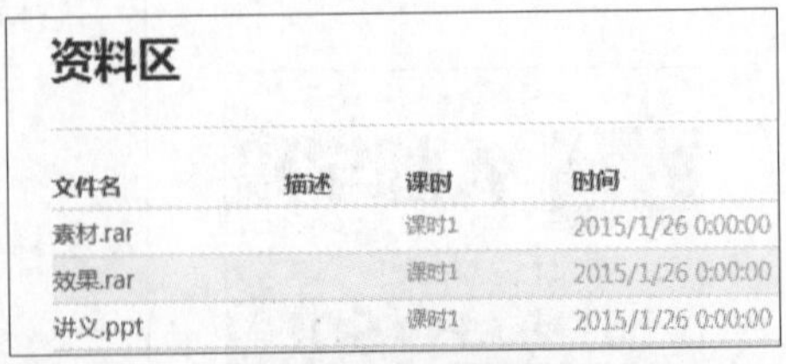

资料区

文件名	描述	课时	时间
素材.rar		课时1	2015/1/26 0:00:00
效果.rar		课时1	2015/1/26 0:00:00
讲义.ppt		课时1	2015/1/26 0:00:00

图8 配套资源

关于人邮学院平台使用的任何疑问，可登录人邮学院咨询在线客服，或致电：010-81055236。

二、本书的特点

C语言是Combined Language（组合语言）的简称，它作为一种计算机设计语言，具有高级语言和汇编语言的特点，受到广大编程人员的喜爱。C语言的应用非常广泛，既可以用于编写系统应用程序，又可以作为编写应用程序的设计语言，还可以具体应用于有关单片机以及嵌入式系统的开发。这就是大多数学习者在学习编写程序时选择C语言的原因。

本书采用“案例教学”的编写形式，将知识的讲解始终围绕综合开发实例趣味俄罗斯方块，使实例与知识有机结合、相辅相成，既有利于学生学习知识，又有利于教师指导学生实践。

本书作为教材使用时，课堂教学建议安排35～45学时，上机指导教学建议安排10～19学时。各章主要内容和学时建议分配如下，教师可以根据实际教学情况进行调整。

<table>
<tr><th>章</th><th>主要内容</th><th>课堂教学学时</th><th>上机指导学时</th></tr>
<tr><td>第1章</td><td>C语言概述，包括C语言的发展史、C语言的特点、一个简单的C程序、一个完整的C程序、C语言程序的格式、开发环境</td><td>1</td><td>1</td></tr>
<tr><td>第2章</td><td>算法，包括算法的基本概念、算法的描述</td><td>3</td><td>1</td></tr>
<tr><td>第3章</td><td>数据类型，包括编程规范、关键字、标识符、数据类型、常量、变量、变量的存储类别、混合运算</td><td>2</td><td>1</td></tr>
<tr><td>第4章</td><td>运算符与表达式，包括表达式、赋值运算符与赋值表达式、算术运算符与算术表达式、关系运算符与关系表达式、逻辑运算符与逻辑表达式、位逻辑运算符与位逻辑表达式、逗号运算符与逗号表达式、复合赋值运算符</td><td>5</td><td>1</td></tr>
<tr><td>第5章</td><td>常用的数据输入/输出函数，包括语句、字符数据输入/输出、字符串输入/输出、格式输出函数、格式输入函数、顺序程序设计应用</td><td>4</td><td>1</td></tr>
<tr><td>第6章</td><td>选择结构程序设计，包括if语句、if语句的基本形式、if的嵌套形式、条件运算符、switch语句、if...else语句和switch语句的区别、选择结构程序应用</td><td>3</td><td>1</td></tr>
<tr><td>第7章</td><td>循环控制，包括循环语句、while语句、do...while语句、for语句、3种循环语句的比较、循环嵌套、转移语句</td><td>2</td><td>1</td></tr>
<tr><td>第8章</td><td>数组，包括一维数组、二维数组、字符数组、多维数组、数组的排序算法、字符串处理函数、数组应用</td><td>3</td><td>1</td></tr>
<tr><td>第9章</td><td>函数，包括函数概述、函数的定义、返回语句、函数参数、函数的调用、内部函数和外部函数、局部变量和全局变量、函数应用</td><td>2</td><td>1</td></tr>
<tr><td>第10章</td><td>指针，包括指针相关概念、数组与指针、指向指针的指针、指针变量作函数参数、返回指针值的函数、指针数组作main函数的参数</td><td>3</td><td>1</td></tr>
<tr><td>第11章</td><td>结构体和共用体，包括结构体、结构体数组、结构体指针、包含结构的结构、链表、链表相关操作、共用体、枚举类型</td><td>3</td><td>1</td></tr>
<tr><td>第12章</td><td>位运算，包括位与字节、位运算操作符、循环移位、位段</td><td>2</td><td>1</td></tr>
<tr><td>第13章</td><td>预处理，包括宏定义、#include命令、条件编译</td><td>2</td><td>1</td></tr>
<tr><td>第14章</td><td>文件，包括文件概述、文件基本操作、文件的读写、文件的定位</td><td>2</td><td>1</td></tr>
<tr><td>第15章</td><td>存储管理，包括内存组织方式、动态管理、内存丢失</td><td>2</td><td>1</td></tr>
<tr><td>第16章</td><td>网络套接字编程，包括内存组织方式、套接字概述、套接字函数</td><td>3</td><td>1</td></tr>
<tr><td>第17章</td><td>综合开发实例——趣味俄罗斯方块，包括开发背景、系统功能设计、使用Dev C++项目创建、预处理模块设计、游戏欢迎界面设计、游戏主窗体设计、游戏逻辑设计、开始游戏、游戏按键说明模块、游戏规则介绍模块、退出游戏</td><td colspan="2">3</td></tr>
</table>

续表

章	主要内容	课堂教学学时	上机指导学时
第18章	课程设计——学生信息管理系统，包括开发背景、开发环境需求、系统功能设计、预处理模块设计、主函数设计、录入学生信息、查询学生信息、删除学生信息、修改学生信息、插入学生信息、学生成绩排名、统计学生总数、显示所有学生信息	3	

本书由明日科技出品，由徐国华、袁立、代美丽任主编，罗春、周沭玲、苟全登任副主编。

编 者

2022年12月

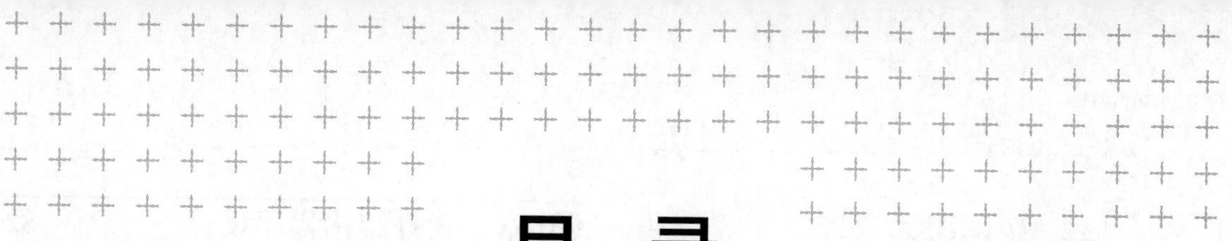

目录

CONTENTS

CHAPTER01

第1章 C语言概述

本章要点

- 了解C语言的发展史
- 了解C语言的特点
- 了解C语言的组织结构
- 掌握如何使用Dev C++开发C程序
- 掌握如何使用Visual C++ 6.0开发C语言程序
- 掌握如何使用Visual Studio 2019开发C语言程序

■ 在学习C语言之前，读者需要先了解C语言的发展历程，以及它有哪些特性。读者只有了解了C语言的历史和特性，才会更深刻地了解这门语言，并且增加今后学习C语言的信心。随着计算机科学的不断发展，C语言的学习环境也在不断变化，刚开始学习C语言时，大多数人会选择一些相对简单的编译器，如Turbo C 2.0。但是，现在更多的人还是选择了Dev C++编译器、Visual C++ 6.0编译器或Visual Studio 系列。

■ 本章致力于使读者了解Dev C++的开发环境，掌握其中各个部分的使用方法，并能编写一个简单的应用程序以练习使用开发环境。

1.1 C语言的发展史

1.1.1 程序语言简述

程序语言简述

在介绍C语言的发展历程之前，先对程序语言进行大概的讲解。

1. 机器语言

机器语言是低级语言，也称为二进制代码语言。机器语言是由0和1二进制数组成的一串能表达计算机操作的指令。机器语言的特点是，计算机可以直接识别，不需要进行任何的翻译。

2. 汇编语言

汇编语言是面向机器的程序设计语言。为了减轻使用机器语言编程的痛苦，用英文字母或符号串来替代机器语言的二进制代码，这样就把不易理解和使用的机器语言变成了汇编语言。这样一来，汇编语言就比机器语言更便于阅读和理解程序。

3. 高级语言

由于汇编语言依赖于计算机硬件体系，并且该语言中的助记符号数量比较多，所以其运用起来仍然不够方便。为了使程序语言能更贴近人类的自然语言，同时又不依赖于计算机硬件，于是产生了高级语言。这种语言，其语法形式类似于英文，并且因为远离对硬件的直接操作，而易于被普通人所理解与使用。其中影响较大、使用普遍的高级语言有Fortran、ALGOL、Basic、COBOL、LISP、Pascal、PROLOG、C、C++、VC、VB、Delphi、Java等。

1.1.2 C语言的历史

C语言的历史

从程序语言的发展过程可以看到，以前的操作系统等系统软件主要是用汇编语言编写的。但由于汇编语言依赖于计算机硬件，程序的可读性和可移植性都不是很好，为了提高可读性和可移植性，人们开始寻找一种语言，这种语言应该既具有高级语言的特性，又不失低级语言的优点。于是，C语言产生了。

C语言是在由UNIX的研制者丹尼斯·里奇（Dennis Ritchie）和肯·汤普逊（Ken Thompson）于1970年研制出的BCPL语言（简称B语言）的基础上发展和完善起来的。19世纪70年代初期，AT&T Bell实验室的程序员丹尼斯·里奇第一次把B语言改为C语言。

最初，C语言运行于AT&T的多用户、多任务的UNIX操作系统上。后来，丹尼斯·里奇用C语言改写了UNIX C的编译程序，UNIX操作系统的开发者肯·汤普逊又用C语言成功地改写了UNIX，从此开创了编程史上的新篇章。UNIX成为第一个不是用汇编语言编写的主流操作系统。

1983年，美国国家标准委员会对C语言进行了标准化，于1983年颁布了第一个C语言草案（83ANSI C），后来于1987年又颁布了另一个C语言标准草案（87ANSI C），最新的C语言标准C99于1999年颁布，并在2000年3月被ANSI采用。但是由于未得到主流编译器厂家的支持，C99并未得到广泛使用。

尽管C语言是在大型商业机构和学术界的研究实验室研发的，但是当开发者们为第一台个人计算机提供C编译系统之后，C语言就得以广泛传播，并为大多数程序员所接受。对MS-DOS操作系统来说，系统软件和实用程序都是用C语言编写的。Windows操作系统大部分也是用C语言编写的。

C语言是一种面向过程的语言，同时具有高级语言和汇编语言的优点。C语言可以广泛应用于不同的操作系统，如UNIX、MS-DOS、Microsoft Windows及Linux等。

在C语言的基础上发展起来的有支持多种程序设计风格的C++语言、网络上广泛使用的Java、JavaScript以及微软的C#语言等。也就是说，学好C语言之后，再学习其他语言时就会比较轻松。

1.2 C语言的特点

C语言是一种通用的程序设计语言，主要用来进行系统程序设计，具有如下特点。

1. 高效性

谈到高效性，不得不说C语言是“鱼与熊掌”兼得。从C语言的发展历史我们也可以看到，它继承了低级语言的优点，产生了高效的代码，并具有友好的可读性和编写性。一般情况下，C语言生成的目标代码的执行效率只比汇编程序低10%~20%。

2. 灵活性

C语言中的语法不拘一格，可在原有语法基础上进行创造、复合，从而给程序员更多的想象和发挥的空间。

3. 功能丰富

除了C语言中所具有的基本类型，还可以使用丰富的运算符和基本数据类型来构造类型，来表达任何复杂的数据类型，完成所需要的功能。

4. 表达力强

C语言的特点体现在它的语法形式与人们所使用的语言形式相似，书写形式自由，结构规范，并且只需简单的控制语句即可轻松控制程序流程，完成烦琐的程序要求。

5. 移植性好

由于C语言具有良好的移植性，从而使得C程序在不同的操作系统下，只需要简单的修改或者不用修改即可进行跨平台的程序开发操作。

正是由于C语言拥有上述优点，使得它在程序员选择语言时备受青睐。

1.3 一个简单的C程序

在通往C语言程序世界之前，首先不要对C语言产生恐惧感，觉得这种语言都应该是学者或研究人员的专利。C语言是人类共有的财富，是普通人只要通过努力学习就可以掌握的知识。下面通过一个简单的程序来看一看C语言程序是什么样子。

【例1-1】一个简单的C程序。

本实例程序实现的功能只是显示一条信息“Hello，world! I'm coming!”，通过这个程序可以初窥C程序样貌。虽然这个简单的小程序只有7行，却充分说明了C程序是由什么位置开始、什么位置结束的。

```
#include<stdio.h>

int main()
{
    printf("Hello, world! I'm coming!\n");                /*输出要显示的字符串*/
    return 0;                                              /*程序返回0*/
}
```

运行程序，显示结果如图1-1所示。

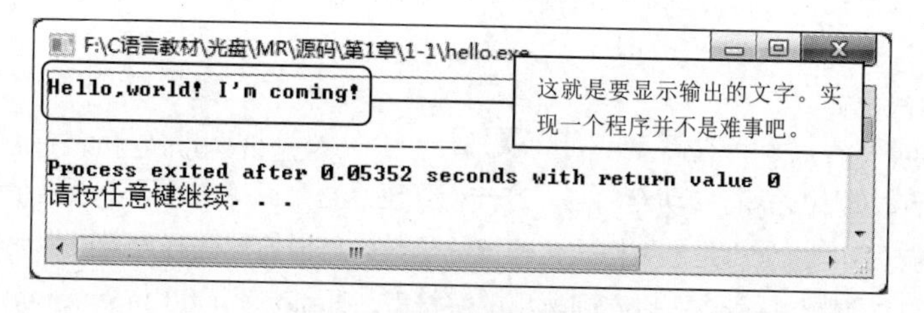

图1-1　一个简单的C程序

现在来分析一下上面的实例程序。

1. #include指令

实例代码中的第一行：

```
#include<stdio.h>
```

这一行代码的功能是进行有关的预处理操作。include称为文件包含命令，后面尖括号中的内容称为头部文件或首文件。有关预处理的内容，将会在本书第13章中进行详细讲解，在此读者只需先对此概念有所了解即可。

2. 空行

实例代码中的第二行。

C语言是一个较灵活的语言，因此格式并不是固定不变、拘于一格的。也就是说，空格、空行、跳格并不会影响程序。有的读者就会问："为什么要有这些多余的空格和空行呢？"其实这就像生活中在纸上写字一样，虽然拿来一张白纸就可以在上面写字，但是通常还会在纸的上面印上一行一行的方格或段落，隔开每一段文字，自然就更加美观和规范。合理、恰当地使用这些空格、空行，可以使编写出来的程序更加规范，对日后的阅读和整理发挥着重要的作用。在此也提醒读者，在写程序时最好将程序书写得规范、干净。

不是所有的空格都没有用，如在两个关键字之间用空格隔开（else if），这种情况下如果将空格去掉，程序就不能通过编译。在这里先进行一下说明，读者在以后章节的学习中就会慢慢领悟。

3. main函数声明

实例代码中的第3行：

```
int main()
```

这一行代码代表的意思是声明main函数为一个返回值，是整型的函数。其中的int称为关键字，这个关键字代表的类型是整型。关于数据类型的内容将会在本书的第3章中进行讲解，而函数的内容将会在本书的第9章中进行详细介绍。

在函数中这一部分则称为函数头部分。在每一个程序中都会有一个main函数，作为一个程序的入口部分。也就是说，程序都是从main函数头开始执行的，然后进入到main函数中，执行main函数中的内容。

4. 函数体

实例代码中的第4～7行：

```
{
    printf("Hello,world! I'm coming!\n");          /*输出要显示的字符串*/
    return 0;                                      /*程序返回0*/
}
```

在上面介绍main函数时，提到了一个名词——函数头。读者通过这个词可以进行一下联想：既然有函数头，那也应该有函数的身体吧？没错，一个函数分为两个部分：一是函数头，二是函数体。

实例代码中的第4行和第7行这两个大括号就构成了函数体，函数体也可以称为函数的语句块。在函数体中，也就是第5行和第6行这一部分就是函数体中要执行的内容。

5. 执行语句

函数体中的第5行代码：

```
printf("Hello,world!I'm coming!\n");          /*输出要显示的字符串*/
```

执行语句就是函数体中要执行的动作内容。这一行代码是这个简单的例子中最复杂的。该行代码虽然看似复杂，其实也不难理解，printf是产生格式化输出的函数，可以简单理解为向控制台输出文字或符号。括号中的内容称为函数的参数，括号内可以看到输出的字符串"Hello,world!I'm coming!"，其中还可以看到

“\n”这样一个符号，称之为转义字符。转义字符的内容将会在本书的第3章进行介绍。

6. return语句

函数体中的第6行代码：

```
return 0;
```

这行语句使main函数终止运行，并向操作系统返回一个整型常量0。前面介绍main函数时说过返回一个整型返回值，此时0就是要返回的整型值。在此处可以将return理解成main函数的结束标志。

7. 代码的注释

在程序的第5行和第6行后面都可以看到一段关于这行代码的文字描述：

```
printf("Hello, world! I'm coming!\n");                 /*输出要显示的字符串*/
return 0;                                              /*程序返回0*/
```

这段对代码的解释描述称为代码的注释。代码注释的作用，相信读者现在已经知道了。对！就是用来对代码进行解释说明，为日后自己阅读或者他人阅读源程序时，方便理解程序代码含义和设计思想。其语法格式如下：

```
/*其中为注释内容*/
```

或为：

```
//为注释内容
```

虽然没有强行规定程序中一定要写注释，但是为程序代码写注释是一个良好的习惯，这会为以后查看代码带来非常大的方便，并且如果程序交给他人看，他人便可以快速地掌握程序思想与代码作用。因此，编写规范的代码格式和添加详细的注释，是一个优秀程序员应该具备的好习惯。

1.4 一个完整的C程序

一个完整的C程序

1.3节展现了一个最简单的C程序，通过7行代码的使用，实现了显示一行字符串的功能。通过1.3节的介绍，读者应该不再对学习C语言发怵了。本节将根据1.3节的实例，对其内容进行扩充，使读者对C程序有一个更完整的认识。

这里要再次提示一下此程序的用意。实例1-2以及实例1-1并不是要将具体的知识点进行详细的讲解，只是将C语言程序的概貌显示给读者，使读者对C语言程序有一个简单的印象。还记得小时候学习加减法的情况吗？老师只是教给学生们“1+1=2”，却没有教给学生们“1+1为什么等于2”或者“如何证明1+1=2”这样的问题。通过这些生活中的提示，可以看出学习加减法是这样的过程，那么学习C语言编写程序也应该是这样的过程，在不断地接触中变得熟悉，在不断地思考中变得深入。

【例1-2】一个完整的C程序。

本实例要实现这样的功能：有一个长方体，它的高已经给出，然后输入这个长方体的长和宽，通过输入的长、宽以及给定的高度，计算出长方体的体积，代码如下：

```
#include<stdio.h>                                      /*包含头文件*/
#define HEG 10                                         /*定义常量*/
int calculate(int Long, int Width);                    /*函数声明*/
int main()                                             /*主函数main*/
{
```

```
    int m_Long;                                           /*定义整型变量，表示长度*/
    int m_Width;                                          /*定义整型变量，表示宽度*/
    int result;                                           /*定义整型变量，表示长方体的体积*/

    printf("长方形的高度为：%d\n", HEG);  /*显示提示*/

    printf("请输入长度\n");                               /*显示提示*/
    scanf("%d",&m_Long);                                  /*输入长方体的长度*/

    printf("请输入宽度\n");                               /*显示提示*/
    scanf("%d",&m_Width);                                 /*输入长方体的宽度*/

    result=calculate(m_Long,m_Width);                     /*调用函数，计算体积*/
    printf("长方体的体积是：");                           /*显示提示*/
    printf("%d\n",result);                                /*输出体积大小*/
    return 0;                                             /*返回整型0*/
}

int calculate(int Long, int Width)                        /*定义计算体积函数*/
{
    int result =Long*Width* HEG;                          /*具体计算体积*/
    return result;                                        /*将计算的体积结果返回*/
}
```

运行程序，显示结果如图1-2所示。

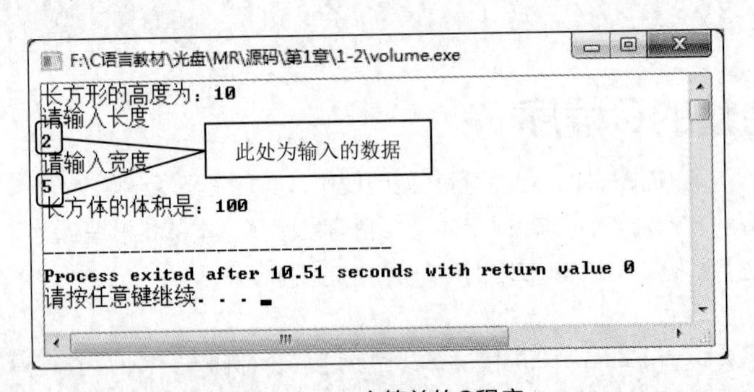

图1-2　一个简单的C程序

在具体讲解这个程序的执行过程之前，先展现该程序的流程图，这样可以使读者对程序有一个更为清晰的认识，如图1-3所示。

通过上述程序流程图读者可以观察出整个程序运行的过程。与前文介绍过的关于程序中一些相同的内容，这里不再进行有关的说明。下面仅介绍程序中新出现的一些内容。

1. 定义常量

实例代码中的第二行：

```
#define HEG 10                                             /*定义常量*/
```

这一行代码中，使用#define定义一个符号。#define在这里的功能是设定这个符号为HEG，并且指定这个符号HEG代表的值为10。这样在程序中，只要是使用HEG这个标识符的位置，就代表使用的是10这个数值。

2. 函数声明

实例代码中的第3行：

```
int calculate(int Long, int Width); /*函数声明*/
```

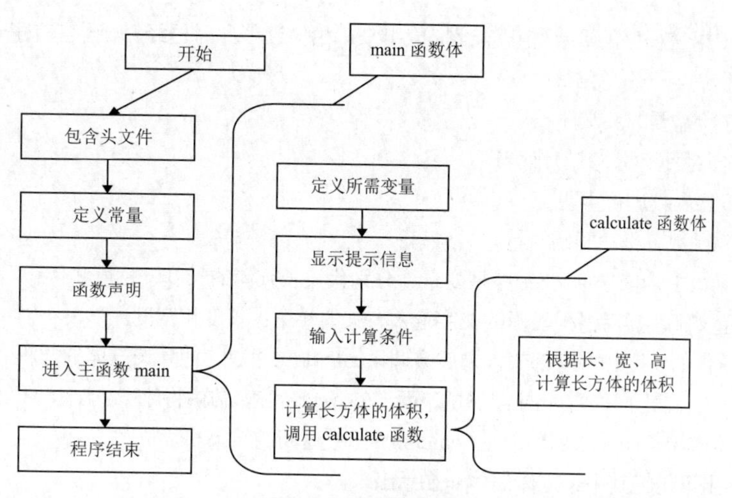

图1-3　程序流程分析

此处代码的作用是对一个函数进行声明。前面介绍过函数，但是什么是声明函数呢？举一个例子，两个公司进行合作，其中的A公司要派一个经理到B公司进行业务洽谈。A公司会发送一个通知给B公司，告诉B公司会派一个经理过去，请B公司在机场接一下这位洽谈业务的经理。A公司将这位经理的名字和大概的体貌特征都告诉B公司的有关迎接人员。这样当这位经理下飞机之后，B公司就可以将他的名字写在纸上做成接机牌，然后找到这位经理。

声明函数的作用就像A公司告诉B公司有关这位经理信息的过程，为接下来要使用的函数做准备。也就是说，如果此处声明calculate函数，那么在程序代码的后面会有calculate函数的具体定义内容，这样程序中如果出现calculate函数，程序就会根据calculate函数的定义执行有关的操作。至于有关函数的具体内容将会在第9章中进行介绍。

3. 定义变量

实例代码中的第6～8行：

```
int m_Long;                                /*定义整型变量，表示长度*/
int m_Width;                               /*定义整型变量，表示宽度*/
int result;                                /*定义整型变量，表示长方体的体积*/
```

这3行语句都是定义变量的语句。在C语言中要使用变量，必须在使用变量之前进行定义，之后编译器会根据变量的类型为变量分配内存空间。变量的作用就是存储数值，用变量进行计算。这就像在二元一次方程中，X和Y就是变量，当为其进行赋值后，如X为5，Y为10，这样X+Y的结果就等于15。

4. 输入语句

实例代码中的第13行：

```
scanf("%d",&m_Long);                       /*输入长方体的长度*/
```

在实例1-1中曾经介绍过显示输出函数printf，那么既然有输出就一定会有输入。在C语言中，scanf函数就用来接收键盘输入的内容，并将输入的结果保存在相应的变量中。可以看到，在scanf函数的参数中，m_Long就是之前定义的整型变量，它的作用是存储输入的信息内容。其中的“&”符号是取地址运算符，其具体内容将会在本书的后续章节中进行介绍。

5. 数学运算语句

实例代码中的第26行：

```
int result =Long*Width*HEG;                /*具体计算体积*/
```

这行代码在calculate函数体内，其功能是将变量Long乘以Width再乘以HEG得到的结果保存在result变量中。其中的“*”符号是乘法运算符。

以上，已经将C语言程序的要点知识全部提取出来，相信读者此时已经对C语言有了一定的了解，再将上面的程序执行过程进行一下总结。

（1）包含程序所需要的头文件。

（2）定义一个常量HEG，其值代表10。

（3）对calculate函数进行声明。

（4）进入main函数，程序开始执行。

（5）在main函数中，首先定义3个整型变量，分别代表长方体的长度、宽度和体积。

（6）显示提示文字，然后根据显示的文字输入有关的数据：长度和宽度。

（7）当将长方体的长度和宽度都输入之后会调用calculate函数，计算长方体的体积。

（8）定义calculate函数的位置在main函数的下面，在calculate函数体内将计算长方体体积的结果进行返回。

（9）在main函数中，result变量得到了calculate函数返回的结果。

（10）通过输出语句将其中长方体的体积显示出来。

（11）程序结束。

1.5 C语言程序的格式

C语言程序的格式

通过上面两个实例的介绍可以看出C语言编写有一定的格式特点。

- 主函数main

一个C程序都是从main函数开始执行的。main函数不论放在什么位置都没有关系。

- C程序整体是由函数构成的

程序中main就是其中的主函数，当然在程序中是可以定义其他函数的。在这些定义函数中进行特殊的操作，使得函数完成特定的功能。虽然将所有的执行代码全部放入main函数也是可行的，但是如果将其分成一块一块，每一块使用一个函数进行表示，那么整个程序看起来就具有结构性，并且易于观察和修改。

- 函数体的内容在“{}”中

每一个函数都要执行特定的功能，那么如何才能看出一个函数的具体操作的范围呢？答案就是寻找“{”和“}”这两个大括号。C语言使用一对大括号来表示程序的结构层次，需要注意的就是左、右大括号要对应使用。

在编写程序时，为了防止对应大括号的遗漏，每次都可以先将两个对应的大括号写出来，再向括号中添加代码。

- 每一个执行语句都以“;”结尾

读者如果注意观察前面的两个实例就会发现，在每一个执行语句后面都会有一个分号“;”作为语句结束的标志。

- 英文字符大小写通用

在程序中，可以使用英文的大写字母，也可以使用英文的小写字母。但一般情况下使用小写字母多一些，因为小写字母易于观察。但是在定义常量时常常使用大写字母，而在定义函数时有时也会将第一个字母大写。

- 空格、空行的使用

前面讲解空行时已经对其进行阐述，其作用就是增加程序的可读性，使得程序代码位置安排合理、美观。例如，如下代码就非常不利于观察：

```
int Add(int Num1, int Num2)                    /*定义计算加法函数*/
{/*将两个数相加的结果保存在result中*/
```

```
int result =Num1+Num2;
return result; /*将计算的结果返回*/}
```

但是如果将其中的执行语句在函数中进行缩进，使得函数体内代码开头与函数头的代码不在一列，就会有层次感，例如：

```
int Add(int Num1, int Num2)                    /*定义计算加法函数*/
{
    int result =Num1+Num2;                     /*将两个数相加的结果保存在result中*/
    return result;                             /*将计算的结果返回*/
}
```

1.6 开发环境

俗话说，“磨刀不误砍柴功。”要将一件事情做好，先要了解制作工具。本节将会详细介绍3种学习C语言程序开发的常用工具：一个是Dev C++，一个是Visual C++ 6.0，另一个是Visual Studio 2019。

1.6.1 Dev C++

Dev C++

1. 了解Dev C++的主界面

双击Dev C++安装目录下的 devcpp.exe 文件启动Dev C++，选择“文件”/“新建”/“源代码”来新建一个C源代码文件。写好代码后，选择“文件”/“保存”或者使用快捷键“Ctrl + S”来保存文件，出现如图1-4所示界面。

图1-4 保存文件

单击“保存”按钮，返回到Dev C++的主界面中。Dev C++的主界面主要由菜单栏、工具栏、项目资源管理器视图、源程序编辑区、编译调试区和状态栏组成。Dev C++的主界面如图1-5所示。

写好代码后，即可运行程序，有以下3种运行方式。

- 在Dev C++的菜单栏中选择“运行”/“编译运行”。
- 使用快捷键“F11”。
- 单击 图标。

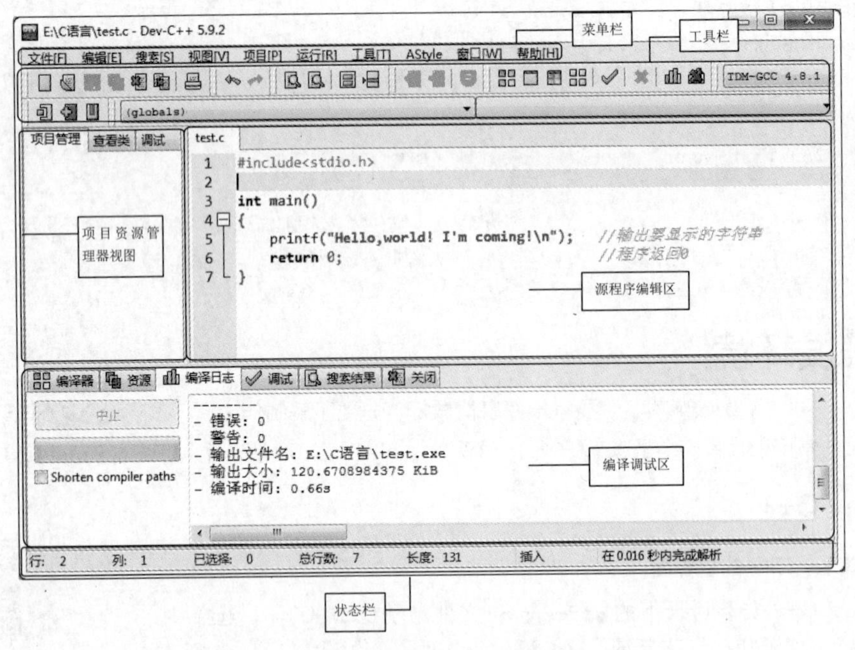

图1-5 Dev C++的主界面

2. Dev C++的工具栏简介

菜单栏中各项的作用通过中文名字可一目了然，下面介绍一下Dev C++界面的工具栏。工具栏由许多小图标组成，各自的用途如图1-6所示。

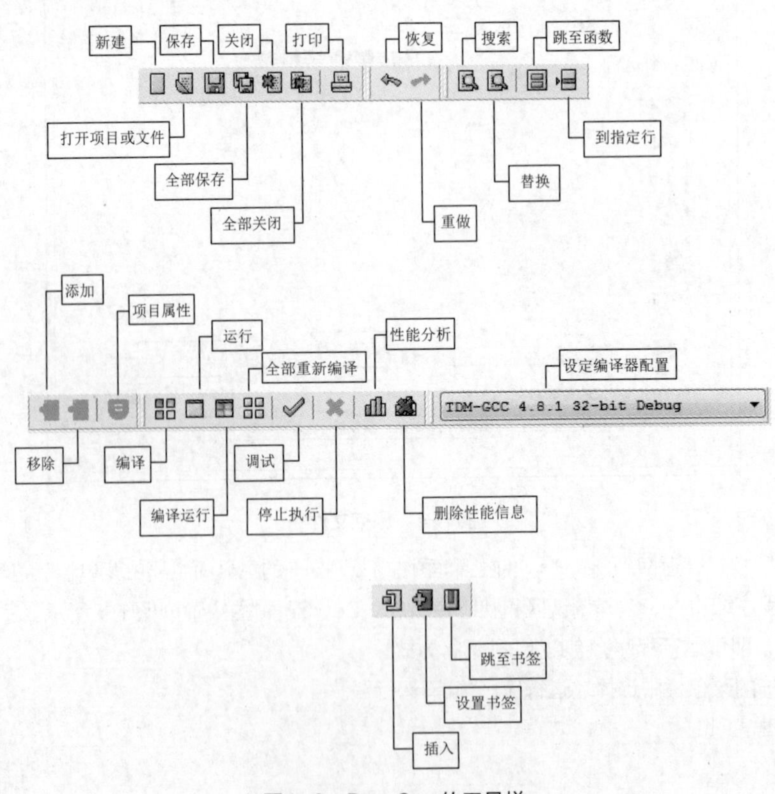

图1-6 Dev C++的工具栏

3. 快捷键介绍

在程序开发过程中，合理的使用快捷键，不但可以减少代码的错误率，而且可以提高开发效率。因此，掌握一些常用的快捷键是必需的。为此Dev C++提供了许多快捷键，这可以通过以下步骤进行查看。

（1）在Dev C++的系统菜单栏中选择“工具”/“快捷键选项”菜单项，如图1-7所示。

（2）在 “配置快捷键”对话框中，可查看Dev C++中的各种快捷键，如图1-8所示。

图1-7 选择“快捷键选项”菜单

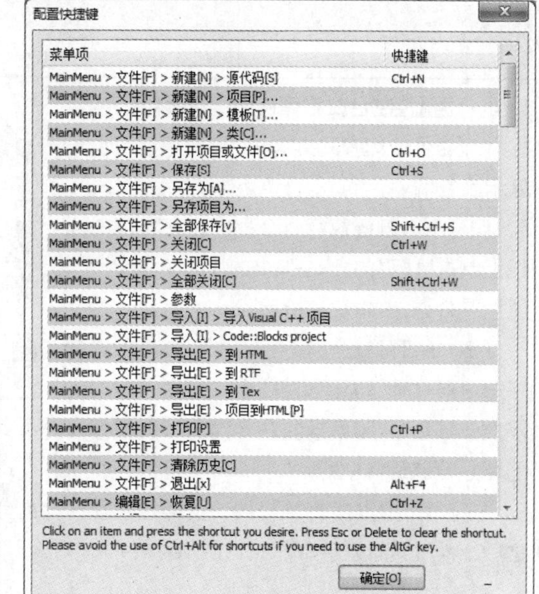

图1-8 “配置快捷键”对话框

（3）在图1-8所示的列表中，显示了Dev C++中提供的命令及其对应的快捷键，读者可以在该对话框中查看所需命令的快捷键，也可以选中指定命令，直接通过键盘来修改该命令所对应的快捷键。

虽然通过“配置快捷键”对话框，可以修改Dev C++命令的快捷键，但是笔者建议不要随意修改Dev C++中的快捷键。

（4）Dev C++的常用快捷键。

Dev C++常用的快捷键如表1-1所示。

表1-1 Dev C++常用的快捷键

快捷键	说明
Ctrl + S	保存
Ctrl + 方向键上或下	光标保持在当前位置不动，进行上下翻页，翻页是一行一行进行的
Ctrl + Home键	跳转到当前文本的开头处
Ctrl + End键	跳转到当前文本的末尾处
Ctrl + /	注释或取消注释
Ctrl + D	删除光标所在行的代码
Shift + 方向键上或下	从当前光标所在位置处开始，整行整行地选取文本。
Shift + 方向键左或右	从当前光标所在位置处开始，逐个字符地选取文本，字符包括字母和符号

续表

快捷键	说明
Ctrl + Shift + 方向键上或下	选中光标当前所在行，将这行进行上移或下移，与上行或下行对调
Ctrl + Shift + 方向键左或右	逐个单词地选取文本，忽略符号，是在单词和数字之间进行
Ctrl + Shift + G	弹出对话框，输入要跳转到的函数名
Ctrl +鼠标单击	可以跟踪方法和类的源码
F11	编译运行
F5	调试

4. 设置控制台文字颜色和背景颜色

为了更便于读者阅读本书，将程序运行结果的显示底色和文字都进行修改。修改过程如下。

（1）按F11键执行一个程序，在程序的标题栏上单击鼠标右键，在弹出的快捷菜单中选择“属性”命令，如图1-9所示。

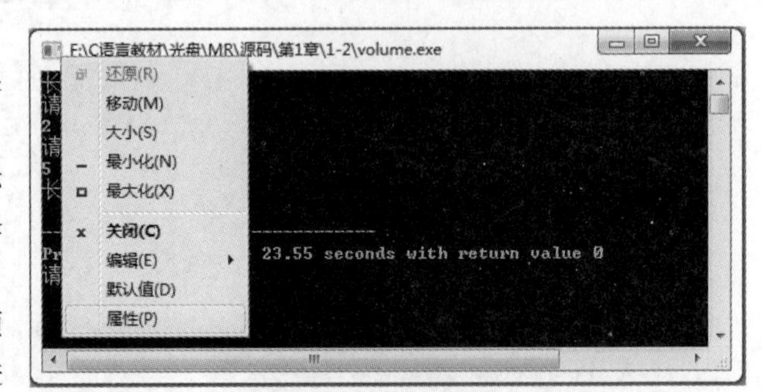

图1-9　选择“属性”命令

（2）此时弹出“属性”对话框，在“颜色”选项卡中对“屏幕文字”和“屏幕背景”进行修改，如图1-10所示。在此读者可以根据自己的喜好设定颜色并显示。

（3）在“属性”对话框中，“屏幕背景”设置为白色，“屏幕文字”设置为黑色，则单击“确定”按钮之后，程序界面显示如图1-11所示。

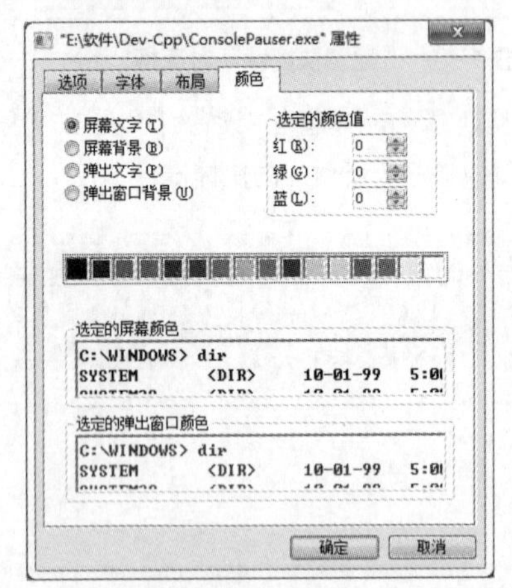

图1-10　选择“属性”命令

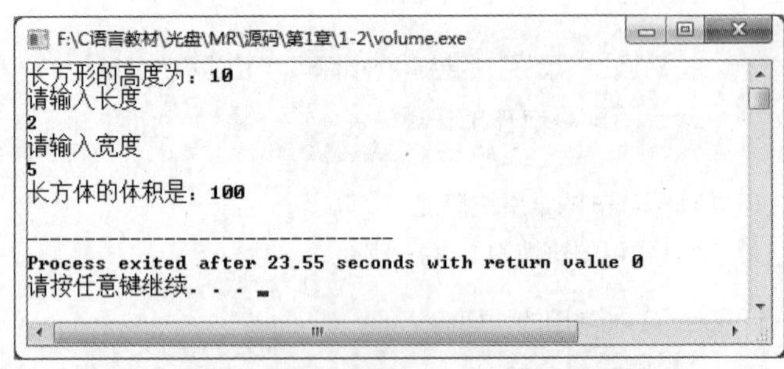

图1-11　完成设置文字颜色和背景之后的程序页面

1.6.2 Visual C++ 6.0

Visual C++ 6.0是一个功能强大的可视化软件开发工具，它将程序的代码编辑、程序编译、链接和调试等功能集于一身。在编写C语言方面，它和Dev C++的功能类似，都可实现C语言的编译。

1. 了解Visual C++ 6.0的主界面

双击Visual C++ 6.0安装目录下的 MSDEV.EXE 文件启动Visual C++ 6.0，选择“文件”/“新建”可新建一个Win32 Console Application项目。创建好项目后，显示Visual C++ 6.0的主界面，如图1-12所示。

Visual C++ 6.0

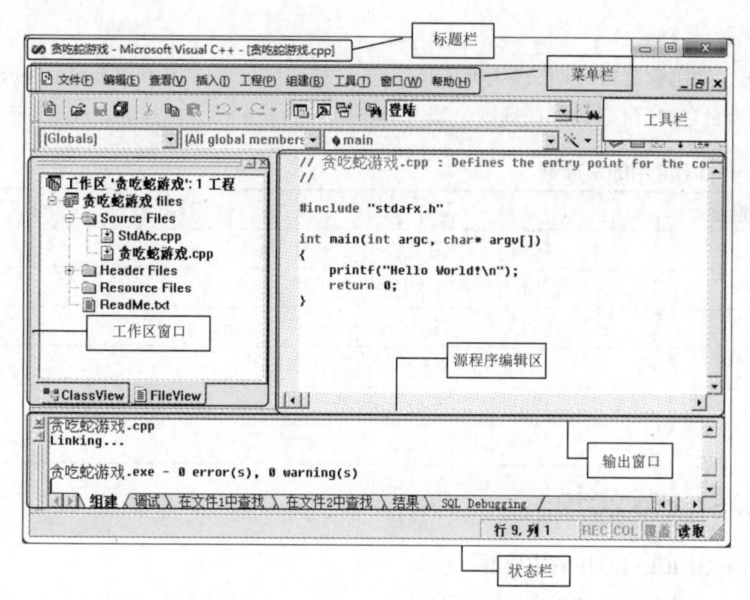

图1-12　Visual C++ 6.0主界面

2. Visual C++ 6.0的工具栏简介

由于安装的是Visual C++ 6.0中文版，所以菜单栏中各项的作用通过中文名字可一目了然，下面介绍一下Visual C++ 6.0界面中的工具栏。

工具栏是一种图形化的操作界面，与菜单栏一样也是开发环境的重要组成部分。工具栏中主要列出了在开发过程中经常使用的一些功能，具有直观和快捷的特点，熟练使用这些工具按钮将大大提高工作效率。工具栏由许多小图标组成，各自的用途如图1-13所示。

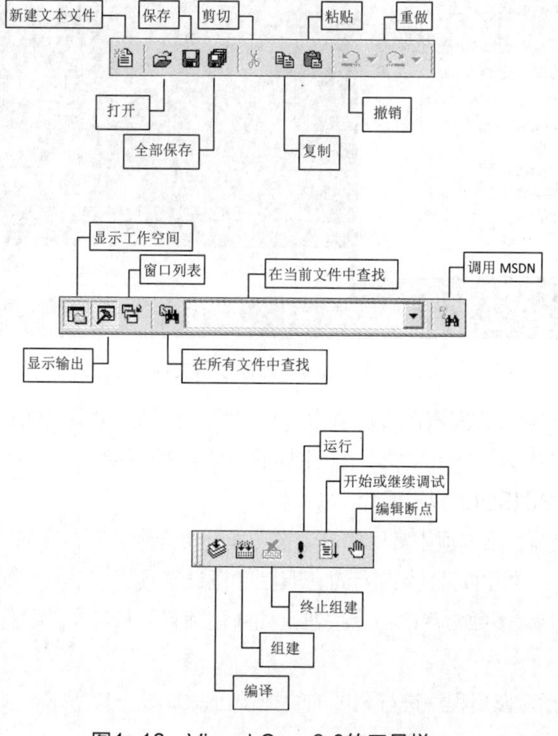

图1-13　Visual C++ 6.0的工具栏

3. 快捷键介绍

在编写程序时，使用快捷键会加快程序的编写进度。在此建议读者对于常用的操作最好使用快捷键进行。下面列出在Visual C++ 6.0常用的快捷键，如表1-2所示。

表1-2 Visual C++ 6.0常用的快捷键

快捷键	说明
Ctrl + N	创建一个新文件
Ctrl +]	检测程序中的括号是否匹配
F7	Build（组建）操作
Ctrl+F5	Execute（执行）操作
Alt+F8	整理多段不整齐的源代码
F5	进行调试

1.6.3 Visual Studio 2019

Visual Studio 2019

1. 了解Visual Studio 2019的主界面

下载、安装好Visual Studio 2019之后，双击Visual Studio 2019桌面快捷方式，在打开的界面中选择“创建新项目”/“空项目”，就可以创建一个项目文件，如图1-14所示。

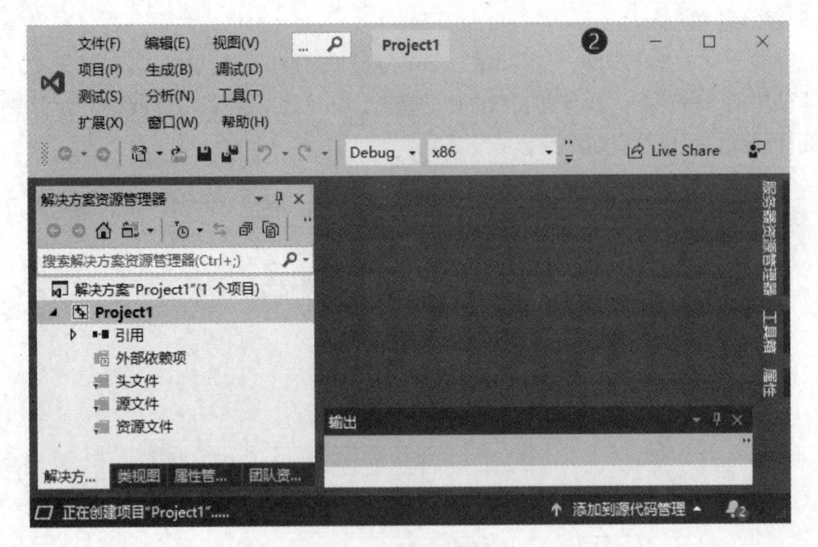

图1-14 创建项目文件

在图1-14的左位置的解决方案资源管理器中，在“源文件”上单击鼠标右键，在弹出的快捷菜单中选择“添加”/“新建项”可添加一个.c的源文件，主界面如图1-15所示。

2. Visual Studio 2019的工具栏简介

为了操作更方便、快捷，菜单项中常用的命令按功能分组分别放入相应的工具栏中。通过工具栏可以快速地访问常用的菜单命令。常用的工具栏有标准工具栏和调试工具栏，下面分别介绍。

（1）标准工具栏包括大多数常用的命令按钮，如新建项目、打开文件、保存、全部保存等。标准工具栏如图1-16所示。

（2）调试工具栏包括对应用程序进行调试的快捷按钮，如图1-17所示。

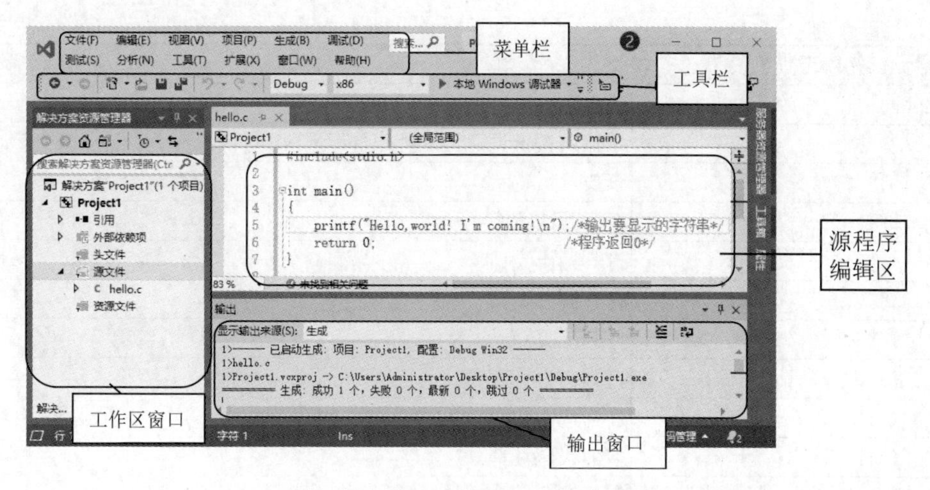

图1-15　Visual Studio 2019主界面

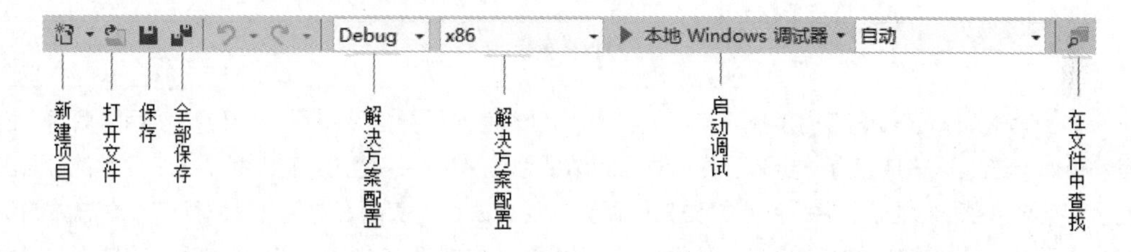

图1-16　Visual Studio 2019标准工具栏

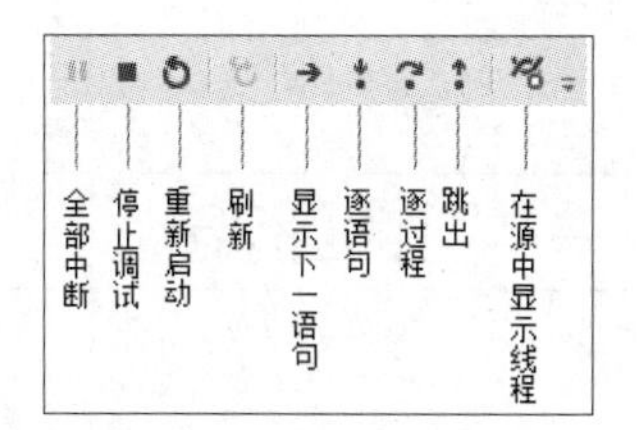

图1-17　Visual Studio 2019调试工具栏

3. 快捷键介绍

Visual Studio 2019常用的快捷键，其常用快捷键如表1-3所示。

表1-3　Visual Studio 2019常用的快捷键

快捷键	说明
Ctrl + Z	全选
Ctrl + S	保存
Ctrl + Shift + S	全部保存
F9	插入断点
Ctrl + Shift + F9	删除所有断点
F5	运行程序
Shift + F5	停止程序的运行
F10	逐过程运行
F11	逐语句运行

续表

快捷键	说明
Shift + F11	跳出正在运行的代码段
Ctrl + J	不输入关键词时自动弹出提示
Ctrl + F	查找
Ctrl + Alt + L	打开解决方案资源管理器
Ctrl + Alt + O	打开输出窗口
F4	打开属性窗口
Ctrl + Alt + X	打开工具箱
Ctrl + \ , E	打开错误列表窗口
Ctrl + K ，Ctrl + C	注释选中代码
Ctrl + K ，Ctrl + U	取消代码注释
Ctrl + Shift + Enter	使开发环境全屏显示

小结

本章首先讲解了C语言的发展历史，可以看出C语言的重要性及其重要地位；然后讲解了C语言的特点，通过这些特点进一步验证了C语言的重要地位；接下来通过2个实例（一个简单的C语言程序和一个完整的C语言程序），将C语言的概貌呈现给读者，使读者对C语言编程有一个总体的认识。最后对3个比较流行的C程序开发环境进行了介绍，通过实例的创建，将如何使用这3种开发环境进行了详细的说明，使读者按书中的步骤就可以编写实现自己的程序，为后面的学习提供了验证程序结果的方法，并且培养了动手实践的能力。

上机指导

Dev C++的下载和安装。

Dev C++是一个Windows环境下C/C++的继承开发环境。该开发环境包括多页面窗口、工程编辑器以及调试器等，在工程编辑器中集合了编辑器、编译器、链接程序和执行程序，提供高亮语法显示，以减少编辑错误，适合初学者与编程高手的不同需求，是学习C或C++的首选开发工具。

上机指导

1．Dev C++的下载

关于Dev C++的下载，本书并没有提供官方的网址，需要读者在网上自行搜索下载。本书中使用的Dev C++的版本是5.9.2，读者可以在搜索引擎上输入“dev c++ 5.9.2下载”等关键字，来查找合适的安装包的下载。

2．Dev C++的安装

本书中用到的Dev C++是免安装版，就是不需要安装即可直接使用。图1-18为Dev C++所在的文件夹，双击此文件夹中的devcpp.exe文件，即可打开Dev C++工具。

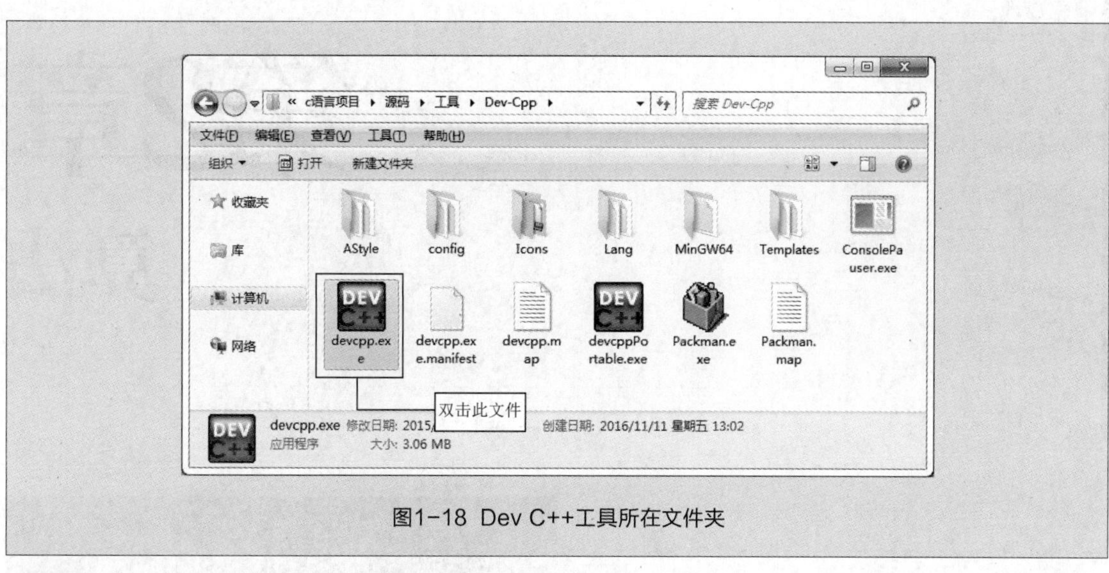

图1-18 Dev C++工具所在文件夹

每次运行Dev C++，都需要先进入此文件夹中，比较烦琐。读者可以在devcpp.exe上单击鼠标右键，选择“发送到”/“桌面快捷方式”，生成快捷方式，这样以后再运行Dev C++时，只要在桌面上双击Dev C++的快捷方式，即可运行Dev C++了。

习 题

1-1 编写程序，在屏幕上输出一句您喜欢的名言警句。

1-2 设计一个简单的求和程序。

1-3 设计一个程序，给变量a赋值，再将a的值输出到屏幕上。

1-4 已知正方形的边长为4，根据已知的条件计算出正方形的周长，并将其输出。

1-5 使用输出语句输出一个正方形。

CHAPTER02

第2章 算法

本章要点

- 了解算法的特效
- 了解如何用自然语言描述算法
- 掌握如何用3种基本结构表示算法
- 掌握N-S流程图

■ 通常，一个程序包含算法、数据结构、程序设计方法及语言工具和环境这4个方面，其中算法是核心，算法就是解决“做什么”和“如何做”的问题。正是因为算法如此重要，所以单独拿出一章来介绍算法的基本知识。

2.1 算法的基本概念

算法与程序设计都和数据结构密切相关，是解决一个问题的完整的步骤描述，是解决问题的策略、规则、方法。算法的描述形式有很多种，像传统流程图、结构化流程图及计算机程序语言等，下面就介绍算法的一些相关内容。

算法的特性

2.1.1 算法的特性

一个算法是为解决某一特定类型的问题而制订的一个实现过程，它具有下列特性。

（1）有穷性

一个算法必须在执行有穷步之后结束且每一步都可在有穷时间内完成，不能无限地执行下去。如要编写一个由小到大整数累加的程序，这时要注意一定要设一个整数的最上限，也就是加到哪个数为止。若没有这个最上限，那么程序将无终止地运行下去，也就是陷入常说的“死循环”。

（2）确定性

算法的每一个步骤都应当是确切定义的，每一个过程不能有二义性，将要执行的每个动作必须做出严格而清楚的规定。

（3）可行性

算法中的每一步都应当能有效地运行，也就是说算法是可执行的，并要求最终得到正确的结果。如下面一段程序：

```
int x,y,z;
scanf("%d,%d,%d",&x,&y,&z);
if(y==0)
z=x/y;
```

这段代码中，“z=x/y;”就是一个无效的语句，因为0是不可以做分母的。

（4）输入

一个算法应有零个或多个输入，输入是在执行算法时需要从外界取得一些必要的信息，如初始量等。例如：

```
int a,b,c;
scanf("%d,%d,%d",&a,&b,&c);
```

上面的代码就是有多个输入。又如：

```
main()
{
    printf("hello world!");
}
```

上面代码中需要零个输入。

（5）输出

一个算法可以有一个或多个输出。什么是输出？输出就是算法最终所求的结果。编写程序的目的就是要得到一个结果，如果一个程序运行下来没有任何结果，那么这个程序本身也就失去了意义。

2.1.2 算法的优劣

衡量一个算法的好坏，通常要从以下几个方面来分析。

（1）正确性

也就是所写的算法能满足具体问题的要求，即对任何合法的输入，算法都会得出正确的结果。

算法的优劣

（2）可读性

可读性是指算法被写好之后，该算法被理解的难易程度。一个算法可读性的好坏十分重要，如果一个算法比较抽象，难以理解，那么这个算法就不易交流和推广使用，其日后的修改、扩展、维护都十分不方便。因此在写一个算法时，要尽量将该算法写得简明易懂。

（3）健壮性

一个程序完成后，运行该程序的用户对程序的理解各有不同，并不能保证每一个人都能按照要求进行输入。健壮性就是指当输入的数据非法时，算法也会做出相应判断，而不会因为错误的输入造成瘫痪。

（4）时间复杂度与空间复杂度

简单地说，时间复杂度就是算法运行所需要的时间。不同的算法具有不同的时间复杂度，当一个程序较小时，就感觉不到时间复杂度的重要性；当一个程序特别大时，便会察觉到时间复杂度实际上是十分重要的。因此写出更高速的算法一直是算法不断改进的目标。空间复杂度是指算法运行所需的存储空间的多少。随着计算机硬件的发展，空间复杂度已经不再显得那么重要。

2.2 算法的描述

算法包含算法设计和算法分析两方面内容。算法设计主要研究怎样针对某一特定类型的问题设计出求解步骤，算法分析则要讨论所设计出来的算法步骤的正确性和复杂性。

对于一些问题的求解步骤，需要一种表达方式，即算法描述。他人可以通过这些算法描述来了解算法设计者的思路。表示一个算法，可以用不同的方法，常用的有自然语言、流程图、N-S流程图等。下面将对算法的描述作进一步介绍。

2.2.1 自然语言

自然语言

自然语言就是人们日常用的语言，这种表示方式通俗易懂，下面通过实例具体介绍。

【例2-1】求n！。

（1）定义3个变量i、n及mul，并为i和mul均赋初值为1。

（2）从键盘中输入一个数赋给n。

（3）将mul乘以i的结果赋给mul。

（4）i的值加1，判断i的值是否大于n，如果大于n，则执行步骤（5），否则执行步骤（3）。

（5）将mul的结果输出。

【例2-2】任意输入3个数，求这3个数中的最小数。

（1）定义4个变量分别为x、y、z和min。

（2）输入大小不同的3个数分别赋给x、y、z。

（3）判断x是否小于y，如果小于，则将x的值赋给min，否则将y的值赋给min。

（4）判断min是否小于z，如果小于，则执行步骤（5），否则将z的值赋给min。

（5）将min的值输出。

以上介绍的实例2-1和实例2-2的算法实现过程就是采用自然语言来描述的。从上面的描述中会发现用自然语言描述的好处，就是易懂。但是采用自然语言进行描述也有很大的弊端，就是容易产生歧义。例如，将实例2-1步骤（3）中的“将mul乘以i的结果赋给mul”改为“mul等于i乘以mul”，这样就产生了歧义，并且用自然语言来描述较为复杂的算法就显得不是很方便，因此一般情况下不采用自然语言来描述算法。

2.2.2 流程图

流程图是一种传统的算法表示法，它用一些图框来代表各种不同性质的操作，用流程线来指示算法的执行方向。由于它直观形象，易于理解，所以应用广泛，特别是在语言发展的早期阶段，只有通过流程图才能简明地表述算法。

流程图

1. 流程图符号

表2-1所示为一些常见的流程图符号，其中，起止框用来标识算法的开始和结束；判断框的作用是对一个给定的条件进行判断，根据给定的条件是否成立来决定如何执行后续操作。

表2-1　流程图符号

程序框	名称	功能
	起止框	表示算法的开始或结束
	输入/输出框	表示算法中的输入或输出
	判断框	表示算法的判断
	处理框	表示算法中变量的计算或赋值
或	流程线	表示算法的流向
	注释框	表示算法的注释
	连接点	表示算法流向出口或入口的连接点

下面通过一个实例来介绍这些图框如何使用。

【例2-3】用流程图表示把大象装进冰箱的操作，如图2-1所示。

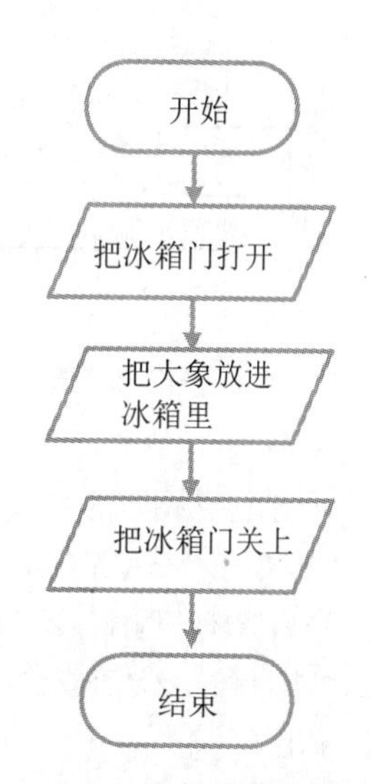

图2-1　流程图举例

2. 3种基本结构

任何一个算法均可由3种基本结构组成，即顺序结构、选择结构和循环结构，这3种基本结构之间可以并列，可以相互包含，但不允许交叉，不允许从一个结构直接转到另一个结构的内部去。

整个算法都是由3种基本结构组成的，所以只要规定好3种基本结构的流程图的画法，就可以画出任何算法的流程图。

（1）顺序结构

顺序结构是简单的线性结构，在顺序结构的程序中，各操作是按照它们出现的先后顺序执行的，如图2-2所示。

在执行完A框所指定的操作后，接着执行B框所指定的操作，这个结构中只有一个入口点A和一个出口点B。

【例2-4】输入两个数分别赋给变量i和j，再将这两个数分别输出。

本实例的流程图可以采用顺序结构来实现，如图2-3所示。

（2）选择结构

选择结构也称为分支结构，如图2-4所示。

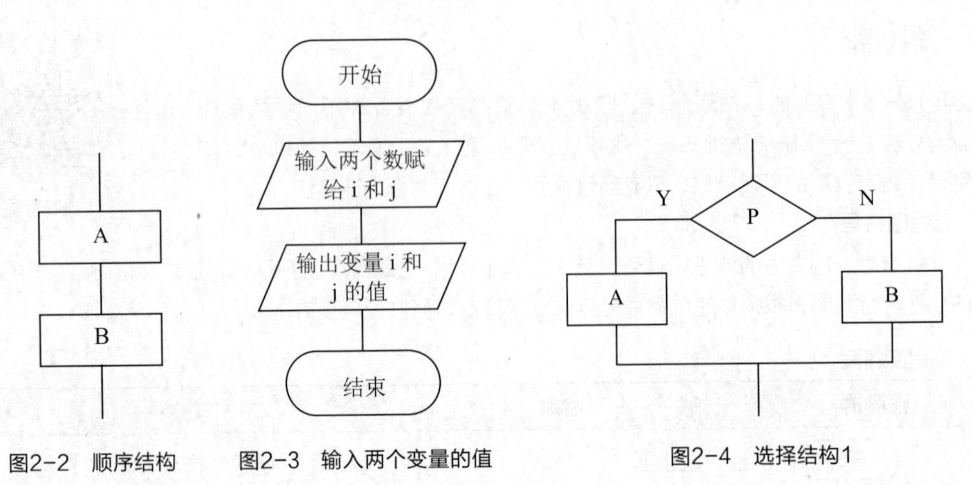

图2-2　顺序结构　　图2-3　输入两个变量的值　　图2-4　选择结构1

选择结构中必须包含一个判断框。图2-4所代表的含义是根据给定的条件P是否成立来选择执行A框或者是B框。

图2-5所代表的含义是根据给定的条件P进行判断，如果条件成立则执行A框，否则什么也不做。

【例2-5】输入一个数，判断该数是否为偶数，并给出相应提示。

本实例的流程图可以采用选择结构来实现，如图2-6所示。

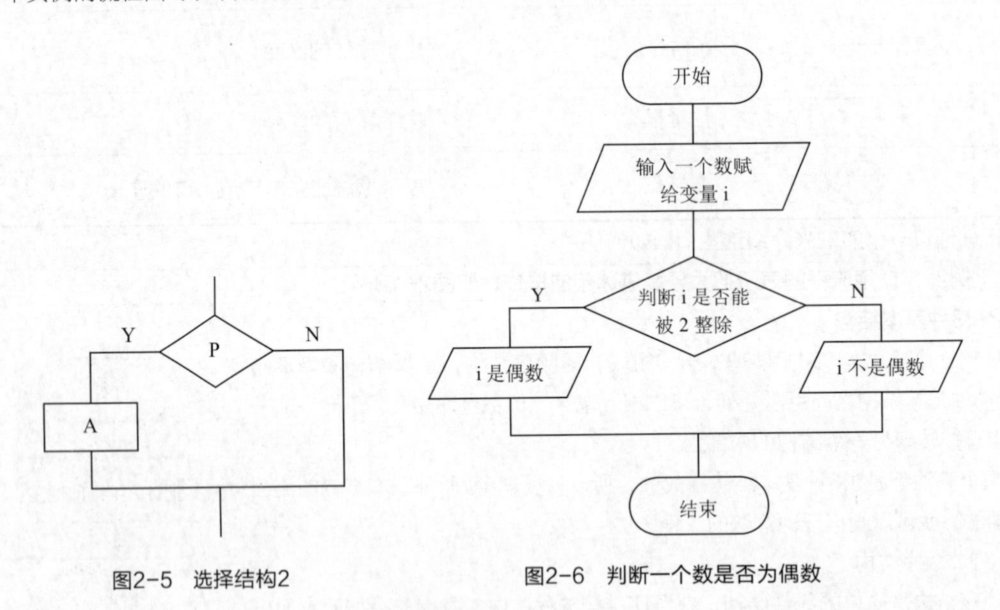

图2-5　选择结构2　　图2-6　判断一个数是否为偶数

（3）循环结构

在循环结构中，反复地执行一系列操作，直到条件不成立时才终止循环。按照判断条件出现的位置，可将循环结构分为当型循环结构和直到型循环结构。

当型循环结构如图2-7所示。当型循环是先判断条件P是否成立，如果成立，则执行A框；执行完A框后，再判断条件P是否成立，如果成立，接着再执行A框；如此反复，直到条件P不成立为止，此时不执行A框，跳出循环。

直到型循环如图2-8所示。直到型循环是先执行A框，然后判断条件P是否成立，如果条件P成立则再执行A框；然后判断条件P是否成立，如果成立，接着再执行A框；如此反复，直到条件P不成立，此时不执行A框，跳出循环。

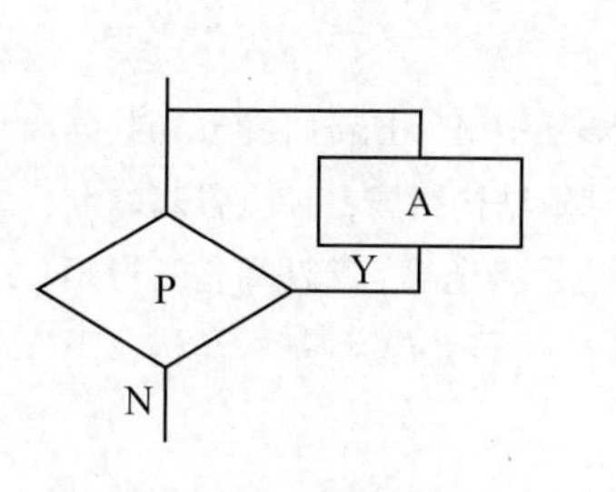

图2-7 当型循环结构

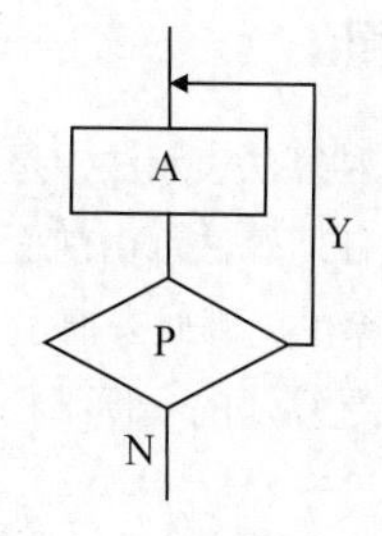

图2-8 直到型循环结构

【例2-6】求1~100所有整数之和。

本实例的流程图可以用当型循环结构来表示，如图2-9所示；也可以用直到型循环结构来表示，如图2-10所示。

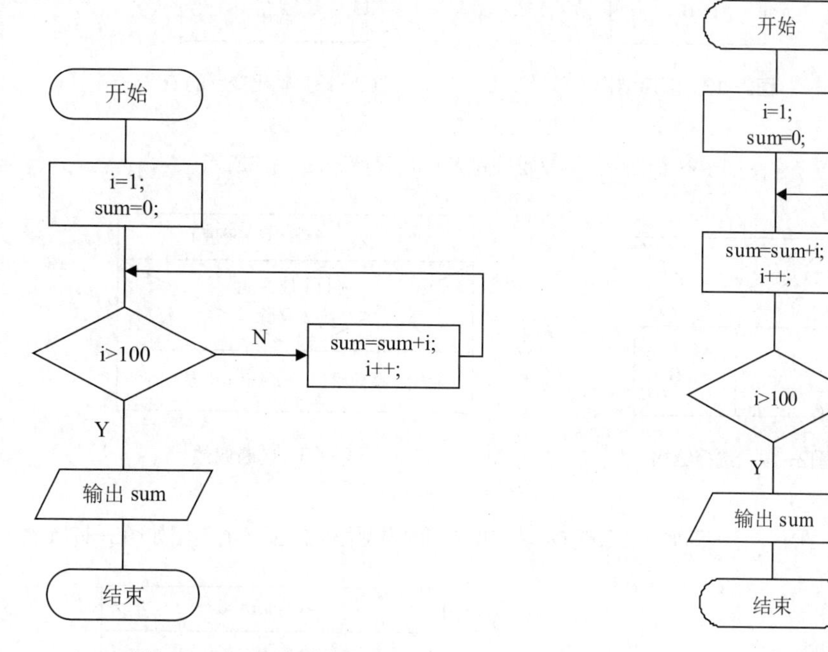

图2-9 当型循环结构求和

图2-10 直到型循环结构求和

【例2-7】画出第17章综合开发实例——趣味俄罗斯方块的流程图。

趣味俄罗斯方块的流程图如图2-11所示。

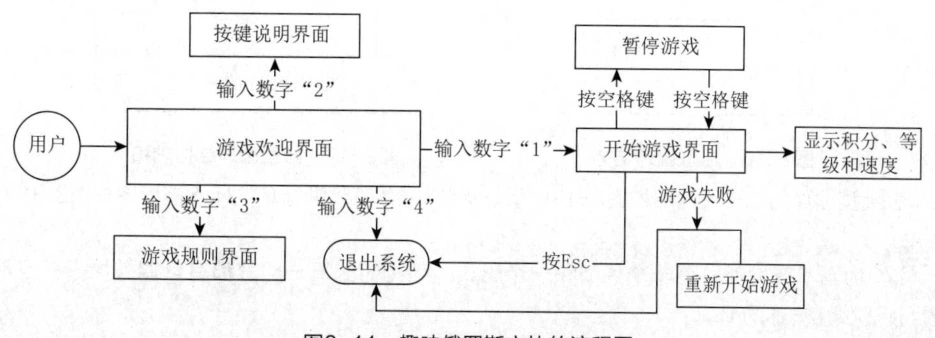

图2-11 趣味俄罗斯方块的流程图

2.2.3 N-S流程图

N-S 流程图

N-S流程图是另一种算法表示法，是由美国人I.Nassi和B.Shneiderman共同提出的，其根据是既然任何算法都由前面介绍的3种基本结构组成，那么各基本结构之间的流程线就是多余的，因此去掉了所有的流程线，将全部的算法写在一个矩形框内。N-S流程图也是算法的一种结构化描述方法，同样也有3种基本结构，下面分别进行介绍。

1. 顺序结构

顺序结构的N-S流程图如图2-12所示。实例2-4的N-S流程图如图2-13所示。

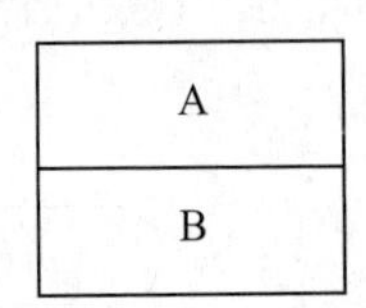

图2-12 顺序结构

输入两个值分别赋给变量 i 和 j

将变量 i 和 j 的值输出

图2-13 输出变量的值

2. 选择结构

选择结构的N-S流程图如图2-14所示。实例2-5的N-S流程图如图2-15所示。

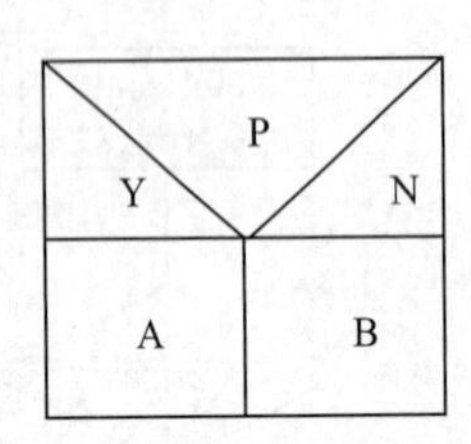

图2-14 选择结构

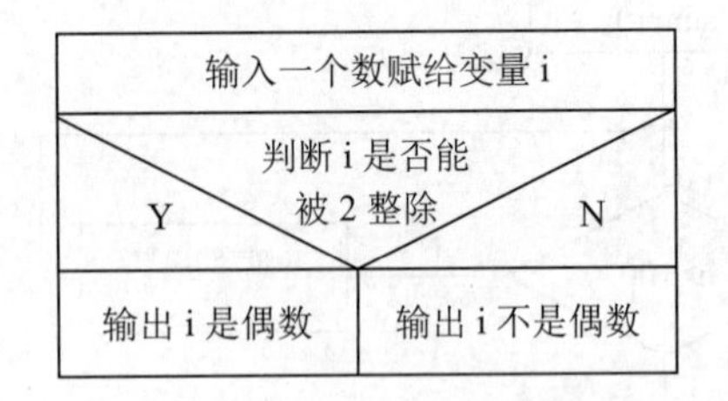

图2-15 判断偶数

3. 循环结构

（1）当型循环的N-S流程图如图2-16所示。实例2-6的当型循环的N-S流程图如图2-17所示。

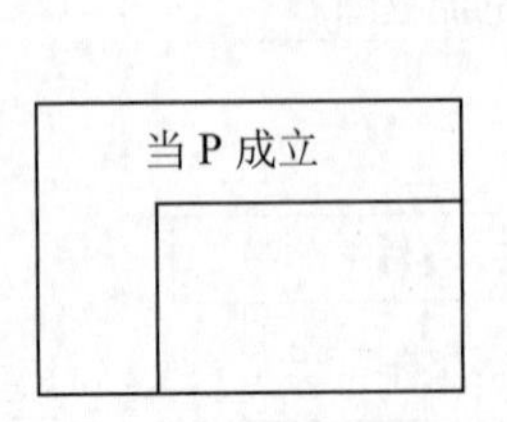

图2-16 当型循环结构

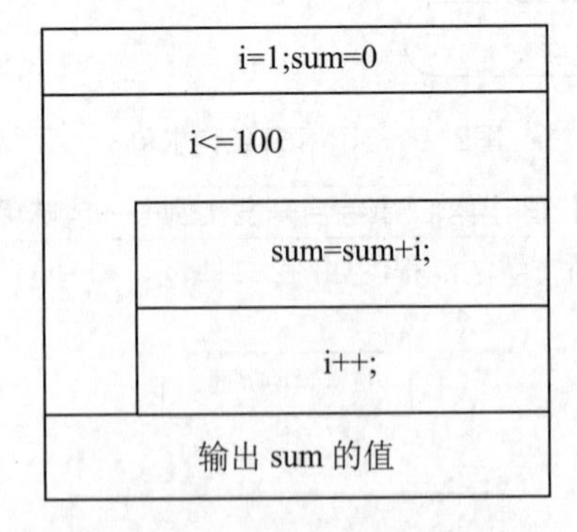

图2-17 当型循环结构求和

（2）直到型循环的N-S流程图如图2-18所示。实例2-6的直到型循环的N-S流程图如图2-19所示。

这3种基本结构都只有一个入口和一个出口，结构内的每一部分都有可能被执行，且不会出现无休止循环的情况。

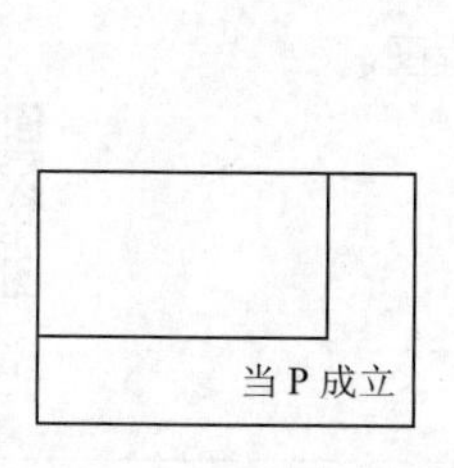

图2-18 直到型循环结构

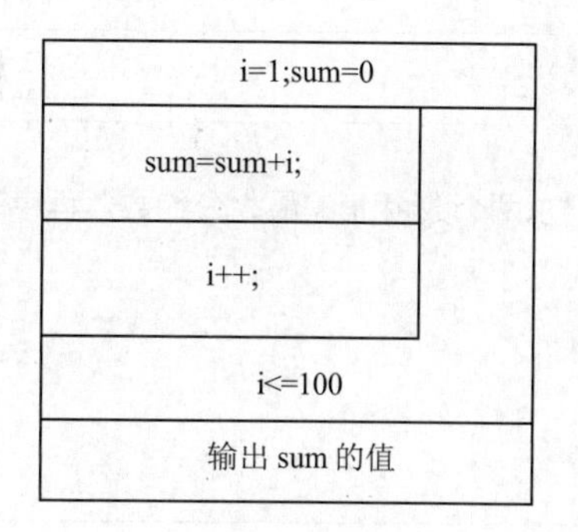

图2-19 直到型循环结构求和

【例2-8】从键盘中输入一个数n，求n！。

本实例的流程图如图2-20所示。

本实例的N-S流程图如图2-21所示。

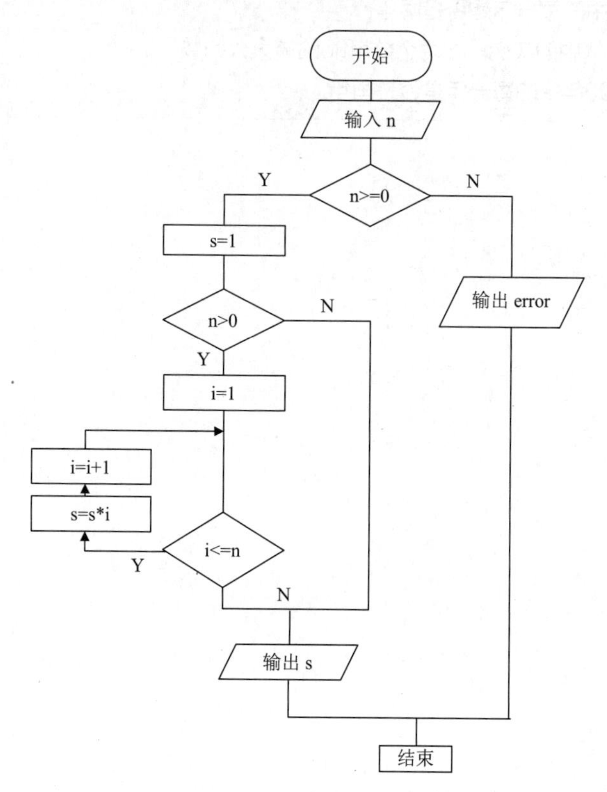

图2-20 求n!的流程图

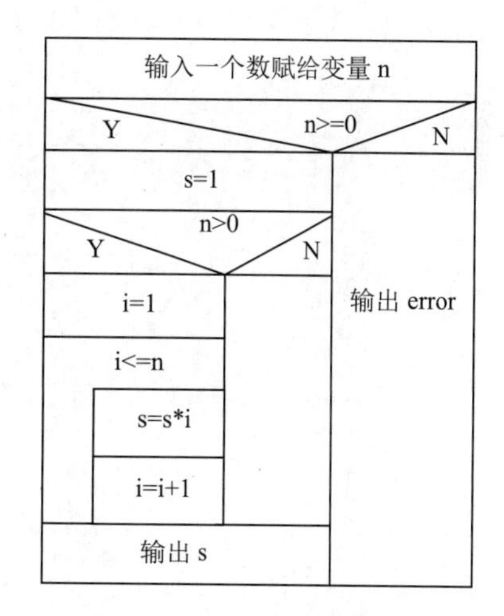

图2-21 求n!的N-S流程图

小结

本章主要介绍了算法的基本概念和算法描述两方面的内容。算法的基本概念包括算法的特征和如何评价一个算法的优劣，算法的特征包括有穷性、确定性、可行性、输入和输出这5方面的内容，评价一个算法的优劣可从正确性、可读性、健壮性以及时间复杂度与空间复杂度这4个方面来考虑。算法描述介绍了自然语言、流程图和N-S流程图3种方法，其中要重点掌握顺序结构、选择结构和循环结构这3种基本结构的画法。

上机指导

画出“求两个数a和b的最大公约数”程序的流程图和N-S流程图。

上机指导

习 题

2-1 算法的特性有什么?

2-2 使用流程图表示求1+2+3+4+5+6的算法。

2-3 使用伪代码表示2000～2500年中的每一年是否是闰年。

2-4 使用计算机语言表示“上机指导”中的实例“求两个数a和b的最大公约数”。

2-5 使用计算机语言表示2000～2500年中的每一年是否是闰年。

CHAPTER03

第3章 数据类型

本章要点

- 了解编程规范的重要性
- 掌握如何使用常量
- 掌握变量在程序编写中的作用及重要性
- 区分变量的各种存储类别

■ 在所有程序语言中，C语言是十分重要的，学好C语言就可以很容易地掌握其他任何一门语言，因为在每种语言中都会有一些共性存在。同时，一个好的程序员在编写代码时，一定要有规范性，清晰、整洁的代码才是有价值的。

■ 本章致力于使读者掌握C语言中重要的一个环节，即有关常量与变量的知识，只有明白这些知识才可以编写程序。

3.1 编程规范

编程规范

俗话说，“没有规矩不成方圆。”虽然在C语言中编写代码是自由的，但是为了使编写的代码具有通用、友好的可读性，程序员在编写程序时，应该尽量按照编写程序的规范编写所设计的程序。

1. 代码缩进

代码缩进统一为4个字符。不采用空格，而用Tab键制表位。

```
#include<stdio.h>
int main()                                    /*主函数main*/
{
    int iResult=0;                            /*定义变量*/
    int i;
    printf("由1加到100的结果是：");           /*输出语句*/
    for(i=1;i<100;i++)        进行代码缩进
    {
        iResult=i+iResult;
    }
    printf("%d\n",iResult);                   /*输出结果*/
    return 0;                                 /*结束返回*/
}
```

2. 变量、常量命名规范

常量命名统一为大写格式。如果是成员变量，均以m_开始。如果是普通变量，取与实际意义相关的名称，要在前面添加类型的首字母，并且名称的首字母要大写。如果是指针，则为其标识符前添加p字符，并且名称首字母要大写。例如：

```
#define AGE  20                               /*定义常量*/
int m_iAge;                                   /*定义整型成员变量*/
int iNumber;                                  /*定义普通整型变量*/
int * pAge;                                   /*定义指针变量*/
```

3. 函数的命名规范

在定义函数时，函数名的首字母要大写，其后的字母大小写混合。例如：

```
int AddTwoNum(int num1,int num2);
```

4. 注释

尽量采用行注释。如果行注释与代码处于一行，则注释应位于代码右方。如果连续出现多个行注释，并且代码较短，则应对齐注释。例如：

```
Int iLong;                                    /*长度*/
Int iWidth;                                   /*宽度*/
Int iHieght                                   /*高度*/
```

3.2 关键字

关键字

关键字是进行定义一种类型使用的字符。C语言中有32个关键字，如表3-1所示。读者在今后的学习中将会逐渐接触到这些关键字的具体使用方法。

表3-1　C语言中的关键字

auto	double	int	struct
break	else	long	switch
case	enum	register	typedef
char	extern	union	return
const	float	short	unsigned
continue	for	signed	void
default	goto	sizeof	volatile
do	while	static	if

在C语言中，关键字是不允许作为标识符出现在程序中的。

3.3　标识符

标识符

在C语言中为了在程序的运行过程中可以使用变量、常量、函数、数组等，就要为这些形式设定一个名称，而设定的名称就是所谓的标识符。

外国人的姓名一般将名字放在前面而将家族的姓氏放在后面，而在我国却恰恰相反，是把姓氏放在前面而将名字放在后面。从中可以看出名字是可以随便起的，但是也要符合一个地方的要求。在C语言中设定一个标识符的名称是非常自由的，可以设定自己喜欢、容易理解的名字，但还是应该在满足一定命名规则的基础上进行自由发挥。下面介绍一下有关设定C语言标识符应该遵守的一些命名规则。

（1）所有标识符必须由字母或下划线开头，而不能使用数字或者符号作为开头。通过下面的一些正确的写法和错误的写法进行比较。

```
int !number;                    /*错误，标识符第一个字符不能为符号*/
int 2hao;                       /*错误，标识符第一个字符不能为数字*/

int number;                     /*正确，标识符第一个字符为字母*/
int _hao;                       /*正确，标识符第一个字符为下画线*/
```

（2）在设定标识符时，除开头外，其他位置都可以由字母、下划线或数字组成。

- 在标识符中，有下划线的情况：

```
int good_way;                   /*正确，标识符中可以有下画线*/
```

- 在标识符中，有数字的情况：

```
int bus7;                       /*正确，标识符中可以有数字*/
int car6V;                      /*正确*/
```

（3）英文字母的大小写代表不同的标识符，也就是说，在C语言中是区分大小写字母的。下面是一些正确的标识符：

```
int mingri;                     /*全部是小写*/
int MINGRI;                     /*全部是大写*/
int MingRi;                     /*一部分是小写，一部分是大写*/
```

从这些列出的标识符中可以看出，只要标识符中的字符有一项是不同的，其代表的就是一个新的名称。

（4）标识符不能是关键字。关键字是进行定义一种类型使用的字符，标识符不能使用。例如，定义第一个整型时，会使用int关键字进行定义，但是定义的标识符就不能使用int。但将其中标识符的字母改写成大写字母，就可以通过编译。

```
int int;                                    /*错误！*/
int Int;                                    /*正确，改变标识符中的字母为大写*/
```

（5）标识符的命名最好具有相关的含义。将标识符设定成有一定含义的名称，这样可以方便程序的编写，并且以后再进行程序回顾时，或者他人想阅读程序时，具有含义的标识符能使程序便于观察、阅读。例如，在定义一个长方体的长、宽和高时，只图一时的方便可以简单地进行定义：

```
int a;                                      /*代表长度*/
int b;                                      /*代表宽度*/
int c;                                      /*代表高度*/
int iLong;
int iWidth;
int iHeight;
```

从上面列举出的标识符可以看出，标识符的设定如果不具有一定的含义，没有后面的注释就很难让人理解要代表的作用是什么。如果将标识符设定得具有其功能含义，那么通过直观地查看就可以了解到其具体的功能。

（6）ANSI标准规定，标识符可以为任意长度，但外部名必须至少能由前8个字符唯一地区分。这是因为某些编译程序（如IBM PC的MS C）仅能识别前8个字符。

3.4 数据类型

数据类型

程序在运行时要做的内容就是处理数据。程序要解决复杂的问题，就要处理不同的数据。不同的数据都是以自己本身的一种特定形式存在的（如整型、实型、字符型等），不同的数据类型占用不同的存储空间。C语言中有多种不同的数据类型，其中包括基本类型、构造类型、指针类型和空类型。这里先通过图3-1介绍一下其组织结构，然后再对每一种类型进行相应的讲解。

1. 基本类型

基本类型就是C语言中的基础类型，其中包括整型、字符型、实型（浮点型）、枚举类型。

2. 构造类型

构造类型就是使用基本类型的数据或者使用已经构造好的数据类型，进行添加、设计构造出新的数据类型，使其设计的新构造类型满足待解决问题所需要的数据类型。

通过构造类型的说明可以看出，它并不像基本类型那样简单，而是由多种基本类型组合而成的新类型，其中每一组成部分称为构造类型的成员。构造类型包括数组类型、结构体类型和共用体类型3种形式。

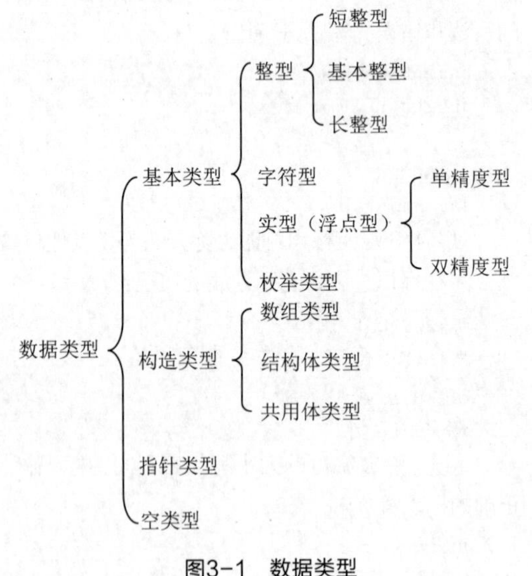

图3-1 数据类型

3. 指针类型

C语言的精华是什么？指针！指针类型不同于其他类型的特殊性在于，指针的值表示的是某个内存地址。

4. 空类型

空类型的关键字是void，其主要作用在于如下两点：

- 对函数返回的限定。
- 对函数参数的限定。

也就是说，一般一个函数都具有一个返回值，将其值返回调用者。这个返回值应该是具有特定的类型的，如整型int。但是当函数不必返回一个值时，就可以使用空类型设定返回值的类型。

3.5 常量

在介绍常量之前，先来了解一下什么是常量，常量就是其值在程序运行过程中是不可以改变的。这些常量可以分为以下三大类。

- 数值型常量。
  - ▶ 整型常量。
  - ▶ 实型常量。
- 字符型常量。
- 符号常量。

下面将对有关的常量进行详细的说明。

3.5.1 整型常量

整型常量

整型常量就是指直接使用的整型常数，如123、-456.7等。整型常量可以是长整型、短整型、符号整型和无符号整型。

- 无符号短整型的取值范围是0～65535，而符号短整型的取值范围是-32768～+32767，这些都是16位整型常量的范围。
- 如果整型是32位的，那么无符号形式的取值范围是0～4294967295，而有符号形式的取值范围是-2147483648～+2147483647。但是整型如果是16位的，就与无符号短整型的范围相同。

根据不同的编译器，整型的取值范围是不一样的。在字长为16位的计算机中整型就为16位，在字长为32位的计算机上整型就为32位。

- 长整型是32位的，其取值范围可以参考上面有关整型的描述。

在编写整型常量时，可以在常量的后面加上符号L或者U进行修饰。L表示该常量是长整型，U表示该常量为无符号整型，例如：

```
LongNum= 1000L;                           /*L表示长整型*/
UnsignLongNum=500U;                       /*U表示无符号整型*/
```

表示长整型和无符号整型的后缀字母L和U可以使用大写，也可以使用小写。

整型常量有以上几种类型，这些类型又可以通过3种形式进行表达，分别为八进制形式、十进制形式和十六进制形式。下面分别进行介绍。

1. 八进制整数

要使得使用的数据表达形式是八进制，需要在常数前加上0进行修饰。八进制所包含的数字是0～7。例如：

```
OctalNumber1=0123;                /*在常数前面加上一个0来代表八进制*/
OctalNumber2=0432;
```

以下关于八进制的写法是错误的：

```
OctalNumber3=356;                 /*没有前缀0*/
OctalNumber4=0492;                /*包含了非八进制数9*/
```

2. 十六进制整数

常量前面使用0x作为前缀，表示该常量是用十六进制进行表示的。十六进制中包含数字0～9以及字母A～F。例如：

```
HexNumber1=0x123;                                  /*加上前缀0x表示常量为十六进制*/
HexNumber2=0x3ba4;
```

其中字母A～F可以使用大写形式，也可以使用小写形式。

以下关于十六进制的写法是错误的：

```
HexNumber1=123;                       /*没有前缀0x*/
HexNumber2=0x89j2;                    /*包含了非十六进制的字母j*/
```

3. 十进制整数

十进制是不需要在其前面添加前缀的。十进制中所包含的数字为0～9。例如：

```
AlgorismNumber1=123;
AlgorismNumber2=456;
```

这些整型数据都是以二进制的方式存放在计算机的内存之中，其数值是以补码的形式进行表示的。一个正数的补码与其原码的形式相同，一个负数的补码是将该数绝对值的二进制形式按位取反再加1。例如，一个十进制数11在内存中的表现形式如图3-2所示。

0	0	0	0	0	0	0	0	0	0	0	0	1	0	1	1

图3-2　十进制数11在内存中

如果是-11，那么在内存中又是怎样的呢？因为是以补码进行表示，所以负数要先将其绝对值求出，如图3-2所示；然后进行取反操作，如图3-3所示，得到取反后的结果。

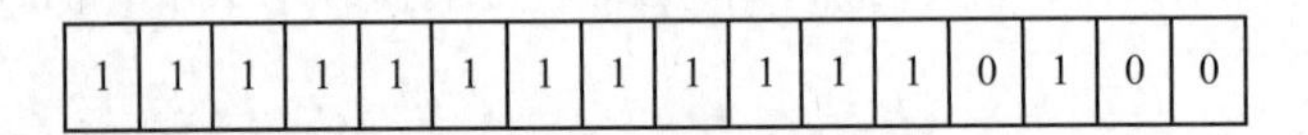

1	1	1	1	1	1	1	1	1	1	1	1	0	1	0	0

图3-3　进行取反操作

取反之后还要进行加1操作，这样就得到最终的结果。图3-4所示为-11在计算机内存中存储的情况。

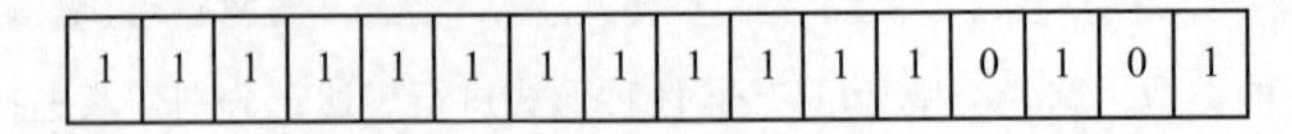

1	1	1	1	1	1	1	1	1	1	1	1	0	1	0	1

图3-4　加1操作

对于有符号整数，其在内存中存放的最左面一位表示符号位，如果该位为0，则说明该数为正；若为1，则说明该数为负。

3.5.2 实型常量

实型常量

实型也称为浮点型，是由整数部分和小数部分组成的，两部分之间用十进制的小数点隔开。表示实数的方式有以下两种。

1. 科学计数方式

科学计数方式就是使用十进制的小数方法描述实型，例如：

```
SciNum1=123.45;                                    /*科学计数法*/
SciNum2=0.5458;
```

2. 指数方式

有时实型非常大或者非常小，这样使用科学计数方式是不利于观察的，这时可以使用指数方法显示实型常量。其中，使用字母e或者E进行指数显示，如45e2表示的就是4500，而45e-2表示的就是0.45。如上面的SciNum1和SciNum2代表的实型常量，使用指数方式显示这两个实型常量如下所示：

```
SciNum1=1.2345e2;                                  /*指数方式显示*/
SciNum2=5.458e-1;
```

在编写实型常量时，可以在常量的后面加上符号F或者L进行修饰。F表示该常量是float单精度类型，L表示该常量为long double长双精度类型。例如：

```
FloatNum= 1.2345e2F                                /*单精度类型*/
LongDoubleNum=5.458e-1L;                           /*长双精度类型*/
```

如果不在后面加上后缀，那么在默认状态下，实型常量为double双精度类型。例如：

```
DoubleNum= 1.2345e2;                               /*双精度类型*/
```

后缀的大小写是通用的。

3.5.3 字符型常量

字符型常量

字符型常量与之前所介绍的常量有所不同，即要对其字符型常量使用指定的定界符进行限制。字符型常量可以分成两种：一种是字符常量，另一种是字符串常量。下面分别对这两种字符型常量进行介绍。

1. 字符常量

使用单直撇' '括起一个字符，这种形式就是字符常量。例如，'A'、'#'、'b'等都是正确的字符常量。在这里需要注意以下几点有关使用字符常量的事项。

- 字符常量中只能包括一个字符，不是字符串。例如，'A'是正确的，但是用'AB'来表示字符常量就是错误的。
- 字符常量是区分大小写的。例如，'A'字符和'a'字符是不一样的，这两个字符代表着不同的字符常量。
- ' '这对单直撇代表着定界符，不属于字符常量中的一部分。

【例3-1】字符常量的输出。

在本实例中，使用putchar函数将单个字符常量进行输出，使得输出的字符常量形成一个单词Hello显示在控制台中。

```
#include<stdio.h>
int main()
{
    putchar('H');                                /*输出字符常量H*/
    putchar('e');                                /*输出字符常量e*/
    putchar('l');                                /*输出字符常量l*/
    putchar('l');                                /*输出字符常量l*/
    putchar('o');                                /*输出字符常量o*/
    putchar('\n');                               /*进行换行*/
    return 0;
}
```

运行程序，显示结果如图3-5所示。

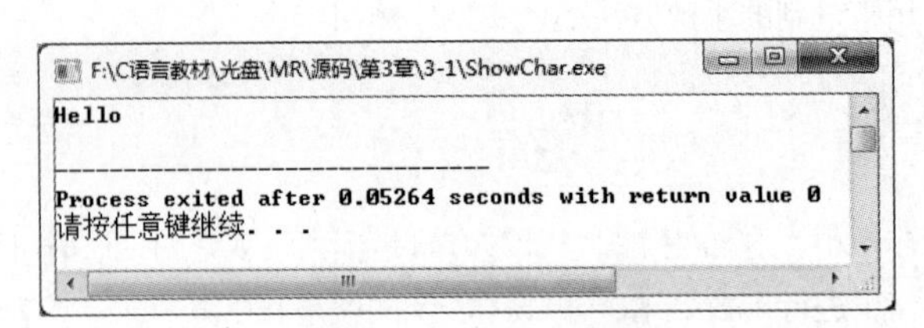

图3-5　使用字符常量

2. 字符串常量

字符串常量是用一组双引号“ ”括起来的若干字符序列。如果在字符串中一个字符都没有，将其称作空串，此时字符串的长度为0。例如，“Have a good day!”和“beautiful day”即为字符串常量。

C语言中存储字符串常量时，系统会在字符串的末尾自动加一个“\0”作为字符串的结束标志。例如，字符串“welcome”在内存中的存储形式如图3-6所示。

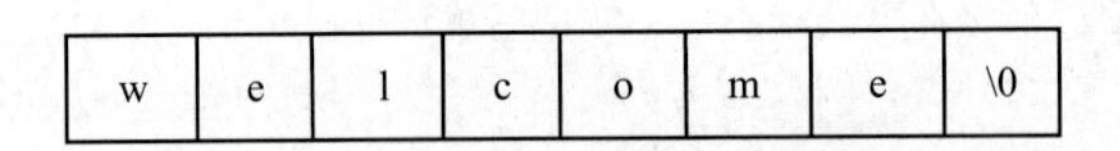

w	e	l	c	o	m	e	\0

图3-6　\0为系统所加

在程序中编写字符串常量时，不必在一个字符串的结尾处加上“\0”结束字符，系统会自动添加结束字符。

【例3-2】输出字符串常量。

在本实例中，使用printf函数将一个字符串常量“What a nice day!”在控制台进行输出显示。

```
#include<stdio.h>                                    /*包含头文件*/
int main()
{
    printf("What a nice day!\n");                    /*输出字符串*/
    return 0;                                        /*程序结束*/
}
```

运行程序，显示结果如图3-7所示。

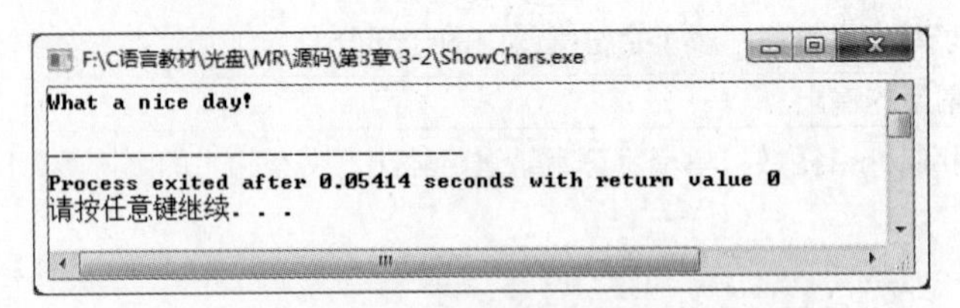

图3-7　输出字符串

上面介绍了有关字符常量和字符串常量的内容，那么同样是字符，它们之间有什么差别呢？不同点主要体现在以下方面。

（1）使用的定界符不同。字符常量使用的是单直撇' '，而字符串常量使用的是双引号“ ”。

（2）长度不同。上面提到过字符常量只能有一个字符，也就是说字符常量的长度就是1。字符串常量的长度却可以是0，即使字符串常量中的字符数量只有1个，长度却不是1。例如，字符串常量“H”，其长度为2。通过图3-8可以体会到字符串常量H的长度为2的原因。

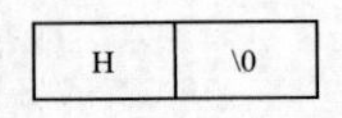

H	\0

图3-8　字符串常量“H”

还记得在字符串常量中有关结束字符的介绍吗？系统会自动在字符串的尾部添加一个字符串的结束字符“\0”，这也就是“H”的长度是2的原因。

（3）存储的方式不同，在字符常量中存储的是字符的ASCII码值；而在字符串常量中，不仅要存储有效的字符，还要存储结尾处的结束标志“\0”。

前面提到过有关ASCII码的内容，那么ASCII是什么呢？在C语言中，所使用的字符被一一映射到一个表中，这个表称为ASCII码表，如表3-2所示。

表3-2　ASCII码表

ASCII值	缩写/字符	解释
0	NUL（null）	空字符（\0）
1	SOH（star to fhanding）	标题开始
2	STX（star to ftext）	正文开始
3	ETX（end of text）	正文结束
4	EOT（end of transmission）	传输结束
5	ENQ（enquiry）	请求
6	ACK（acknowledge）	收到通知
7	BEL（bell）	响铃（\a）
8	BS（backspace）	退格（\b）
9	HT（horizontal tab）	水平制表符（\t）
10	LF（NL）（linefeed,newline）	换行键（\n）
11	VT（verticaltab）	垂直制表符
12	FF（NP）（formfeed,newpage）	走纸换页键（\f）
13	CR（carriagereturn）	回车键（\r）
14	SO（shift out）	不用切换
15	SI（shift in）	启用切换
16	DLE（data link escape）	数据链路转义
17	DC1（device control1）	设备控制1
18	DC2（device control2）	设备控制2
19	DC3（device control3）	设备控制3
20	DC4（device control4）	设备控制4
21	NAK（negative acknowledge）	拒绝接收
22	SYN（synchronousidle）	同步空闲
23	ETB（end of trans.block）	传输块结束
24	CAN（cancel）	取消
25	EM（end of medium）	介质中断
26	SUB（substitute）	替补
27	ESC（escape）	溢出
28	FS（file separator）	文件分割符
29	GS（group separator）	分组符
30	RS（record separator）	记录分离符
31	US（unit separator）	单元分隔符

3.5.4 转义字符

转义字符

在前面的实例3-1和实例3-2中都能看到“\n”符号，输出结果中却不显示该符号，只是进行了换行操作，这种符号称为转义符号。

转义符号在字符常量中是一种特殊的字符。转义字符是以反斜杠“\”开头的字符，后面跟一个或几个字符。常用的转义字符表及其含义如表3-3所示。

表3-3 常用的转义字符表

转义字符	意义	转义字符	意义
\n	回车换行	\\	反斜杠“\”
\t	水平制表符	\'	单引号符
\v	竖向跳格	\a	响铃
\b	退格	\ddd	1～3位八进制数所代表的字符
\r	回车	\xhh	1～2位十六进制数所代表的字符
\f	走纸换页		

3.5.5 符号常量

符号常量

在实例1-2中，程序的功能是求解一个长方体的体积，其中的长方体的高度是固定的，使用一个符号名代替固定的常量值，这里使用的符号名被称为符号常量。使用符号常量的好处在于可以为编程和阅读带来方便。

【例3-3】符号常量的使用。

本实例使用符号常量来表示圆周率，在控制台上显示文字提示用户输入的数据，该数据是有关圆半径的值。得到用户输入的半径，经过计算得到圆的面积，最后将结果显示。

```
#include<stdio.h>
#define PAI 3.14                                    /*定义符号常量*/

int main()
{
    double fRadius;                                 /*定义半径变量*/
    double fResult=0;                               /*定义结果变量*/
    printf("请输入圆的半径:");                       /*提示*/
    scanf("%lf",&fRadius);                          /*输入数据*/
    fResult=fRadius*fRadius*PAI;                    /*进行计算*/
    printf("圆的面积为：%lf\n",fResult);             /*显示结果*/
    return 0;                                       /*程序结束*/
}
```

运行程序，显示结果如图3-9所示。

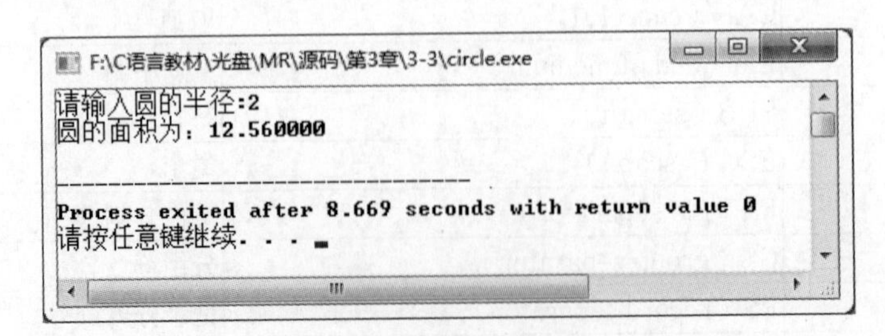

图3-9 符号常量的使用

3.6 变量

在前面的例子中已经多次接触过变量。变量就是在程序运行期间其值是可以进行变化的量。每一个变量都是一种类型，每一种类型都定义了变量的格式和行为。那么一个变量应该有属于自己的名称，并且在内存中占有存储空间，其中变量的大小取决于类型。C语言中的变量类型有整型变量、实型变量和字符型变量。

3.6.1 整型变量

整型变量

整型变量是用来存储整型数值的变量。整型变量的分类如表3-4所示的6种类型，其中基本类型的符号使用int关键字，在此基础上可以根据需要加上一些符号进行修饰，如关键字short或long。

表3-4 整型变量的分类

类型名称	关键字
有符号基本整型	[signed] int
无符号基本整型	unsigned [int]
有符号短整型	[signed] short [int]
无符号短整型	unsigned short [int]
有符号长整型	[signed] long [int]
无符号长整型	unsigned long [int]

表格中的[]为可选部分。例如[signed] int，在编写时可以省略signed关键字。

1. 有符号基本整型

有符号基本整型是指signed int型，其值是基本的整型常数。编写时，常将其关键字signed进行省略。有符号基本整型在内存中占4个字节，取值范围是-2147483648～2147483647。

通常我们说到的整型，都是指有符号基本整型int。

定义一个有符号整型变量的方法是在变量前使用关键字int。例如，定义一个整型的变量iNumber，为其赋值为10的方法如下：

```
int iNumber;                                    /*定义有符号基本整型变量*/
iNumber=10;                                     /*为变量赋值*/
```

或者在定义变量的同时，为变量进行赋值：

```
int iNumber=10;                                 /*定义有符号基本整型变量*/
```

【例3-4】使用有符号基本整型变量。

本实例是对有符号基本整型变量的使用，可使读者更为直观地看到其作用。

```
#include<stdio.h>
int main()
{
    signed int iNumber;                         /*定义有符号基本整型变量*/
    iNumber=10;                                 /*为变量进行赋值*/
    printf("%d\n",iNumber);                     /*显示整型变量*/
    return 0;                                   /*程序结束*/
}
```

运行程序，显示结果如图3-10所示。

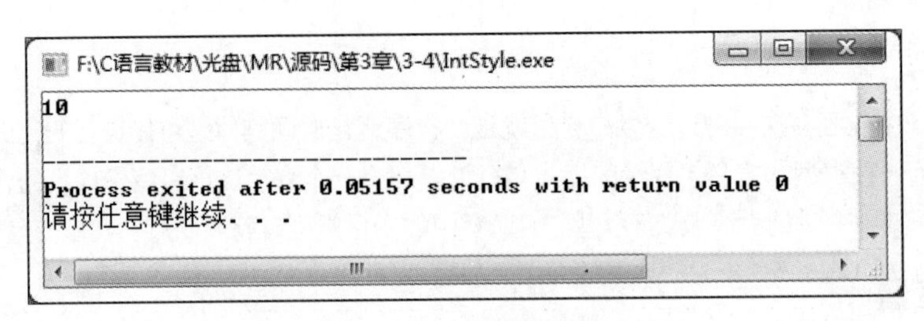

图3-10 有符号基本整型

2. 无符号基本整型

无符号基本整型使用的关键字是unsigned int，其中的关键字int在编写时是可以省略的。无符号基本整型在内存中占4个字节，取值范围是0～4294967295。

定义一个无符号基本整型变量的方法是在变量前使用关键字unsigned。例如，要定义一个无符号基本整型的变量iUnsignedNum，为其赋值为10的方法如下：

```
unsigned iUnsignedNum;                  /*定义无符号基本整型变量*/
iUnsignedNum=10;                        /*为变量赋值*/
```

3. 有符号短整型

有符号短整型使用的关键字是signed short int，其中的关键字signed和int在编写时是可以省略的。有符号短整型在内存中占2个字节，取值范围是-32768～32767。

定义一个有符号短整型变量的方法是在变量前使用关键字short。例如，要定义一个有符号短整型的变量iShortNum，为其赋值为10的方法如下：

```
short iShortNum;                        /*定义有符号短整型变量*/
iShortNum=10;                           /*为变量赋值*/
```

4. 无符号短整型

无符号短整型使用的关键字是unsigned short int，其中的关键字int在编写时是可以省略的。无符号短整型在内存中占2个字节，取值范围是0～65535。

定义一个无符号短整型变量的方法是在变量前使用关键字unsigned short。例如，要定义一个无符号短整型的变量iUnsignedShtNum，为其赋值为10的方法如下：

```
unsigned short iUnsignedShtNum;         /*定义无符号短整型变量*/
iUnsignedShtNum=10;                     /*为变量赋值*/
```

5. 有符号长整型

有符号长整型使用的关键字是long int，其中的关键字int在编写时是可以省略的。有符号长整型在内存中占4个字节，取值范围是-2147483648～2147483647。

定义一个有符号长整型变量的方法是在变量前使用关键字long。例如，要定义一个有符号长整型的变量iLongNum，其赋值为10的方法如下：

```
long iLongNum;                          /*定义有符号长整型变量*/
iLongNum=10;                            /*为变量赋值*/
```

6. 无符号长整型

无符号长整型使用的关键字是unsigned long int，其中的关键字int在编写时是可以省略的。无符号长整型在内存中占4个字节，取值范围是0～4294967295。

定义一个无符号长整型变量的方法是在变量前使用关键字unsigned long。例如，要定义一个有符号长整型的变量iUnsignedLongNum，为其赋值为10的方法如下：

```
unsigned long iUnsignedLongNum;         /*定义无符号长整型变量*/
iUnsignedLongNum=10;                    /*为变量赋值*/
```

3.6.2 实型变量

实型变量

实型变量也称为浮点型变量，是指用来存储实型数值的变量，其中实型数值是由整数和小数两部分组成的。实型变量根据实型的精度可以分为单精度类型、双精度类型和长双精度类型3种类型，如表3-5所示。

表3-5 实型变量的分类

类型名称	关键字
单精度类型	float
双精度类型	double
长双精度类型	long double

1. 单精度类型

单精度类型使用的关键字是float，它在内存中占4个字节，取值范围是$-3.4\times10^{-38}\sim3.4\times10^{38}$。

定义一个单精度类型变量的方法是在变量前使用关键字float。例如，要定义一个变量fFloatStyle，为其赋值为3.14的方法如下：

```
float fFloatStyle;                          /*定义单精度类型变量*/
fFloatStyle=3.14f;                          /*为变量赋值*/
```

【例3-5】使用单精度类型变量。

在本实例中，定义一个单精度类型变量，然后为其赋值为1.23，最后通过输出语句将其显示在控制台。

```
#include<stdio.h>

int main()
{
    float fFloatStyle;                      /*定义单精度类型变量*/
    fFloatStyle=1.23f;                      /*为变量进行赋值*/
    printf("%f\n",fFloatStyle);             /*输出变量的值*/
    return 0;                               /*程序结束*/
}
```

运行程序，显示结果如图3-11所示。

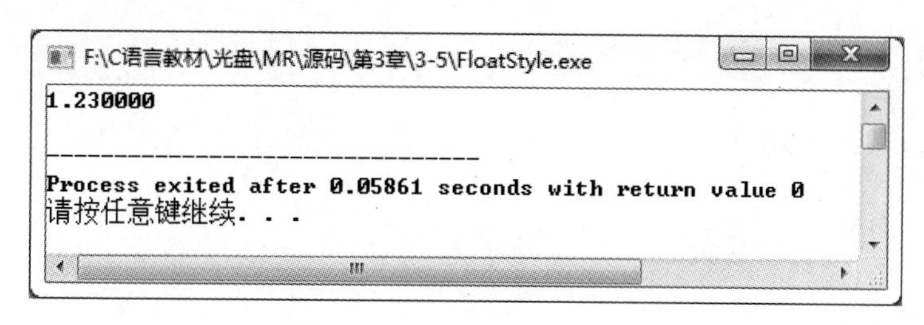

图3-11 使用单精度类型变量

2. 双精度类型

双精度类型使用的关键字是double，它在内存中占8个字节，取值范围是$-1.7\times10^{-308}\sim1.7\times10^{308}$。

定义一个双精度类型变量的方法是在变量前使用关键字double。例如，要定义一个变量dDoubleStyle，为其赋值为5.321的方法如下：

```
double dDoubleStyle;                        /*定义双精度类型变量*/
dDoubleStyle=5.321;                         /*为变量赋值*/
```

【例3-6】使用双精度类型变量。

在本实例中，定义一个双精度类型变量，然后为其赋值为61.458，最后通过输出语句将其显示在控制台。

```
#include<stdio.h>

int main()
{
    double dDoubleStyle;                      /*定义一个双精度类型变量*/
    dDoubleStyle=61.458;                      /*为变量赋值*/
    printf("%f\n",dDoubleStyle);              /*显示变量值*/
    return 0;                                 /*程序结束*/
}
```

运行程序，显示结果如图3-12所示。

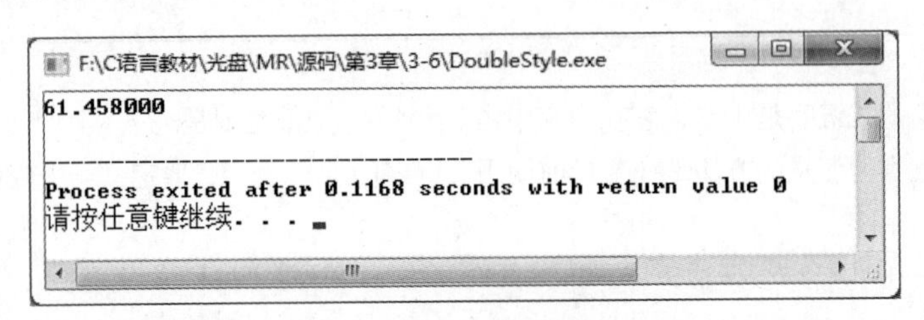

图3-12　使用双精度类型变量

3. 长双精度类型

长双精度类型使用的关键字是long double，它在内存中占8个字节，取值范围是$-1.7\times10^{-308}\sim1.7\times10^{308}$。

定义一个长双精度类型变量的方法是在变量前使用关键字long double。例如，要定义一个变量fLongDouble，为其赋值为46.257的方法如下：

```
long double fLongDouble;                      /*定义双精度类型变量*/
fLongDouble=46.257;                           /*为变量赋值*/
```

【例3-7】使用长双精度类型变量。

在本实例中，定义一个长双精度类型变量，然后为其赋值为46.257，最后通过输出语句将其显示在控制台。

```
#include<stdio.h>

int main()
{
    long double fLongDouble;                  /*定义长双精度变量*/
    fLongDouble=46.257;                       /*为变量赋值*/
    printf("%f\n",fLongDouble);               /*将变量值进行输出*/
    return 0;                                 /*程序结束*/
}
```

运行程序，显示结果如图3-13所示。

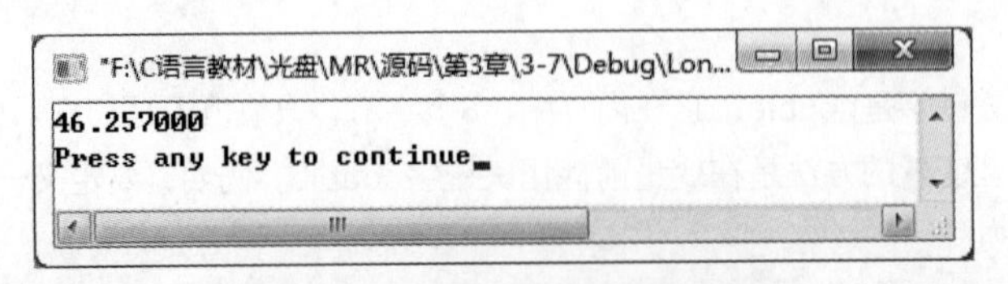

图3-13　使用长双精度类型变量

本程序使用Visual C++6.0运行，因为Dev C++编译器不支持long double。

3.6.3 字符型变量

字符型变量

字符型变量是用来存储字符常量的变量。将一个字符常量存储到一个字符变量中，实际上是将该字符的ASCII码值（无符号整数）存储到内存单元中。

字符型变量在内存空间中占一个字节，取值范围是-128～127。

定义一个字符型变量的方法是使用关键字char。例如，要定义一个字符型的变量cChar，为其赋值为'a'的方法如下：

```
char cChar;                                    /*定义字符型变量*/
cChar= 'a';                                    /*为变量赋值*/
```

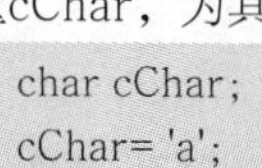

字符数据在内存中存储的是字符的ASCII码，即一个无符号整数，其形式与整数的存储形式一样，因此C语言允许字符型数据与整型数据之间通用。例如：

```
char cChar1;                                   /*字符型变量cChar1*/
char cChar2;                                   /*字符型变量cChar2*/
cChar1='a';                                    /*为变量赋值*/
cChar2=97;
printf("%c\n",cChar1);                         /*显示结果为a*/
printf("%c\n",cChar2);                         /*显示结果为a*/
```

从上面的代码中可以看到，首先定义两个字符型变量，在为两个变量进行赋值时，一个变量赋值为'a'，而另一个赋值为97。最后显示结果都是字符'a'。

【例3-8】使用字符型变量。

在本实例中为定义的字符型变量和整型变量进行不同的赋值，然后通过输出的结果来观察整型变量和字符型变量之间的转换。

```
#include<stdio.h>
int main()
{
    char cChar1;                               /*定义字符型变量cChar1*/
    char cChar2;                               /*定义字符型变量cChar2*/
    int iInt1;                                 /*定义整型变量iInt1*/
    int iInt2;                                 /*定义整型变量iInt2*/

    cChar1='a';                                /*为变量赋值*/
    cChar2=97;
    iInt1='a';
    iInt2=97;

    printf("%c\n",cChar1);                     /*显示结果为a*/
    printf("%d\n",cChar2);                     /*显示结果为97*/
    printf("%c\n",iInt1);                      /*显示结果为a*/
    printf("%d\n",iInt2);                      /*显示结果为97*/
    return 0;                                  /*程序结束*/
}
```

运行程序，显示结果如图3-14所示。

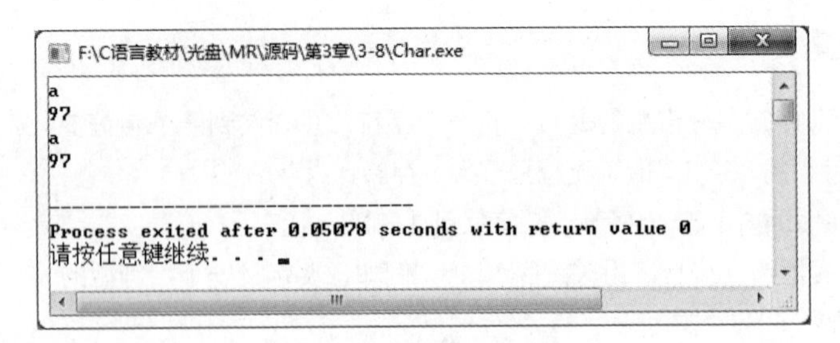

图3-14 使用字符型变量

以上就是有关整型变量、实型变量和字符型变量的相关知识，在这里使用一个表格对这些知识进行总体的概括，如表3-6所示。

表3-6 数值型和字符型数据的字节数和数值范围

类型	关键字	字节	数值范围
整型	[signed] int	4	-2147483648～2147483647
无符号整型	unsigned [int]	4	0～4294967295
短整型	short [int]	2	-32768～32767
无符号短整型	unsigned short [int]	2	0～65535
长整型	long [int]	4	-2147483648～2147483647
无符号长整型	unsigned long [int]	4	0～4294967295
字符型	[signed] char	1	-128～127
无符号字符型	unsigned char	1	0～255
单精度型	float	4	$-3.4\times10^{-38}\sim3.4\times10^{38}$
双精度型	double	8	$-1.7\times10^{-308}\sim1.7\times10^{308}$
长双精度型	long double	8	$-1.7\times10^{-308}\sim1.7\times10^{308}$

3.7 变量的存储类别

变量的存储类别

在程序中经常会使用到变量，在C程序中可以选择变量的不同存储形式，其存储类别分为静态存储和动态存储。静态存储就是指程序运行分配的固定的存储方式，而动态存储则是在程序运行期间根据需要动态地分配存储空间。存储类修饰符可以告诉编译器要处理的类型变量，类型变量主要有自动（auto）、静态（static）、寄存器（register）和外部（extern）4种。

3.7.1 auto变量

auto 变量

auto关键字就是修饰一个局部变量为自动的，这意味着每次执行到定义该变量时，都会产生一个新的变量，并且对其重新进行初始化。

【例3-9】使用auto变量。

在AddOne函数中定义一个auto型的整型变量iInt，在其中对变量进行加1操作。之后在主函数main中通过显示的提示语句，可以看到调用两次AddOne函数的输出，从结果中可以看到，在AddOne函数中定义整型变量时系统会为其分配内存空间，在函数调用结束时自动释放这些存储空间。

```
#include<stdio.h>

void AddOne()
{
```

```
    auto int iInt=1;                          /*定义auto整型变量*/
    iInt=iInt+1;                              /*变量加1*/
    printf("%d\n",iInt);                      /*显示结果*/
}
int main()
{
    printf("第一次调用：");                   /*显示结果*/
    AddOne();                                 /*调用AddOne函数*/
    printf("第二次调用：");                   /*显示结果*/
    AddOne();                                 /*调用AddOne函数*/
    return 0;                                 /*程序结束*/
}
```

运行程序，显示结果如图3-15所示。

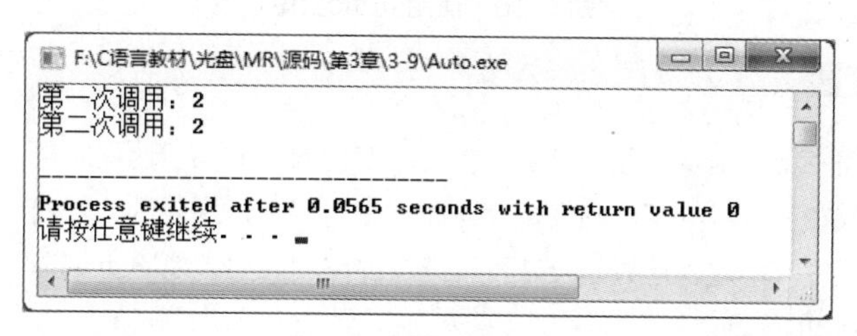

图3-15　使用auto变量

事实上，关键字auto是可以省略的，如果不特别指定，局部变量的存储方式默认为自动的。

3.7.2　static变量

static 变量

static变量为静态变量，将函数的内部和外部变量声明成static变量的意义是不一样的（有关函数的内容在本书第9章进行介绍）。不过对于局部变量来说，static变量是和auto变量相对而言的。尽管两者的作用域都是仅限于声明变量的函数之中，但是在语句块执行期间，static变量将始终保持它的值，并且初始化操作只在第一次执行时起作用。在随后的运行过程中，变量将保持语句块上一次执行时的值。

【例3-10】使用static变量。

在AddOne函数中定义一个static型的整型变量iInt，在其中对变量进行加1操作。之后在主函数main中通过显示的提示语句，可以看到调用两次AddOne函数的输出，从结果中可以发现static变量的值保持不变。

```
#include<stdio.h>

void AddOne()
{
    static int iInt=1;                        /*定义static整型变量*/
    iInt=iInt+1;                              /*变量加1*/
    printf("%d\n",iInt);                      /*显示结果*/
}
int main()
{
    printf("第一次调用：");                   /*显示结果*/
    AddOne();                                 /*调用AddOne函数*/
```

```
    printf("第二次调用：");                      /*显示结果*/
    AddOne();                                   /*调用AddOne函数*/
    return 0;                                   /*程序结束*/
}
```

运行程序，显示结果如图3-16所示。

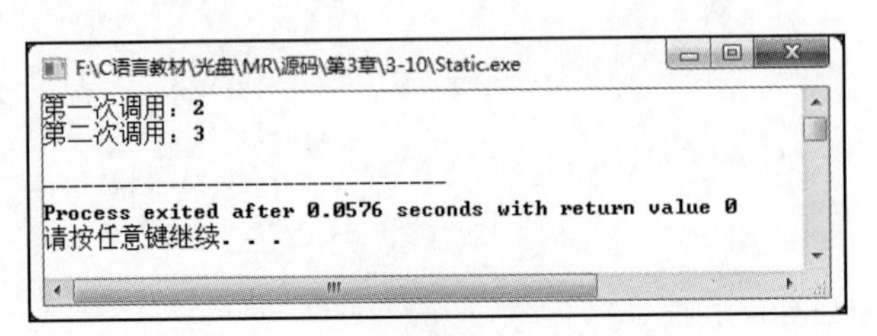

图3-16　使用static变量

3.7.3　register变量

register变量

register变量称为寄存器存储类变量。使用register变量的目的在于让程序员指定把某个局部变量存放在计算机的某个硬件寄存器而不是内存中，这样做的好处是可以提高程序的运行速度。不过，这只是反映了程序员的主观意愿，实际上编译器可以忽略register对变量的修饰。

用户无法获得寄存器变量的地址，因为绝大多数计算机的硬件寄存器都不占用内存地址。而且，即使编译器忽略register而把变量存放在可设定的内存中，也是无法获取变量的地址的。

如果想有效地利用寄存器register关键字，必须像汇编语言程序员那样了解处理器的内部结构，知道可用于存放变量的寄存器的数量、种类以及工作方式。但是，不同计算机对于这些细节可能是不同的，因此，对于一个要具备可移植性的程序来说，register的作用并不大。

下面通过一个实例来介绍寄存器变量的使用方法。

【例3-11】使用register变量修饰整型变量。

```
#include<stdio.h>

int main()
{
    register int iInt;                          /*定义寄存器整型变量*/
    iInt = 100;
    printf("%d\n",iInt);                        /*显示结果*/
    return 0;                                   /*程序结束*/
}
```

运行程序，显示结果如图3-17所示。

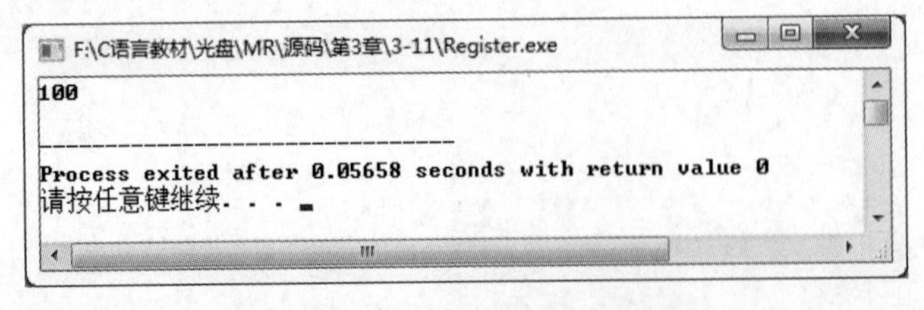

图3-17　使用register变量

3.7.4　extern变量

extern 变量

extern变量称为外部存储变量。extern声明了程序中将要用到但尚未定义的外部变量。通常，外部存储类都用于声明在另一个转换单元中定义的变量。

下面通过一个实例来具体了解一下extern变量。

【例3-12】使用extern变量。

在本实例中，首先在Extern1文件中定义一个iExtern变量，并为其进行赋值，然后在Extern2文件中使用iExtern变量，将其变量值显示到控制台。

```
/*//////////////////////////////////////////////////////////////////////////*/
/*                              在Extern1文件中                               */
/*//////////////////////////////////////////////////////////////////////////*/
#include<stdio.h>

int main()
{
    extern int iExtern;                          /*定义外部整型变量*/
    printf("%d\n",iExtern);                      /*显示变量值*/
    return 0;                                    /*程序结束*/
}

/*//////////////////////////////////////////////////////////////////////////*/
/*                              在Extern2文件中                               */
/*//////////////////////////////////////////////////////////////////////////*/

#include<stdio.h>

int iExtern=100;                                 /*定义一个整型变量，为其赋值为100*/
```

运行程序，显示结果如图3-18所示。

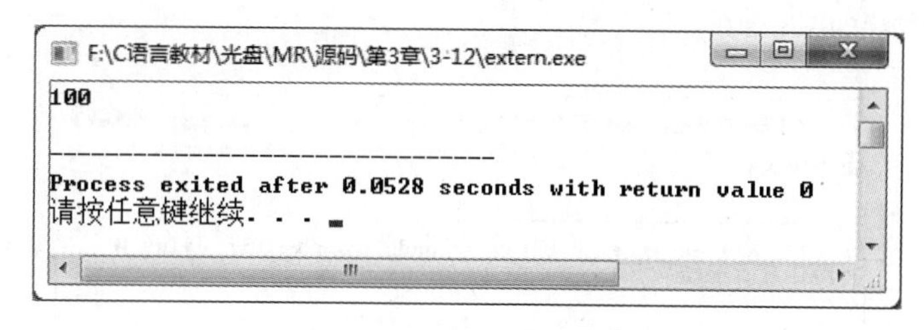

图3-18 使用extern变量

3.8 混合运算

不同类型的数据之间可以进行混合运算，如10+'a'-1.5+3.2*6。

在进行这样的计算时，不同类型的数据要先转换成同一类型，然后进行运算。转换的方式如图3-19所示。

混合运算

【例3-13】混合运算。

在本实例中，将int型变量与char型变量、float型变量进行相加，将其结果存放在double类型的result变量中，最后使用printf函数将其输出。

```
#include<stdio.h>

int main()
```

```
{
    int  iInt=1;                                /*定义整型变量*/
    char  cChar='A';                            /*ASCII码为65*/
    float fFloat=2.2f;                          /*定义单精度型整型变量*/

    double result=iInt+cChar+fFloat;            /*得到相加的结果*/

    printf("%f\n",result);                      /*显示结果*/
    return 0;                                   /*程序结束*/
}
```

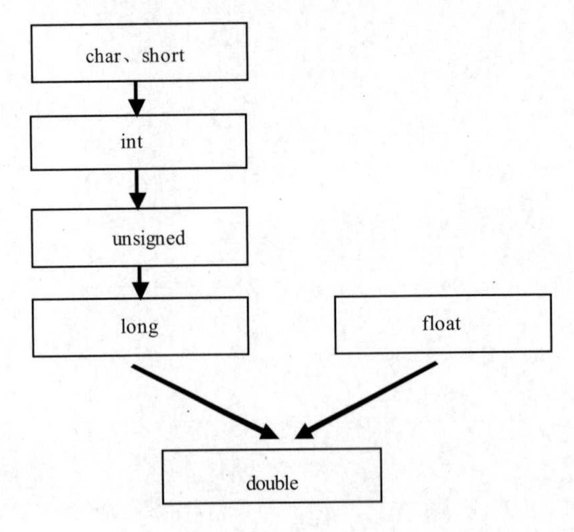

图3-19　不同类型数据的转换规律

运行程序，显示结果如图3-20所示。

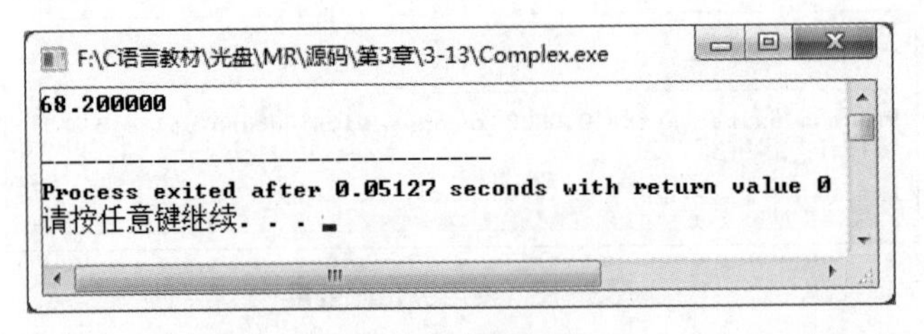

图3-20　混合运算

小 结

本章首先介绍了有关编写程序的一些规范，这些规范虽然不是必需的，但是一个好的编程习惯应该是每一个程序员所必备的。

然后介绍了有关常量的内容，其中通过讲解和实例对其进行阐述。了解有关常量的内容后，引出了有关变量的知识，对变量赋这些常量值，使得在程序中可以使用变量存储数值。

最后通过介绍变量的存储类别，进一步说明了有关变量的具体使用情况。

上机指导

求一元二次方程$ax^2+bx+c=0$的根。

求解一元二次方程的根，由键盘输入系数，输出方程的根。这种问题类似于给出公式计算，按照输入数据、计算、输出三步方案来设计运行程序。这里将用到本章所介绍的关于数据类型、运算符及表达式等相关知识，对程序中变量进行合理定义及运用。

上机指导

问题中已知的数据为a、b、c，待求的数据为方程的根，设为x1、x2，数据的类型为double类型。已知的数据可以输入（赋值）取得。

已知一元二次方程的求根公式为$\frac{-b+\sqrt{b^2-4ac}}{2a}$和$\frac{-b-\sqrt{b^2-4ac}}{2a}$，可以根据公式直接求得方程的根。为了使得求解的过程更简单，可以考虑使用中间变量来存放判别式b^2-4ac的值。最后使用标准输出函数把求得的结果输出。运行程序，输入方程的系数，计算出表达式的根，运行结果如图3-21所示。

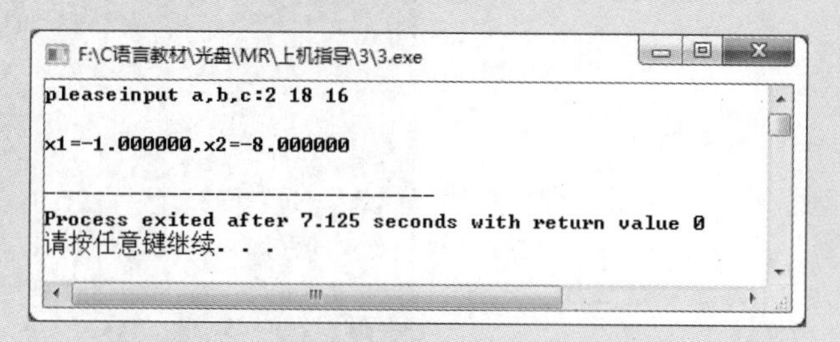

图3-21　求一元二次方程$ax^2+bx+c=0$的根

习　题

3-1 对于任意一个圆，根据给定的半径r，求圆的周长。

3-2 十进制数和二进制数之间可以直接转换，编写代码进行进制转换。

3-3 编码求解一个小球从100米高度自由落下，每次落地后反弹回原高度的一半；再落下，求它在第10次落地时，共经过多少米？第10次反弹多高？

3-4 实现从键盘输入一个大写字母，然后将其转换成小写字母并输入。

3-5 求100～200的素数。

3-6 幼儿园老师给学生由前向后发糖果，每个学生得到的糖果数目成等差数列，前四个学生的得到的糖果数目之和是26，积是880，编程求前20名学生每人得到的糖果数目。

CHAPTER04

第4章

运算符与表达式

本章要点

- 了解表达式的使用
- 掌握赋值运算符
- 掌握算术运算符
- 掌握关系运算符
- 掌握逻辑运算符和位逻辑运算符
- 掌握逗号运算符的使用方式

■ 读者在了解程序中会用到的数据类型后，还要懂得如何操作这些数据。掌握C语言中各种运算符及其表达式的应用是必不可少的。

■ 本章致力于使读者了解表达式的概念，掌握运算符及相关表达式的使用方法，其中包括赋值运算符、算术运算符、关系运算符、逻辑运算符、位逻辑运算符、逗号运算符和复合赋值运算符，并且通过实例进行相应的练习，及时对其加深印象。

4.1 表达式

表达式是C语言的主体。在C语言中，表达式由操作符和操作数组成。最简单的表达式可以只含有一个操作数。根据表达式所含操作符的个数，可以把表达式分为简单表达式和复杂表达式两种，简单表达式是只含有一个操作符的表达式，而复杂表达式是包含两个或两个以上操作符的表达式。

下面通过几个表达式进行观察：

```
5+5
iNumber+9
iBase+(iPay*iDay)
```

表达式本身什么事情也不做，只是返回结果值。在程序不对返回的结果值进行任何操作的情况下，返回的结果值不起任何作用，也就是返回的结果值将被忽略。

表达式产生的作用主要有以下两种情况。

- 放在赋值语句的右侧（下面要讲解）。
- 放在函数的参数中（将在第9章函数中进行讲解）。

表达式返回的结果值是有类型的。表达式隐含的数据类型取决于组成表达式的变量和常量的类型。

每个表达式的返回值都具有逻辑特性。如果返回值是非零的，那么该表达式返回真值，否则返回假值。通过这个特点，可以将表达式放在用于控制程序流程的语句中，这样就构建了条件表达式。

【例4-1】掌握表达式的使用。

本实例中声明了3个整型变量，其中有对变量赋值为常数，还有将表达式的结果赋值给变量，最后将变量的值显示在屏幕上。

```
#include<stdio.h>
int main()
{
    int iNumber1,iNumber2,iNumber3;                          /*声明变量*/
    iNumber1=3;                                              /*为变量赋值*/
    iNumber2=7;

    printf("the first number is :%d\n",iNumber1);            /*显示变量值*/
    printf("the second number is :%d\n",iNumber2);

    iNumber3=iNumber1+10;                                    /*表达式中利用iNumber1变量加上一个常量*/
    printf("the first number add 10 is :%d\n",iNumber3);     /*显示iNumber3的值*/

    iNumber3=iNumber2+10;                                    /*表达式中利用iNumber2变量加上一个常量*/
    printf("the second number add 10 is :%d\n",iNumber3);    /*显示iNumber3的值*/

    iNumber3=iNumber1+iNumber2;                              /*表达式中是两个变量进行计算*/
    printf("the result number of first add second is :%d\n",iNumber3);   /*将计算结果输出*/
    return 0;                                                            /*程序结束*/
}
```

（1）在程序中，主函数main中的第一行代码是声明变量的表达式，可以看到使用逗号通过一个表达式声明3个变量。

在C语言中，逗号既可以作为分隔符，又可以用在表达式中。

① 逗号作为分隔符使用时：用于间隔说明语句中的变量或函数中的参数。如上面程序中声明变量时，就属于在语句中使用逗号，将iNumber1、iNumber2和iNumber3变量进行分隔声明。使用代码举例如下：

```
int iNumber1, iNumber2;                          /*使用逗号分隔变量*/
printf("the number is %d",iResult);              /*使用逗号分隔参数*/
```

② 逗号用在表达式中：可以将若干个独立的表达式联结在一起。其一般的表现形式如下：

```
表达式1,表达式2,表达式3,……
```

其运算过程就是先计算表达式1，然后计算表达式2，……，依次计算下去。在循环语句中，逗号就可以在for语句中使用，例如：

```
for(i=0,j=100;i<j;i++,j--)                 /*在for语句中，使用逗号将表达式进行分隔*/
{
    k=i+j;
}
```

（2）接下来的语句是使用常量为变量赋值的表达式，其中“iNumber1=3;”是将常量3赋值给iNumber1。“iNumber2=7;”语句是将7赋值给iNumber2。然后通过输出语句printf分别显示这两个变量的值。

（3）在语句“iNumber3=iNumber1+10;”中，表达式将变量iNumber与常量10相加，然后将返回的值赋给iNumber3变量，之后使用输出函数printf将iNumber3变量的值进行显示。接下来将变量iNumber2与常量10相加，进行相同的操作。

（4）在语句“iNumber3=iNumber1+iNumber2;”中，可以看到表达式中是两个变量进行相加，同样返回相加的结果，将其值赋给变量iNumber3，最后输出显示结果。

运行程序，显示结果如图4-1所示。

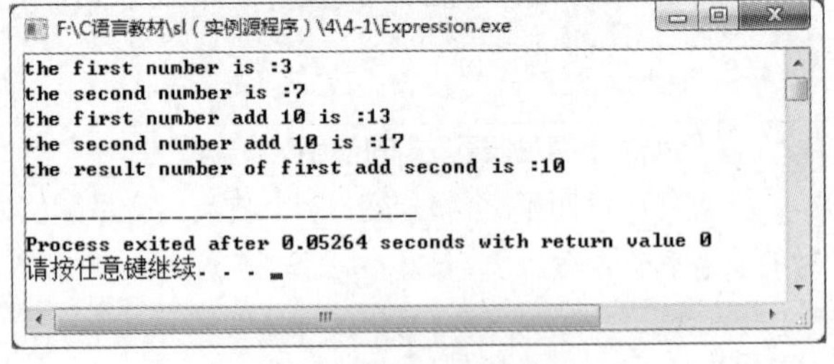

图4-1 程序输出结果

4.2 赋值运算符与赋值表达式

在程序中常常遇到的赋值符号“=”就是赋值运算符，其作用就是将一个数据赋给一个变量。例如：

```
iAge=20;
```

这就是一次赋值操作，是将常量20赋给变量iAge。同样也可以将一个表达式的值赋给一个变量。例如：

```
Total=Counter*3;
```

下面进行详细的讲解。

4.2.1 变量赋初值

变量赋初值

在声明变量时，可以为其赋一个初值，就是将一个常数或者一个表达式的结果赋值给一个变量，变量中保存的内容就是这个常量或者赋值语句中表达式的值。这就是为变量赋初值。

- 先来看一下为变量赋值为常数的情况。一般形式如下：

```
类型 变量名 = 常数;
```

其中的变量名也称为变量的标识符。通过变量赋初值的一般形式，以下是相关的代码实例：

```
char cChar ='A';
int iFirst=100;
float fPlace=1450.78f;
```

- 赋值表达式为变量赋初值。

赋值语句把一个表达式的结果值赋给一个变量。一般形式如下：

```
类型 变量名 = 表达式;
```

可以看到，其一般形式与常数赋值的一般形式是相似的，例如：

```
int iAmount= 1+2;
float fPrice= fBase+Day*3;
```

在上面的举例中，得到赋值的变量iAmount和fPrice称为左值，因为它出现的位置在赋值语句的左侧。产生值的表达式称为右值，因为它出现的位置在表达式的右侧。

这是一个重要的区别，并不是所有的表达式都可以作为左值，如常数只可以作为右值。

在声明变量时，直接为其赋值称为赋初值，也就是变量的初始化。如果先将变量声明，再进行变量的赋值操作也是可以的。例如：

```
int iMonth;                                   /*声明变量*/
iMonth= 12;                                   /*为变量赋值*/
```

【例4-2】模拟钟点工的计费情况，使用赋值语句和表达式得出钟点工工作8小时后所得的薪水。

```
#include<stdio.h>

int main()
{
    int iHoursWorded=8;                       /*定义变量，为变量赋初值，表示工作时间*/
    int iHourlyRate;                          /*声明变量，表示1小时的薪水*/
    int iGrossPay;                            /*声明变量，表示得到的工资*/

    iHourlyRate=13;                           /*为变量赋值*/
    iGrossPay=iHoursWorded*iHourlyRate;       /*将表达式的结果赋值给变量*/

    printf("The HoursWorded is: %d\n",iHoursWorded);   /*显示工作时间变量*/
    printf("The HourlyRate is: %d\n",iHourlyRate);     /*显示1小时的薪水*/
    printf("The GrossPay is: %d\n",iGrossPay);         /*显示工作所得的工资*/

    return 0;                                 /*程序结束*/
}
```

（1）钟点工的薪水是一个小时的工薪×工作的小时数。因此在程序中需要3个变量来表示这个钟点工薪水的计算过程。iHoursWorded表示工作的时间，一般的工作时间都是固定的，在这里为其赋初值为8，表示8小时。iHourlyRate表示1小时的工薪。iGrossPay表示钟点工工作8小时后，应该得到的工资。

（2）工资是可以变化的，iHourlyRate变量声明之后，为其设定工资，设定为1小时为13。根据步骤（1）中计算钟点工薪水的公式，得到总工薪的表达式，将表达式的结果保存在iGrossPay变量中。

（3）最后通过输出函数将变量的值和计算的结果都在屏幕上进行显示。

运行程序，显示结果如图4-2所示。

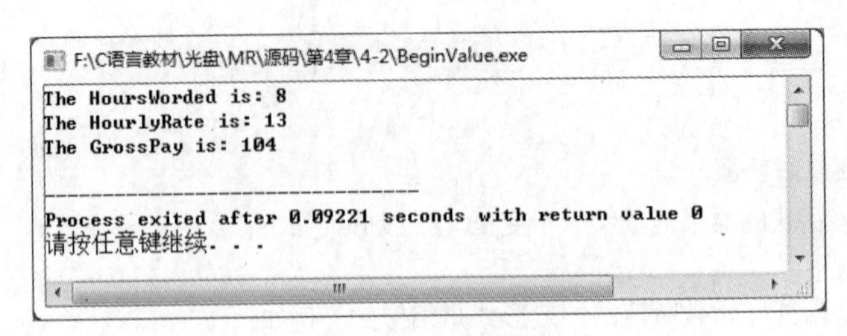
F:\C语言教材\光盘\MR\源码\第4章\4-2\BeginValue.exe
The HoursWorded is: 8
The HourlyRate is: 13
The GrossPay is: 104

Process exited after 0.09221 seconds with return value 0
请按任意键继续. . .

图4-2　为变量赋初值

4.2.2　自动类型转换

自动类型转换

数据类型有很多种，如字符型、整型、长整型和实型等，因为这些类型的变量、长度和符号特性都不同，所以取值范围也不同。混合使用这些类型时会出现什么情况呢？第3章已经对此有所介绍。

C语言中使用一些特定的转换规则。根据这些转换规则，数据类型变量可以混合使用。如果把比较短的数据类型变量的值赋给比较长的数值类型变量，那么比较短的数据类型变量中的值会升级表示为比较长的数值类型，数据信息不会丢失。但是，如果把较长的数据类型变量的值赋给比较短的数据类型变量，那么数据就会降低级别表示，并且当数据大小超过比较短的数值类型的可表示范围时，就会发生数据截断。

有些编译器遇到这种情况时就会发出警告信息，例如：

```
float i=10.1f;
int j=i;
```

此时编译器会发出警告，如图4-3所示。

```
warning C4244: 'initializing' : conversion from 'float ' to 'int ', possible loss of data
```

图4-3　程序警告

4.2.3　强制类型转换

强制类型转换

通过自动类型转换的介绍得知，如果数据类型不同，就可以根据不同情况自动进行类型转换，但此时编译器会提示警告信息。这时如果使用强制类型转换告知编译器，就不会出现警告。

强制类型转换的一般形式为：

```
(类型名) (表达式)
```

例如在上述不同变量类型转换时使用强制类型转换的方法：

```
float i=10.1f;
int j= (int)i;                                    /*进行强制类型转换*/
```

从这段代码中可以看到在变量前使用包含要转换类型的括号，这样就对变量进行了强制类型转换。

【例4-3】 通过不同类型变量之间的赋值，将赋值操作后的结果进行输出，观察类型转换后的结果。

```
#include<stdio.h>

int main()
{
    char cChar;                          /*字符型变量*/
    short int iShort;                    /*短整型变量*/
    int iInt;                            /*整型变量*/
```

```
    float fFloat=70000;                    /*单精度浮点型*/

    cChar=(char)fFloat;                    /*强制类型转换赋值*/
    iShort=(short)fFloat;
    iInt=(int)fFloat;

    printf("the char is: %c\n",cChar);     /*输出字符变量值*/
    printf("the long is: %ld\n",iShort);   /*输出短整型变量值*/
    printf("the int is: %d\n",iInt);       /*输出整型变量值*/
    printf("the float is: %f\n",fFloat);   /*输出单精度浮点型变量值*/

    return 0;                              /*程序结束*/
}
```

在本实例中定义了一个单精度浮点型变量，然后通过强制类型转换将其赋给不同类型的变量。因为是由高的级别向低的级别转换，所以可能会出现数据的丢失。在使用强制转换时要注意此问题。

运行程序，显示结果如图4-4所示。

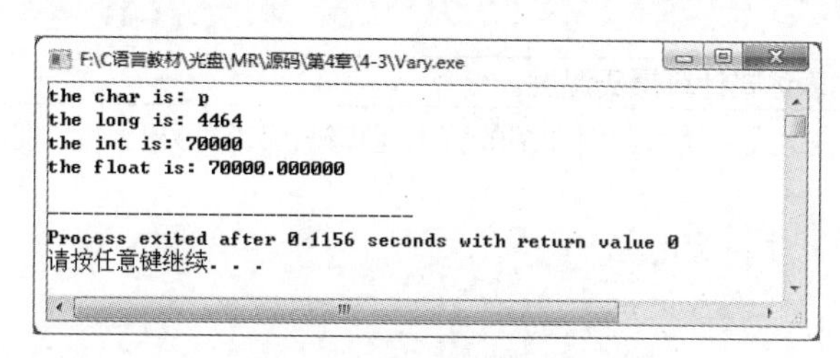

图4-4　显示类型转换的结果

4.3　算术运算符与算术表达式

4.3.1　算术运算符

算术运算符

C语言的算术运算符包括两个单目运算符（正和负）和5个双目运算符（即乘法、除法、取模、加法和减法）。具体符号和对应的功能如表4-1所示。

表4-1　算术运算符

符号	功能	符号	功能
+	单目正	%	取模
-	单目负	+	加法
*	乘法	-	减法
/	除法		

在上述算术运算符中，取模运算符“%”用于计算两个整数相除得到的余数，并且取模运算符的两侧均为整数，如7%4的结果是3。

其中的单目正运算符是冗余的，也就是为了与单目负运算符构成一对而存在的。单目运算符不会改变任何数值，如不会将一个负值表达式改为正。

运算符“-”作为减法运算符，此时为双目运算符，如5-3。“-”也可作负值运算符，此时为单目负运算，如-5等。

4.3.2 算术表达式

在表达式中使用算术运算符，则将该表达式称为算术表达式。下面是一些算术表达式的例子，其中使用的运算符就是表4-1中所列出的算术运算符：

```
Number=(3+5)/Rate;
Height= Top-Bottom+1;
Area=Height * Width;
```

需要说明的是，两个整数相除的结果为整数，如7/4的结果为1，舍去的是小数部分。但是，如果其中的一个数是负数时会出现什么情况呢？此时机器会采取“向零取整”的方法，即为-5.8，取正后是5.8，取整之后是5或者6，采用向0靠拢，那么就要取5。这种方法也称为“向零去尾”，把小数点后的尾去掉 。

如果用+、-、*、/ 运算的两个数中有一个为实数，那么结果是double型，这是因为所有实数都按double型进行运算。

【例4-4】使用算术表达式计算摄氏温度。

在本实例中，通过在表达式中使用上面介绍的算术运算符，计算摄氏温度，把用户的华氏温度换算为摄氏温度，然后显示出来。

```
#include<stdio.h>
int main()
{
    int iCelsius,iFahrenheit;                    /*声明两个变量*/
    printf("Please enter temperature :\n");      /*显示提示信息*/
    scanf("%d",&iFahrenheit);                    /*在键盘上输入华氏温度*/
    iCelsius=5*(iFahrenheit-32)/9;               /*通过算术表达式进行计算，并将结果赋值*/

    printf("Temperature is :");                  /*显示提示信息*/
    printf("%d",iCelsius);                       /*显示摄氏温度*/
    printf(" degrees Celsius\n");                /*显示提示信息*/
    return 0;                                    /*程序结束*/
}
```

（1）在主函数main中声明两个整型变量，iCelsius表示摄氏温度，iFahrenheit表示华氏温度。

（2）使用printf函数显示提示信息。之后使用scanf函数获得在键盘上输入的数据，其中%d是格式字符，用来表示输入有符号的十进制整数，这里输入80。

（3）利用算术表达式，将获得的华氏温度转换成摄氏温度。最后将转换的结果进行输出，可以看到80是用户输入的华氏温度，而26是计算后输出的摄氏温度。

运行程序，显示结果如图4-5所示。

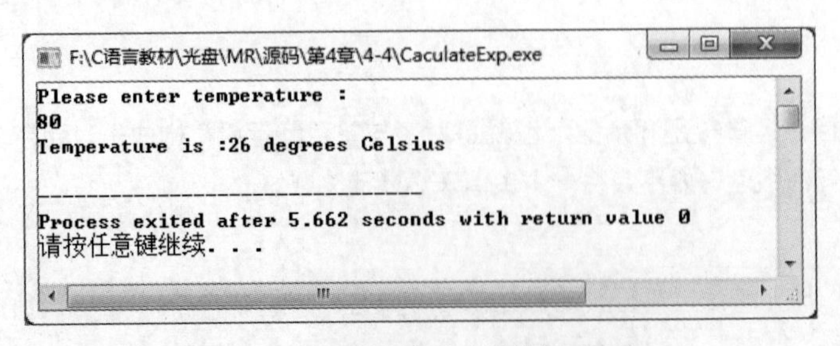

图4-5 使用算术表达式计算摄氏温度

4.3.3 优先级与结合性

优先级与结合性

C语言中规定了各种算术运算符的优先级和结合性，首先来看一下有关算术运算符的优先级。

1. 算术运算符的优先级

在表达式求值时，先按照运算符的优先级别高低次序执行，算术运算符中*、/、%的优先级别高于+、-。例如，如果在表达式中同时出现*和+，那么先运算乘法：

```
R=x+y*z;
```

在表达式中，因为*比+的优先级高，所以会先进行y*z的运算，最后进行加x的运算。

在表达式中常会出现这样的情况，例如要进行a+b再将结果与c相乘，将表达式写为a+b*c。可是因为*的优先级高于+，这样的话就会先执行乘法运算，显然不是期望得到的结果，这时应该怎么办呢？此时可以使用括号“( )”将级别提高先进行运算，就可以得到预期的结果了，例如解决上式的方法是(a+b)*c。括号可以使其中的表达式先进行运算的原因在于，括号在运算符中的优先级别是最高的。

2. 算术运算符的结合性

当算术运算符的优先级相同时，结合方向为“自左向右”。例如：

```
a-b+c
```

因为减法和加法的优先级是相同的，所以b先与减号相结合，执行a-b的操作，然后执行加c的操作。这样的操作过程就称为“自左向右的结合性”，在后面的介绍中还可以看到“自右向左的结合性”。本章小结处将会给出有关运算符的优先级和结合性的表格（见表4-5），读者可以进行参照。

【例4-5】算术运算符的优先级和结合性。

在本实例中，通过不同运算符的优先级和结合性，使用printf函数显示最终的计算结果，根据结果体会算术运算符的优先级和结合性的概念。

```
#include<stdio.h>

int main()
{
    int iNumber1,iNumber2,iNumber3,iResult=0;           /*声明整型变量*/
    iNumber1=20;                                         /*为变量赋值*/
    iNumber2=5;
    iNumber3=2;

    iResult=iNumber1+iNumber2-iNumber3;                  /*加法，减法表达式*/
    printf("the result is : %d\n",iResult);              /*显示结果*/

    iResult=iNumber1-iNumber2+iNumber3;                  /*减法，加法表达式*/
    printf("the result is : %d\n",iResult);              /*显示结果*/

    iResult=iNumber1+iNumber2*iNumber3;                  /*加法，乘法表达式*/
    printf("the result is : %d\n",iResult);              /*显示结果*/

    iResult=iNumber1/iNumber2*iNumber3;                  /*除法，乘法表达式*/
    printf("the result is : %d\n",iResult);              /*显示结果*/
```

```
    iResult=(iNumber1+iNumber2)*iNumber3;               /*括号，加法，乘法表达式*/
    printf("the result is : %d\n",iResult);             /*显示结果*/

    return 0;
}
```

（1）在程序中先声明要用到的变量，其中iResult的作用是存储计算结果，为其他变量进行赋值。

（2）接下来使用算术运算符完成不同的操作，根据这些不同操作输出的结果来观察优先级与结合性。

- 根据代码“iResult=iNumber1+iNumber2-iNumber3;”与“iResult=iNumber1-iNumber2+iNumber3;”的结果，表示相同优先级别的运算符根据结合性由左向右进行运算。
- 语句“iResult=iNumber1+iNumber2*iNumber3;”与上面的语句进行比较，可以看出不同级别的运算符按照优先级进行运算。
- 语句“iResult=iNumber1/iNumber2*iNumber3;”又体现出同优先级的运算符按照结合性进行运算。
- 语句“iResult=(iNumber1+iNumber2)*iNumber3;”中使用括号提高优先级，使括号中的表达式先进行运算，表现出括号在运算符中具有最高优先级。

运行程序，显示结果如图4-6所示。

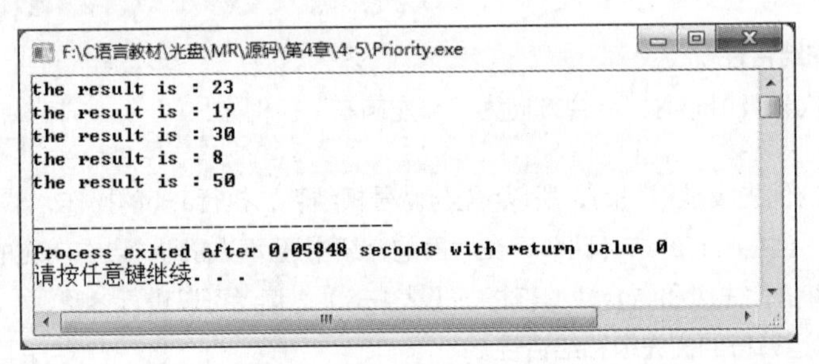

图4-6 优先级和结合性

4.3.4 自增、自减运算符

自增、自减运算符

在C语言中还有两个特殊的运算符，即自增运算符“++”和自减运算符“--”。自增运算符和自减运算符对变量的操作分别是增加1和减少1。

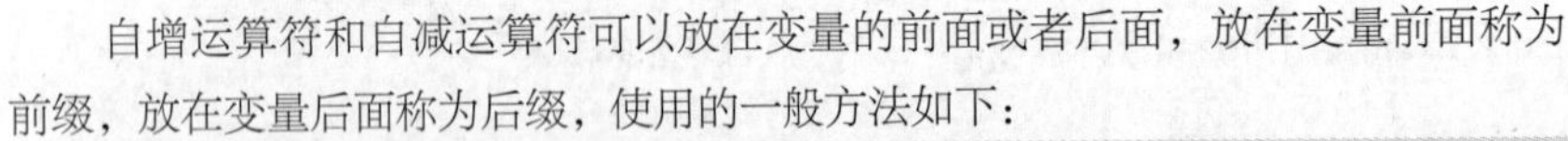

自增运算符和自减运算符可以放在变量的前面或者后面，放在变量前面称为前缀，放在变量后面称为后缀，使用的一般方法如下：

```
--Counter;                                  /*自减前缀符号*/
Grade--;                                    /*自减后缀符号*/
++Age;                                      /*自增前缀符号*/
Height++;                                   /*自增后缀符号*/
```

在上面这些例子中，运算符的前后位置不重要，因为所得到的结果是一样的，自减就是减1，自增就是加1。

在表达式内部，作为运算的一部分，两者的用法可能有所不同。如果运算符放在变量前面，那么变量在参加表达式运算之前完成自增或者自减运算；如果运算符放在变量后面，那么变量的自增或者自减运算在变量参加了表达式运算之后完成。

【例4-6】比较自增、自减运算符前缀与后缀的不同。

在本实例中定义一些变量，为变量赋相同的值，然后通过前缀和后缀的操作来观察在表达式中前缀和后缀的不同结果。

```
#include<stdio.h>

int main()
{
    int iNumber1=3;                                          /*定义变量，赋值为3*/
    int iNumber2=3;

    int iResultPreA,iResultLastA;                            /*声明变量，得到自增运算的结果*/
    int iResultPreD,iResultLastD;                            /*声明变量，得到自减运算的结果*/

    iResultPreA=++iNumber1;                                  /*前缀自增运算*/
    iResultLastA=iNumber2++;                                 /*后缀自增运算*/

    printf("The Addself ...\n");
    printf("the iNumber1 is :%d\n",iNumber1);                /*显示自增运算后自身的数值*/
    printf("the iResultPreA is :%d\n",iResultPreA);          /*得到自增表达式中的结果*/
    printf("the iNumber2 is :%d\n",iNumber2);                /*显示自增运算后自身的数值*/
    printf("the iResultLastA is :%d\n",iResultLastA);        /*得到自增表达式中的结果*/

    iNumber1=3;                                              /*恢复变量的值为3*/
    iNumber2=3;

    iResultPreD=--iNumber1;                                  /*前缀自减运算*/
    iResultLastD=iNumber2--;                                 /*后缀自减运算*/

    printf("The Deleteself ...\n");
    printf("the iNumber1 is :%d\n",iNumber1);                /*显示自减运算后自身的数值*/
    printf("the iResultPreD is :%d\n",iResultPreD);          /*得到自减表达式中的结果*/
    printf("the iNumber2 is :%d\n",iNumber2);                /*显示自减运算后自身的数值*/
    printf("the iResultLastD is :%d\n",iResultLastD);        /*得到自减表达式中的结果*/

    return 0;                                                /*程序结束*/
}
```

（1）在程序代码中，定义iNumber1和iNumber2两个变量用来进行自增、自减运算。

（2）进行自增运算，分为前缀自增和后缀自增。通过程序最终的显示结果可以看到，自增变量iNumber1和iNumber2的结果同为4，但是得到表达式结果的两个变量iResultPreA和iResultLastA却不一样。iResultPreA的值为4，iResultLastA的值为3，因为前缀自增使得iResultPreA变量先进行自增操作，然后进行赋值操作；后缀自增操作是先进行赋值操作，然后进行自增操作。因此两个变量得到表达式的结果值是不一样的。

（3）在自减运算中，前缀自减和后缀自减与自增运算方式是相同的，前缀自减是先进行减1操作，然后赋值操作；而后缀自减是先进行赋值操作，再进行自减操作。

运行程序，显示结果如图4-7所示。

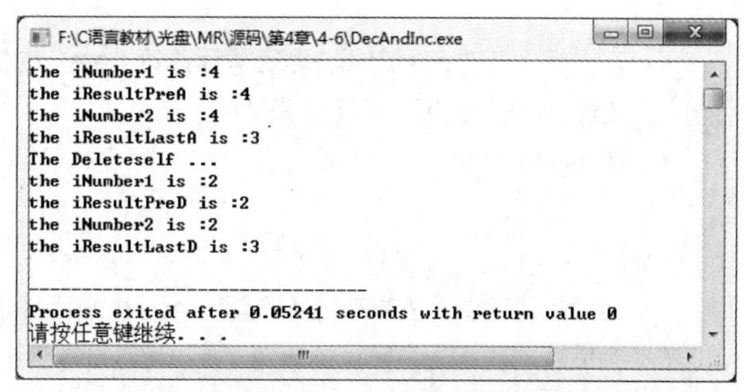

图4-7　比较自增、自减运算符前缀与后缀的不同

4.4　关系运算符与关系表达式

在数学中，经常会比较两个数的大小。在C语言中，关系运算符的作用就是判断两个操作数的大小关系。

4.4.1 关系运算符

关系运算符

关系运算符包括大于、大于等于、小于、小于等于、等于和不等于，如表4-2所示。

表4-2 关系运算符

符号	功能	符号	功能
>	大于	<=	小于等于
>=	大于等于	==	等于
<	小于	!=	不等于

注意

符号“>=”（大于等于）与“<=”（小于等于）的意思分别是大于或等于、小于或等于。

4.4.2 关系表达式

关系表达式

关系运算符用于对两个表达式的值进行比较，返回一个真值或者假值。返回真值还是假值取决于表达式中的值和所用的运算符。其中真值为1，假值为0，真值表示指定的关系成立，假值则表示指定的关系不成立。例如：

```
7>5                    /*因为7大于5，所以该关系成立，表达式的结果为真值*/
7>=5                   /*因为7大于5，所以该关系成立，表达式的结果为真值*/
7<5                    /*因为7大于5，所以该关系不成立，表达式的结果为假值*/
7<=5                   /*因为7大于5，所以该关系不成立，表达式的结果为假值*/
7==5                   /*因为7不等于5，所以该关系不成立，表达式的结果为假值*/
7!=5                   /*因为7不等于5，所以该关系成立，表达式的结果为真值*/
```

关系运算符通常用来构造条件表达式，用在程序流程控制语句中，如if语句是用于判断条件而执行语句块，在其中使用关系表达式作为判断条件，如果关系表达式返回的是真值则执行下面的语句块，如果为假值就不去执行。代码如下：

```
if(iCount<10)
{
    …                  /*判断条件为真值，执行代码*/
}
```

其中，if(iCount<10)就是判断iCount小于10这个关系是否成立，如果成立则为真，如果不成立则为假。

注意

在进行判断时，一定要注意等号运算符“==”的使用，千万不要与赋值运算符“=”弄混。如在if语句中进行判断，使用的是“=”：

```
if(Amount=100)
{
…
}
```

上面的代码看上去是在检验变量Amount是否等于常量100，但是事实上没有起到这个效果。因为表达式使用的是赋值运算符“=”而不是等于运算符“==”。赋值表达式Amount=100，本身也是表达式，其返回值是100。既然是100，说明是非零值也就是真值，则该表达式的值始终为真值，没有起到进行判断的作用。如果赋值表达式右侧不是常量100，而是变量，则赋值表达式的真值或假值就由这个变量的值决定。

因为这两个运算符在语言上的差别，使得用其构造条件表达式时很容易出现错误，新手在编写程序时一定要加以注意。

4.4.3 优先级与结合性

关系运算符的结合性都是自左向右的。使用关系运算符时常常会判断两个表达式的关系，但是由于运算符存在着优先级的问题，因此如果不小心处理则会出现错误。如要进行这样的判断操作：先对一个变量进行赋值，然后判断这个赋值的变量是否不等于一个常数，代码如下：

```
if(Number=NewNum!=10)
{
    …
}
```

因为“!=”运算符比“=”的优先级要高，所以NewNum!=0的判断操作会在赋值之前实现，变量Number得到的就是关系表达式的真值或者假值，这样并不会按照之前的意愿执行。

前文曾经介绍过括号运算符，其优先级具有最高性，因此使用括号来表示要优先计算的表达式，例如：

```
if((Number=NewNum)!=10)
{
    …
}
```

这种写法比较清楚，不会产生混淆，没有人会对代码的含义产生误解。由于这种写法格式比较精确简洁，因此被多数程序员所接受。

【例4-7】关系运算符的使用。

在本实例中，定义两个变量表示两个学科的分数，使用if语句判断两个学科的分数大小，通过printf输出函数显示信息，得到比较的结果。

```
#include<stdio.h>

int main()
{
    int iChinese,iEnglish;                          /*定义两个变量，用来保存分数*/
    printf("Enter Chinese score:");                 /*提示信息*/
    scanf("%d",&iChinese);                          /*输入分数*/
    printf("Enter English score:");                 /*提示信息*/
    scanf("%d",&iEnglish);                          /*输入分数*/

    if(iChinese>iEnglish)                           /*使用关系表达式进行判断*/
    {
        printf("Chinese is better than English\n");
    }
    if(iChinese<iEnglish)                           /*使用关系表达式进行判断*/
    {
        printf("English is better than Chinese\n");
    }
    if(iChinese==iEnglish)                          /*使用关系表达式进行判断*/
    {
        printf("Chinese equal English\n");
    }
    return 0;
}
```

为了能从键盘输入两个学科的分数，定义变量iChinese和iEnglish。然后利用if语句进行判断，在判断条件中使用了关系表达式，判断分数是否使得表达式成立。如果成立则返回真值，如果不成立则返回假值。最后根据真值和假值选择执行语句。

运行程序，显示结果如图4-8所示。

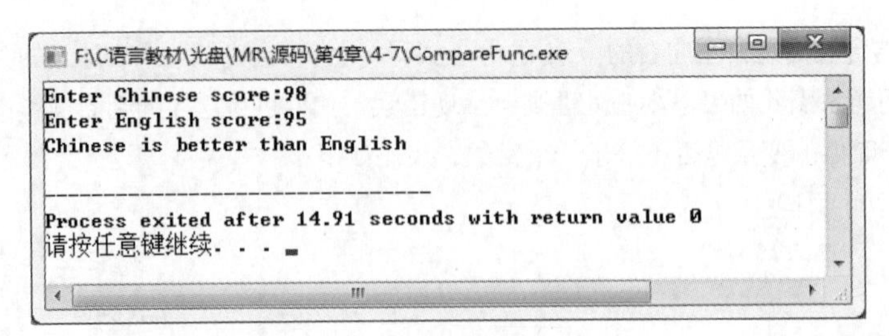

图4-8 关系运算符的使用

4.5 逻辑运算符与逻辑表达式

逻辑运算符根据表达式的真或者假属性返回真值或假值。在C语言中，表达式的值非零，那么其值为真。非零的值用于逻辑运算，则等价于1；假值总是为0。

逻辑运算符

4.5.1 逻辑运算符

逻辑运算符有3种，如表4-3所示。

表4-3 逻辑运算符

符号	功能
&&	逻辑与
||	逻辑或
!	单目逻辑非

表4-3中的逻辑与运算符“&&”和逻辑或运算符“||”都是双目运算符。

4.5.2 逻辑表达式

逻辑表达式

前文介绍过关系运算符可用于对两个操作数进行比较，逻辑运算符则可以将多个关系表达式的结果合并在一起进行判断。其一般形式如下：

```
表达式 逻辑运算符 表达式
```

例如使用逻辑运算符：

```
Result= Func1&&Func2;          /*Func1和Func2都为真时，结果为真*/
Result= Func1||Func2;          /*Func1、Func2其中一个为真时，结果为真*/
Result= !Func2;                /*如果Func2为真，则Result为假*/
```

虽然前面已经介绍过，但这里仍要重点强调，不要把逻辑与运算符“&&”和逻辑或运算符“||”与下面要讲的位与运算符“&”和位或运算符“|”混淆。

逻辑与运算符和逻辑或运算符可以用于相当复杂的表达式中。一般来说，这些运算符用来构造条件表达式，用在控制程序的流程语句中，例如在后面章节中要介绍的if、for、while语句等。

在程序中，通常使用单目逻辑非运算符“!”把一个变量的数值转换为相应的逻辑真值或者假值，也就是1或0。

4.5.3 优先级与结合性

优先级与结合性

“&&”和“||”是双目运算符，它们要求有两个操作数，结合方向自左至

右；“!”是单目运算符，要求有一个操作数，结合方向自左向右。

逻辑运算符的优先级从高到低依次为单目逻辑非运算符“!”、逻辑与运算符“&&”和逻辑或运算符“||”。

【例4-8】逻辑运算符的应用。

在本实例中，使用逻辑运算符构造表达式，通过输出函数显示表达式的结果，根据结果分析表达式中逻辑运算符的计算过程。

```
#include<stdio.h>

int main()
{
    int iNumber1,iNumber2;                                              /*声明变量*/
    iNumber1=10;                                                        /*为变量赋值*/
    iNumber2=0;

    printf("the 1 is Ture , 0 is False\n");                            /*显示提示信息*/
    printf("5< iNumber1&&iNumber2 is %d\n",5<iNumber1&&iNumber2);      /*显示逻辑与表达式的结果*/
    printf("5< iNumber1||iNumber2 is %d\n",5<iNumber1||iNumber2);      /*显示逻辑或表达式的结果*/
    iNumber2=!!iNumber1;
    printf("iNumber2 is %d\n",iNumber2);                               /*输出逻辑值*/
    return 0;
}
```

（1）在程序中，先声明两个变量用来进行下面的计算。为变量赋值，iNumber1的值为10，iNumber2的值为0。

（2）先进行输出信息，说明显示为1表示真值，0表示假值。在printf函数中，进行表达式的运算，最后将结果输出。分析表达式5<iNumber1&&iNumber2，由于“<”运算符的优先级高于“&&”运算符，因此先执行关系运算，之后进行逻辑与判断。iNumber1的值为10， 5< iNumber1成立，因此返回值为1，然后1与iNumber2执行逻辑与运算，iNumber2的值为0，所以返回值的结果为0；这个表达式的含义是数值5小于iNumber1的同时也必须小于iNumber2，很明显是不成立的，因此表达式返回的是假值。表达式5<iNumber1||iNumber2的含义是数值5小于iNumber1或者iNumber2，此时表达式成立，返回值为真值。

（3）将iNumber1进行两次单目逻辑非运算，得到的是逻辑值，因为iNumber1的数值是10，所以逻辑值为1。

运行程序，显示结果如图4-9所示。

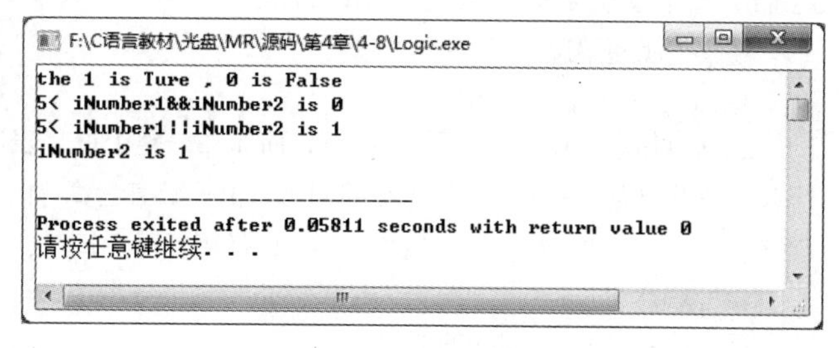

图4-9　逻辑运算符的应用

4.6　位逻辑运算符与位逻辑表达式

位运算是C语言中比较有特色的内容。位逻辑运算符可实现位的设置、清零、取反和取补操作。利用位运算可以实现只有部分汇编语言才能实现的功能。

位逻辑运算符

4.6.1　位逻辑运算符

位逻辑运算符包括位逻辑与、位逻辑或、位逻辑非、取补，如表4-4所示。

表4-4　位逻辑运算符

符号	功能
&	位逻辑与
|	位逻辑或
^	位逻辑非
~	取补

表4-4中除了最后一个运算符是单目运算符外，其他都是双目运算符，这些运算符只能用于整型表达式。位逻辑运算符通常用于对整型变量进行位的设置、清零和取反，以及对某些选定的位进行检测。

4.6.2　位逻辑表达式

位逻辑表达式

在程序中，位逻辑运算符一般被程序员用作开关标志。较低层次的硬件设备驱动程序，经常需要对输入/输出设备进行位操作。

如下位逻辑与运算符的典型应用，对某个语句的位设置进行检查：

```
if(Field & BITMASK)
```

语句的含义是if语句对后面括号中的表达式进行检测。如果表达式返回的是真值，则执行下面的语句块，否则跳过该语句块不执行。其中运算符用来对BITMASK变量的位进行检测，判断其是否与Field变量的位有相吻合之处。

4.7　逗号运算符与逗号表达式

逗号运算符与逗号表达式

在C语言中，可以用逗号将多个表达式分隔开来。其中，用逗号分隔的表达式被分别计算，并且整个表达式的值是最后一个表达式的值。

逗号表达式称为顺序求值运算符。逗号表达式的一般形式如下：

```
表达式1,表达式2,……,表达式n
```

逗号表达式的求解过程是：先求解表达式1，再求解表达式2，一直求解到表达式n。整个逗号表达式的值是表达式n的值。

观察下面使用逗号运算符的代码：

```
Value=2+5,1+2,5+7;
```

上面语句中Value所得到的值为7，而非12。整个逗号表达式的值不应该是最后一个表达式的值吗？为什么不等于12呢？答案在于优先级的问题，由于赋值运算符的优先级比逗号运算符的优先级高，因此先执行赋值运算。如果要先执行逗号运算，则可以使用括号运算符，代码如下：

```
Value=(2+5,1+2,5+7);
```

使用括号之后，Value的值为12。

【例4-9】用逗号运算符分隔的表达式。

本实例中，通过逗号运算符将其他运算符结合在一起形成表达式，再将表达式的最终结果赋值给变量。由显示变量的值，分析逗号运算符的计算过程。

```
#include<stdio.h>

int main()
{
    int iValue1,iValue2,iValue3,iResult;                    /*声明变量，使用逗号运算符*/

    /*为变量赋值*/
    iValue1=10;
    iValue2=43;
```

```
    iValue3=26;
    iResult=0;

    iResult=iValue1++,--iValue2,iValue3+4;          /*计算逗号表达式*/
    printf("the result is :%d\n",iResult);          /*将结果输出显示*/

    iResult=(iValue1++,--iValue2,iValue3+4);        /*计算逗号表达式*/
    printf("the result is :%d\n",iResult);          /*将结果输出显示*/
    return 0;                                       /*程序结束*/
}
```

（1）在程序代码的开始处，声明变量时就使用了逗号运算符分隔声明变量。前文已经对此有所介绍。

（2）将前面使用逗号分隔声明的变量进行赋值。在逗号表达式中，赋值的变量进行各自的计算，变量iResult得到表达式的结果。这里需要注意的是，通过输出可以看到iResult的值为10，从前面的讲解知道因为逗号表达式没有使用括号运算符，所以iResult得到第一个表达式的值。在第一个表达式中，iValue1变量进行的是后缀自加操作，于是iResult先得到iValue1的值，iValue1再进行自加操作。

（3）在第二个表达式中，由于使用了括号运算符，因此iResult变量得到的是第3个表达式iValue3+4的值，iResult变量赋值为30。

运行程序，显示结果如图4-10所示。

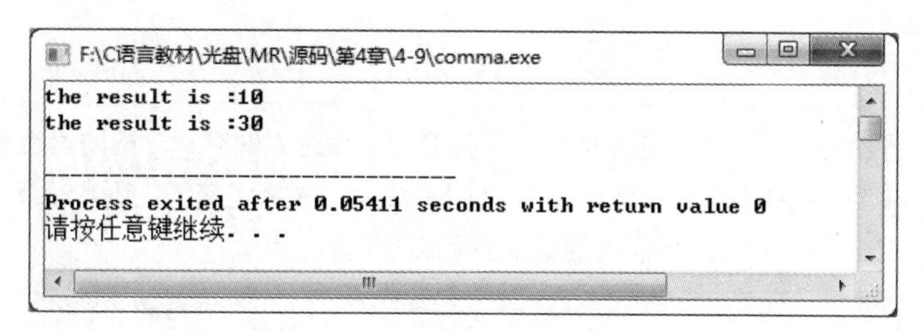

图4-10　用逗号运算符分隔的表达式

4.8　复合赋值运算符

复合赋值运算符

复合赋值运算符是C语言中独有的，实际这种操作是一种缩写形式，可使得变量操作的描述方式更为简洁。例如在程序中为一个变量赋值：

```
Value=Value+3;
```

这个语句是对一个变量进行赋值操作，值为这个变量本身与一个整数常量3相加的结果值。使用复合赋值运算符可以实现同样的操作。例如上面的语句可以改写成：

```
Value+=3;
```

这种描述更为简洁。关于上面两种实现相同操作的语句，赋值运算符和复合赋值运算符的区别在于：

- 为了简化程序，使程序精练。
- 为了提高编译效率。

对于简单赋值运算符，如Func=Func+1中，表达式Func计算两次；对于复合赋值运算符，如Func+=1中，表达式Func仅计算一次。一般来说，这种区别对于程序的运行没有太大的影响，但是如果表达式中存在某个函数的返回值，那么函数被调用两次。

【例4-10】使用复合赋值运算符简化赋值运算。

```
#include<stdio.h>

int main()
```

```
{
    int iTotal,iValue,iDetail;                    /*声明变量*/
    iTotal=100;                                   /*为变量赋值*/
    iValue=50;
    iDetail=5;

    iValue*=iDetail;                              /*计算得到iValue变量值*/
    iTotal+=iValue;                               /*计算得到iTotal变量值*/
    printf("Value is: %d\n",iValue);              /*显示计算结果*/
    printf("Total is: %d\n",iTotal);
    return 0;
}
```

从程序代码中可以看到语句iValue*=iDetail中使用复合赋值运算符，表示的意思是iValue的值等于iValue*iDetail的结果。而iTotal+=iValue表示的是iTotal的值等于iTotal+=iValue的结果。最后将结果显示输出。

运行程序，显示结果如图4-11所示。

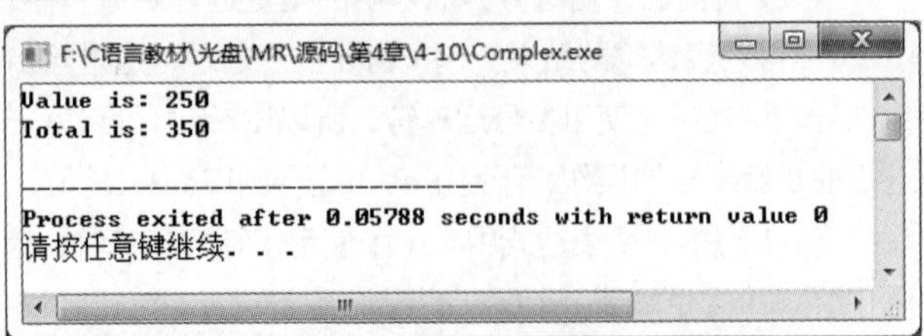

图4-11 使用复合赋值运算符简化赋值运算

小 结

本章介绍了程序的各种运算符与表达式。首先介绍了表达式的概念，帮助读者了解后续章节所需要的准备知识。然后分别介绍了赋值运算符、算术运算符、关系运算符、逻辑运算符、位逻辑运算符和逗号运算符。最后讲解了如何使用复合运算符简化程序的编写。

同时为了方便读者，在表4-5中列出了运算符的优先级。优先级从上到下依次递减，最上面具有最高的优先级，逗号操作符具有最低的优先级。表达式的结合次序取决于表达式中各种运算符的优先级。优先级高的运算符先结合，优先级低的运算符后结合。

表4-5 运算符优先级

优先级	运算符	名称	形式	结合方向
1	后置++	后置自增运算符	变量名++	自左向右
	后置--	后置自减运算符	变量名--	
	[]	数组下标	数组名[整型表达式]	
	()	圆括号	函数名(形参表)	
	.	成员选择（对象）	对象.成员名	
	->	成员选择	对象指针->成员名	
2	-	负号运算符	-表达式	自右向左
	(类型)	强制类型转换	(数据类型)表达式	
	前置++	前置自增运算符	++变量名	
	前置--	前置自减运算符	--变量名	
	*	取值运算符	*指针表达式	
	&	取地址运算符	&左值表达式	
	!	逻辑非运算符	！表达式	
	~	按位取反运算符	~表达式	
	sizeof	长度预算福	sizeof 表达式/sizeof(类型)	

续表

优先级	运算符	名称	形式	结合方向
3	/	除	表达式/表达式	自左向右
	*	乘	表达式*表达式	
	%	取余	整型表达式%整型表达式	
4	+	加	表达式+表达式	自左向右
	-	减	表达式-表达式	
5	<<	左移	表达式<<表达式	自左向右
	>>	右移	表达式>>表达式	
6	>	大于	表达式>表达式	自左向右
	>=	大于等于	表达式>=表达式	
	<	小于	表达式<表达式	
	<=	小于等于	表达式<=表达式	
7	==	等于	表达式==表达式	自左向右
	!=	不等于	表达式!=表达式	
8	&	按位与	整型表达式&整型表达式	自左向右
9	^	按位异或	整型表达式^整型表达式	自左向右
10	|	按位或	整型表达式}整型表达式	自左向右
11	&&	逻辑与	表达式&&表达式	自左向右
12	||	逻辑或	表达式||表达式	自左向右
13	?:	条件运算符	表达式1?表达式2:表达式3	自右向左
14	=	赋值运算符	变量=表达式	自右向左
	/=	除后赋值	变量/=表达式	
	*=	乘后赋值	变量*=表达式	
	%=	取模后赋值	变量%=表达式	
	+=	加后赋值	变量+=表达式	
	-=	减后赋值	变量-=表达式	
	<<=	左移后赋值	变量<<=表达式	
	>>=	右移后赋值	变量>>=表达式	
	&=	按位与后赋值	变量&=表达式	
	^=	按位异或后赋值	变量^=表达式	
	|=	按位或后赋值	变量|=表达式	
15	,	逗号运算符	表达式,表达式,…	自左向右

上机指导

从键盘上输入一个表示年份的整数，判断该年份是否是闰年，判断后的结果显示在屏幕上，如图4-12所示。

上机指导

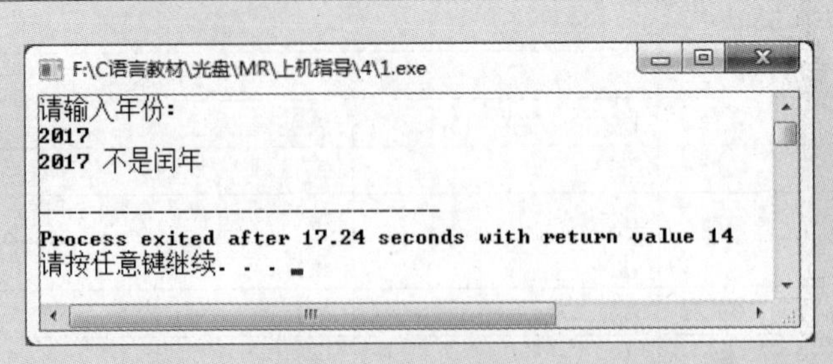

图4-12　判断闰年

程序开发步骤如下。

（1）在DEV C++中创建一个C文件。

（2）引用头文件，代码如下：

```
#include <stdio.h>
```

（3）定义数据类型，本实例中定义year为基本整型，使用输入函数从键盘中获得表示年份的整数。

（4）使用if语句进行条件判断，如果满足括号内的条件则输出是闰年，否则输出不是闰年。

习 题

4-1 使用复合运算符计算a+=a*=a/=a-6。

4-2 定义一个变量赋值为6，经过操作前缀自加、后缀自加、前缀自减和后缀自减，得到每一次运算的结果。

4-3 求满足abcd=（ab+cd）*2的数。

4-4 编程求解：在你面前有一条长长的阶梯。如果你每步跨2阶，那么最后剩1阶；如果你每步跨3阶，那么最后剩2阶；如果你每步跨5阶，那么最后剩4阶；如果你每步跨6阶，那么最后剩5阶；只有当你每步跨7阶时，最后才正好走完，一阶也不剩。请问条阶梯至少有多少阶？（求所有三位阶梯数）

4-5 编程求10～100满足各位上数的乘积大于各位上数的和的所有数，并将结果每行5个的形式输出。

4-6 编程求100～1000满足各位数字之和是5的所有数。以5个数字一行的形式输出。

CHAPTER05

第5章 常用的数据输入/输出函数

本章要点

- 了解有关语句的概念
- 掌握单个字符数据的输入/输出操作
- 掌握如何输入/输出字符串
- 掌握操作数据的格式化输入和输出

■ 与其他高级语言一样，C语言的语句是用来向计算机系统发出操作指令的。当要求程序按照要求执行时，先要使用向程序输入数据的方式给程序发送指示。当程序解决了一个问题之后，还要使用输出的方式将计算的结果显示出来。

■ 本章致力于使读者了解有关语句的概念，掌握如何对程序的输入/输出进行操作，并且对这些输入和输出操作按照不同的方式进行讲解。

5.1 语句

C语言的语句用来向计算机系统发出操作指令。一条语句编写完成后经过编译产生若干条机器指令。实际程序中包含若干条语句，因此语句的作用就是完成一定的操作任务。语句执行过程如图5-1所示。

图5-1 语句执行过程

在编写程序时，声明部分不能算作语句。例如，“int iNumber;”就不是一条语句，因为它不产生机器的操作，只是对变量的提前定义。

程序包括声明部分和执行部分，其中执行部分由语句组成。

5.2 字符数据输入/输出

前面的实例中常常会使用到printf函数进行输出，使用scanf函数获取键盘的输入。

本节将介绍C标准I/O函数库中最简单的，也是很容易理解的字符输入、输出函数——getchar和putchar。

5.2.1 字符数据输出

字符数据输出使用的是putchar函数，作用是向显示设备输出一个字符。其语法格式如下：

```
int putchar(int ch);
```

使用该函数时要添加头文件stdio.h，其中的参数ch为要进行输出的字符，可以是字符型变量或整型变量，也可以是常量。如输出一个字符A的代码如下：

```
putchar('A');
```

使用putchar函数也可以输出转义字符，如输出字符A：

```
putchar('\101');
```

【例5-1】使用putchar函数实现输出字符串“Hello”，并且在字符串输出完毕之后进行换行。

```
#include<stdio.h>

int main()
{
    char cChar1,cChar2,cChar3,cChar4;                    /*声明变量*/
    cChar1='H';                                          /*为变量赋值*/
    cChar2='e';
    cChar3='l';
    cChar4='o';
```

```
    putchar(cChar1);                                    /*输出字符变量*/
    putchar(cChar2);
    putchar(cChar3);
    putchar(cChar3);
    putchar(cChar4);
    putchar('\n');                                      /*输出转义字符*/
    return 0;
}
```

（1）要使用putchar函数，首先要包含头文件stdio.h。声明字符型变量，用来保存要输出的字符。

（2）为字符变量赋值，因为putchar函数只能输出一个字符，如果要输出字符串就需要多次调用putchar函数。

（3）当字符串输出完毕之后，使用putchar函数输出转义字符\n进行换行操作。

运行程序，显示结果如图5-2所示。

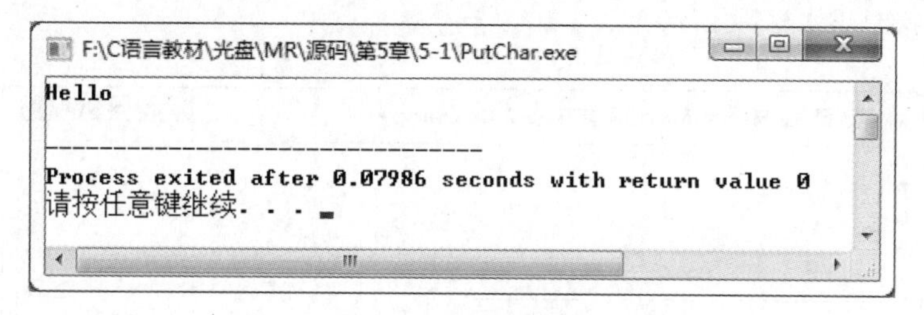

图5-2　使用putchar函数实现字符数据输出

5.2.2　字符数据输入

字符数据输入

字符数据输入使用的是getchar函数，其作用是从终端（输入设备）输入一个字符。getchar与putchar函数的区别在于getchar没有参数。

该函数的语法格式如下：

```
int getchar();
```

使用getchar函数时也要添加头文件stdio.h，函数的值就是从输入设备得到的字符。例如，从输入设备得到一个字符赋给字符型变量cChar，代码如下：

```
cChar=getchar();
```

getchar函数只能接收一个字符。getchar函数得到的字符可以赋给一个字符型变量或整型变量，也可以不赋给任何变量，还可以作为表达式的一部分，如“putchar(getchar());”。

getchar函数可作为putchar函数的参数，getchar函数从输入设备得到字符，然后putchar函数将字符输出。

【例5-2】使用getchar函数实现字符数据输入。

在本实例中，使用getchar函数获取在键盘上输入的字符，再利用putchar函数进行输出。本实例演示了将getchar函数作为putchar函数表达式的一部分进行输入和输出字符的方式。

```
#include<stdio.h>

int main()
{
```

```
    char cChar1;                          /*声明变量*/
    cChar1=getchar();                     /*在输入设备得到字符*/
    putchar(cChar1);                      /*输出字符*/
    putchar('\n');                        /*输出转义字符换行*/
    getchar();                            /*得到回车符*/
    putchar(getchar());                   /*得到输入字符，直接输出*/
    putchar('\n');                        /*换行*/
    return 0;                             /*程序结束*/
}
```

（1）要使用getchar函数，首先要包括头文件stdio.h。

（2）声明变量cChar1，通过getchar函数得到输入的字符，赋值给cChar1字符型变量。然后使用putchar函数将变量进行输出。

（3）使用getchar函数得到输入过程中的回车符。

（4）在putchar函数的参数位置调用getchar函数得到字符，将得到的字符输出。

运行程序，显示结果如图5-3所示。

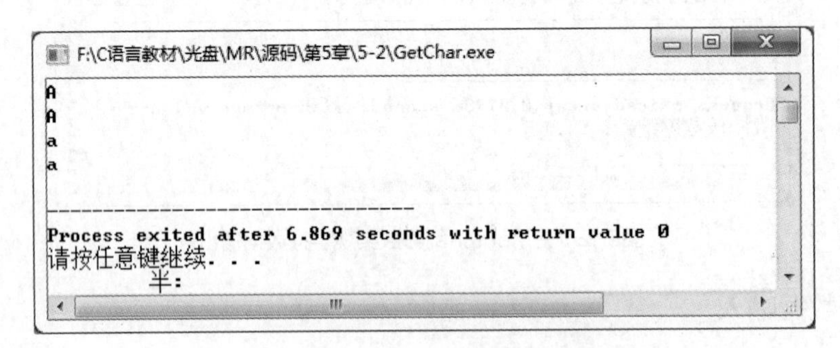

图5-3　使用getchar函数实现字符数据输入

在上面的程序分析中，有一处使用getchar函数接收回车符，这是怎么回事呢？原来在输入时，当输入完A字符后，为了确定输入完毕要按Enter键进行确定。其中的回车符也算是字符，如果不进行获取，那么下一次使用getchar函数时将得到回车符，如上面的程序去掉调用getchar函数获取回车符的情况，如例5-3所示。

【例5-3】使用getchar函数取消获取回车符。

```
#include<stdio.h>

int main()
{
    char cChar1;                          /*声明变量*/
    cChar1=getchar();                     /*在输入设备得到字符*/
    putchar(cChar1);                      /*输出字符*/
    putchar('\n');                        /*输出转义字符换行*/
                                          /*将此处getchar函数删掉*/
    putchar(getchar());                   /*得到输入字符，直接输出*/
    putchar('\n');                        /*换行*/
    return 0;                             /*程序结束*/
}
```

在程序中将getchar函数获取回车符的语句去掉，比较两个程序的运行情况。从程序的显示结果可以发现，程序没有获取第二次的字符输入，而是进行了两次回车操作。

运行程序，显示结果如图5-4所示。

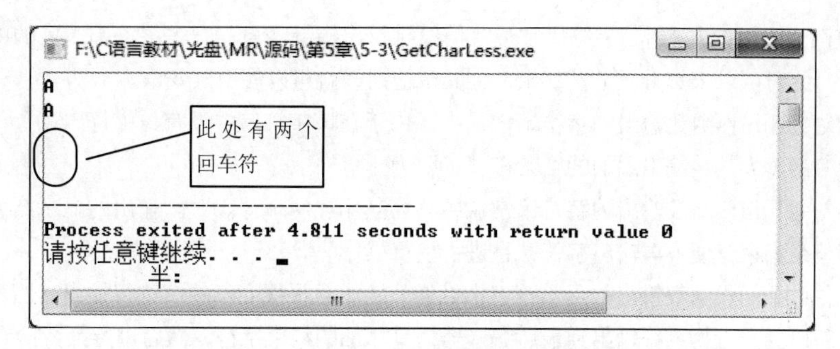

图5-4　使用getchar函数取消获取回车符

5.3　字符串输入/输出

字符串输出函数

从上文的介绍中可以看到，putchar和getchar函数都只能对一个字符进行操作，如果是进行一个字符串的操作则会很麻烦。C语言提供了两个函数用来对字符串进行操作，分别为gets和puts函数。

5.3.1　字符串输出函数

字符串输出使用的是puts函数，作用是输出一个字符串到屏幕上。puts函数的语法格式如下：

```
int puts(char *str);
```

使用puts函数时，先要在程序中添加stdio.h头文件。其中，形式参数str是字符指针类型，可以用来接收要输出的字符串。例如使用puts函数输出一个字符串：

```
puts("I LOVE CHINA!");                          /*输出一个字符串常量*/
```

这行语句是输出一个字符串，之后会自动进行换行操作。这与printf函数有所不同，在前面的实例中使用printf函数进行换行时，要在其中添加转义字符'\n'。puts函数会在字符串中判断“\0”结束符，遇到结束符时，后面的字符不再输出并且自动换行。例如：

```
puts("I LOVE\0 CHINA!");                          /*输出一个字符串常量*/
```

在上面的语句中加上“\0”字符后，puts函数输出的字符串就变成“I LOVE”。

前面的章节曾经介绍到，编译器会在字符串常量的末尾添加结束符“\0”，这也就说明了puts函数会在输出字符串常量时最后进行换行操作的原因。

【例5-4】使用字符串输出函数显示信息提示。

在本实例中，使用puts函数对字符串常量和字符串变量都进行操作，在这些操作中观察使用puts函数的方式。

```
#include<stdio.h>

int main()
{
    char* Char="ILOVECHINA";                     /*定义字符串指针变量*/

    puts("ILOVECHINA!");                         /*输出字符串常量*/
    puts("I\0LOVE\0CHINA!");                     /*输出字符串常量，其中加入结束符"\0"*/
    puts(Char);                                  /*输出字符串变量的值*/
    Char="ILOVE\0CHINA!";                        /*改变字符串变量的值*/
    puts(Char);                                  /*输出字符串变量的值*/
    return 0;                                    /*程序结束*/
}
```

（1）从程序代码中可以看到，字符串常量赋值给字符串指针变量，有关字符串指针的内容将会在后面的章节进行介绍。此时可以将其看作整型变量，为其赋值后，就可以使用该变量。

（2）第一次使用puts函数输出的字符串常量中，由于在该字符串中没有结束符“\0”，所以输出的字符会一直到最后编译器为其字符串添加的结束符“\0”为止。

（3）第二次使用puts函数输出的字符串常量中，为其添加两个“\0”。输出的显示结果表明检测字符时，如果遇到第一个结束符便不再输出字符并且进行换行操作。

（4）第三次使用puts函数输出的是字符串指针变量，函数根据变量的值进行输出。因为在变量的值中并没有结束符，所以会一直将字符输出到最后编译器为其添加的结束字符，然后进行换行操作。

（5）改变变量的值，再使用puts函数输出变量时，可以看到由于变量的值中有结束符“\0”，因此显示结果到第一个结束符后停止，最后进行换行操作。

运行程序，显示结果如图5-5所示。

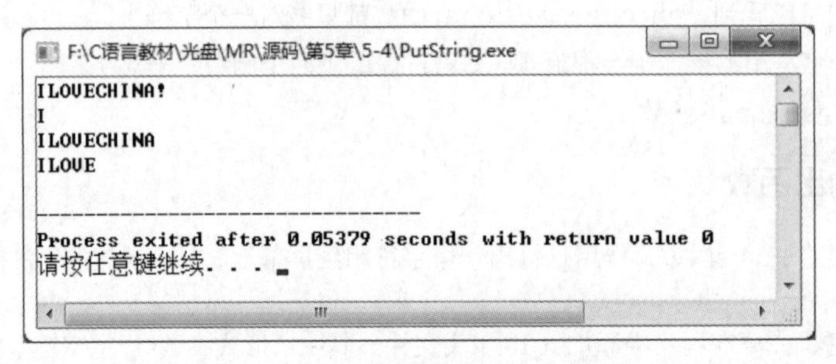

图5-5　使用字符串输出函数显示信息提示

5.3.2　字符串输入函数

字符串输入函数

字符串输入使用的是gets函数，作用是将读取的字符串保存在形式参数str变量中，读取过程直到出现新的一行为止。其中新的一行的换行字符将会转换为字符串中的空终止符“\0”。gets函数的语法格式如下：

```
char *gets(char *str);
```

在使用gets函数输入字符串前，要为程序加入头文件stdio.h，其中的str字符指针变量为形式参数。例如定义字符数组变量cString，然后使用gets函数获取输入字符的方式如下：

```
gets(cString);
```

在上面的代码中，cString变量获取到了字符串，并将最后的换行符转换成了终止字符。

【例5-5】使用字符串输入函数gets获取输入信息。

```
#include<stdio.h>

int main()
{
    char cString[30];                        /*定义一个字符数组变量*/
    gets(cString);                           /*获取字符串*/
    puts(cString);                           /*输出字符串*/
    return 0;                                /*程序结束*/
}
```

（1）因为要接收输入的字符串，所以要定义一个可以接收字符串的变量。在本例的程序代码中，定义cString为字符数组变量的标识符，关于字符数组的内容将在后面的章节中进行介绍，此处知道此变量可以接收字符串即可。

（2）调用gets函数，其中函数的参数为定义的cString变量。调用该函数时，程序会等待用户输入字符，当用户字符输入完毕按Enter键确定时，gets函数获取字符结束。

（3）使用puts字符串输出函数将获取后的字符串进行输出。

运行程序，显示结果如图5-6所示。

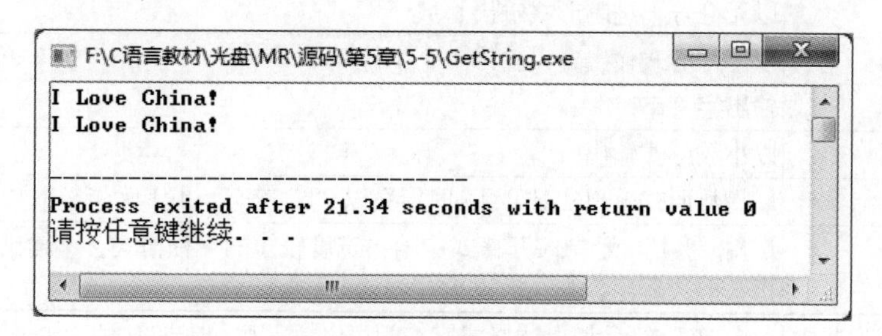

图5-6　使用字符串输入函数gets获取输入信息

5.4　格式输出函数

格式输出函数

前面章节的实例中常常使用格式输入、输出函数scanf和printf。其中printf函数就是用于格式输出的函数，也称为格式输出函数。

printf函数的作用是向终端（输出设备）输出若干任意类型的数据，其语法格式如下：

```
printf(格式控制,输出列表)
```

1. 格式控制

格式控制是用双引号括起来的字符串，此处也称为转换控制字符串。其中包括格式字符和普通字符两种字符。

- 格式字符用来进行格式说明，作用是将输出的数据转换为指定的格式输出。格式字符是以“%”字符开头的。
- 普通字符是需要原样输出的字符，其中包括双引号内的逗号、空格和换行符。

2. 输出列表

输出列表框中列出的是要进行输出的一些数据，可以是变量或表达式。

例如，要输出一个整型变量时：

```
int iInt=10;
printf("this is %d",iInt);
```

执行上面的语句显示出来的字符是“this is 10”。在格式控制双引号中的字符是“this is %d”，其中的“this is”字符串是普通字符，而“%d”是格式字符，表示输出的是后面iInt的数据。

由于printf是函数，“格式控制”和“输出列表”这两个位置都是函数的参数，因此printf函数的一般形式也可以表示为：

```
printf(参数1,参数2,……,参数n)
```

函数中的每一个参数按照给定的格式和顺序依次输出。例如，显示一个整型变量和字符型变量：

```
printf("the Int is %d,the Char is %c",iInt,cChar);
```

表5-1中列出了有关printf函数的格式字符。

表5-1　printf函数的格式字符

格式字符	功能说明
d,i	以带符号的十进制形式输出整数（整数不输出符号）
o	以八进制无符号形式输出整数
x,X	以十六进制无符号形式输出整数。用x输出十六进制数的a～f时以小写形式输出；用X输出十六进制数的A～F时，则以大写字母输出

续表

格式字符	功能说明
u	以无符号十进制形式输出整数
c	以字符形式输出，只输出一个字符
s	输出字符串
f	以小数形式输出
e,E	以指数形式输出实数，用e时指数以“e”表示，用E时指数以“E”表示
g,G	选用“%f”或“%e”格式中输出宽度较短的一种格式，不输出无意义的0。若以指数形式输出，则指数以大写表示

另外，在格式说明中，在“%”符号和上述格式字符间可以插入几种附加符号，如表5-2所示。

表5-2 printf函数的附加格式说明字符

字符	功能说明
字母l	用于长整型整数，可加在格式字符d、o、x、u前面
m（代表一个整数）	数据最小宽度
n（代表一个整数）	对实数，表示输出n位小数；对字符串，表示截取的字符个数
-	输出的数字或字符在域内向左靠

在使用printf函数时，除X、E、G外其他格式字符必须用小写字母，如“%d”不能写成“%D”。

如果想输出“%”符号，则在格式控制处使用“%%”进行输出即可。

【例5-6】使用printf函数输出字符花。

在本书中的第17章的综合实力趣味俄罗斯方块的欢迎界面中，显示着一幅漂亮的字符花，如图5-7所示。

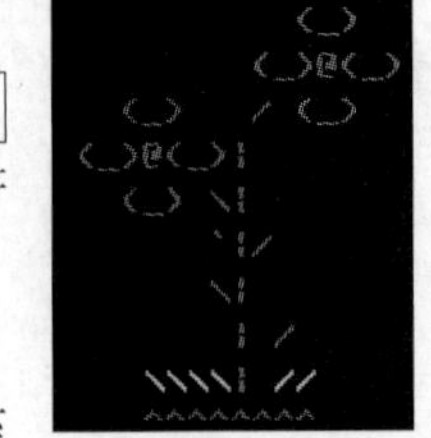

图5-7 字符花

为了避免界面过于死板，程序中可以适当加入一些小的装饰，使界面更加生动。

在打印输出一个字符花图案时，是有绘制技巧的，那就是打印时从上至下，从左至右，算好空行和空格的数量。具体代码如下：

```
#include <stdio.h>
#include <windows.h>

HANDLE hOut;                    /*控制台句柄*/

/**
 * 获取屏幕光标位置
 */
void gotoxy(int x, int y)
{
    COORD pos;
    pos.X = x;  /*横坐标*/
    pos.Y = y;  /*纵坐标*/
    SetConsoleCursorPosition(GetStdHandle(STD_OUTPUT_HANDLE), pos);
}

/**
 * 文字颜色函数    此函数的局限性：1、只能Windows系统下使用  2、不能改变背景颜色
 */
```

```
int color(int c)
{
    SetConsoleTextAttribute(GetStdHandle(STD_OUTPUT_HANDLE), c);  /*更改文字颜色*/
    return 0;
}

/**
 *主 函 数
 */
int main()
{
    gotoxy(66,11);                    /*确定屏幕上要输出的位置*/
    color(12);                        /*设置颜色*/
    printf("(_)");                    /*红花上边花瓣*/

    gotoxy(64,12);
    printf("(_)");                    /*红花左边花瓣*/

    gotoxy(68,12);
    printf("(_)");                    /*红花右边花瓣*/

    gotoxy(66,13);
    printf("(_)");                    /*红花下边花瓣*/

    gotoxy(67,12);                    /*红花花蕊*/
    color(6);
    printf("@");

    gotoxy(72,10);
    color(13);
    printf("(_)");                    /*粉花左边花瓣*/

    gotoxy(76,10);
    printf("(_)");                    /*粉花右边花瓣*/

    gotoxy(74,9);
    printf("(_)");                    /*粉花上边花瓣*/

    gotoxy(74,11);
    printf("(_)");                    /*粉花下边花瓣*/

    gotoxy(75,10);
    color(6);
    printf("@");                      /*粉花花蕊*/

    gotoxy(71,12);
    printf("|");                      /*两朵花之间的连接*/

    gotoxy(72,11);
    printf("/");                      /*两朵花之间的连接*/

    gotoxy(70,13);
    printf("\\|");                    /*注意、'\'为转义字符。想要输入'\'，必须在前面添加转义*/

    gotoxy(70,14);
    printf("`|/");
```

```
    gotoxy(70,15);
    printf("\\|");

    gotoxy(71,16);
    printf("| /");

    gotoxy(71,17);
    printf("|");

    gotoxy(67,17);
    color(10);
    printf("\\\\\\\\");     /*草地*/

    gotoxy(73,17);
    printf("//");

    gotoxy(67,18);
    color(2);
    printf("^^^^^^^^");
}
```

其中，gotoxy()函数用来设置控制台界面的坐标位置。color()函数用来设置控制台上文字的颜色。在打印文字之前，首先调用gotoxy()函数来设置此文字要在控制台上显示的位置，然后调用color()函数设置此文字的显示颜色。

运行程序，显示结果如图5-8所示。

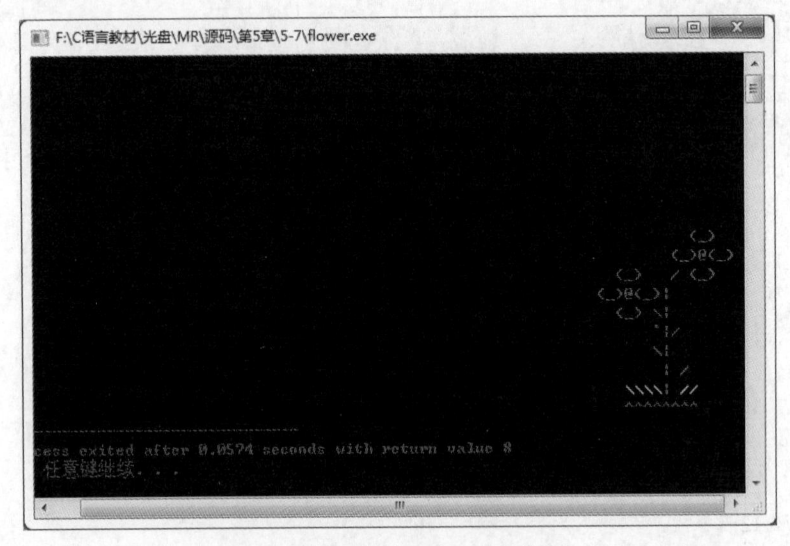

图5-8 使用printf函数打印字符花

5.5 格式输入函数

格式输入函数

与格式输出函数printf相对应的是格式输入函数scanf。该函数的功能是指定固定的格式，并且按照指定的格式接收用户在键盘上输入的数据，最后将数据存储在指定的变量中。

scanf函数的语法格式如下：

```
scanf(格式控制,地址列表)
```

通过scanf函数的语法格式可以看出，参数位置中的格式控制与printf函数相同。如“%d”表示十进制的整型，“%c”表示单字符，而在地址列表中应该给出用来接收数据变量的地址。如得到一个整型数据的操作：

```
scanf("%d",&iInt);                                          /*得到一个整型数据*/
```

在上面的代码中，“&”符号表示取iInt变量的地址，因此不用关心变量的地址具体是多少，只要在代码中变量的标识符前加“&”，就表示取变量的地址。

编写程序时，在scanf函数参数的地址列表处，一定要使用变量的地址，而不是变量的标识符，否则编译器会提示出现错误。

表5-3中列出了scanf函数的格式字符。

表5-3　scanf函数的格式字符

格式字符	功能说明
d,i	用来输入有符号的十进制整数
u	用来输入无符号的十进制整数
o	用来输入无符号的八进制整数
x,X	用来输入无符号的十六进制整数（大小写作用相同）
c	用来输入单个字符
s	用来输入字符串
f	用来输入实型，可以用小数形式或指数形式输入
e,E,g,G	与f作用相同，e与f、g之间可以相互替换（大小写作用相同）

格式字符“%s”用来输入字符串。将字符串送到一个字符数组中，在输入时以非空白字符开始，以第一个空白字符结束。字符串以串结束标志“\0”作为最后一个字符。

【例5-7】使用scanf格式输入函数得到用户输入的数据。

在本实例中，利用scanf函数得到用户输入的两个整型数据，因为scanf函数只能用于输入操作，所以若在屏幕上显示信息时则使用显示函数。

```
#include<stdio.h>

int main()
{
    int iInt1,iInt2;                               /*定义两个整型变量*/
    puts("Please enter two numbers:");             /*通过puts函数输出提示信息的字符串*/
    scanf("%d%d",&iInt1,&iInt2);                   /*通过scanf函数得到输入的数据*/
    printf("The first is : %d\n",iInt1);           /*显示第一个输入的数据*/
    printf("The second is : %d\n",iInt2);          /*显示第二个输入的数据*/
    return 0;
}
```

（1）为了能接收用户输入的整型数据，在程序代码中定义了两个整型变量iInt1和iInt2。

（2）因为scanf函数只能接收用户的数据，而不能显示信息，所以先使用puts函数输出一段字符表示信息提示。puts函数在输出字符串之后会自动进行换行，这样就可以省去使用换行符。

（3）调用scanf格式输入函数，在函数参数中可以看到：在格式控制的位置，使用双引号将格式字符包括，“%d”表示输入的是十进制的整数，在地址列表的位置，使用“&”符号表示变量的地址。

（4）此时变量iInt1和iInt2已经得到了用户输入的数据，调用printf函数将变量进行输出。这里要注意区分的是，printf函数使用的是变量的标识符，而不是变量的地址。scanf函数使用的是变量的地址，而不是标识符。

程序是怎样将输入的内容分别保存到指定的两个变量中的呢？原来scanf函数使用空白字符分隔输入的数据，这些空白字符包括空格、换行、制表符（tab）。例如在本程序中，使用换行作为空白字符。

运行程序，显示结果如图5-9所示。

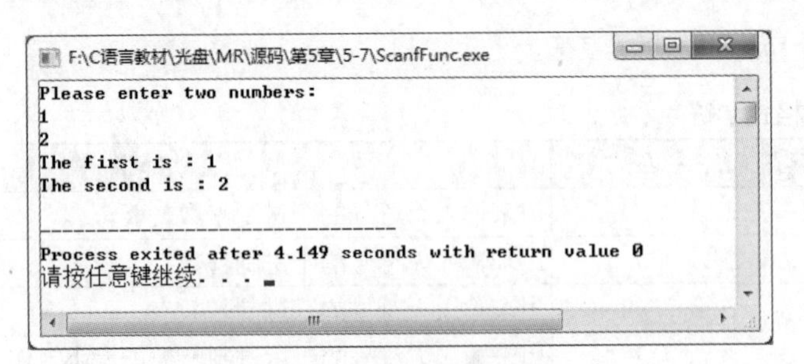

图5-9 逻辑运算符的应用

在printf函数中除了格式字符还有附加格式用于更为具体的说明，相应地，scanf函数的附加格式用于更为具体的格式说明，如表5-4所示。

表5-4 scanf函数的附加格式

字符	功能说明
l	用于输入长整型数据（可用于“%ld”“%lo”“%lx”“%lu”）以及double型的数据（“%lf”或“%le”）
h	用于输入短整型数据（可用于“%hd”“%ho”“%hx”）
n（整数）	指定输入数据所占宽度
*	表示指定的输入项在读入后不赋给相应的变量

【例5-8】使用附加格式说明scanf函数的格式输入。

在本实例中，将所有scanf函数的附加格式都进行格式输入的说明，通过这些指定格式的输入后，对比输入前后的结果，观察其附加格式的效果。

```
#include<stdio.h>

int main()
{
    long iLong;                                   /*长整型变量*/
    short iShort;                                 /*短整型变量*/
    int iNumber1=1;                               /*整型变量，为其赋值为1*/
    int iNumber2=2;                               /*整型变量，为其赋值为2*/
    char cChar[10];                               /*定义字符数组变量*/

    printf("Enter the long integer\n");           /*输出信息提示*/
    scanf("%ld",&iLong);                          /*输入长整型数据*/

    printf("Enter the short integer\n");          /*输出信息提示*/
    scanf("%hd",&iShort);                         /*输入短整型数据*/
```

```
    printf("Enter the number:\n");                                    /*输出信息提示*/
    scanf("%d*%d",&iNumber1,&iNumber2);                               /*输入整型数据*/

    printf("Enter the string but only show three character\n");       /*输出信息提示*/
    scanf("%3s",cChar);                                               /*输入字符串*/

    printf("the long interger is: %ld\n",iLong);                      /*显示长整型值*/
    printf("the short interger is: %hd\n",iShort);                    /*显示短整型值*/
    printf("the Number1 is: %d\n",iNumber1);                          /*显示整型iNumber1的值*/
    printf("the Number2 is: %d\n",iNumber2);                          /*显示整型iNumber2的值*/
    printf("the three character are: %s\n",cChar);                   /*显示字符串*/
    return 0;
}
```

（1）为了程序中的scanf函数能接收数据，在程序代码中定义所使用的变量。为了演示不同格式说明的情况，定义变量的类型有长整型、短整型和字符数组。

（2）使用printf函数显示一串字符，提示输入的数据为长整型，调用scanf函数使变量iLong得到用户输入的数据。在scanf函数的格式控制部分，格式字符使用附加格式l表示长整型。

（3）再使用printf函数显示数据提示，提示输入的数据为短整型。调用scanf函数时，使用附加格式字符h表示短整型。

（4）格式字符“*”的作用是表示指定的输入项在读入后不赋给相应的变量，在代码中分析这句话的含义就是，第一个“%d”是输入iNumber1变量，第二个“%d”是输入iNumber2变量，但是在第二个“%d”前有一个“*”附加格式说明字符，这样第二个输入的值将被忽略，也就是说，iNumber2变量不保存输入相应的值。

（5）“%s”是用来表示字符串的格式字符，将一个数n（整数）放入“%s”中间，这样就指定了数据的宽度。在程序中，scanf函数中指定的数据宽度为3，那么在输入一个字符串时，只是接收前3个字符。

（6）最后利用printf函数将输入得到的数据进行输出。

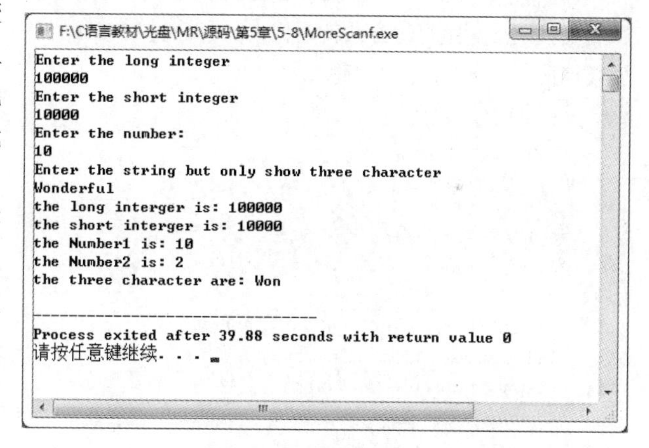

图5-10　逻辑运算符的应用

运行程序，显示结果如图5-10所示。

5.6　顺序程序设计应用

顺序程序设计应用

本节介绍几个顺序程序设计的实例，帮助读者巩固本章前面小节所讲的内容。

【例5-9】计算圆的面积。

在本实例中，定义单精度浮点型变量，为其赋值为圆周率的值，得到用户输入的数据并计算圆的面积，最后将计算的结果输出。

```
#include<stdio.h>

int main()
{
    float Pie=3.14f;                                  /*定义圆周率*/
```

```
    float fArea;                                    /*定义变量，表示圆的面积*/
    float fRadius;                                  /*定义变量，表示圆的半径*/

    puts("Enter the radius:");                      /*输出提示信息*/
    scanf("%f",&fRadius);                           /*输入圆的半径*/
    fArea=fRadius*fRadius*Pie;                      /*计算圆的面积*/
    printf("The Area is: %.2f\n",fArea);            /*输出计算的结果*/
    return 0;                                       /*程序结束*/
}
```

（1）定义单精度浮点型Pie表示圆周率，在常量3.14后加上f表示为单精度类型。变量fArea表示圆的面积，变量fRadius表示圆的半径。

（2）根据puts函数输出的程序提示信息，使用scanf函数输入半径的数据，将输入的数据保存在变量fRadius中。

（3）圆的面积=圆的半径的平方×圆周率。运用公式，将变量放入其中计算圆的面积，最后使用printf函数将结果输出。在printf函数中可以看到“%.2f”格式关键字，其中的“.2”表示取小数点后两位。

运行程序，显示结果如图5-11所示。

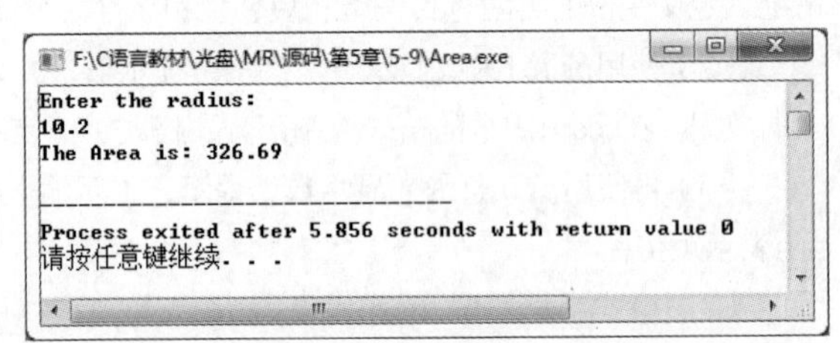

图5-11 计算圆的面积

【例5-10】将大写字符转换成小写字符。

本实例要将一个输入的大写字符转换成小写字符，需要对其中的ASCII码的关系有所了解。将大写字符转换成小写字符的方法就是将大写字符的ASCII码转换成小写字符的ASCII码。

```
#include<stdio.h>

int main()
{
    char cBig;                                      /*定义字符变量，表示大写字符*/
    char cSmall;                                    /*定义字符变量，表示小写字符*/

    puts("Please enter capital character:");        /*输出提示信息*/
    cBig=getchar();                                 /*得到用户输入的大写字符*/
    puts("Minuscule character is:");                /*输出提示信息*/
    cSmall=cBig+32;                                 /*将大写字符转换成小写字符*/
    printf("%c\n",cSmall);                          /*输出小写字符*/
    return 0;                                       /*程序结束*/
}
```

（1）为了将大写字符转换为小写字符，要为其定义变量并进行保存。cBig表示要存储字符的大写字符变量，而cSmall表示要转换成的小写字符变量。

（2）通过信息提示，用户输入字符。因为只要得到一个输入的字符即可，所以在此处使用getchar函数就可以满足程序的要求。

（3）大写字符与小写字符的ASCII码值相差32。如大写字符A的ASCII值为65，小写字符a的ASCII值为97，因此如果要将一个大写字符转换成小写字符，那么将大写字符的ASCII值加上32即可得到小写字符的ASCII值。

（4）字符变量cSmall得到转换的小写字符后，利用printf格式输出函数将字符输出，其中使用的格式字符为“%c”。

运行程序，显示结果如图5-12所示。

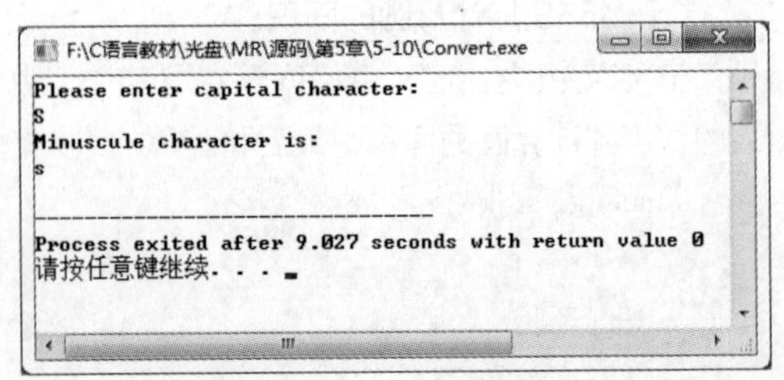

图5-12 将大写字符转换成小写字符

小 结

本章主要讲解C语言中常用的数据输入、输出函数。熟练使用输入、输出函数是学习C语言必须要掌握的技能，因为在很多情况下，为了证实一项操作的正确性，可以将输入和输出的数据进行对比而得到结论。

其中，用于单个字符的输入、输出时，使用的是getchar和putchar函数，而gets和puts函数用于输入、输出字符串，并且puts函数在遇到终止符时会进行自动换行。为了能输出其他类型的数据，可以使用格式输出函数printf和格式输入函数scanf。在这两个格式函数中，利用格式字符和附加格式字符可以更为具体地进行格式说明。

上机指导

求回文素数。

任意整数i，当从左向右的读法与从右向左的读法是相同且为素数时则称该数为回文素数，在了解了什么是回文素数的基础上求1000之内的所有回文素数。运行结果如图5-13所示。

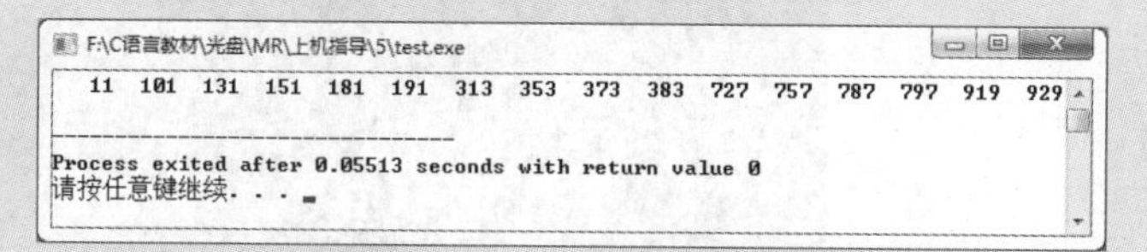

图5-13　求回文素数

上机指导

程序开发步骤如下。

（1）在DEV C++中创建一个C文件。

（2）引用头文件。

（3）自定义ss函数，函数类型为基本整型，作用是判断一个数是否为素数。

（4）对10~1000的数进行穷举，找出符合条件的数并将其输出。

习 题

5-1 使用printf函数的附加格式说明字符，对输出的数据进行更为精准的格式设计。

5-2 使用printf函数对不同类型的变量进行输出，并对使用printf函数所用到的输出格式进行分析理解。

5-3 模仿实例5-10，试将输入的小写字符转换成大写字符，并且将大写字符与字符所对应的ASCII码进行输出。

5-4 模拟工资计算器，计算一个销售人员的月工资的数量（月工资=基本工资+提成，提成=商品数×1.5）。

5-5 利用输出函数printf实现将“MR”的图案用“*”号输出。

5-6 利用各种特殊符号打印如图5-14所示的字符花。

图5-14　字符花蛇

CHAPTER06

第6章

选择结构程序设计

本章要点

- 掌握使用if语句编写判断语句
- 掌握switch语句的编写方式
- 区分两种if...else语句与switch语句
- 通过应用程序了解选择结构的具体使用

■ 走入程序设计领域的第一步，是学会设计编写一个程序，其中顺序结构程序设计是最简单的程序设计，而选择结构程序设计中就用到了一些用于条件判断的语句，增加了程序的功能，也增强了程序的逻辑性与灵活性。

■ 本章致力于使读者掌握使用if语句进行条件判断的方法，并掌握有关switch语句的使用方式。

6.1 if语句

在日常生活中，为了使交通畅通有序，一般会在路口设立交通信号灯。在信号灯显示为绿色时车辆可以行驶通过，当信号灯转为红色时车辆就要停止行驶。可见，信号灯给出了信号，人们通过不同的信号进行判断，然后根据判断的结果进行相应的操作。

在C语言程序中，想要完成这样的判断操作，利用的就是if语句。if语句的功能就像路口的信号灯一样，根据判断不同的条件，决定是否进行操作。

程序员将决策表示成对条件的检验，即判断一个表达式值的真假。除了没有任何返回值的函数和返回的无法判断真假的结构函数，几乎所有表达式的返回值都可以用于判断真假。

下面具体介绍if语句的有关内容。

6.2 if语句的基本形式

if语句就是判断表达式的值（真或假），然后根据该值的情况控制程序流程。表达式的值不等于0，也就是为真；否则，就是假值。if语句有if、if...else和else if 3种语句形式，下面介绍每种情况的具体使用方式。

6.2.1 if语句形式

if语句通过对表达式进行判断，根据判断的结果决定是否进行相应的操作。if语句的一般形式：

```
if(表达式) 语句
```

if语句的执行流程图如图6-1所示。

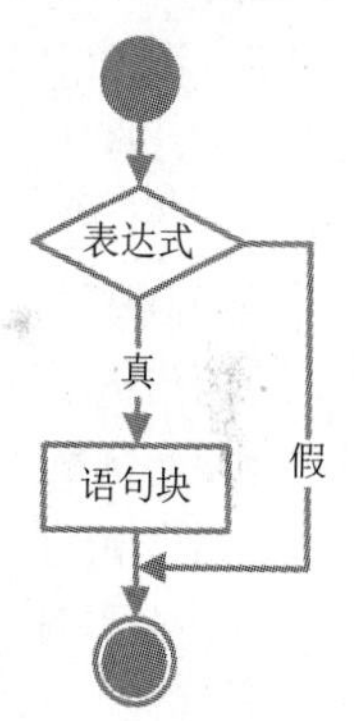

图6-1 if语句的执行流程图

if后面括号中的表达式就是要进行判断的条件，而后面语句部分是对应的操作。如果if判断括号中的表达式为真值，就执行后面语句的操作；如果为假值，就不会执行后面的语句部分。例如下面的代码：

```
if(iNum)printf("The ture value");
```

代码中判断变量iNum的值，如果变量iNum为真值，则执行后面的输出语句；如果变量的值为假，则不执行。

在if语句的括号中，不仅可以判断一个变量的值是否为真，也可以判断表达式的值，例如：

```
if(iSignal==1) printf("the Signal Light is%d:",iSignal);
```

这行代码的含义：判断变量iSignal==1的表达式，如果条件成立，那么判断的结果是真值，则执行后面的输出语句；如果条件不成立，那么结果为假值，则不执行后面的输出语句。

从这些代码中可以看到if后面的执行部分只是调用了一条语句，如果是两条语句时怎么办呢？这时可以使用大括号，将两条语句组合成为语句块，例如：

```
if(iSignal==1)
{
    printf("the Signal Light is%d:\n",iSignal);
    printf("Cars can run");
}
```

将要执行的语句都放在大括号中，这样当if语句判断条件为真时，就可以全部执行。使用这种方式的好处是可以很规范、清楚地表达出if语句所包含语句的范围，所以这里建议大家使用if语句时都使用大括号将执行语句包括在内。

【例6-1】使用if语句模拟信号灯指挥车辆行驶。

在本实例中，为了模拟十字路口上信号灯指挥车辆行驶的过程，要使用if语句判断信号灯的状态。如果信号灯为绿色，则说明车辆可以行驶通过，通过输出语句进行信息提示说明车辆的行动状态。

```
#include<stdio.h>

int main()
{
    int iSignal;                                               /*定义变量表示信号灯的状态*/
    printf("the Red Light is 0,the Green Light is 1\n");       /*输出提示信息*/
    scanf("%d",&iSignal);                                      /*输入iSignal变量*/
    if(iSignal==1)                                             /*使用if语句进行判断*/
    {
        printf("the Light is green,cars can run\n");           /*判断结果为真时输出*/
    }
    return 0;
}
```

（1）为了模拟信号灯指挥交通的过程，要根据信号灯的状态进行判断，这样就需要一个变量表示信号灯的状态。在程序代码中，定义变量iSignal以表示信号灯的状态。

（2）输出提示信息，输入iSignal变量，表示此时信号灯的状态。此时用键盘输入“1”，表示信号灯的状态是绿灯。

（3）使用if语句判断iSignal变量的值，如果为真，则表示信号灯为绿灯；如果为假，则表示是红灯。在程序中，此时变量iSignal的值为1，表达式iSignal==1的条件成立，因此判断的结果为真值，从而执行if语句后面大括号中的语句。

运行程序，显示结果如图6-2所示。

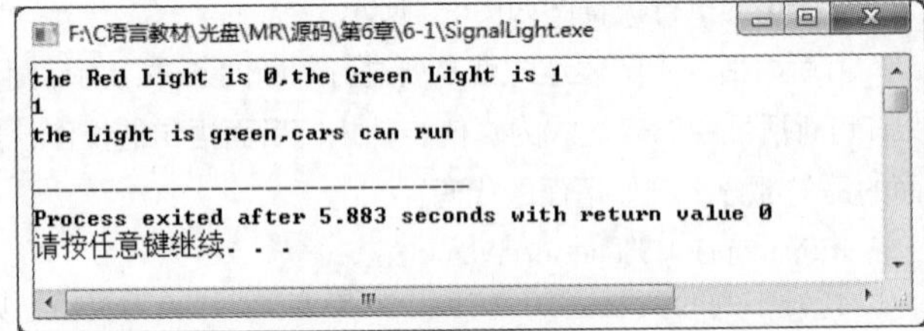

图6-2 使用if语句模拟信号灯指挥车辆行驶的过程

if语句不是只可以使用一次，而是可以连续使用进行判断的，继而程序会根据不同条件的成立给出相应的操作。

例如在实例6-1的程序中，可以看到虽然使用if语句判断信号灯状态iSignal变量，但只是给出了判断是绿灯时执行的操作，并没有给出红灯时相应的操作。为了使得在红灯情况下也进行操作，需要再使用一次if语句判断为红灯时的情况。现在对实例6-1进行完善。

【例6-2】完善if语句的使用。

实例6-1仅对绿灯情况下做出相应操作，为进一步完善信号灯为红灯时的操作，在程序中再添加一次if语句对信号灯为红灯时的判断，并且在条件成立时给出相应操作。

```
#include<stdio.h>

int main()
{
    int iSignal;                                               /*定义变量表示信号灯的状态*/
    printf("the Red Light is 0,the Green Light is 1\n");       /*输出提示信息*/
    scanf("%d",&iSignal);                                      /*输入iSignal变量*/

    if(iSignal==1)                                             /*使用if语句进行判断*/
```

```
    {
        printf("the Light is green,cars can run\n");                /*判断结果为真时输出*/
    }
    if(iSignal==0)                                                  /*使用if语句进行判断*/
    {
        printf("the Light is red,cars can't run\n");                /*判断结果为真时输出*/
    }
    return 0;
}
```

（1）本程序是在实例6-1的基础上进行修改的，以完善程序的功能。在代码中添加一个if判断语句，用来表示当信号灯为红灯时所进行的相应操作。

（2）从程序的开始处来分析整个程序的运行过程。使用scanf函数输入数据，这次用户输入“0”，表示红灯。

（3）程序继续执行，第一个if语句判断iSignal变量的值是否为1，如果判断的结果为真，则说明信号灯为绿灯。因为iSignal变量的值为0，所以此时判断的结果为假，则不会执行后面语句中的内容。

（4）接下来是新添加的if语句，在其中判断iSignal变量是否等于0，如果判断的结果为真，则表示信号灯此时为红灯。因为输入的值为0，所以iSignal==0条件成立，则执行if后面的语句内容。

运行程序，显示结果如图6-3所示。

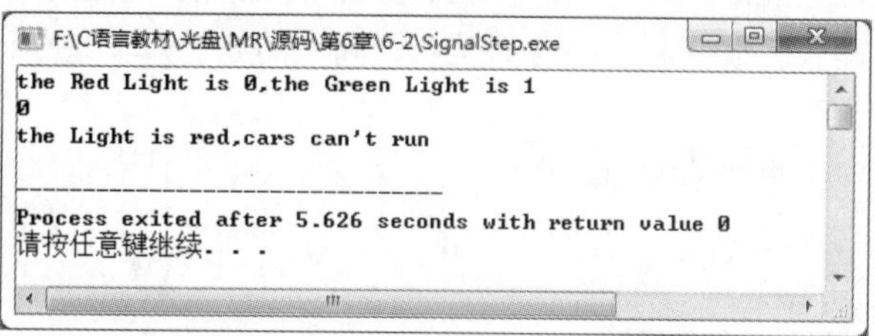

图6-3　完善if语句的使用

初学编程的人在程序中使用if语句时，常常会将下面的两个判断弄混，例如：

```
if(value){...}                                                  /*判断变量值*/
if(value==0){...}                                               /*判断表达式的值*/
```

这两行代码中都有value变量，value值虽然相同，但是判断的结果却不同。第一行代码表示判断的是value的值，第二行代码表示判断value==0这个表达式是否成立。假定其中value的值为0，那么在第一个if语句中，value值为0即说明判断的结果为假，所以不会执行if后的语句。但是在第二个if语句中，判断的是value是否等于0，因为设定value的值为0，所以表达式成立，那么判断的结果就为真，执行if后的语句。

6.2.2　if...else语句形式

C语言中除了可以指定在条件为真时执行某些语句外，还可以在条件为假时执行另外一段代码，可利用if...else语句来完成，其一般形式：

if...else 语句形式

```
if(表达式)
    语句块1;
else
    语句块2;
```

if...else语句的执行流程图如图6-4所示。

在if后的括号中判断表达式的结果，如果判断的结果为真值，则执行紧跟if后的语句块中的内容；如果判断的结果为假值，则执行else语句后的语句块内容。也就是说，当if语句检验的条件为假时，就执行相应的else语句后面的语句或者语句块。例如：

```
if(value)
{
    printf("the value is true");
```

```
}
else
{
    printf("the value is false");
}
```

在上面的代码中，如果if判断变量value的值为真，则执行if后面的语句块进行输出。如果if判断的结果为假值，则执行else后面的语句块进行输出。

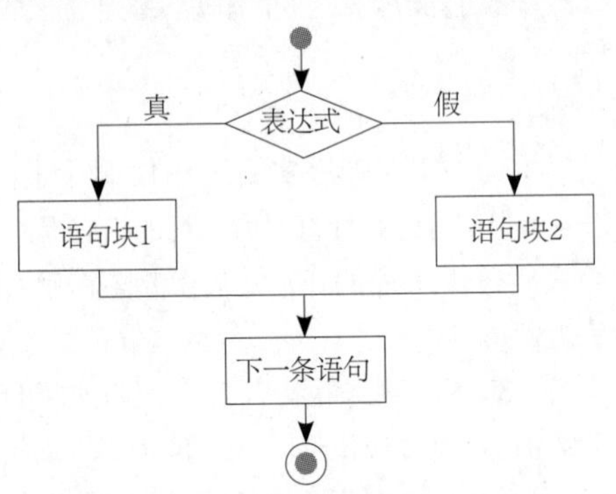

图6-4　if...else语句的执行流程图

一个else语句必须跟在一个if语句的后面。

【例6-3】使用if...else语句进行选择判断。

在本实例中，使用if...else语句判断用户输入的数值，输入的数字为0表示条件为假，输入的数字为非0表示条件为真。

```
#include<stdio.h>

int main()
{
    int iNumber;                                          /*定义变量*/

    printf("Enter a number\n");                           /*显示提示信息*/
    scanf("%d",&iNumber);                                 /*输入数字*/

    if(iNumber)                                           /*判断变量的值*/
    {
                                                          /*判断为真时执行输出*/
        printf("the value is true and the number is: %d\n",iNumber);
    }
    else                                                  /*判断为假时执行输出*/
    {
        printf("the value is flase and the number is: %d\n",iNumber);
    }
    return 0;
}
```

（1）程序中定义变量iNumber用来保存输入的数据，然后通过if...else语句判断该变量的值。

（2）假设用户输入数据的值为0，if语句会判断iNumber变量，此时也就是判断输入的数值。因为0表示的是假，所以不会执行if后面紧跟着的语句块，而会执行else后面的语句块，显示一条信息并将数值进行输出。

（3）从程序的运行结果中也可以看出，当if语句检验的条件为假时，就执行相应的else语句后面的语句或者语句块。

运行程序，显示结果如图6-5所示。

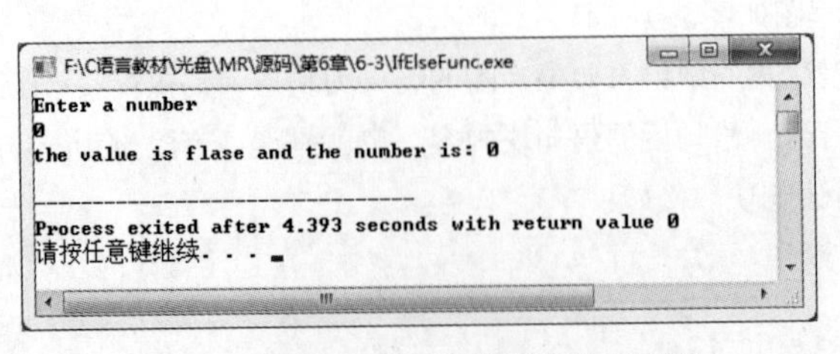

图6-5　使用if...else语句进行选择判断

if...else语句也可以用来判断表达式，根据表达式的结果从而选择不同的操作。

【例6-4】使用if...else语句得到两个数的最大值。

本实例要实现的功能是比较两个数值的大小。这两个数值由用户输入，然后将其中相对较大的数值输出显示。

```
#include<stdio.h>

int main()
{
    int iNumber1,iNumber2;                                      /*定义变量*/

    printf("please enter two numbers:\n");                      /*显示提示信息*/
    scanf("%d%d",&iNumber1,&iNumber2);                          /*输入数据*/
    if(iNumber1>iNumber2)                                       /*判断iNumber1是否大于iNumber2*/
    {
       printf("the bigger number is %d\n",iNumber1);
    }
    else                                                        /*判断结果为假，则执行下面的语句*/
    {
       printf("the bigger number is %d\n",iNumber2);
    }
    return 0;
}
```

（1）在程序运行过程中，利用printf函数先显示一条信息，通过信息提示用户输入两个数据，假设第一个输入的是5，第二个输入的是10。这两个数据的数值分别由变量iNumber1和iNumber2保存。

（2）if语句判断表达式iNumber1>iNumber2的真假。如果判断的结果为真，则执行if后的语句输出iNumber1的值，说明iNumber1是最大值；如果判断的结果为假，则执行else后的语句输出iNumber2的值，说明iNumber2是最大值。因为iNumber1的值为5，iNumber2的值为10，所以iNumber1>iNumber2的关系表达式结果为假。这样执行的就是else后的语句，输出iNumber2的值。

运行程序，显示结果如图6-6所示。

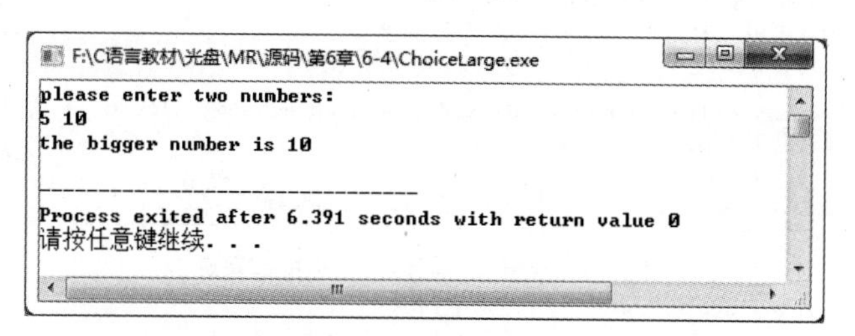

图6-6　使用if...else语句得到两个数的最大值

【例6-5】使用if...else语句模拟信号灯的决策过程。

除了绿灯与红灯，多数路口的信号灯还有黄灯，用来提示车辆准备行驶或者停车。实例6-1和实例6-2使用if语句模拟信号灯，在本实例中使用if...else语句进一步完善这个程序，使得信号灯具有黄灯相应的功能。

```
#include<stdio.h>

int main()
{
    int iSignal;                                                /*定义变量表示信号灯的状态*/
    printf("the Red Light is 0,\nthe Green Light is 1,\nthe Yellow Light is other number\n");  /*显示提示信息*/
    scanf("%d",&iSignal);                                       /*输入iSignal变量*/
```

```
    if(iSignal==1)                                      /*当信号灯为绿灯时*/
    {
        printf("the Light is green,cars can run\n");    /*判断结果为真时输出*/
    }
    if(iSignal==0)                                      /*当信号灯为红灯时*/
    {
        printf("the Light is red,cars can't run\n");    /*判断结果为真时输出*/
    }
    else                                                /*当信号灯为黄灯时*/
    {
        printf("the Light is yellow,cars are ready\n");
    }
    return 0;
}
```

（1）程序运行时，先输出信息，提示用户输入一个信号灯的状态。其中0表示红灯，1表示绿灯，其他数字表示黄灯。

（2）假设输入一个数字2，将其保存到变量iSignal中。接下来使用if语句进行判断。

（3）第一个if语句判断iSignal是否等于1，很明显判断结果为假，因此不会执行第一个if语句后的语句块中的内容。

（4）第二个if语句判断iSignal是否等于0，结果为假，因此不会执行第二个if语句后的语句块中的内容。

（5）因为第二个if语句判断结果为假值，不执行第二个if语句后的语句块的话就会执行else后的语句块。在else后的语句块中通过输出信息表示现在为黄灯，车辆要进行准备。

运行程序，显示结果如图6-7所示。

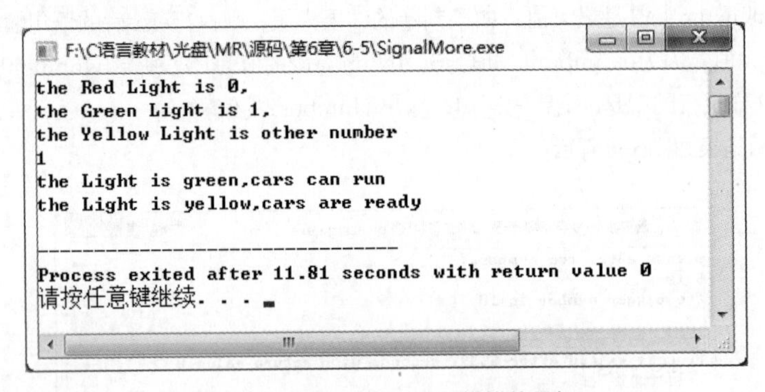

图6-7　使用if...else语句模拟信号灯

6.2.3　else if语句形式

利用if和else关键字的组合可以实现else if语句，这是对一系列互斥的条件进行检验，其一般形式如下：

```
if(表达式1) 语句块1
else if(表达式2) 语句块2
else if(表达式3) 语句块3
    …
else if(表达式m) 语句块m
else 语句块n
```

else if语句的执行流程图如图6-8所示。

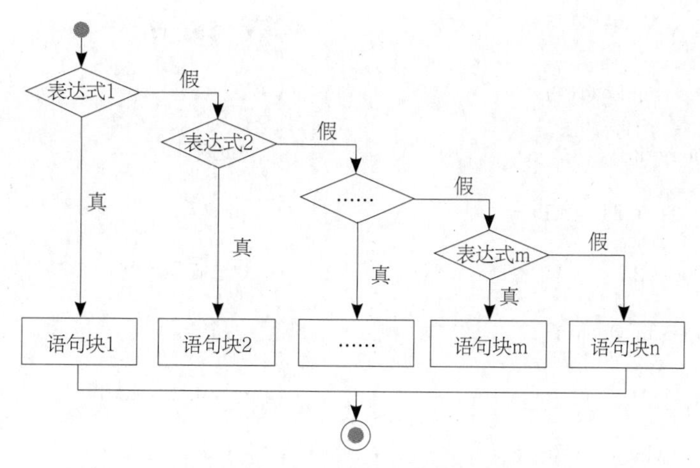

图6-8　else if语句的执行流程图

根据图6-8所示的流程图可知，首先对if语句中的表达式1进行判断，如果结果为真值，则执行后面跟着的语句块1，然后跳过else if语句和else语句块；如果结果为假，那么判断else if语句中的表达式2。如果表达式2为真值，那么执行语句2而不会执行后面else if的判断或者else后的语句块。当所有的判断都不成立，也就是都为假值时n，执行else后的语句块n。例如：

```
if(iSelection==1)
    {...}
else if(iSelection==2)
    {...}
else if(iSelection==3)
    {...}
else
    {...}
```

上述代码的含义是，使用if语句判断变量iSelection的值是否为1，如果为1则执行后面语句块中的内容，然后跳过后面的else if判断和else语句的执行；如果iSelection的值不为1，那么else if判断iSelection的值是否为2，如果值为2，则条件为真执行后面紧跟着的语句块，执行完后跳过后面else if和else的操作；如果iSelection的值也不为2，那么接下来的else if语句判断iSelection是否等于数值3，如果等于则执行后面语句块中的内容，否则执行else语句块中的内容。也就是说，当前面所有的判断都不成立（为假值）时，执行else语句块中的内容。

【例6-6】使用else if语句编写屏幕菜单程序。

在本实例中，既然要对菜单进行选择，那么首先要显示菜单。利用格式输出函数将菜单中所需要的信息进行输出。

```
#include<stdio.h>

int main()
{
    int iSelection;                                    /*定义变量，表示菜单的选项*/

    printf("---Menu---\n");                            /*输出屏幕的菜单*/
    printf("1 = Load\n");
    printf("2 = Save\n");
    printf("3 = Open\n");
    printf("other = Quit\n");

    printf("enter selection\n");                       /*显示提示信息*/
    scanf("%d",&iSelection);                           /*用户输入选项*/
```

```
    if(iSelection==1)                                   /*选项为1*/
    {
        printf("Processing Load\n");
    }
    else if(iSelection==2)                              /*选项为2*/
    {
        printf("Processing Save\n");
    }
    else if(iSelection==3)                              /*选项为3*/
    {
        printf("Processing Open\n");
    }
    else                                                /*选项为其他数值时*/
    {
        printf("Processing Quit\n");
    }
    return 0;
}
```

（1）程序中使用printf函数将可以进行选择的菜单显示输出，然后显示一条信息提示用户进行输入，选择一个菜单项进行操作。

（2）这里假设输入数字为3，变量iSelection将输入的数值保存，用来执行后续判断。

（3）再判断iSelection的位置，可以看到使用if语句判断iSelection是否等于1，使用else if语句判断iSelection是否等于2和等于3的情况，如果都不满足则会执行else处的语句。因为iSelection的值为3，所以iSelection==3关系表达式为真，执行相应else if处的语句块，输出提示信息。

运行程序，显示结果如图6-9所示。

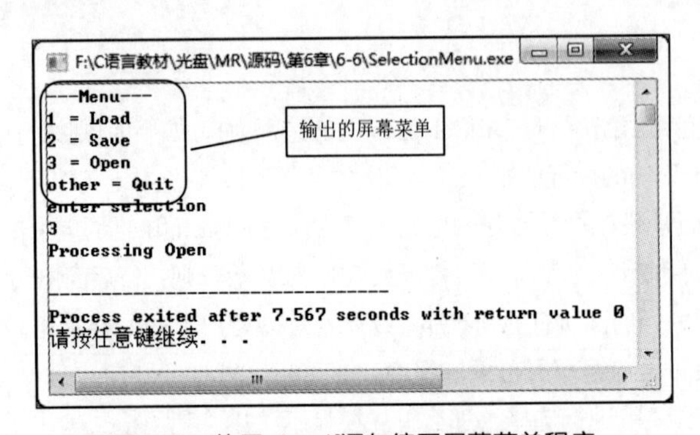

图6-9 使用else if语句编写屏幕菜单程序

实例6-5中使用if...else语句模拟信号灯时，连续使用两次if语句，当第一个if语句满足条件时会出现问题，因为else语句也会执行。现在使用else if语句再一次修改此程序使其功能完善。

【例6-7】使用else if语句正确修改信号灯程序。

```
#include<stdio.h>

int main()
{
    int iSignal;                                        /*定义变量表示信号灯的状态*/
    printf("the Red Light is 0,\nthe Green Light is 1,\nthe Yellow Light is other number\n"); /*输出提示信息*/
    scanf("%d",&iSignal);                               /*输入iSignal变量*/

    if(iSignal==1)                                      /*当信号灯为绿灯时*/
    {
```

```
        printf("the Light is green,cars can run\n");           /*判断结果为真时输出*/
    }
    else if(iSignal==0)                                        /*当信号灯为红灯时*/
    {
        printf("the Light is red,cars can't run\n");           /*判断结果为真时输出*/
    }
    else                                                       /*当信号灯为黄灯时*/
    {
        printf("the Light is yellow,cars are ready\n");
    }
    return 0;
}
```

在原来的程序中，只是将原来第二个if判断改成了else if 判断。这样当输入“1”时程序就可以正常运行了。

通过对实例6-5和实例6-7两个程序结果的比较可以发现，连续使用if判断条件这种方式中，每个条件的判断都是分开的、独立的。而使用if和else if判断条件，所有的判断可以看成是一个整体，如果其中一个为真，那么下面的else if中的判断即使有符合的也会被跳过，不会执行。

运行程序，显示结果如图6-10所示。

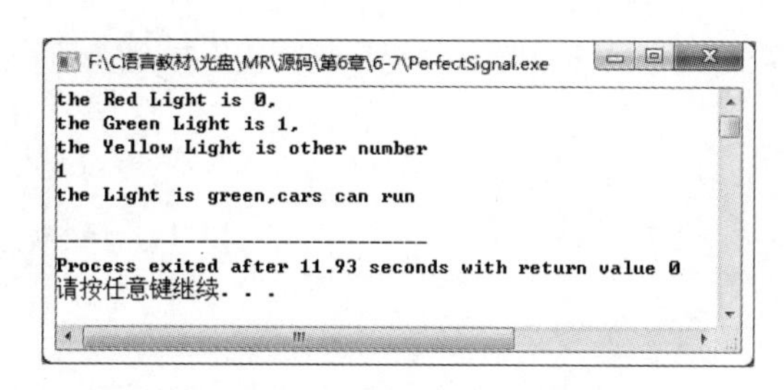

图6-10　使用else if语句正确修改信号灯程序

6.3　if的嵌套形式

在if语句中又包含一个或多个if语句，此种情况称为if语句的嵌套。一般形式如下：

```
if(表达式1)
    if(表达式2) 语句块1
    else        语句块2
else
    if(表达式3) 语句块3
    else        语句块4
```

if 的嵌套形式

使用if语句嵌套的形式功能是对判断的条件进行细化，然后进行相应的操作。

这就好比人们在生活中，每天早上醒来的时候想一下今天是星期几，如果是周末就是休息日，如果不是周末就要上班；同时，休息日可能是星期六或者是星期日，星期六就和朋友去逛街，星期日就陪家人在家。

根据这个来看一下上述一般形式表示：if语句判断表达式1就像判断今天是星期几，假设判断结果为真，则用if语句判断表达式2，这就好像判断出今天是不是休息日，然后去判断今天是不是星期六；如果if语句判断表达式2为真，那么执行语句块1中的内容。如果不为真，那么执行语句块2中的内容。例如，如果为星期六就陪朋友逛街，如果为星期日就陪家人在家。外面的else语句表示今天不为休息日时的相应操作。代码如下：

```
if(iDay>Friday)                                    /*判断为休息日的情况*/
{
    if(iDay==Saturday)                             /*判断为星期六时的操作*/
    { }
    else                                           /*为星期日时的操作*/
```

```
    { }
}
else                                                /*不为休息日的情况*/
{
    if(iDay==Monday)                                /*判断为星期一时的操作*/
    { }
    else
    { }
}
```

上面的代码表示了整个if语句嵌套的操作过程，首先判断为休息日的情况，然后根据判断的结果选择相应的具体判断或者操作。过程如上述对if语句判断的描述。

在使用if语句嵌套时，应注意if与else的配对情况。else总是与其上面的最近的未配对的if进行配对。

前面曾经介绍过，使用if语句，如果只有一条语句则可以不用大括号。修改一下上面的代码，让其先判断是否为工作日，然后在工作日中只判断星期一的情况。例如：

```
if(iDay<Friday)                                     /*判断为工作日的情况*/
    if(iDay==Monday)                                /*判断为星期一时的操作*/
    { }
else
    if(iDay==Saturday)                              /*判断为星期六时的操作*/
    { }
    else
    { }
```

原本这段代码的作用是先判断是否为工作日，是工作日则判断是否为星期一，不是工作日则判断是否是星期六，否则就是星期日。但是因为else总是与其上面的最近的未配对的if进行配对，所以else与第二个if语句配对，形成内嵌if语句块，这样就无法满足设计的要求。如果为if语句后的语句块加上大括号，就可避免出现这种情况了。因此建议大家即使是一条语句也要使用大括号。

【例6-8】使用if嵌套语句选择日程安排。

在本实例中，使用if嵌套语句对输入的数据逐步进行判断，最终选择执行相应的操作。

```
#include<stdio.h>

int main()
{
    int iDay=0;                                     /*定义变量表示输入的星期*/
    /*定义变量代表一周中的每一天*/
    int Monday=1,Tuesday=2,Wednesday=3,Thursday=4,
        Friday=5,Saturday=6,Sunday=7;

    printf("enter a day of week to get course:\n");  /*显示提示信息*/
    scanf("%d",&iDay);                              /*输入星期*/

    if(iDay>Friday)                                 /*休息日的情况*/
    {
        if(iDay==Saturday)                          /*为星期六时*/
        {
            printf("Go shopping with friends\n");
        }
        else                                        /*为星期日时*/
```

```
            {
                printf("At home with families\n");
            }
        }
        else                                                    /*工作日的情况*/
        {
            if(iDay=Monday)                                     /*为星期一时*/
            {
                printf("Have a meeting in the company\n");
            }
            else                                                /*为其他星期时*/
            {
                printf("Working with partner\n");
            }
        }
        return 0;
}
```

（1）在程序中定义变量iDay用来保存后面进行输入的数值，而其他变量表示一周中的每一天。

（2）在运行时，假设输入“6”，代表选择星期六。if语句判断表达式iDay>Friday，如果成立则表示输入的是休息日，否则执行else表示工作日的部分。如果判断为真，则再利用if语句判断iDay是否等于Saturday变量的值，如果等于则表示为星期六，那么执行后面的语句，输出信息表示星期六和朋友去逛街。否则，不等于表示星期日，则执行else语句，进行输出表示星期日陪家人在家。

（3）因为iDay保存的数值为6，大于Friday，并且iDay等于Saturday变量的值，所以执行输出语句表示星期六要和朋友去逛街。

运行程序，显示结果如图6-11所示。

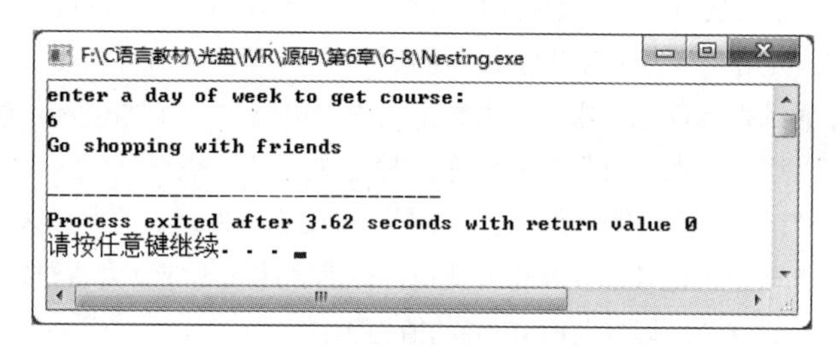

图6-11　使用if嵌套语句选择日程安排

6.4　条件运算符

在使用if语句时，可以通过判断表达式为“真”或“假”，而执行相应的表达式。例如：

```
if(a>b)
    {max=a;}
else
    {max=b;}
```

上面的代码可以用条件运算符“?:”来进行简化，例如：

```
max=(a>b)?a:b;
```

条件运算符对一个表达式的真值或假值结果进行检验，然后根据检验结果返回另外两个表达式中的一个。条件运算符的一般形式如下：

```
表达式1?表达式2:表达式3;
```

在运算中，首先对第一个表达式的值进行检验。如果值为真，则返回第二个表达式的结果值；如果值为假，则返回第3个表达式的结果值。例如上面使用条件运算符的代码，首先判断表达式a>b是否成立，成立则说明结果为真，将a的值赋给max变量；否则说明结果为假，则将b的值赋给max变量。

【例6-9】使用条件运算符计算欠款金额。

本实例要求设计还欠款时，还钱的时间如果过期，则会在欠款的金额上增加10%的罚款。其中使用条件运算符进行判断选择。

```
#include<stdio.h>

int main()
{
    float fDues;                                    /*定义变量表示欠款数*/
    float fAmount;                                  /*表示要还的总欠款数*/
    int iOntime;                                    /*表示是否按时还款*/
    char cChar;                                     /*用来接收用户输入的字符*/

    printf("Enter dues amount:\n");                 /*显示信息，提示输入欠款金额*/
    scanf("%f",&fDues);                             /*用户输入*/
    printf("On Time? (y/n)\n");                     /*显示信息，提示还款是否按时还款*/
    getchar();                                      /*得到回车符*/
    cChar=getchar();                                /*得到输入的字符*/
    iOntime=(cChar=='y')?1:0;                       /*使用条件运算符根据字符判断进行选择操作*/
    fAmount=iOntime?fDues:(fDues*1.1);              /*使用条件运算符根据iOntime值的真假进行选择操作*/
    printf("the Amount is:%.2f\n",fAmount);         /*将计算应还的总欠款数输出*/
    return 0;
}
```

（1）在程序代码中，定义变量fDues表示欠款的金额，fAmount表示应该还款的总金额，iOntime的值表示有没有按时还款，cChar用字符表示有没有按时还款。

（2）通过运行程序时的提示信息，用户输入数据。假设用户输入欠款的金额为100，然后提示有没有按时还款。用户输入“y”表示按时，“n”表示没有按时还款。

（3）假设用户输入“n”，表示没有按时还款。接下来使用条件运算符判断表达式cChar=='y'是否成立，成立为真时，将“？”号后的值1赋给iOntime变量；否则表达式不成立为假时，将0赋给iOntime变量。因为cChar=='y'的表达式不成立，所以此时iOntime的值为0。

（4）使用条件运算符对iOntime的值进行判断，如果iOntime为真，则说明按时还款为原来的欠款，返回fDues值给fAmount变量。若iOntime值为假，则说明没有按时还款，要加上10%的罚金，返回表达式fDues*1.10的值给fAmount变量。因此此时的iOntime为0，则最后得到fAmount值为fDues*1.10的结果。

运行程序，显示结果如图6-12所示。

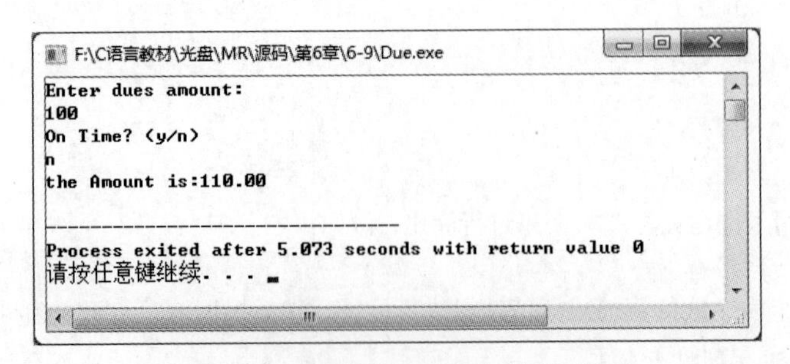

图6-12　使用条件运算符计算欠款金额

6.5 switch语句

从前文的介绍可知，if语句只有两个分支可供选择，而在实际问题中常需要用到多分支的选择。当然，使用嵌套的if语句也可以实现多分支的选择，但是如果分支较多，就会使得嵌套的if语句层数较多，程序冗余并且可读性不好。C语言中可以使用switch语句直接处理多分支选择的情况，将程序的代码可读性提高。

switch 语句的基本形式

6.5.1 switch语句的基本形式

switch语句是多分支选择语句。例如，如果只需要检验某一个整型变量的可能取值，那么可以用更简便的switch语句。switch语句的一般形式如下：

```
switch(表达式)
{
    case 情况1:
      语句块1;
    case 情况2:
      语句块2;
    …
    case 情况n:
      语句块n;
    default:
      默认情况语句块;
}
```

switch语句的程序流程图如图6-13所示。

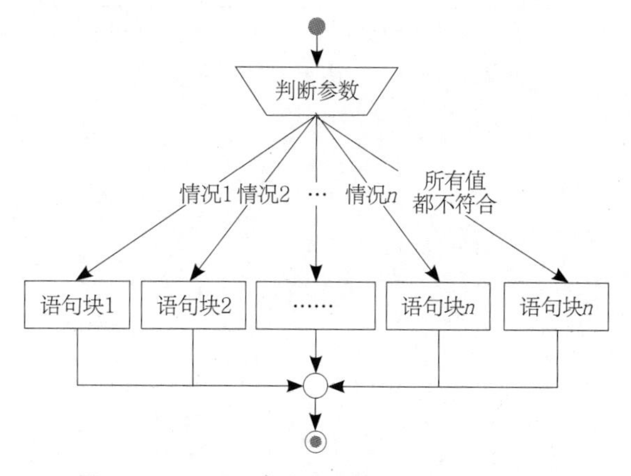

图6-13　switch多分支选择语句的执行流程图

通过上面的流程图分析switch语句的一般形式，switch后面括号中的表达式就是要进行判断的条件。在switch的语句块中，使用case关键字表示检验条件符合的各种情况，其后的语句是相应的操作。其中还有一个default关键字，其作用是如果前面没有符合条件的情况，那么执行default后的默认情况语句。

switch语句检验的条件必须是一个整型表达式，这意味着其中也可以包含运算符和函数调用。而case语句检验的值必须是整型常量，也即可以是常量表达式或者常量运算。

通过如下代码再来分析一下switch语句的使用方法：

```
switch(selection)
    {
    case 1:
      printf("Processing Receivables\n");
      break;
    case 2:
      printf("Processing Payables\n");
      break;
    case 3:
      printf("Quitting\n");
      break;
    default:
      printf("Error\n");
      break;
    }
```

其中switch判断selection变量的值，利用case语句检验selection值的不同情况。假设selection的值为2，那么执行case为2时的情况，执行后跳出switch语句。如果selection的值不是case中所检验列出的情况，那么执行default中的语句。在每一个case或default语句后都有一个break关键字。break语句用于跳出switch结构，不再执行switch下面的代码。

在使用switch语句时，如果没有一个case语句后面的值能匹配switch语句的条件，就执行default语句后面的代码。其中任意两个case语句都不能使用相同的常量值；并且每一个switch结构只能有一个default语句，而且default可以省略。

【例6-10】使用switch语句输出分数段。

本实例中，要求按照考试成绩的等级输出分数段，其中要使用switch语句来判断分数的情况。

```
#include<stdio.h>

int main()
{
    char cGrade;                                    /*定义变量表示分数的级别*/
    printf("please enter your grade\n");            /*提示信息*/
    scanf("%c",&cGrade);                            /*输入分数的级别*/
    printf("Grade is about:");                      /*提示信息*/
    switch(cGrade)                                  /*switch语句判断*/
    {
    case 'A':                                       /*分数级别为A的情况*/
        printf("90~100\n");                         /*输出分数段*/
        break;                                      /*跳出*/
    case 'B':                                       /*分数级别为B的情况*/
        printf("80~89\n");                          /*输出分数段*/
        break;                                      /*跳出*/
    case 'C':                                       /*分数级别为C的情况*/
        printf("70~79\n");                          /*输出分数段*/
        break;                                      /*跳出*/
    case 'D':                                       /*分数级别为D的情况*/
        printf("60~69\n");                          /*输出分数段*/
        break;                                      /*跳出*/
    case 'F':                                       /*分数级别为F的情况*/
        printf("<60\n");                            /*输出分数段*/
        break;                                      /*跳出*/
    default:                                        /*默认情况*/
```

```
        printf("You enter the char is wrong!\n");              /*提示错误*/
        break;                                                   /*跳出*/
    }
    return 0;
}
```

（1）在程序代码中，定义变量cGrade用来保存用户输入的成绩并判定级别。

（2）使用switch语句判断字符变量cGrade，其中使用case关键字检验可能出现的级别情况，并且在每一个case语句的最后都会有break进行跳出。如果没有符合的情况则会执行default默认语句。

在case语句表示的条件后有一个冒号“：”，在编写程序时不要忘记。

（3）在程序中，假设用户输入字符为B，在case检验中有为B的情况，那么执行该case后的语句块，将分数段进行输出。

运行程序，显示结果如图6-14所示。

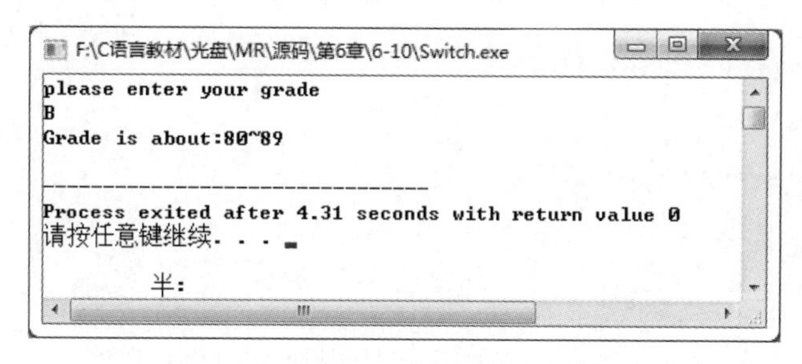

图6-14　使用switch语句输出分数段

在使用switch语句时，每一个case情况中都要使用break语句。如果不使用break语句会出现什么情况呢？先来看一下break的作用，break使得执行完case语句后跳出switch语句。进行一下猜测，如果没有break语句说明，程序可能会将后面的内容都执行。为了验证猜测是否正确，将上面程序中的break注释掉，还是输入字符“B”，运行程序，显示结果如图6-15所示。

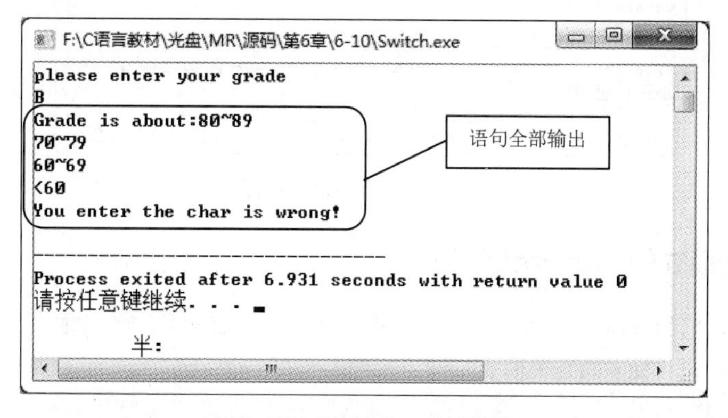

图6-15　不添加break的情况

从运行结果可以看出，当去掉break语句后，会将case检验相符情况后的所有语句进行输出。因此，break语句在case语句中是不能缺少的。

【例6-11】修改日程安排程序。

在实例6-8中，使用嵌套的if语句形式编写了日程安排程序，在本实例中要求使用switch语句对程序进行修改。

```
#include<stdio.h>

int main()
{
    int iDay=0;                                              /*定义变量表示输入的星期*/

    printf("enter a day of week to get course:\n");          /*提示信息*/
    scanf("%d",&iDay);                                       /*输入星期*/

    switch(iDay)
    {
    case 1:                                                  /*iDay的值为1时*/
        printf("Have a meeting in the company\n");
        break;
    case 6:                                                  /*iDay的值为6时*/
        printf("Go shopping with friends\n");
        break;
    case 7:                                                  /*iDay的值为7时*/
        printf("At home with families\n");
        break;
    default:                                                 /*iDay的值为其他情况时*/
        printf("Working with partner\n");
        break;
    }
    return 0;
}
```

在程序中，使用switch语句将原来的if语句都去掉，使得程序的结构比较清晰，易于观察。在使用case进行检验时，不要忘记case检验的条件只能是常量或者常量表达式，因此在这里不能对变量进行检验。

运行程序，显示结果如图6-16所示。

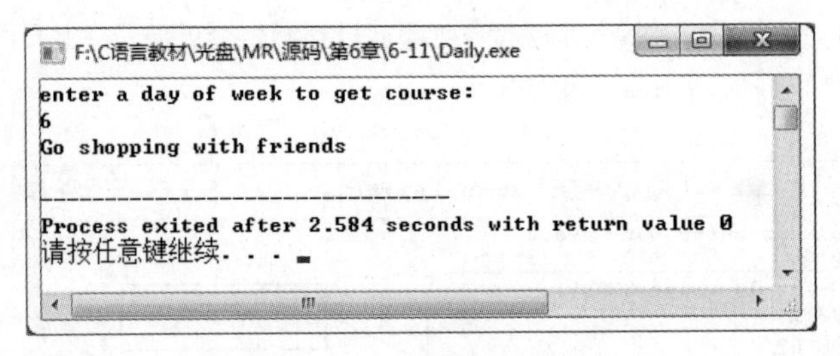

图6-16　修改日程安排程序

多路开关模式的
switch 语句

6.5.2　多路开关模式的switch语句

在实例6-10中，将break去掉之后，会将符合检验条件后的所有语句都输出。利用这个特点，可以设计多路开关模式的switch语句，其形式如下：

```
switch(表达式)
{
    case 1:
        语句1
        break;
    case 2:
    case 3:
```

```
        语句2
        break;
    …
    default:
        默认语句
        break;
}
```

可以看到如果在case 2后不使用break语句，那么符合检验时与符合case 3检验时的效果是一样的。也就是说，用多路开关模式可使得多种检验条件使用一种解决方式。

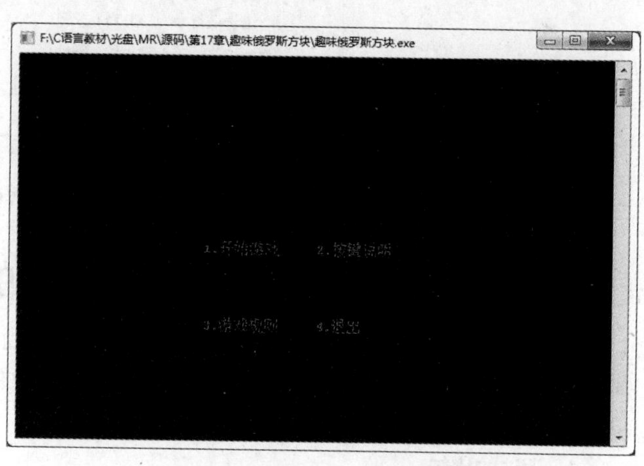

图6-17　欢迎界面上的功能选择

【例6-12】使用switch语句设计欢迎界面的菜单选项。

在第17章的综合实例“趣味俄罗斯方块”中，设计了一个游戏的欢迎界面，在此界面中可以进行功能选择，如图6-17所示。

本实例要求使用switch语句，输出4个选择，如果选择“1”，则输出“您选择了' 1.开始游戏' 选项”；如果选择“2”，输出“您选择了' 2.按键说明'选项”；如果选择“3”，输出“您选择了' 3.游戏规则'选项”；如果选择“4”，输出“您选择了' 4.退出'选项”。另外不必输出文字颜色。代码如下：

```
#include <stdio.h>
#include <conio.h>

int main()
{
    int n;
    printf("\n\n\t1.开始游戏");
    printf("\t2.按键说明\n");
    printf("\t3.游戏规则");
    printf("\t4.退出\n\n");
    printf("\t 请选择[1 2 3 4]:[ ]\b\b");
    scanf("%d", &n);                              /*输入选项*/
    switch (n)
    {
        case 1:
            printf("\n\t您选择了' 1.开始游戏'选项");
            break;
        case 2:
            printf("\n\t您选择了' 2.按键说明'选项");
            break;
        case 3:
            printf("\n\t您选择了' 3.游戏规则'选项");
            break;
        case 4:
            printf("\n\t您选择了' 4.退出'选项");
            break;
    }
}
```

在程序中，用到了转义字符，如\n表示Enter键换行；\t表示一个Tab键的距离；\b表示退格。

运行程序，显示结果如图6-18所示。

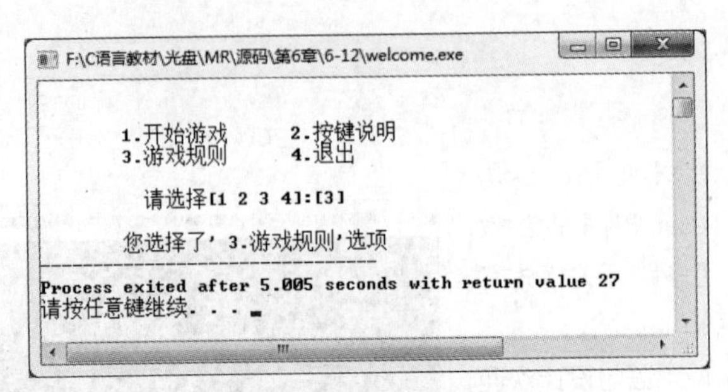

图6-18 欢迎界面

6.6 if...else语句和switch语句的区别

if...else 语句和 switch 语句的区别

if...else语句和switch语句都用于根据不同的情况检验条件做出相应的判断。那么if...else语句和switch语句有什么区别呢？下面从两者的语法和效率两方面进行比较。

1. 语法的比较

if...else语句中，if是配合else关键字进行使用的，而switch是配合case使用的；if语句先对条件进行判断，而switch语句后进行判断。

2. 效率的比较

if...else结构对开始少量的检验判断速度比较快，但是随着检验的增长会逐渐变慢，其中的默认情况是最慢的。使用if...else结构可以判断表达式，但是也不能减少选择深度的增加使得检验速度变慢的趋势，并且也不容易进行后续的添加扩充。

switch结构中，对其中每一项case检验的速度都是相同的，而default默认情况比其他情况都快。

当判定的情况占少数时，if...else结构比switch结构检验速度快。也就是说，如果分支在3个或者4个以下，用if...else结构比较好，否则选择switch结构。

【例6-13】if...else语句和switch语句的综合应用。

在本实例中，要求设计程序通过输入一年中的月份，得到这个月所包含的天数。判断数量的情况，根据需求选择使用if…else语句或switch语句。

```
#include<stdio.h>

int main()
{
    int iMonth=0,iDay=0;                                   /*定义变量*/
    printf("enter the month you want to know the days\n"); /*提示信息*/
    scanf("%d",&iMonth);                                   /*输入数据*/
    switch(iMonth)                                         /*检验变量*/
    {
    /*多路开关模式switch语句进行检验*/
    case 1:                                                /*1表示1月份*/
    case 3:
    case 5:
    case 7:
    case 8:
```

```
    case 10:
    case 12:
        iDay=31;                                    /*iDay赋值为31*/
        break;                                      /*跳出switch结构*/
    case 4:
    case 6:
    case 9:
    case 11:
        iDay=30;                                    /*iDay赋值为30*/
        break;                                      /*跳出switch结构*/
    case 2:
        iDay=28;                                    /*iDay赋值为28*/
        break;                                      /*跳出switch结构*/
    default:                                        /*默认情况*/
        iDay=-1;                                    /*赋值为-1*/
        break;                                      /*跳出switch结构*/
    }

    if(iDay==-1)                                    /*使用if语句判断iDay的值*/
    {
        printf("there is a error with you enter\n");
    }
    else                                            /*默认的情况*/
    {
        printf("2010.%d has %d days\n",iMonth,iDay);
    }
    return 0;
}
```

因为要判断一年中12个月份所包含的日期数，就要对12种不同的情况进行检验。由于检验数量比较多，所以使用switch结构判断月份比较合适，并且可以使用多路开关模式，使得程序更为简洁。其中case语句用来判断月份iMonth的情况，并且为iDay赋相应的值。default默认处理为输入的月份不符合检验条件时，iDay赋值为-1。

switch检验完成之后，要输出得到的日期数，因为有可能日期为-1，也就是出现月份错误的情况。这时判断的情况只有两种，就是iDay是否为-1，因此检验的条件少，所以使用if语句更为方便。

运行程序，显示结果如图6-19所示。

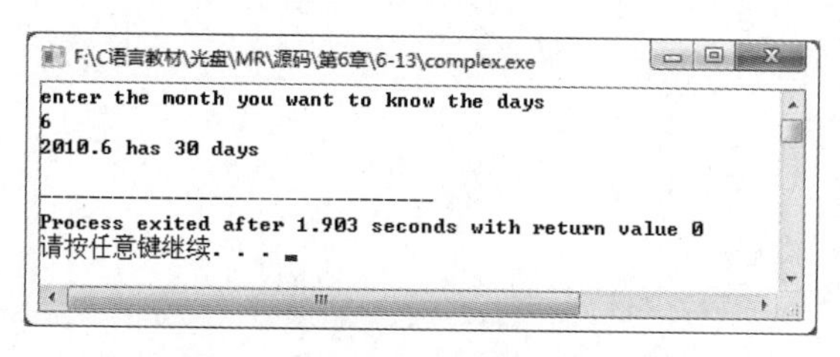

图6-19　if语句和switch语句的综合应用

6.7　选择结构程序应用

选择结构程序应用

本节通过实例练习使用if语句和switch语句，对其结构和使用的情况进行掌握，逐步熟悉C语言中选择结构的程序设计。

【例6-14】使用switch语句计算运输公司的计费。

某运输公司的收费按照用户运送货物的路程进行计费。路程（s）越远，每公里运费越低，收费标准如表6-1所示。

表6-1 运送货物收费标准

路程（km）	运费
s<250	没有折扣
250≤s<500	2%折扣
500≤s<1000	5%折扣
1000≤s<2000	8%折扣
2000≤s<3000	10%折扣
3000≤s	15%折扣

```
#include<stdio.h>

int main()
{
    int iDiscount;                                  /*表示折扣*/
    int iSpace;                                     /*表示路程*/
    int iSwitch;                                    /*表示折扣的检验情况*/
    float fPrice,fWeight,fAllPrice;
    printf("enter the price , weight and space\n");
    scanf("%f%f%d",&fPrice,&fWeight,&iSpace);
    if(iSpace>3000)
    {
        iSwitch=12;                                 /*折扣的检验情况为12*/
    }
    else
    {
        iSwitch=iSpace/250;                         /*计算折扣的检验情况*/
    }

    switch(iSwitch)                                 /*使用switch进行检验*/
    {
    case 0:
        iDiscount=0;
        break;
    case 1:
        iDiscount=2;
        break;
    case 2:
    case 3:
        iDiscount=5;
        break;
    case 4:
    case 5:
    case 6:
    case 7:
        iDiscount=8;
        break;
    case 8:
    case 9:
    case 10:
    case 11:
        iDiscount=10;
```

```
        break;
    case 12:
        iDiscount=15;
        break;
    default:
        break;
    }

    fAllPrice=fPrice*fWeight*iSpace*(1-iDiscount/100.0);                /*计算总运费*/
    printf("AllPrice is :%.4f\n",fAllPrice);                            /*输出结果*/
    return 0;
}
```

在程序代码中，定义的变量fPrice、fWeight和fAllPrice分别表示单价、重量和最终得到的总运费。通过对路程执行除法得到条件，然后使用switch语句进行检验。

其中需要注意的是，在计算iSwitch=iSpace/250时，由于iSwitch定义的类型为整型，所以iSwitch的值为计算后得到的整数部分。

运行程序，显示结果如图6-20所示。

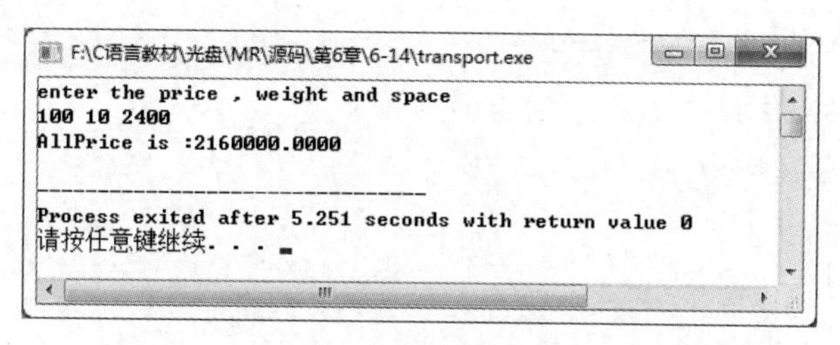

图6-20　使用switch语句计算运输公司的计费

小 结

本章介绍了选择结构的程序设计方式，包括if语句和switch语句。同时对if…else语句和else if语句的形式也进行了介绍，为选择结构程序提供了更多的控制方式。然后介绍了switch语句，当switch语句用在检验的条件较多的情况时，如果使用if语句进行嵌套也是可以实现的，不过其程序的可读性会降低。最后通过两种选择语句的比较来进行区分。

掌握选择结构的程序设计方法是必要的，这是程序设计中的重点部分。

上机指导

制作简单计算器。

从键盘上输入数据进行加、减、乘、除四则运算（以a运算符b的形式输入），判断输入数据是否可以进行计算，若能计算，将计算结果输出。运行结果如图6-21所示。

上机指导

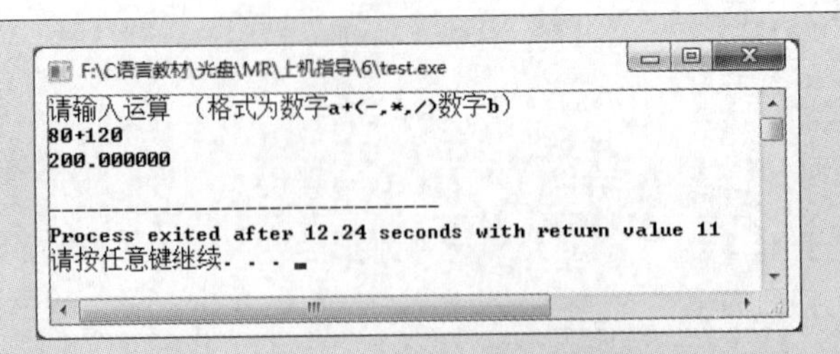

图6-21 绘制分析商品销售情况的饼形图

编程思路如下。

根据输入格式可以看出，具体输入的数据要求是两个数值型，一个字符型，字符型数据是四则运算的符号“+”“-”“*”“/”。由于运算符的个数是固定的，可以作为case后面的常量，所以本实例可用switch分支结构来解决问题。

习 题

6-1 使用多路开关模式编写日程安排程序。

6-2 利用选择结构设计一个程序，使其能计算函数：

$$\begin{cases} y=x & (x<1) \\ y=2x-1 & (1\leqslant x<10) \\ y=3x-11 & (x\geqslant 10) \end{cases}$$

当输入x值时，计算显示y值。

6-3 设计一个程序，要求通过键盘输入3个任意的整数，并输出其中最大的数。

6-4 已知某公司员工的底薪工资为500元，员工所销售的金额与提成数如下：

销售额≤2000	没有提成
2000＜销售额≤5000	提成8%
5000＜销售额≤10000	提成10%
销售额＞10000	提成12%

利用switch语句编写程序，求员工的工资。

6-5 检查字符类型。要求用户输入一个字符，通过对ASCII值范围的判断，输出判断的结果。

CHAPTER07

第7章
循环控制

本章要点

- 了解循环语句的概念
- 掌握while循环语句的使用方式
- 掌握do...while循环语句的使用方式
- 掌握for循环语句
- 区分3种循环语句的各自特点和嵌套使用方式
- 掌握使用转移语句控制程序的流程

■ 日常生活中总会有许多简单而重复的工作，为完成这些必要的工作需要花费很多时间，而编写程序的目的就是使工作变得简单，使用计算机来处理这些重复的工作是最好不过的了。

■ 本章致力于使读者了解循环语句的特点，分别介绍while语句结构、do-while语句结构和for语句结构3种循环结构，并且对这3种循环结构进行区分讲解，帮助读者掌握转移语句的相关内容。

7.1 循环语句

从第6章的介绍中我们了解到，程序在运行时可以通过判断、检验条件做出选择。此处，程序还必须能够重复，也就是反复执行一段指令，直到满足某个条件为止。例如，要计算一个公司的消费总额，就要将所有的消费加起来。

这种重复的过程就称为循环。C语言中有3种循环语句，即while、do-while和for循环语句。循环结构是结构化程序设计的基本结构之一，因此熟练掌握循环结构是程序设计的基本要求。

7.2 while语句

使用while语句可以执行循环结构，其一般形式如下：

```
while(表达式)" 语句
```

while语句的执行流程图如图7-1所示。

while语句首先检验一个条件，也就是括号中的表达式。当条件为真时，就执行紧跟其后的语句或者语句块。每执行一遍循环，程序都将回到while语句处，重新检验条件是否满足。如果一开始条件就不满足，则跳过循环体中的语句，直接执行后面的程序代码。如果第一次检验时条件满足，那么在第一次或其后的循环过程中，必须有使得条件为假的操作，否则循环无法终止。

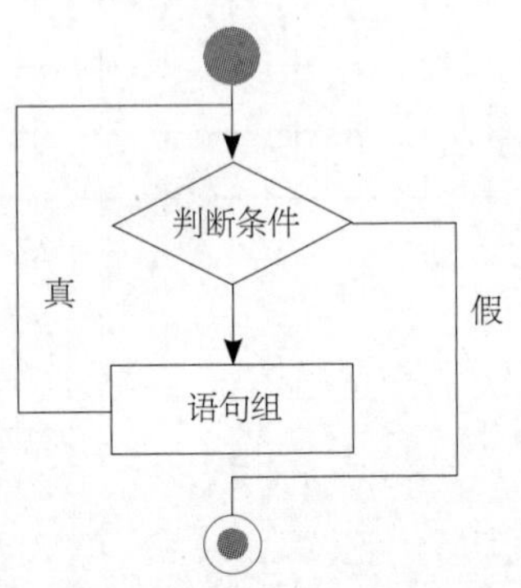

图7-1 while语句的执行流程图

无法终止的循环常被称为死循环或者无限循环。

例如下面的代码：

```
while(iSum<100)
{
    iSum+=1;
}
```

在这段代码中，while语句首先判断iSum变量是否小于常量100，如果小于100，为真，那么执行紧跟其后的语句块；如果不小于100，为假，那么跳过语句块中的内容直接执行下面的程序代码。在语句块中，可以看到对其中的变量进行加1的运算，这里的加1运算就是循环结构中使条件为假的操作，也就是使得iSum不小于100，否则程序会一直循环下去。

【例7-1】计算1累加到100的结果。

本实例计算数字1～100所有数字的总和，使用循环语句可以将1～100的数字进行逐次加运算，直到while判断的条件不满足为止。

```
#include<stdio.h>

int main()
{
    int iSum=0;                         /*定义变量，表示计算总和*/
    int iNumber=1;                      /*表示每一个数字*/

    while(iNumber<=100)                 /*使用while循环*/
```

```
    {
        iSum=iSum+iNumber;                              /*进行累加*/
        iNumber++;                                      /*增加数字*/
    }
    printf("the result is: %d\n",iSum);                 /*将结果输出*/
    return 0;
}
```

（1）在程序代码中，因为要计算1～100的数字累加结果，所以要定义两个变量，iSum表示计算的结果，iNumber表示1～100的数字。为iSum赋值为0，iNumber赋值为1。

（2）使用while语句判断iNumber是否小于等于100，如果条件为真，则执行其后语句块中的内容；如果条件为假，则跳过语句块执行后面的内容。初始iNumber的值为1，判断的条件为真，因此执行语句块。

（3）在语句块中，总和iSum等于先前计算的总和结果加上现在iNumber表示的数字，完成累加操作。iNumber++表示自身加1操作，语句块执行结束，while再次判断新的iNumber值。也就是说，“iNumber++;”语句可以使得循环停止。

（4）当iNumber大于100时，循环操作结束，将结果iSum输出。

运行程序，显示结果如图7-2所示。

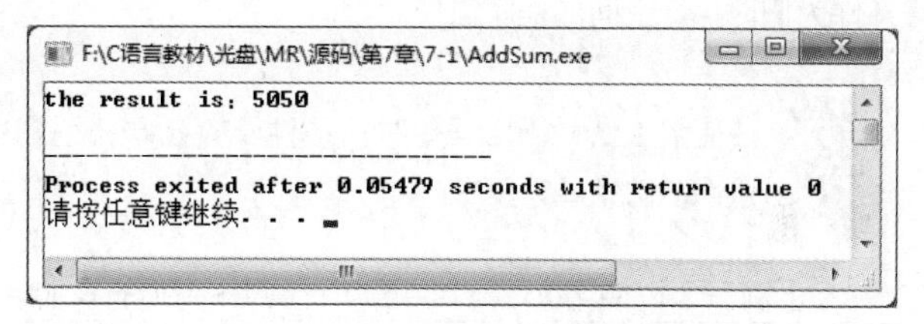

图7-2　计算1累加到100的结果

7.3　do...while语句

有些情况下，不论条件是否满足，循环过程必须至少执行一次，这时可以采用do...while语句。do...while语句的特点就是先执行循环体语句的内容，然后判断循环条件是否成立。其一般形式为：

```
do
    循环体语句
while(表达式);
```

do...while语句的执行流程图如图7-3所示。

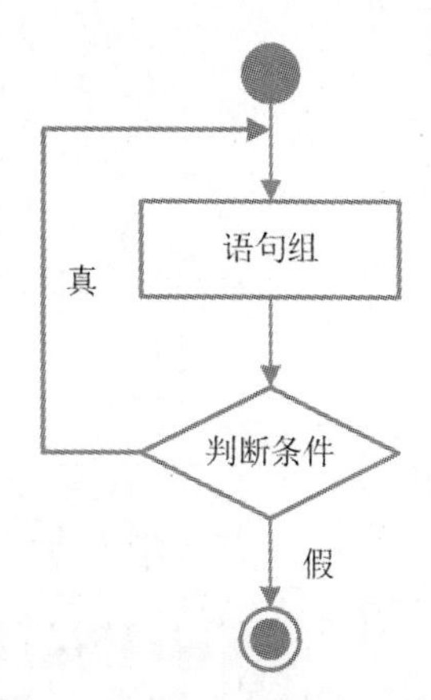

图7-3　do...while语句的执行流程图

do...while语句是这样执行的，首先执行一次循环体语句中的内容，然后判断表达式，当表达式的值为真时，返回重新执行循环体语句。执行循环，直到表达式的判断为假时为止时循环结束。

while语句和do...while语句的区别在于：while语句在每次循环之前检验条件，do-while语句在每次循环之后检验条件。这也可以从两种循环结构的代码上看出来，while结构的while语句出现在循环体的前面，do...while结构中的while语句出现在循环体的后面。

例如下面的代码：

```
do
{
    iNumber++;
}
while(iNumber<100);
```

在上面的代码中，首先执行iNumber++的操作，也就是说，不管iNumber是否小于100都会执行一次循环体中的内容。然后判断while后括号中的内容，如果iNumber小于100，则再次执行循环语句块中的内容，条件为假时执行下面的程序操作。

在使用do...while语句时，条件要放在while关键字后面的括号中，最后必须加上一个分号，这是许多初学者容易忘记的。

【例7-2】使用do...while语句计算1～100的累加结果。

在7.2节中，计算1～100所有数字的累加方法使用的是while语句，在本实例中使用do...while语句实现相同的功能。在程序运行过程中，虽然两者的结果是相同的，但是读者要了解其中操作的区别。

```
#include<stdio.h>

int main()
{
    int iNumber=1;                          /*定义变量，表示数字*/
    int iSum=0;                             /*表示计算的总和*/

    do
    {
        iSum=iSum+iNumber;                  /*计算累加的总和*/
        iNumber++;                          /*进行自身加1*/
    }
    while(iNumber<=100);                    /*检验条件*/

    printf("the result is: %d\n",iSum);     /*输出计算结果*/
    return 0;
}
```

（1）在程序中，同样定义iNumber表示1～100的数字，而iSum表示计算的总和。

（2）do关键字之后是循环语句，语句块中进行累加操作，并对iNumber变量进行自加操作。语句块下方是while语句检验条件，如果检验为真，则继续执行上面的语句块操作；为假时，程序执行下面的代码。

（3）在循环操作完成之后，将结果输出。

运行程序，显示结果如图7-4所示。

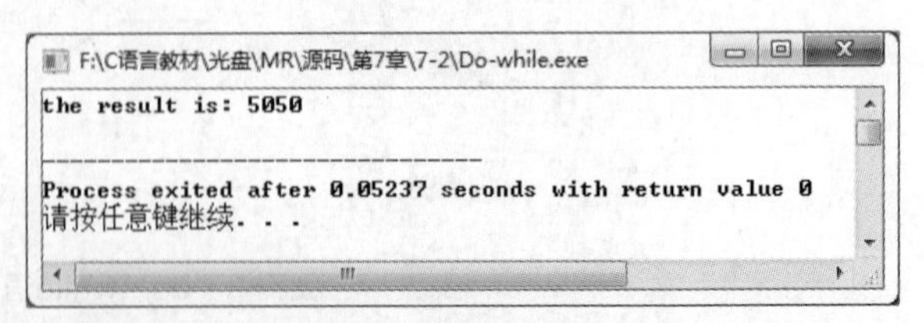

图7-4 使用do...while语句计算1～100的累加结果

7.4 for语句

C语言中，使用for语句也可以控制一个循环，并且在每一次循环时修改循环变量。在循环语句中，for语句的应用最为灵活，不仅可以用于循环次数已经确定的情况，而且可以用于循环次数不确定而只给出循环结束条件的情况。下面将对for语句的循环结构进行详细的介绍。

for语句使用

7.4.1 for语句使用

for语句的一般形式为：

```
for(表达式1;表达式2;表达式3;)
```

每条for语句包含3个用分号隔开的表达式。这3个表达式用一对圆括号括起来，其后紧跟着循环语句或语句块。当执行到for语句时，程序首先计算表达式1的值，接着计算表达式2的值。如果表达式2的值为真，程序就执行循环体的内容，并计算表达式2；然后检验表达式2，执行循环，如此反复，直到表达式2的值为假，退出循环。

for语句的执行流程图如图7-5所示。

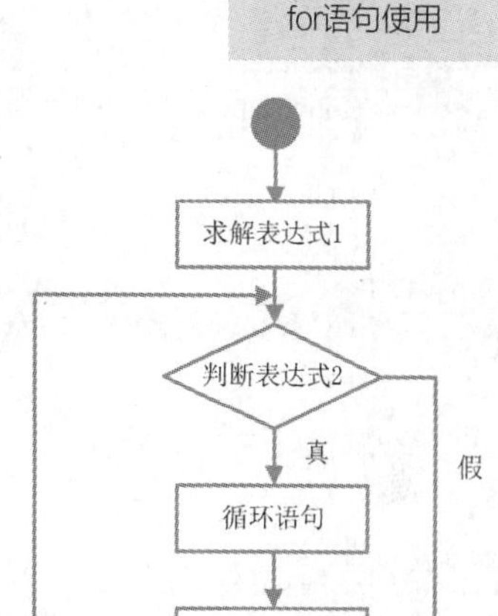

图7-5　for语句的执行流程图

通过上面的流程图和对for语句的介绍，总结其执行过程如下。

（1）求解表达式1。

（2）求解表达式2，若其值为真，则执行for语句中的循环语句块，然后执行步骤（3）；若其值为假，则结束循环，转到步骤（5）。

（3）求解表达式3。

（4）回到上面的步骤（2）继续执行。

（5）循环结束，执行for语句下面的一个语句。

其实for语句简单的应用形式如下：

```
for(循环变量赋初值;循环条件;循环变量) 语句块
```

例如实现一个循环操作：

```
for(i=1;i<100;i++)
{
    printf("the i is:%d",i);
}
```

在上面的代码中，表达式1是对循环变量i进行赋值操作，表达式2是判断循环条件是否为真。因为i的初值为1，小于100，所以执行语句块中的内容。表达式3是每一次循环后，对循环变量的操作，然后判断表达式2的状态：为真时，继续执行语句块；为假时，循环结束，执行后面的程序代码。

【例7-3】打印趣味俄罗斯方块的游戏边框。

在17章的综合实例“趣味俄罗斯方块”中，设计了俄罗斯方块的游戏窗口，在游戏窗口中，显示了游戏边框，如图7-6所示。

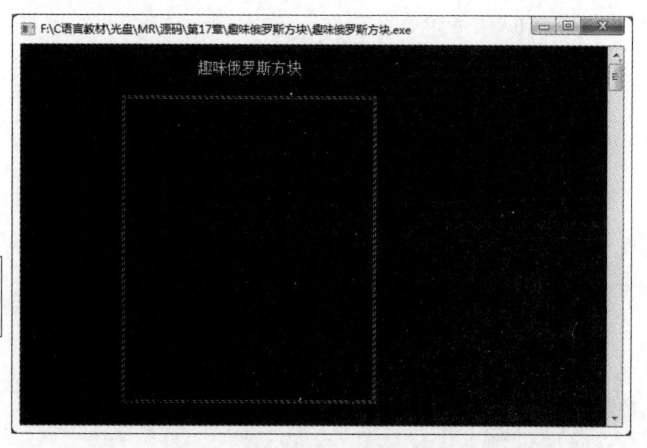

图7-6　趣味俄罗斯方块的游戏边框

本实例要求使用for循环打印出游戏边框，不必打印彩色文字输出，控制台的背景颜色为白色，输出的文字颜色为黑色。

```
#include <stdio.h>
#include <conio.h>
#include <windows.h>

HANDLE hOut;                                                    /*控制台句柄*/

/**
 * 获取屏幕光标位置
 */
void gotoxy(int x, int y)
{
    COORD pos;
    pos.X = x;              //横坐标
    pos.Y = y;              //纵坐标
    SetConsoleCursorPosition(GetStdHandle(STD_OUTPUT_HANDLE), pos);
}

int main()
{
    int i,j;
    int FrameY = 3;
    int FrameX = 13;
    int Frame_width = 18;
    int Frame_height = 20;

gotoxy(FrameX+Frame_width-7,FrameY-2);                          /*设置游戏名称的显示位置*/
    printf("趣味俄罗斯方块");                                    /*打印游戏名称*/

    gotoxy(FrameX,FrameY);
    printf(" ┏");                                               /*打印框角*/
    gotoxy(FrameX+2*Frame_width-2,FrameY);
    printf("┓ ");
    gotoxy(FrameX,FrameY+Frame_height);
    printf(" ┗");
    gotoxy(FrameX+2*Frame_width-2,FrameY+Frame_height);
    printf("┛ ");

    for(i=2;i<2*Frame_width-2;i+=2)
    {
        gotoxy(FrameX+i,FrameY);
        printf("━");                                            /*打印上横框*/
    }
    for(i=2;i<2*Frame_width-2;i+=2)
    {
        gotoxy(FrameX+i,FrameY+Frame_height);
        printf("━");                                            /*打印下横框*/
    }
    for(i=1;i<Frame_height;i++)
    {
        gotoxy(FrameX,FrameY+i);
        printf(" ┃");                                           /*打印左竖框*/
    }
```

```
    for(i=1;i<Frame_height;i++)
    {
        gotoxy(FrameX+2*Frame_width-2,FrameY+i);
        printf("‖");                                        /*打印右竖框*/
    }
    printf("\n\n");
}
```

在程序中，分别打印游戏边框的上横框、下横框、左竖框和右竖框，其中每一个边框的打印都使用了一个for循环。

运行程序，显示结果如图7-7所示。

图7-7　使用for循环趣味俄罗斯方块的游戏边框

7.4.2　for循环的变体

通过上面的学习可知for语句的一般形式中有3个表达式。在实际程序的编写过程中，对这3个表达式可以根据情况进行省略，接下来对不同情况进行讲解。

for 循环的变体

- for语句中省略表达式1

for语句中表达式1的作用是对循环变量设置初值。因此，如果省略了表达式1，就会跳过这一步操作，则应在for语句之前给循环变量赋值。例如：

for(;iNumber<10;iNumber++)

省略表达式1时，其后的分号不能省略。

【例7-4】省略for语句中的表达式1。

在本实例中，同样实现1～100数字间的累加计算，不过将for语句中表达式1省略。

```
#include<stdio.h>

int main()
{
    int iNumber=1;                          /*定义变量，为变量赋初始值*/
    int iSum=0;                             /*保存计算后的结果*/
    /*使用for循环*/
    for(;iNumber<=100;iNumber++)
    {
        iSum=iNumber+iSum;                  /*累加计算*/
    }
    printf("the result is:%d\n",iSum);      /*输出计算结果*/
    return 0;
}
```

在代码中可以看到for语句中将表达式1省略，而在定义iNumber变量时直接为其赋初值。这样在使用for语句循环时就不用为iNumber赋初值，从而省略了表达式1。

运行程序，显示结果如图7-8所示。

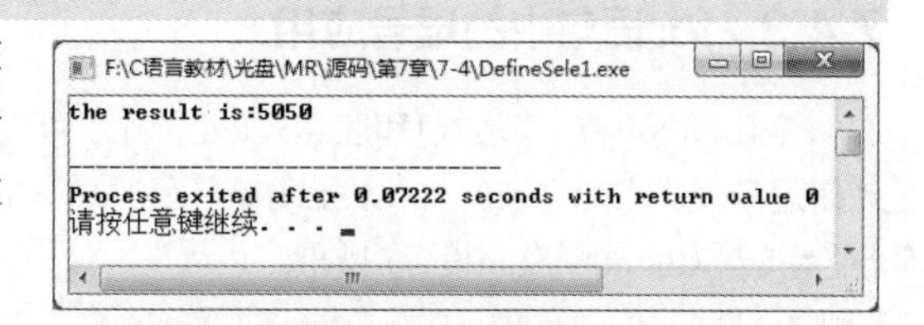

图7-8　省略for语句中的表达式1的结果

● for语句中省略表达式2

如果表达式2省略，即不判断循环条件，则循环会无终止地进行下去，也即默认表达式2始终为真。例如：

```
for(iCount=1; ;iCount++)
{
    sum=sum+iCount;
}
```

在括号中，表达式1为赋值表达式，而表达式2是空缺的，这样就相当于使用while语句：

```
iCount=1;
while(1)
{
    sum=sum+iCount;
    iCount++;
}
```

如果省略表达式2为空缺，程序将无限循环。

● for语句中省略表达式3

表达式3也可以省略，但此时程序设计人员应该另外设法保证循环能正常结束，否则程序会无终止地循环下去。例如：

```
for(iCount=1;iCount<50;)
{
    sum=sum+iCount;
iCount++;
}
```

● 3个表达式都省略

这种情况既不设置初值，也不判断条件，也没有改变循环变量的操作，因此会无终止地执行循环体。例如：

```
for(; ;)
{
    语句
}
```

这种情况相当于while语句永远为真：

```
while(1)
{
    语句
}
```

● 表达式1为与循环变量赋值无关的表达式

表达式1可以是设置循环变量初值的赋值表达式，也可以是与循环无关的其他表达式。例如：

```
for(sum=0; iCount<50;iCount++)
{
    sum=sum+iCount;
}
```

7.4.3 for语句中的逗号应用

for 语句中的逗号应用

在for语句中的表达式1和表达式3处，除了可以使用简单的表达式外，还可以使用逗号表达式，即包含一个以上的简单表达式，中间用逗号间隔。例如在表达式1处为变量iCount和iSum设置初始值：

```
for(iSum=0,iCount=1;iCount<100;iCount++)
{
```

```
    iSum=iSum+iCount;
}
```

或者执行循环变量自增操作两次：

```
for(iCount=1;iCount<100;iCount++,iCount++)
{
    iSum=iSum+iCount;
}
```

表达式1和表达式3都是逗号表达式，在逗号表达式内按照自左至右顺序求解，整个逗号表达式的值为其中最右边的表达式的值。例如：

```
for(iCount=1;iCount<100;iCount++,iCount++)
```

就相当于：

```
for(iCount=1;iCount<100;iCount=iCount+2)
```

【例7-5】计算1～100所有偶数的累加结果。

在本实例中，为变量赋初值的操作都放在for语句中，并且对循环变量进行两次自增操作，这样所求出的结果就是所有偶数的和。

```
#include<stdio.h>

int main()
{
    int iCount,iSum;                                          /*定义变量*/
    /*在for循环中，为变量赋值，对循环变量进行两次自增运算*/
    for(iSum=0,iCount=0;iCount<=100;iCount++,iCount++)
    {
        iSum=iSum+iCount;                                     /*进行累加计算*/
    }
    printf("the result is:%d\n",iSum);                        /*输出结果*/
    return 0;
}
```

在程序代码中，for语句中对变量iSum、iCount进行初始化赋值。每次循环语句执行完后进行两次iCount++操作，最后将结果输出。

运行程序，显示结果如图7-9所示。

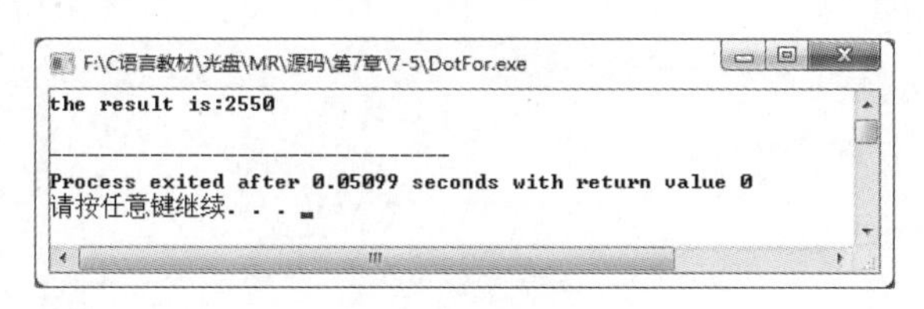

图7-9　计算1～100所有偶数的累加和

7.5　3种循环语句的比较

3种循环语句的比较

前面介绍了3种可以执行循环操作的语句，这3种循环都可用来解决同一问题。一般情况下这三者可以相互代替。下面是对这3种循环语句在不同情况下的比较。

- while和do...while循环只在while后面指定循环条件，在循环体中应包含使循环趋于结束的语句（如i++或者i=i+1等）；for循环可以在表达式3中包含使循环趋于结束的操作，可以设置将循环体中的操作全部放在表达式3中。因此for语句的功能更强，凡用while循环能完成的，用for循环都能实现。
- 用while和do...while循环时，循环变量初始化的操作应在while和do...while语句之前完成；而用for语句时可以在表达式1中实现循环变量的初始化。

• while循环、do...while循环和for循环都可以用break语句跳出循环，用continue语句结束本次循环（break和continue语句将在7.7节中进行介绍）。

7.6 循环嵌套

一个循环体内又包含另一个完整的循环结构，称之为循环的嵌套。内嵌的循环中还可以嵌套循环，这就是多层循环。不管在什么编程语言中，关于循环嵌套的概念都是一样的。

循环嵌套的结构

7.6.1 循环嵌套的结构

while循环、do...while循环和for循环之间可以互相嵌套。例如，下面几种嵌套方式都是正确的。

• while结构中嵌套while结构

```
while(表达式)
{
    语句
    while(表达式)
    {
        语句
    }
}
```

• do...while结构中嵌套do...while结构

```
do
{
    语句
    do
    {
        语句
    }
while(表达式);
}
while(表达式);
```

• for结构中嵌套for结构

```
for(表达式1;表达式2;表达式3)
{
    语句
    for(表达式1;表达式2;表达式3)
    {
        语句
    }
}
```

• do...while结构中嵌套while结构

```
do
{
    语句
    while(表达式);
    {
        语句
    }
}
while(表达式);
```

- do...while结构中嵌套for结构

```
do
{
    语句
    for(表达式1;表达式2;表达式3)
    {
        语句
    }
}
while(表达式);
```

以上是一些嵌套的结构方式，当然还有不同结构的循环嵌套，在此不对每一项都进行列举，读者只要将每种循环结构的方式把握好，就可以正确写出循环嵌套的程序。

循环嵌套实例

7.6.2　循环嵌套实例

本节通过实例讲解，使读者了解循环嵌套的使用方法。

【例7-6】使用嵌套语句打印欢迎界面的边框。

在17章的综合实例“趣味俄罗斯方块”中，设计了俄罗斯方块的游戏欢迎界面，在游戏欢迎界面中，显示了游戏边框，如图7-10所示。

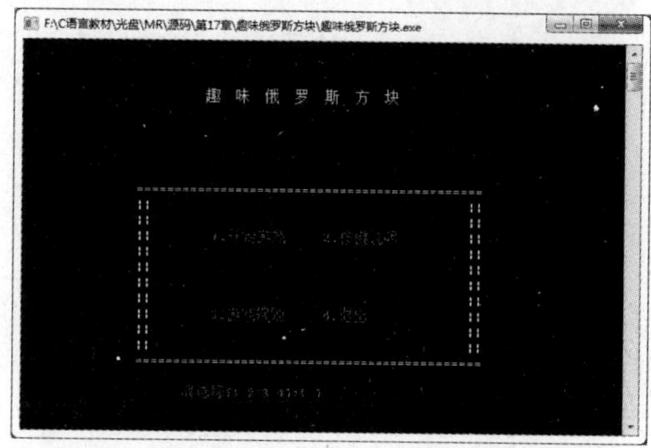

图7-10　趣味俄罗斯方块的游戏欢迎界面

本实例要求使用for循环嵌套语句打印出游戏欢迎界面的边框，不必打印彩色文字输出，控制台的背景颜色为白色。

```
#include <stdio.h>
#include <conio.h>
#include <windows.h>

HANDLE hOut;                                          /*控制台句柄*/

/**
 * 获取屏幕光标位置
 */
void gotoxy(int x, int y)
{
    COORD pos;
    pos.X = x;                                        /*横坐标*/
    pos.Y = y;                                        /*纵坐标*/
    SetConsoleCursorPosition(GetStdHandle(STD_OUTPUT_HANDLE), pos);
}

int main()
{
    int n;
    int i,j = 1;
    for (i = 9; i <= 20; i++)                         /*循环y纵坐标，打印输出上下边框===*/
    {
        for (j = 15; j <= 60; j++)                    /*循环x横坐标，打印输出左右边框||*/
        {
            gotoxy(j, i);
            if (i == 9 || i == 20) printf("=");       /*输出上下边框===*/
```

```
            else if (j == 15 || j == 59) printf("||");                 /*输出左右边框||*/
        }
    }
    gotoxy(25, 12);                                                      /*设置显示位置*/
    printf("1.开始游戏");                                                /*输出文字"1.开始游戏"*/
    gotoxy(40, 12);
    printf("2.按键说明");
    gotoxy(25, 17);
    printf("3.游戏规则");
    gotoxy(40, 17);
    printf("4.退出");
    gotoxy(21,22);
    printf("请选择[1 2 3 4]:[ ]\b\b");
    scanf("%d", &n);                                                     /*输入选项*/
    switch (n)
    {
        case 1:
            printf("\n\t您选择了' 1.开始游戏'选项");
            break;
        case 2:
            printf("\n\t您选择了' 2.按键说明'选项");
            break;
        case 3:
            printf("\n\t您选择了' 3.游戏规则'选项");
            break;
        case 4:
            printf("\n\t您选择了' 4.退出'选项");
            break;
    }
}
```

上面的代码中，使用了for循环嵌套，一个for循环里面还有个for循环。其中外层循环是左右两边的竖向边框，内层循环是上下的横向边框。

运行程序，显示结果如图7-11所示。

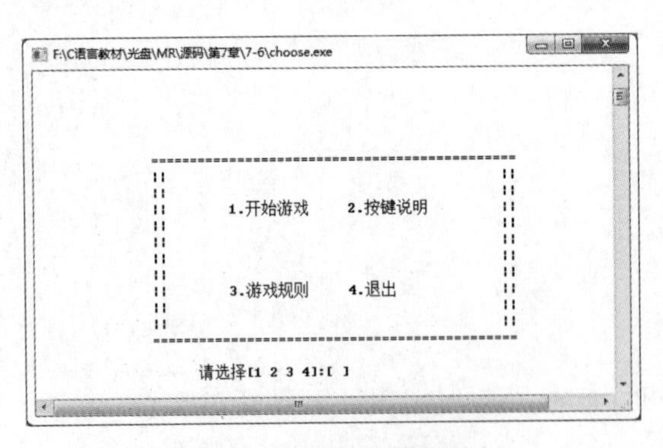

图7-11　游戏欢迎界面的边框

7.7　转移语句

转移语句包括goto语句、break语句和continue语句。这3种语句使得程序的流程可以按照这3种转移语句的使用方式转移执行流程。下面将对这3种使用方式进行详细介绍。

7.7.1　goto语句

goto语句为无条件转移语句，可以使程序立即跳转到函数内部的任意一条可执行语句。goto关键字后面

goto 语句

带一个标识符，该标识符是同一个函数内某条语句的标号。标号可以出现在任何可执行语句的前面，并且以一个冒号“:”作为后缀。goto语句的一般形式为：

```
goto 标识符;
```

goto后的标识符就是要跳转的目标，当然这个标识符要在程序的其他位置给出，但是其标识符要在函数内部。函数的内容将会在后面章节进行介绍，在此读者先对其简单了解即可。例如：

```
goto Show;
printf("the message before ShowMessage");
Show:
printf("ShowMessage");
```

上述代码中，goto后的Show为跳转的标识符，而其后Show:代码表示goto语句要跳转的位置。这样在上面的语句中第一个printf函数不会被执行，而会执行第二个printf函数。

跳转的方向可以向前，也可以向后；可以跳出一个循环，也可以跳入一个循环。

【例7-7】使用goto语句从循环内部跳出。

本实例要求在执行循环操作的过程中，当用户输入退出指令后，程序跳转到循环外部执行程序退出前的显示操作。

```
#include<stdio.h>

int main()
{
    int iStep;                                        /*定义变量，表示外部循环步骤*/
    int iSelect;                                      /*保存用户的输入选项*/
    for(iStep=1;iStep<10;iStep++)                     /*外部步骤循环*/
    {
        printf("The Step is:%d\n",iStep);             /*将其循环的步骤号显示*/
        do                                            /*使用do...while语句进行循环*/
        {
            printf("enter a number to select\n");    /*输出提示信息*/
            printf("(0 is quit,99 for the next step)\n");
            scanf("%d",&iSelect);                     /*用户输入选择*/
            if(iSelect==0)                            /*判断输入的是否是0*/
            {
                goto exit;                            /*执行goto跳转语句*/
            }
        }while(iSelect!=99);                          /*进行判断用户输入*/
    }
exit:                                                 /*跳转语句执行位置*/
    printf("Exit the program!");                      /*显示程序结束信息*/
    return 0;
}
```

（1）程序运行时，for循环控制程序步骤。程序输出的循环步骤为1。信息提示输入数字，其中0表示退出，99表示下一个步骤。

（2）在for循环中使用do...while语句判断用户输入，当条件为假时，循环结束并执行for循环的下一步。在程序中假如用户输入数字3，既不退出也不到下一步骤，程序显示继续输入数字。当输入数字为99时，跳转到下一步，显示提示信息“The Step is:2”。

（3）如果用户输入的是0，那么通过if语句判断为真，执行其中的goto语句进行跳转，其中exit为跳转的标识符。循环的外部使用exit:表示goto跳转的位置。通过输出一段信息表示程序结果。

运行程序，显示结果如图7-12所示。

```
F:\C语言教材\光盘\MR\源码\第7章\7-7\GotoFunc.exe
The Step is:1
enter a number to select
(0 is quit,99 for the next step)
3
enter a number to select
(0 is quit,99 for the next step)
99
The Step is:2
enter a number to select
(0 is quit,99 for the next step)
0
Exit the program!
--------------------------------
Process exited after 16.77 seconds with return value 0
请按任意键继续. . .
```

图7-12　使用goto语句从循环内部跳出

7.7.2　break语句

有时会遇到这样的情况，不顾表达式检验的结果而强行终止循环，这时可以使用break语句。break语句终止并跳出循环，继续执行后面的代码。break语句的一般形式为：

```
break;
```

break 语句

break语句不能用于循环语句和switch语句之外的任何其他语句中。例如在while循环语句中使用break语句：

```
while(1)
{
    printf("Break");
    break;
}
```

在代码中，虽然while语句是一个条件永远为真的循环，但是在其中使用break语句使得程序流程跳出循环。

这个break语句和switch...case分支结构中的break语句的作用是不同的。

【例7-8】使用break语句跳出循环。

使用for语句执行循环输出10次的操作，在循环体中判断输出的次数。当循环变量为5时，使用break语句跳出循环，终止循环输出操作。

```
#include<stdio.h>

int main()
{
    int iCount;                               /*循环控制变量*/
    for(iCount=0;iCount<10;iCount++)          /*执行10次循环*/
    {
        if(iCount==5)                         /*判断条件，如果iCount等于5则跳出*/
        {
            printf("Break here\n");
            break;                            /*跳出循环*/
        }
        printf("the counter is:%d\n",iCount); /*输出循环的次数*/
    }
    return 0;
}
```

变量iCount在for语句中被赋值为0，因为iCount<10，所以循环执行10次。在循环语句中使用if语句判断当前iCount的值。当iCount值为5时，if判断为真，使用break语句跳出循环。

运行程序，显示结果如图7-13所示。

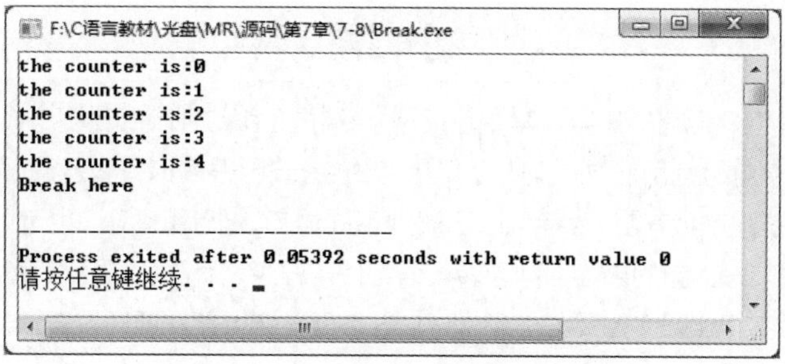

```
F:\C语言教材\光盘\MR\源码\第7章\7-8\Break.exe
the counter is:0
the counter is:1
the counter is:2
the counter is:3
the counter is:4
Break here

--------------------------------
Process exited after 0.05392 seconds with return value 0
请按任意键继续. . .
```

图7-13　使用break语句跳出循环

7.7.3　continue语句

continue 语句

在某些情况下，程序需要返回到循环头部继续执行，而不是跳出循环，这时可以使用continue语句。continue语句的一般形式是：

```
continue;
```

其作用就是结束本次循环，即跳过循环体中尚未执行的部分，接着执行下一次的循环操作。

continue语句和break语句的区别是：continue语句只结束本次循环，而不是终止整个循环的执行；break语句则是结束整个循环过程，不再判断执行循环的条件是否成立。

【例7-9】使用continue语句结束本次的循环操作。

本实例与使用break语句结束循环的实例相似，区别在于将使用break语句的位置改写成了continue语句。因为continue语句是结束本次循环，所以剩下的循环还是会继续执行。#include<stdio.h>

```
int main()
{
    int iCount;                                     /*循环控制变量*/
    for(iCount=0;iCount<10;iCount++)                /*执行10次循环*/
    {
        if(iCount==5)                               /*判断条件，如果iCount等于5跳出*/
        {
            printf("Continue here\n");
            continue;                               /*跳出本次循环*/
        }
        printf("the counter is:%d\n",iCount);       /*输出循环的次数*/
    }
    return 0;
}
```

运行程序，显示结果如图7-14所示。

通过程序的显示结果，可以看到在iCount等于5时，调用continue语句使得本次的循环结束。但是循环本身还没有结束，因此程序会继续执行。

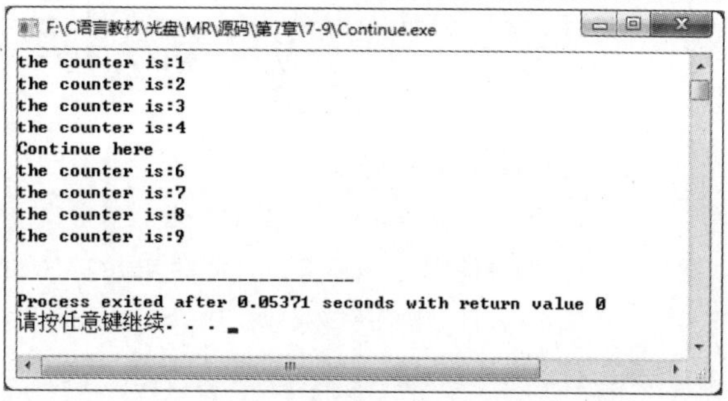

```
F:\C语言教材\光盘\MR\源码\第7章\7-9\Continue.exe
the counter is:1
the counter is:2
the counter is:3
the counter is:4
Continue here
the counter is:6
the counter is:7
the counter is:8
the counter is:9

--------------------------------
Process exited after 0.05371 seconds with return value 0
请按任意键继续. . .
```

图7-14　使用continue语句结束本次的循环操作

小 结

本章介绍了有关循环语句的内容，其中包括while结构、do...while结构和for结构的使用。

了解这些循环结构的使用方法，可以在程序功能上节约很多时间，无须再一条一条地进行操作。通过对3种循环语句的比较，读者可以了解到不同语句的使用区别，也可以发现三者的共同之处。最后介绍了有关转移语句的内容。学习转移语句使得程序设计更为灵活，使用continue语句可以结束本次循环操作而不终止整个循环，使用break语句可以结束整体循环过程，使用goto语句可以跳转到函数体内的任何位置。

上机指导

用编程解决爱因斯坦阶梯问题。

爱因斯坦著名的阶梯问题是这样的：有一条长长的阶梯。如果你每步跨2阶，那么最后剩1阶；如果你每步跨3阶，那么最后剩2阶；如果你每步跨5阶，那么最后剩4阶；如果你每步跨6阶，那么最后剩5阶；只有当你每步跨7阶时，最后才正好走完，一阶也不剩。请问该阶梯至少有多少阶？（求所有三位阶梯数）

爱因斯坦阶梯问题的运行结果如图7-15所示。

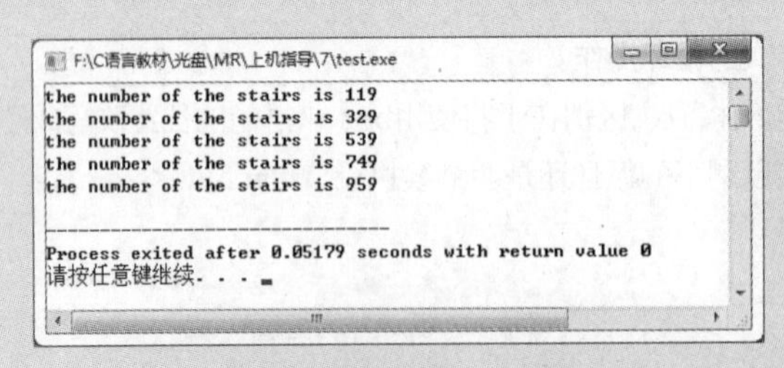

上机指导

图7-15 爱因斯坦阶梯问题

编程思路如下。

本实例中关键是如何来写if语句中的条件，如果这个条件大家能够顺利写出，那整个程序也基本上完成了。条件如何来写这主要是根据题意来定，“每步跨2阶，那么最后剩1阶；……；当每步跨7阶时，最后才正好走完，一阶也不剩”从这几句可以看出题的规律就是总的阶梯数对每步跨的阶梯数取余得的结果就是剩余阶梯数，这5种情况是&&的关系，也就说必须同时满足。

习 题

7-1 使用while循环语句为用户提供菜单显示。

7-2 使用for语句显示随机数。

7-3 打印乘法口诀表。

7-4 使用嵌套语句输出金字塔形状。

7-5 要求使用for循环打印出大写字母的ASCII码对照表。

7-6 输出0～100不能被3整除的数。提示：使用for语句进行循环检查操作，使用continue语句结束不符合条件的情况。

CHAPTER08

第8章

数组

本章要点

- 掌握一维数组和二维数组的定义和引用
- 熟悉字符数组的方式
- 了解多维数组的概念
- 掌握数组的排序算法
- 熟悉字符串处理函数的使用

■ 在编写程序的过程中，我们经常会遇到使用很多数据量的情况，处理每一个数据量都要有一个相对应的变量，如果每一个变量都要单独进行定义则会使程序很烦琐，使用数组就可以解决这种问题。

■ 本章致力于使读者掌握一维数组和二维数组的作用，并且能利用所学知识解决一些实际问题；掌握字符数组的使用及其相关操作；通过一维数组和二维数组了解有关多维数组的内容；最后利用数组应用于排序算法，并介绍有关字符串处理函数的使用。

8.1 一维数组

8.1.1 一维数组的定义和引用

一维数组的定义和引用

1. 一维数组的定义

一维数组是用以存储一维数列中数据的集合。其一般形式如下：

```
类型说明符 数组标识符[常量表达式];
```

- 类型说明符表示数组中的所有元素类型。
- 数组标识符表示该数组型变量的名称，命名规则与变量名一致。
- 常量表达式定义了数组中存放的数据元素的个数，即数组长度。

例如定义一个数组：

```
int iArray[5];
```

代码中的int为数组元素的类型，而iArray表示的是数组变量名，中括号中的5表示的是数组中有5个元素，下标从0开始，到4结束。

注意

在数组iArray[5]中只能使用iArray[0]、iArray[1]、iArray[2]、iArray[3]、iArray[4]，而不能使用iArray[5]，若使用iArray[5]则会出现下标越界的错误。

2. 一维数组的引用

数组定义完成后就要使用该数组，可以通过引用数组元素的方式使用该数组中的元素。

数组元素表示的一般形式如下：

```
数组标识符[下标]
```

例如引用一个数组变量iArray中的第3个变量：

```
iArray[2];
```

iArray是数组变量的名称，2为数组的下标。有的读者会问："为什么使用第3个数组元素，而使用的数组下标是2呢？"前面已经介绍过，数组的下标是从0开始的，也就是说下标为0表示的是第一个数组元素。

说明

下标可以是整型常量或整型表达式。

【例8-1】使用数组保存数据。

在本实例中，使用数组保存用户输入的数据，当输入完毕后逆向输出数据。

```
#include<stdio.h>

int main()
{
    int iArray[5], index, temp;                    /*定义数组及变量为基本整型*/
    printf("Please enter a Array:\n");

    for(index= 0; index< 5; index++)               /*逐个输入数组元素*/
    {
        scanf("%d", &iArray[index]);
    }

    printf("Original Array is:\n");
    for(index = 0; index< 5; index++)              /*显示数组中的元素*/
```

```
    {
        printf("%d ", iArray[index]);
    }
    printf("\n");

    for(index= 0; index < 2; index++)                    /*将数组中元素的前后位置互换*/
    {
        temp = iArray[index];                            /*元素位置互换的过程借助中间变量temp*/
        iArray[index] = iArray[4-index];
        iArray[4-index] = temp;
    }
    printf("Now Array is:\n");
    for(index = 0; index< 5; index++)                    /*将转换后的数组再次输出*/
     {
        printf("%d ", iArray[index]);
     }
    printf("\n");
     return 0;
}
```

在本实例中，程序定义变量temp用来实现数据间的转换，而index是用于控制循环的变量。通过语句int iArray[5]定义一个有5个元素的数组，程序中用到的iArray[i]就是对数组元素的引用。

运行程序，显示结果如图8-1所示。

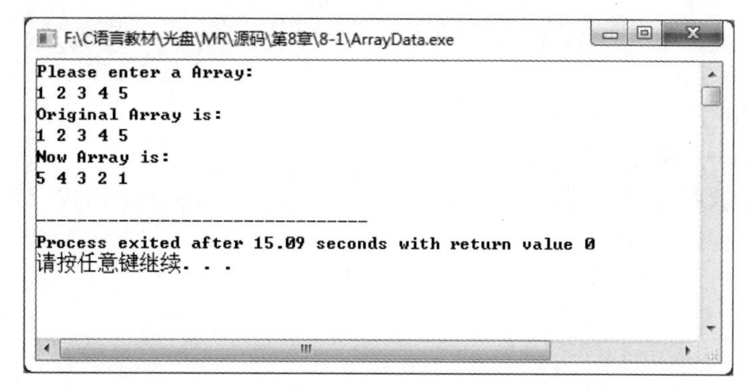

图8-1　使用数组保存数据

8.1.2　一维数组初始化

一维数组初始化

对一维数组的初始化可以用以下几种方法实现。

（1）在定义数组时直接对数组元素赋初值，例如：

```
int i,iArray[6]={1,2,3,4,5,6};
```

该方法是将数组中的元素值一次放在一对大括号中。经过上面的定义和初始化之后，数组中的元素依次为：iArray[0]=1，iArray[1]=2，iArray[2]=3，iArray[3]=4，iArray[4]=5，iArray[5]=6。

【例8-2】初始化一维数组。

在本实例中，对定义的数组变量进行初始化操作，然后隔位进行输出。

```
#include<stdio.h>

int main()
```

```
{
    int index;                                  /*定义循环控制变量*/
int iArray[6]={0,1,2,3,4,5};                    /*对数组中的元素赋值*/

    for(index=0;index<6;index+=2)               /*隔位输出数组中的元素*/
    {
        printf("%d\n",iArray[index]);
    }
    return 0;
}
```

在程序中，定义一个数组变量iArray，并且对其进行初始化赋值。使用for循环输出数组中的元素，在循环中，控制循环变量index使其每次增加2，这样根据下标进行输出时就会得到隔一个元素输出的结果了。

运行程序，显示结果如图8-2所示。

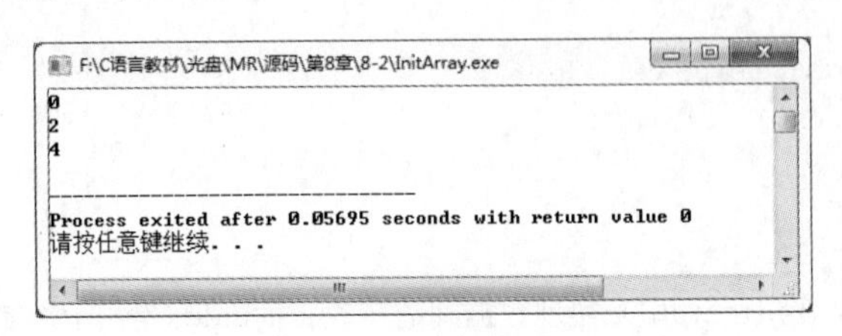

图8-2　初始化一维数组

（2）只给一部分元素赋值，未赋值的部分元素值为0。

第二种为数组初始化的方法是对其中一部分元素进行赋值，例如：

```
int iArray[6]={0,1,2};
```

数组变量iArray包含6个元素，不过在初始化时只给出了3个值。于是数组中前3个元素的值对应大括号中给出的值，在数组中没有得到值的元素被默认赋值为0。

【例8-3】赋值一维数组中的部分元素。

在本实例中，定义数组并且为其进行初始化赋值，但只为一部分元素赋值，然后将该数组中的所有元素进行输出，观察输出的元素数值。

```
#include<stdio.h>

int main()
{
    int index;
    int iArray[6]={1,2,3};                      /*对数组中部分元素赋初值*/

    for(index=0;index<6;index++)                /*输出数组中的所有元素*/
    {
        printf("%d\n",iArray[index]);
    }
    return 0;
}
```

在程序代码中，可以看到为数组部分元素初始化的操作和为数组元素全部赋值的操作是相同的，只不过在大括号中给出的元素数值比数组元素数量少。

运行程序，显示结果如图8-3所示。

（3）在对全部数组元素赋初值时可以不指定数组长度。

之前在定义数组时，都在数组变量后指定了数组的元素个数。C语言还允许在定义数组时不指定长度，例如：

```
int iArray[]={1,2,3,4};
```

```
F:\C语言教材\光盘\MR\源码\第8章\8-3\PartArray.exe
1
2
3
0
0
0
--------------------------------
Process exited after 0.05294 seconds with return value 0
请按任意键继续. . .
```

图8-3　赋值数组中的部分元素

上述代码的大括号中有4个元素，系统就会根据给定的初始化元素值的个数来定义数组的长度，因此该数组变量的长度为4。

如果在定义数组时加入定义的长度为10，就不能使用省略数组长度的定义方式，而必须写成：

int iArray[10]={1,2,3,4};

【例8-4】不指定数组的元素个数。

在本实例中，定义数组变量时不指定数组的元素个数，直接对其进行初始化操作，然后将其中的所有元素值进行输出显示。

```
#include<stdio.h>

int main()
{
    int index;
    int iArray[]={1,2,3,4,5};                    /*不指定元素个数对数组进行初始化*/
    for(index=0;index<5;index++)
    {
        printf("%d\n",iArray[index]);            /*使用for循环输出数组中的所有元素*/
    }
    return 0;
}
```

运行程序，显示结果如图8-4所示。

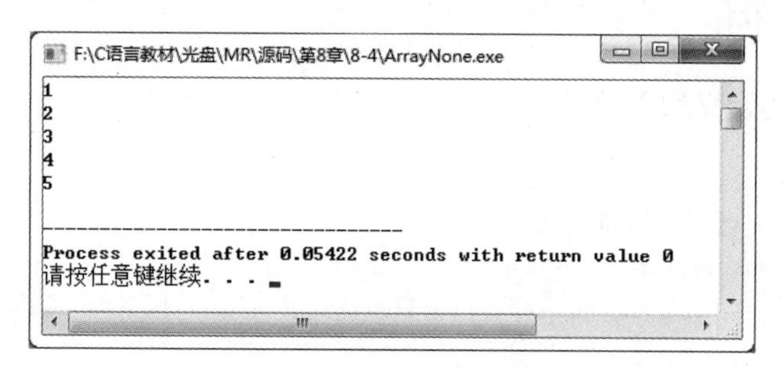

图8-4　不指定数组的元素个数

8.1.3　一维数组应用

一维数组应用

例如，在一个学校的班级中会有很多学生，此时就可以使用数组来保存这些学生的姓名，以便进行管理。

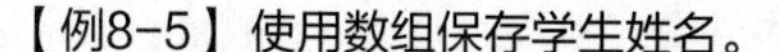

【例8-5】使用数组保存学生姓名。

在本实例中，要使用数组保存学生的姓名，那么数组中的每一个元素都应该是可以保存字符串的类型，这里使用字符指针类型（指针的内容将会在第10章具体讲解）。

```
#include<stdio.h>

int main()
{
    char* ArrayName[5];                          /*字符指针数组*/
    int index;                                   /*循环控制变量*/
    ArrayName[0]="WangJiasheng";                 /*为数组元素赋值*/
    ArrayName[1]="LiuWen";
    ArrayName[2]="SuYuqun";
    ArrayName[3]="LeiYu";
    ArrayName[4]="ZhangMeng";
    for(index=0;index<5;index++)                 /*使用for循环显示姓名*/
    {
        printf("%s\n",ArrayName[index]);
    }

    return 0;
}
```

从上述程序代码可以看出，char* ArrayName[5]定义了一个具有5个字符指针元素的数组，然后利用每个元素保存一个学生的姓名，使用for循环将其数组中保存的姓名数据进行输出。

运行程序，显示结果如图8-5所示。

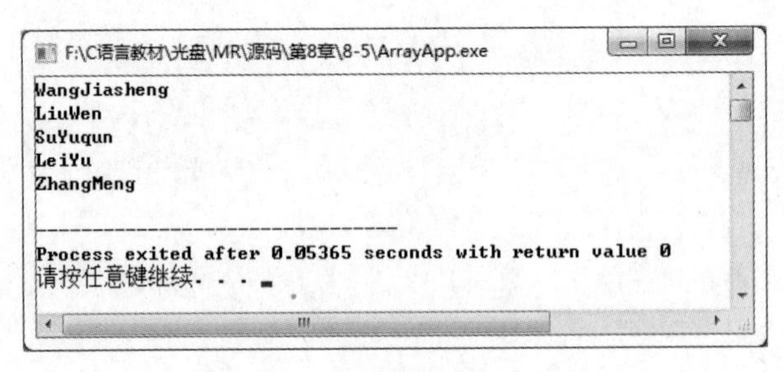

图8-5　使用数组保存学生姓名

8.2　二维数组

二维数组的定义和引用

8.2.1　二维数组的定义和引用

1. 二维数组的定义

二维数组的声明与一维数组相同，一般形式如下：

```
数据类型 数组名[常量表达式1][常量表达式2];
```

其中，“常量表达式1”被称为行下标，“常量表达式2”被称为列下标。如果有二维数组array[n][m]，则二维数组的下标取值范围如下：

- 行下标的取值范围0～n-1。
- 列下标的取值范围0～m-1。
- 二维数组的最大下标元素是array[n-1][m-1]。

例如定义一个3行4列的整型数组：

```
int array[3][4];
```

上述代码说明了一个3行4列的数组，数组名为array，其下标变量的类型为整型。该数组的下标变量共有3×4个，即array[0][0]、array[0][1]、array[0][2]、array[0][3]、array[1][0]、array[1][1]、array[1][2]、array[1][3]、array[2][0]、array[2][1]、array[2][2]、array[2][3]。

在C语言中，二维数组是按行排列的，即按行顺次存放，先存放array[0]行，再存放array[1]行、array[2]行。每行中有4个元素，也是依次存放。

2. 二维数组的引用

二维数组元素的引用一般形式为：

数组名[下标][下标];

二维数组的下标可以是整型常量或整型表达式。

例如对一个二维数组的元素进行引用：

```
array[1][2];
```

上述代码表示的是对array数组中第2行的第3个元素进行引用。

不管是行下标还是列下标，其索引都是从0开始的。

二维数组和一维数组一样要注意下标越界的问题，例如：

```
int array[2][4];
…                                                    /*对数组元素进行赋值*/
array[2][4]=9;                                       /*错误！ */
```

上述代码的表示是错误的。

首先array为2行4列的数组，那么它的行下标的最大值为1，列下标的最大值为3，所以array[2][4]超过了数组的范围，下标越界。

8.2.2 二维数组初始化

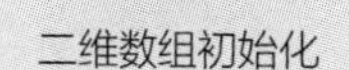
二维数组初始化

二维数组和一维数组一样，也可以在声明时对其进行初始化。在给二维数组赋初值时，有以下4种方法。

（1）可以将所有数据写在一个大括号内，按照数组元素排列顺序对元素赋值。例如：

```
int array[2][2] = {1,2,3,4};
```

如果大括号内的数据少于数组元素的个数，则系统将默认后面未被赋值的元素值为0。

（2）在为所有元素赋初值时，可以省略行下标，但是不能省略列下标。例如：

```
int array[][3] = {1,2,3,4,5,6};
```

系统会根据数据的个数进行分配，一共有6个数据，而数组每行分为3列，当然可以确定该数组有2行。

（3）也可以分行给数组元素赋值。例如：

```
int a[2][3] = {{1,2,3},{4,5,6}};
```

在分行赋值时，可以只对部分元素赋值。例如：

```
int a[2][3] = {{1,2},{4,5}};
```

在上行代码中，各个元素的值为：a[0][0]的值是1；a[0][1]的值是2；a[0][2]的值是0；a[1][0]的值是4；a[1][1]的值是5；a[1][2]的值是0。

还记得在前面介绍一维数组初始化时的情况吗？如果只给一部分元素赋值，则未赋值的部分元素值为0。

（4）也可以直接对二维数组元素赋值。例如：

```
int a[2][3];
a[0][0] = 1;
a[0][1] = 2;
```

这种赋值的方式就是使用数组引用的数组中的元素。

【例8-6】使用二维数组保存数据。

本实例实现通过键盘为二维数组元素赋值，显示二维数组，求出二维数组中最大元素和最小元素的值及其下标，将二维数组转换为另一个二维数组并显示。

```
#include<stdio.h>

int main()
{
    int a[2][3],b[3][2];                              /*定义两个数组*/
    int max,min;                                      /*表示最大值和最小值*/
    int h,l,i,j;                                      /*用于控制循环*/

    for(i=0;i<2;i++)                                  /*通过键盘为数组元素赋值*/
    {
        for(j=0;j<3;j++)
        {
            printf("a[%d][%d]=",i,j);
            scanf("%d",&a[i][j]);
        }
    }
    printf("输出二维数组：\n");                         /*信息提示*/
    for(i=0;i<2;i++)
    {
        for(j=0;j<3;j++)
        {
            printf("%d\t",a[i][j]);
        }
        printf("\n");                                 /*使元素分行显示*/
    }
    /*求数组中最大元素及其下标*/
    max = a[0][0];
    h = 0;
    l = 0;
    for(i=0;i<2;i++)
    {
        for(j=0;j<3;j++)
        {
            if(max < a[i][j])
            {
                max = a[i][j];
                h = i;
                l = j;
            }
        }
    }
    printf("数组中最大元素是：\n");
    printf("max:a[%d][%d]=%d\n",h,l,max);
    /*求数组中最小元素及其下标*/
    min = a[0][0];
    h = 0;
```

```
        l = 0;
        for(i=0;i<2;i++)
        {
            for(j=0;j<3;j++)
            {
                if(min > a[i][j])
                {
                    min = a[i][j];
                    h = i;
                    l = j;
                }
            }
        }
        printf("数组中最小元素是：\n");
        printf("min:a[%d][%d]=%d\n",h,l,min);
        /*将数组a转换后存入数组b中*/
        for(i=0;i<2;i++)
        {
            for(j=0;j<3;j++)
            {
                    b[j][i] = a[i][j];
            }
        }
        printf("输出转换后的二维数组：\n");
        for(i=0;i<3;i++)
        {
            for(j=0;j<2;j++)
            {
                printf("%d\t",b[i][j]);
            }
            printf("\n");                                          /*使元素分行显示*/
        }
        return 0;
    }
```

（1）在程序中根据每一次的提示，输入相应数组元素的数据，然后将这个2行3列的数组输出。在输出数组元素时，为了使输出的数据更容易观察，使用\t转换字符来控制间距。

（2）寻找数组中的最大数值，使用max变量表示最大数值，使用嵌套循环比较二维数组中的每一个元素，当一个元素的数值比max变量表示的数值大时，就将该值赋给max变量，然后使用h和l变量保存最大数值在数组中的下标位置。根据保存数据的变量，最后将最大值和该数据在数组中的下标都输出显示。

（3）得到数组中最小值的方法与得到最大值的方法相同。

（4）最后将数组转换成3行2列的数组，其中通过循环的控制，将一个数组中元素的数值赋值到转换后的数组中。

运行程序，显示结果如图8-6所示。

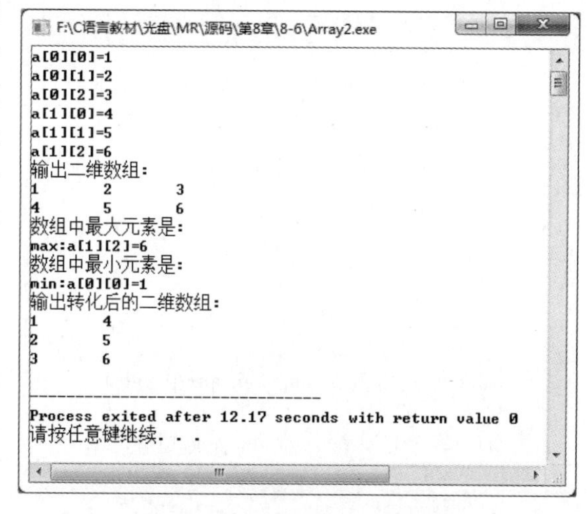

图8-6　使用二维数组保存数据

8.2.3 二维数组应用

【例8-7】 打印趣味俄罗斯方块的游戏窗口，并设置左右下横框上有图案。

在第7章的实例7-3是打印趣味俄罗斯方块的游戏边框。但是，俄罗斯方块是要落到游戏界面的下方，累计消除满行才会得分的，那么最下面就应该有一个边界，防止方块落到边界之外，这个边界就是下面的横框了。同样的道理，如果没有设置左右边界，在左右移动时，俄罗斯方块就会移出左右两边的竖框了，如图8-7所示。

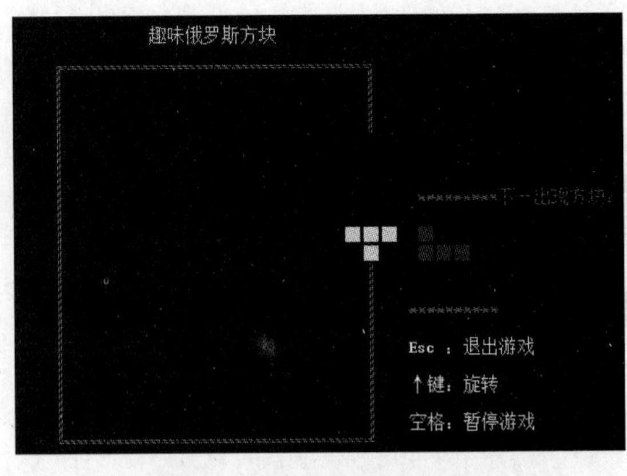

图8-7 没有设置右边界的后果

代码如下：

二维数组应用

```
#include <stdio.h>
#include <conio.h>
#include <windows.h>

HANDLE hOut;                                              /*控制台句柄*/

/**
 * 获取屏幕光标位置
 */
void gotoxy(int x, int y)
{
    COORD pos;
    pos.X = x;          //横坐标
    pos.Y = y;          //纵坐标
    SetConsoleCursorPosition(GetStdHandle(STD_OUTPUT_HANDLE), pos);
}

int main()
{
    int i,j;
    int FrameY = 3;
    int FrameX = 13;
    int Frame_width = 18;
    int Frame_height = 20;
    int a[80][80]={0};                                    /*标记游戏屏幕的图案*/

    gotoxy(FrameX+Frame_width-7,FrameY-2);                /*设置游戏名称的显示位置*/
    printf("趣味俄罗斯方块");                              /*打印游戏名称*/

    gotoxy(FrameX,FrameY);
    printf(" ┏");                                         /*打印框角*/
    gotoxy(FrameX+2*Frame_width-2,FrameY);
    printf("┓ ");
    gotoxy(FrameX,FrameY+Frame_height);
    printf(" ┗");
    a[FrameX][FrameY+Frame_height]=2;                     /*记住该处已有图案*/
    gotoxy(FrameX+2*Frame_width-2,FrameY+Frame_height);
    printf("┛ ");
    a[FrameX+2*Frame_width-2][FrameY+Frame_height]=2;
```

```
    for(i=2;i<2*Frame_width-2;i+=2)
    {
        gotoxy(FrameX+i,FrameY);
        printf("━");                                    /*打印上横框*/
    }
    for(i=2;i<2*Frame_width-2;i+=2)
    {
        gotoxy(FrameX+i,FrameY+Frame_height);
        printf("━");                                    /*打印下横框*/
        a[FrameX+i][FrameY+Frame_height]=2;             /*标记下横框为游戏边框，防止方块出界*/
    }
    for(i=1;i<Frame_height;i++)
    {
        gotoxy(FrameX,FrameY+i);
        printf("┃");                                    /*打印左竖框*/
        a[FrameX][FrameY+i]=2;                          /*标记左竖框为游戏边框，防止方块出界*/
    }
    for(i=1;i<Frame_height;i++)
    {
        gotoxy(FrameX+2*Frame_width-2,FrameY+i);
        printf("┃");                                    /*打印右竖框*/
        a[FrameX+2*Frame_width-2][FrameY+i]=2;          /*标记右竖框为游戏边框，防止方块出界*/
    }
    printf("\n\n");
}
```

在程序中，对左竖框、右竖框、下横框和下横框两边的两个框角都设置为游戏边框，俄罗斯方块不能穿过。运行程序，显示结果如图8-8所示。

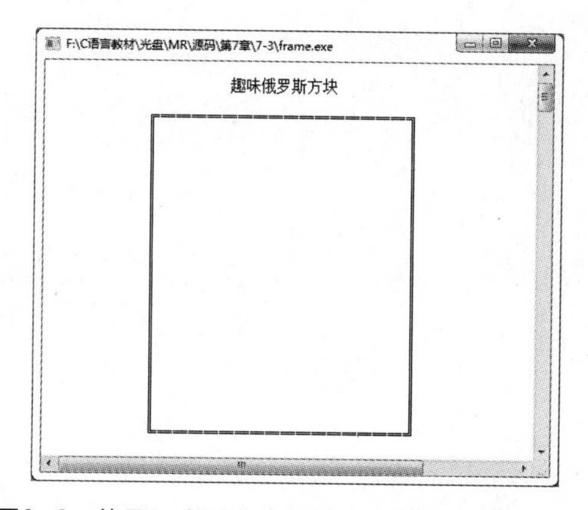

图8-8　使用for循环打印趣味俄罗斯方块的游戏边框

8.3　字符数组

数组中的元素类型为字符型时称为字符数组。字符数组中的每一个元素可以存放一个字符。字符数组的定义和使用方法与其他数据类型的数组基本相似。

字符数组的定义和引用

8.3.1　字符数组的定义和引用

1. 字符数组的定义

字符数组的定义与其他数据类型的数组定义类似，一般形式如下：

```
char 数组标识符[常量表达式]
```

因为要定义的是字符型数据，所以在数组标识符前所用的类型是char，后面中括号中表示的是数组元素的数量。

例如定义字符数组cArray：

```
char cArray[5];
```

其中，cArray表示数组的标识符，5表示数组中包含5个字符型的变量元素。

2. 字符数组的引用

字符数组的引用与其他数据类型的数组引用一样，也是使用下标的形式。例如引用上面定义的数组cArray中的元素：

```
cArray[0]='H';
cArray[1]='e';
cArray[2]='l';
cArray[3]='l';
cArray[4]='o';
```

上面的代码表示依次引用数组中的元素为其赋值。

8.3.2 字符数组初始化

字符数组初始化

在对字符数组进行初始化操作时有以下几种方法。

（1）逐个字符赋给数组中各元素。

这是最容易理解的初始化字符数组的方式。例如初始化一个字符数组：

```
char cArray[5]={'H','e','l','l','o'};
```

定义包含5个元素的字符数组，在初始化的大括号中，每一个字符对应赋值一个数组元素。

【例8-8】使用字符数组输出一个字符串。

在本实例中，定义一个字符数组，通过初始化操作保存一个字符串，然后通过循环引用每一个数组元素进行输出操作。

```
#include<stdio.h>

int main()
{
    char cArray[5]={'H','e','l','l','o'};             /*初始化字符数组*/
    int i;                                            /*循环控制变量*/
    for(i=0;i<5;i++)                                  /*进行循环*/
    {
        printf("%c",cArray[i]);                       /*输出字符数组元素*/
    }
    printf("\n");                                     /*输出换行*/
    return 0;
}
```

在初始化字符数组时要注意，每一个元素的字符都是使用一对单引号“' '”表示的。在循环中，因为输出的类型是字符型，所以在printf函数中使用的是“%c”。通过循环变量i，cArray[i]是对数组中每一个元素的引用。

运行程序，显示结果如图8-9所示。

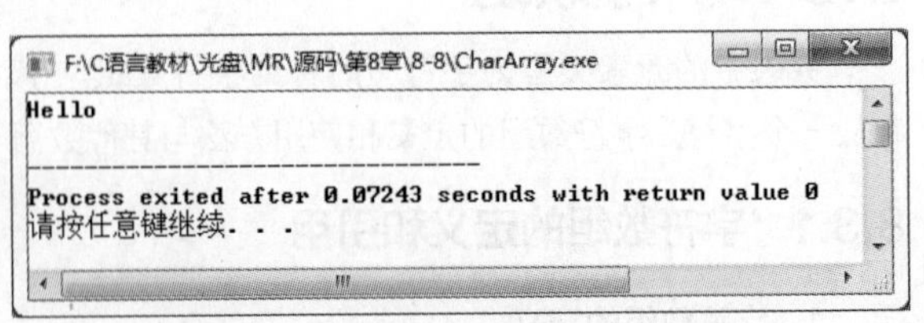

图8-9 使用字符数组输出一个字符串

（2）如果在定义字符数组时进行初始化，可以省略数组长度。

如果初值个数与预定的数组长度相同，在定义时可以省略数组长度，系统会自动根据初值个数来确定数组长度。例如上面初始化字符数组的代码可以写成：

```
char cArray[]={'H','e','l','l','o'};
```

可见，代码中定义的cArray[]中没有给出数组的长度，但是根据初值的个数可以确定数组的长度为5。

（3）利用字符串给字符数组赋初值。

通常用一个字符数组来存放一个字符串。例如用字符串的方式对数组作初始化赋值如下：

```
char cArray[]={"Hello"};
```

或者将“{}”去掉，写成：

```
char cArray[]="Hello";
```

【例8-9】使用二维字符数组输出一个钻石形状。

在本实例中定义一个二维字符数组，并且利用数组的初始化赋值设置钻石形状。

```
#include<stdio.h>

int main()
{
    int iRow,iColumn;                                      /*用来控制循环的变量*/
    char cDiamond[][5]={{' ',' ','*'},                     /*初始化二维字符数组*/
                        {' ','*',' ','*'},
                        {'*',' ',' ',' ','*'},
                        {' ','*',' ','*'},
                        {' ',' ','*'} };
    for(iRow=0;iRow<5;iRow++)                              /*利用循环输出数组*/
    {
        for(iColumn=0;iColumn<5;iColumn++)
        {
            printf("%c",cDiamond[iRow][iColumn]);          /*输出数组元素*/
        }
        printf("\n");                                      /*进行换行*/
    }
    return 0;
}
```

为了方便读者观察字符数组的初始化，这里将其进行对齐。在初始化时，虽然没有给出一行中具体的元素个数，但是通过初始化赋值可以确定其长度为5，最后通过嵌套循环将所有数组元素输出显示。

运行程序，显示结果如图8-10所示。

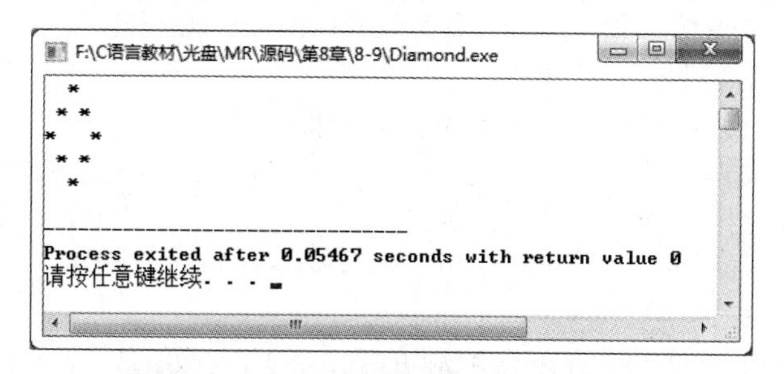

图8-10　用二维字符数组输出一个钻石形状

8.3.3　字符数组的结束标志

字符数组的结束标志

在C语言中，可使用字符数组保存字符串，也就是使用一个一维数组保存字符串中的每一个字符，此时系统会自动为其添加“\0”作为结束符。

例如在初始化一个一维字符数组时：

```
char cArray[]="Hello";
```

字符串总是以“\0”作为串的结束符，因此当把一个字符串存入一个数组时，也就是把结束符“\0”存入数组，并以此作为该字符串是否结束的标志。

有了“\0”标志后，字符数组的长度就显得不那么重要了。当然在定义字符数组时应估计实际字符串长度，保证数组长度始终大于字符串实际长度。如果在一个字符数组中先后存放多个不同长度的字符串，则应使数组长度大于最长的字符串的长度。

因此，用字符串方式赋值比用字符逐个赋值要多占一个字节，多占的这个字节用于存放字符串结束标志“\0”。上面的字符数组cArray在内存中的存放情况如图8-11所示。

H	e	l	l	o	\0

图8-11 cArray在内存中的存放情况

“\0”是由C编译系统自动加上的。因此上面的赋值语句等价于：

```
char cArray[]={'H','e','l','l','o','\0'};
```

字符数组并不要求最后一个字符为“\0”，甚至可以不包含“\0”。例如下面的写法也是合法的：

```
char cArray[5]={'H','e','l','l','o'};
```

不过是否加“\0”，完全根据需要决定。但是由于系统对字符串常量自动加一个“\0”，因此，为了使处理方法一致，且便于测定字符串的实际长度以及在程序中作相应的处理，在字符数组中也常常人为地加上一个“\0”。例如：

```
char cArray[6]={'H','e','l','l','o','\0'};
```

8.3.4 字符数组的输入和输出

字符数组的输入和输出

字符数组的输入和输出有两种方法。

（1）使用格式符“%c”进行输入和输出。

使用格式符“%c”实现字符数组中字符的逐个输入与输出。例如循环输出字符数组中的元素：

```
for(i=0;i<5;i++)                                /*进行循环*/
{
    printf("%c",cArray[i]);                     /*输出字符数组元素*/
}
```

其中变量为循环的控制变量，并且在循环中作为数组的下标进行循环输出。

（2）使用格式符“%s”进行输入或输出。

使用格式符“%s”将整个字符串依次输入或输出。例如输出一个字符串：

```
char cArray[]="GoodDay!";                       /*初始化字符数组*/
printf("%s",cArray);                            /*输出字符串*/
```

其中使用格式符“%s”将整个字符串进行输出。此时需注意以下几种情况：

- 输出字符不包括结束符“\0”。
- 用“%s”格式符输出字符串时，printf函数中的输出项是字符数组名cArray，而不是数组中的元素名cArray[0]等。
- 如果数组长度大于字符串实际长度，则也只输出到“\0”为止。
- 如果一个字符数组中包含多个“\0”结束字符，则在遇到第一个“\0”时输出就结束。

【例8-10】使用两种方式输出字符串。

在本实例中为定义的字符数组进行初始化操作，再使用两种方式输出字符数组中保存的数据：可以逐个将数组中的元素进行输出，也可以直接将整个字符串进行输出。

```
#include<stdio.h>
int main()
{
    int iIndex;                                    /*循环控制变量*/
    char cArray[12]="MingRi KeJi";                 /*定义字符数组用于保存字符串*/

    for(iIndex=0;iIndex<12;iIndex++)
    {
        printf("%c",cArray[iIndex]);               /*逐个输出字符数组中的字符*/
    }
    printf("\n%s\n",cArray);                       /*直接将字符串输出*/
    return 0;
}
```

在代码中，对数组中元素逐个输出时使用的是循环的方式，而直接输出字符串使用的是printf函数中的格式符“%s”。要注意直接输出字符串时不能使用格式符“%c”。

运行程序，显示结果如图8-12所示。

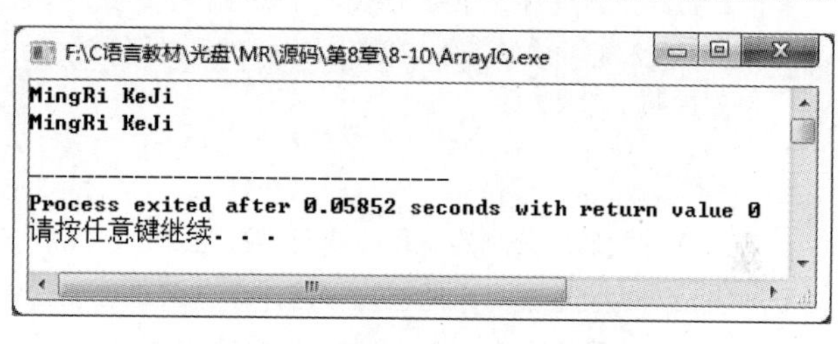

图8-12　使用两种方式输出字符串

8.3.5　字符数组应用

【例8-11】计算字符串中单词的个数。

在本实例中输入一行字符，然后统计其中有多少个单词，要求每个单词之间用空格分隔开，且最后的字符不能为空格。

字符数组应用

```
#include<stdio.h>

int main()
{
    char cString[100];                        /*定义保存字符串的数组*/
    int iIndex, iWord=1;                      /*变量iWord用来对单词计数*/
    char cBlank;                              /*表示空格*/
    gets(cString);                            /*输入字符串*/

    if(cString[0]=='\0')                      /*判断字符串为空的情况*/
    {
        printf("There is no char!\n");
    }
    else if(cString[0]==' ')                  /*判断第一个字符为空格的情况*/
    {
        printf("First char just is a blank!\n");
    }
    else
    {
        for(iIndex=0;cString[iIndex]!='\0';iIndex++)   /*循环判断每一个字符*/
        {
            cBlank=cString[iIndex];           /*得到数组中的字符元素*/
            if(cBlank==' ')                   /*判断是不是空格*/
            {
                iWord++;                      /*如果是则加1*/
            }
        }
        printf("%d\n",iWord);
    }
    return 0;
}
```

按照要求使用gets函数将输入的字符串保存在cString字符数组中。首先对输入的字符进行判断：数组中的第一个输入字符如果是结束符或空格，那么进行消息提示；如果不是，则说明输入的字符串是正常的，这样就在else语句中进行处理。

使用for循环判断每一个数组中的字符是否为结束符：如果是，则循环结束；如果不是，则在循环语句中判断是否为空格，遇到一个空格则对单词计数变量iWord进行自加操作。

运行程序，显示结果如图8-13所示。

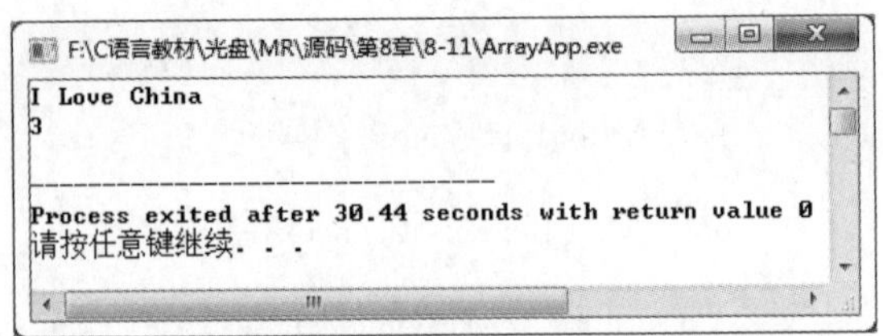

图8-13 计算字符串中单词的个数

8.4 多维数组

多维数组的声明和二维数组相同，只是下标更多，一般形式如下：

```
数据类型 数组名[常量表达式1][常量表达式2]…[常量表达式n];
```

例如声明多维数组：

```
int iArray1[3][4][5];
int iArray2[4][5][7][8];
```

在上面的代码中分别定义了一个三维数组iArray1和一个四维数组iArray2。由于数组元素的位置都可以通过偏移量计算，因此对于三维数组a[m][n][p]来说，元素a[i][j][k]所在的地址是从a[0][0][0]算起到（i*n*p+j*p+k）个单位的位置。

8.5 数组的排序算法

通过学习前面的内容，读者已经了解到了数组的理论知识。虽然数组是一组有序数据的集合，但是这里的有序指的是数组元素在数组中所处的位置，而不是根据数组元素的数值大小进行排列的。那么如何才能将数组元素按照数值的大小进行排列呢？可以通过一些排序算法来实现，本节将带领读者了解一下数组的排序算法。

8.5.1 选择法排序

选择法排序指每次选择所要排序的数组中的最大值（由大到小排序，由小到大排序则选择最小值）的数组元素，将这个数组元素的值与最前面没有进行排序的数组元素的值互换。

下面以数字9、6、15、4、2为例进行排序，每次交换的顺序如表8-1所示。

表8-1 选择法排序

数组元素 / 排序过程	元素【0】	元素【1】	元素【2】	元素【3】	元素【4】
起始值	9	6	15	4	2
第1次	2	6	15	4	9
第2次	2	4	15	6	9
第3次	2	4	6	15	9
第4次	2	4	6	9	15
排序结果	2	4	6	9	15

可以发现，在第一次排序过程中将第一个数字和最小的数字进行了位置互换；而第二次排序过程中，将第二个数字和剩下的数字中最小的数字进行了位置互换；依此类推，每次都将下一个数字和剩余的数字中最小的数字进行位置互换，直到将一组数字按从小到大排序。

下面通过实例来看一下如何通过程序使用选择法实现数组元素从小到大的排序。

【例8-12】选择法排序。

在本实例中，声明了一个整型数组和两个整型变量，其中整型数组用于存储用户输入的数字，而两个整型变量分别用于存储数值最小的数组元素的数值和该元素的位置，然后通过嵌套循环进行选择法排序，最后将排序好的数组进行输出。

```
#include <stdio.h>
int main()
{
    int i,j;
    int a[10];
    int iTemp;
    int iPos;
    printf("为数组元素赋值：\n");
    /*从键盘为数组元素赋值*/
    for(i=0;i<10;i++)
    {
        printf("a[%d]=",i);
        scanf("%d", &a[i]);
    }

    /*从小到大排序*/
    for(i=0;i<9;i++)                          /*设置外层循环为下标0～8的元素*/
    {
        iTemp = a[i];                         /*设置当前元素为最小值*/
        iPos = i;                             /*记录元素位置*/
        for(j=i+1;j<10;j++)                   /*内层循环i+1到9*/
        {
            if(a[j]<iTemp)                    /*如果当前元素比最小值还小*/
            {
                iTemp = a[j];                 /*重新设置最小值*/
                iPos = j;                     /*记录元素位置*/
            }
        }
        /*交换两个元素值*/
        a[iPos] = a[i];
        a[i] = iTemp;
    }

    /*输出数组*/
    for(i=0;i<10;i++)
    {
        printf("%d\t",a[i]);                  /*输出制表位*/
        if(i == 4)                            /*如果是第5个元素*/
            printf("\n");                     /*输出换行*/
    }

    return 0;                                 /*程序结束*/
}
```

（1）声明一个整型数组，并通过键盘为数组元素赋值。

（2）设置一个嵌套循环，第一层循环为前9个数组元素，并在每次循环时将对应当前次数的数组元素设置为最小值。例如当前是第3次循环，那么将数组中第3个元素（也就是下标为2的元素）设置为当前的最小值；在第二层循环中，循环比较该元素之后的各个数组元素，并将每次比较结果中较小的数设置为最小值，在第二层循环结束时，将最小值与开始时设置为最小值的数组元素进行互换。当所有循环都完成以后，将数组元素按照从小到大的顺序重新排列。

（3）循环输出数组中的元素，并在输出5个元素以后进行换行，在下一行输出后面的5个元素。

运行程序，显示结果如图8-14所示。

```
F:\C语言教材\光盘\MR\源码\第8章\8-12\Choice.exe
为数组元素赋值：
a[0]=65
a[1]=45
a[2]=32
a[3]=13
a[4]=67
a[5]=98
a[6]=75
a[7]=42
a[8]=18
a[9]=23
13      18      23      32      42
45      65      67      75      98
--------------------------------
Process exited after 26.59 seconds with return value 0
请按任意键继续. . .
```

图8-14　选择法排序

8.5.2　冒泡法排序

冒泡法排序

冒泡法排序指的是在排序时，每次比较数组中相邻的两个数组元素的值，将较小的数（从小到大排列）排在较大的数前面。

下面仍以数字9、6、15、4、2为例，对这几个数字进行排序，每次排序的顺序如表8-2所示。

表8-2　冒泡法排序

排序过程＼数组元素	元素【0】	元素【1】	元素【2】	元素【3】	元素【4】
起始值	9	6	15	4	2
第1次	2	9	6	15	4
第2次	2	4	9	6	15
第3次	2	4	6	9	15
第4次	2	4	6	9	15
排序结果	2	4	6	9	15

可以发现，在第一次排序过程中将最小的数字移动到第一的位置，并将其他数字依次向后移动；而第二次排序过程中，从第二个数字开始的剩余数字中选择最小的数字并将其移动到第二的位置，剩余数字依次向后移动；依此类推，每次都将剩余数字中的最小数字移动到当前剩余数字的最前方，直到将一组数字按从小到大排序为止。

下面通过实例来看一下如何通过程序使用冒泡法排序实现数组元素从小到大的排序。

【例8-13】冒泡法排序。

在本实例中，声明了一个整型数组和一个整型变量，其中整型数组用于存储用户输入的数字，而整型变量则作为两个元素交换时的中间变量，然后通过嵌套循环进行冒泡法排序，最后将排序好的数组进行输出。

```
#include<stdio.h>
int main()
{
    int i,j;
    int a[10];
    int iTemp;
    printf("为数组元素赋值：\n");
    /*通过键盘为数组元素赋值*/
    for(i=0;i<10;i++)
    {
        printf("a[%d]=",i);
        scanf("%d", &a[i]);
    }
```

```
    /*从小到大排序*/
    for(i=1;i<10;i++)                              /*外层循环元素下标为1～9*/
    {
        for(j=9;j>=i;j--)                          /*内层循环元素下标为i～9*/
        {
            if(a[j]<a[j-1])                        /*如果前一个数比后一个数大*/
            {
                                                   /*交换两个数组元素的值*/
                iTemp = a[j-1];
                a[j-1] = a[j];
                a[j] = iTemp;
            }
        }
    }

    /*输出数组*/
    for(i=0;i<10;i++)
    {
        printf("%d\t",a[i]);                       /*输出制表位*/
        if(i == 4)                                 /*如果是第5个元素*/
                printf("\n");                      /*输出换行*/
    }

    return 0;                                      /*程序结束*/
}
```

（1）声明一个整型数组，并通过键盘为数组元素赋值。

（2）设置一个嵌套循环，第一层循环为后9个数组元素。在第二层循环中，从最后一个数组元素开始向前循环，直到前面第一个没有进行排序的数组元素。循环比较这些数组元素，如果在比较中后一个数组元素的值小于前一个数组元素的值，则将两个数组元素的值进行互换。当所有循环都完成以后，就将数组元素按照从小到大的顺序重新排列了。

（3）循环输出数组中的元素，并在输出5个元素以后进行换行，在下一行输出后面的5个元素。

运行程序，显示结果如图8-15所示。

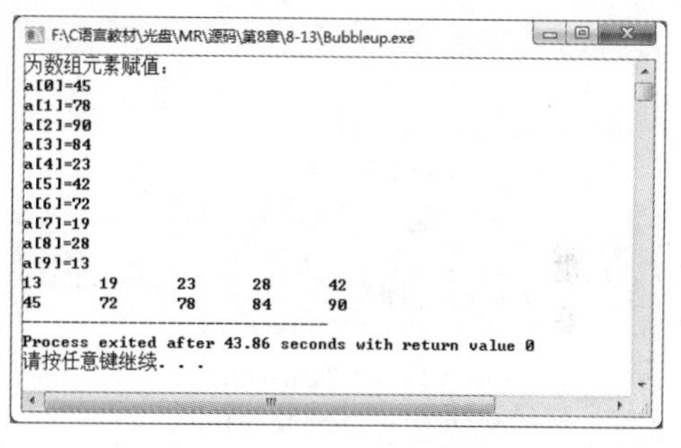

图8-15 冒泡法排序

8.5.3 交换法排序

交换法排序

交换法排序是将每一位数与其后的所有数一一比较，如果发现符合条件的数据则交换数据。首先，用第一个数依次与其后的所有数进行比较，如果存在比其值大（小）的数，则交换这两个数，继续向后比较其他数直至最后一个数。然后再使用第二个数与其后面的数进行比较，如果存在比其值大（小）的数，则交换这两个数。继续向后比较其他数，直至与最后一个数比较完成。

下面以数字9、6、15、4、2为例进行交换法排序，每次排序的顺序如表8-3所示。

表8-3 交换法排序

数组元素 / 排序过程	元素【0】	元素【1】	元素【2】	元素【3】	元素【4】
起始值	9	6	15	4	2
第1次	2	9	15	6	4

续表

数组元素 / 排序过程	元素【0】	元素【1】	元素【2】	元素【3】	元素【4】
第2次	2	4	15	9	6
第3次	2	4	6	15	9
第4次	2	4	6	9	15
排序结果	2	4	6	9	15

可以发现，在第一次排序过程中将第一个数与后边的数依次进行比较。首先比较9和6，9大于6，交换两个数的位置，然后数字6成为第一个数字；用6和第3个数字15进行比较，6小于15，保持原来的位置；然后用6和4进行比较，6大于4，交换两个数字的位置；再用当前数字4与最后的数字2进行比较，4大于2，则交换两个数字的位置，从而得到表8-3中第一次的排序结果。然后使用相同的方法，从当前第二个数字9开始，继续和后面的数字进行比较，如果遇到比当前数字小的数字则交换位置，依此类推，直到将一组数字按从小到大排序为止。

下面通过实例来看一下如何在程序中通过交换法实现数组元素从大到小的排序。

【例8-14】实现学生信息管理系统中的学生成绩排名功能。

本书第18章的课程设计“学生信息管理系统”中，在主功能菜单界面中输入数字“6”，将所有学生的信息按照学生的总成绩从高到低进行排序。本实例使用交换排序法实现此项目的排序功能。

```
#include<stdio.h>
#include<stdlib.h>
#include<conio.h>

void main()
{
    int score[10];
    int i=0,j=0,iTemp;
    printf("输入10名学生的成绩：\n");

    for(i=0;i<10;i++)                              /*通过键盘为数组元素赋值*/
    {
        printf("score[%d]=",i);
        scanf("%d", &score[i]);
    }

    for(i=0;i<9;i++)                               /*嵌套循环实现成绩比较并交换*/
    {
        for(j=i+1;j<10;j++)
        {
            if(score[i]<score[j])
            {
                 iTemp=score[i];
                score[i]=score[j];
                score[j]=iTemp;
            }
        }
    }
    /*输出数组*/
    for(i=0;i<10;i++)
    {
        printf("%d\t",score[i]);                   /*输出制表位*/
        if(i == 4)                                 /*如果是第5个元素*/
        {
```

```
            printf("\n");                                   /*输出换行*/
        }
    }
}
```

（1）声明一个整型数组，并通过键盘为数组元素赋值。

（2）设置一个嵌套循环，外层循环为前9个数组元素，然后在内层循环中，使用第一个数组元素分别与后面的数组元素依次进行比较，如果后面的数组元素值大于当前数组元素值，则交换两个元素值，然后使用交换后的第一个数组元素继续与后面的数组元素进行比较，直到本次循环结束。将最大的数组元素值交换到第一个数组元素的位置，然后从第二个数组元素开始，继续与后面的数组元素进行比较，依此类推，直到循环结束，从而将数组元素按照从大到小的顺序重新排列。

（3）循环输出数组中的元素，并在输出5个元素以后进行换行，在下一行输出后面的5个元素。

运行程序，显示结果如图8-16所示。

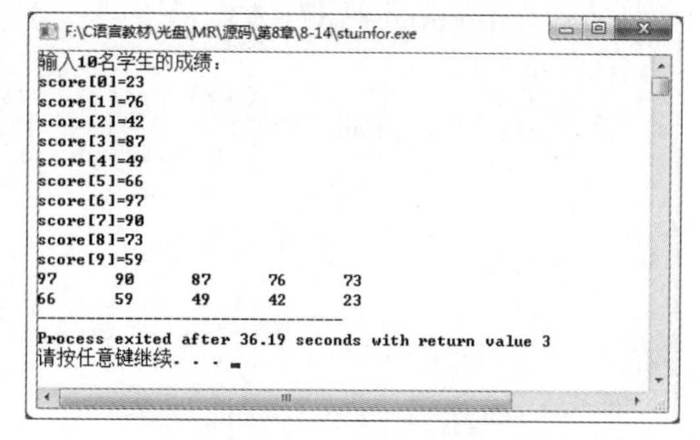

图8-16　交换法排序

8.5.4　插入法排序

插入法排序较为复杂，其基本工作原理是抽出一个数据，在前面的数据中寻找相应的位置插入，然后继续下一个数据，直到完成排序。

插入法排序

下面以数字9、6、15、4、2为例进行插入法排序，每次排序的顺序如表8-4所示。

表8-4　插入法排序

数组元素 / 排序过程	元素【0】	元素【1】	元素【2】	元素【3】	元素【4】
起始值	9	6	15	4	2
第1次	9				
第2次	6	9			
第3次	6	9	15		
第4次	4	6	9	15	
排序结果	2	4	6	9	15

可以发现，在第一次排序过程中将第一个数取出来，并放置在第一个位置；然后取出第二个数，并将第二个数与第一个数进行比较，如果第二个数小于第一个数，则将第二个数排在第一个数之前，否则将第二个数排在第一个数之后；然后取出下一个数，先与排在后面的数字进行比较，如果当前数字比较大则排在最后，如果当前数字比较小，还要与之前的数字进行比较，如果当前数字比前面的数字小，则将当前数字排在比它小的数字和比它大的数字之间，如果没有比当前数字小的数字，则将当前数字排在最前方；依此类推，不断取出未进行排序的数字与排序好的数字进行比较，并插入到相应的位置，直到将一组数字按从小到大排序为止。

下面通过实例来看一下如何通过程序使用插入法实现数组元素从小到大的排序。

【例8-15】插入法排序。

在本实例中，声明了一个整型数组和两个整型变量，其中整型数组用于存储用户输入的数字，而两个整型变量分别作为两个元素交换时的中间变量和记录数组元素位置，然后通过嵌套循环进行交换法排序，最后将排序好的数组进行输出。

```
#include<stdio.h>
int main()
{
    int i;
    int a[10];
    int iTemp;
    int iPos;
    printf("为数组元素赋值：\n");
    /*通过键盘为数组元素赋值*/
    for(i=0;i<10;i++)
    {
        printf("a[%d]=",i);
        scanf("%d", &a[i]);
    }

    /*从小到大排序*/
    for(i=1;i<10;i++)                              /*循环数组中的元素*/
    {
        iTemp = a[i];                              /*设置插入值*/
        iPos = i-1;
        while((iPos>=0) && (iTemp<a[iPos]))        /*寻找插入值的位置*/
        {
            a[iPos+1] = a[iPos];                   /*插入数值*/
            iPos--;
        }
        a[iPos+1] = iTemp;
    }

    /*输出数组*/
    for(i=0;i<10;i++)
    {
        printf("%d\t",a[i]);                       /*输出制表位*/
        if(i == 4)                                 /*如果是第5个元素*/
            printf("\n");                          /*输出换行*/
    }

    return 0;                                      /*程序结束*/
}
```

（1）声明一个整型数组，并通过键盘为数组元素赋值。

（2）设置一个嵌套循环，外层循环为后9个数组元素，将第二个元素赋值给中间变量，并记录前一个数组元素的下标位置。在内层循环中，首先要判断是否符合循环的条件，允许循环的条件是记录的下标位置必须大于等于第一个数组元素的下标位置，并且中间变量的值小于之前设置下标位置的数组元素，如果满足循环条件，则将设置下标位置的数组元素值赋值给当前的数组元素，然后将记录的数组元素下标位置向前移动一位，继续进行循环判断。内层循环结束以后，将中间变量中保存的数值赋值给当前记录的下标位置之后的数组元素，继续进行外层循环，将数组中下一个数组元素赋值给中间变量，再通过内层循环进行排序，依此类推，直到循环结束，就将数组元素按照从小到大的顺序重新排列了。

（3）循环输出数组中的元素，并在输出5个元素以后进行换行，在下一行输出后面的5个元素。

运行程序，显示结果如图8-17所示。

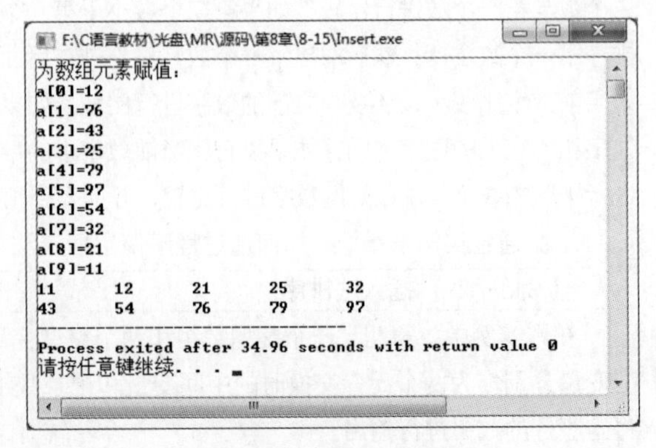

图8-17 插入法排序

8.5.5 折半法排序

折半法排序又称为快速排序，是选择一个中间值middle（在程序中使用数组中间值），然后把比中间值小的数据放在左边，比中间值大的数据放在右边（具体的实现是从两边找，找到一对后进行交换）。然后对两边分别递归使用这个过程。

下面以数字9、6、15、4、2为例，对这几个数字进行折半法排序，每次排序的顺序如表8-5所示。

表8-5 折半法排序

数组元素 / 排序过程	元素【0】	元素【1】	元素【2】	元素【3】	元素【4】
起始值	9	6	15	4	2
第1次	9	6	2	4	15
第2次	4	6	2	9	15
第3次	4	2	6	9	15
第4次	2	4	6	9	15
排序结果	2	4	6	9	15

插入法排序过程如下。

（1）第一次排序过程中将第1个数9取出来，并放置在第一个位置。

（2）取出第2个数9，因为 6小于9，所以6放在9之前。

（3）取出下一个数15，先用15比较9，因为15比9大，所以15放在9的后面。

依次类推，不断取出未进行排序的数字与排序好的数字进行比较，并插入到相应的位置，直到将一组数字按从小到大排序为止。

下面通过实例来看一下如何通过程序使用折半法实现数组元素从小到大的排序。

【例8-16】折半法排序。

在本实例中，声明了一个整型数组，用于存储用户输入的数字，再定义一个函数，用于对数组元素进行排序，最后将排序好的数组进行输出。

为了实现折半法排序，需要使用函数的递归，这部分内容将会在第9章进行介绍，读者可以参考后面的内容进行学习。

```
#include<stdio.h>

/*声明函数*/
void CelerityRun(int left, int right, int array[]);

int main()
{
    int i;
    int a[10];
    printf("为数组元素赋值：\n");
    /*通过键盘为数组元素赋值*/
    for(i=0;i<10;i++)
    {
        printf("a[%d]=",i);
        scanf("%d", &a[i]);
    }
```

```
    /*从小到大排序*/
    CelerityRun(0,9,a);

    /*输出数组*/
    for(i=0;i<10;i++)
    {
        printf("%d\t",a[i]);                     /*输出制表位*/
        if(i == 4)                               /*如果是第5个元素*/
            printf("\n");                        /*输出换行*/
    }

    return 0;                                    /*程序结束*/
}

void CelerityRun(int left, int right, int array[])
{
    int i,j;
    int middle,iTemp;
    i = left;
    j = right;
    middle = array[(left+right)/2];              /*求中间值*/
    do
    {
        while((array[i]<middle) && (i<right))    /*从左找小于中值的数*/
            i++;
        while((array[j]>middle) && (j>left))     /*从右找大于中值的数*/
            j--;
        if(i<=j)                                 /*找到了一对值*/
        {
            iTemp = array[i];
            array[i] = array[j];
            array[j] = iTemp;
            i++;
            j--;
        }
    }while(i<=j);                                /*如果两边的下标交错，就停止（完成一次）*/

    /*递归左半边*/
    if(left<j)
        CelerityRun(left,j,array);
    /*递归右半边*/
    if(right>i)
        CelerityRun(i,right,array);
}
```

（1）声明一个整型数组，并通过键盘为数组元素赋值。

（2）定义一个函数，用于对数组元素进行排序，函数的3个参数分别表示递归调用时，数组最开始的元素、最后元素的下标位置以及要排序的数组。声明两个整型变量，作为控制排序算法循环的条件，分别将两个参数赋值给变量i和j，i表示左侧下标，j表示右侧下标。首先使用do...while语句设计外层循环，条件为i小于j，表示如果两边的下标交错就停止循环，内层两个循环分别用来比较中间值两侧的数组元素，当左侧的数值小于中间值时，取下一个元素与中间值进行比较，否则退出第一个内层循环；当右侧的数值大于中间值时，取前一个元素与中间值进行比较，否则退出第二个内层循环。然后判断i的值是否小于等于j，如果是，则交换以i和j为下标的两个元素值，继续进行外层循环。当外层循环结束以后，以数组第一个元素到以j

为下标的元素为参数递归调用该函数，同时，以i为下标的数组元素到数组最后一个参数也作为参数递归调用该函数。依此类推，直到将数组元素按照从小到大的顺序重新排列为止。

（3）循环输出数组中的元素，并在输出5个元素以后进行换行，在下一行输出后面的5个元素。

运行程序，显示结果如图8-18所示。

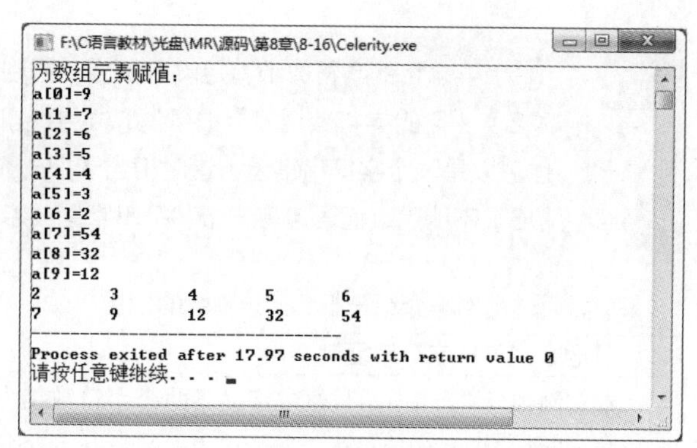

图8-18　折半法排序

8.5.6　排序算法的比较

前面已经介绍了5种排序方法，那么在进行数组排序时应该使用哪一种方法呢？这时就应该根据需要进行选择。下面对这5种排序方法进行一下简单的比较。

排序算法的比较

（1）选择法排序

选择法排序在排序过程中共需进行$n(n-1)/2$次比较，互相交换$n-1$次。选择法排序简单、容易实现，适用于数量较小的排序。

（2）冒泡法排序

最好的情况是正序，因此只要比较一次即可；最坏的情况是逆序，需要比较n^2次。冒泡法排序是稳定的排序方法，当待排序列有序时，效果比较好。

（3）交换法排序

交换法排序和冒泡法排序类似，正序时最快，逆序时最慢，排列有序数据时效果最好。

（4）插入法排序

此排序方法需要经过$n-1$次插入过程，如果数据恰好应该插入到序列的最后端，则不需要移动数据，可节省时间，因此若原始数据基本有序，插入法具有较快的运算速度。

（5）折半法排序

对于较大的n折半法排序，是速度最快的排序算法；但当n很小时，此方法往往比其他排序算法还要慢。折半法排序是不稳定的，对应有相同关键字的记录，排序后的结果可能会颠倒次序。

由此可见，插入法、冒泡法、交换法排序的速度较慢，但参加排序的序列局部或整体有序时，这种排序能达到较快的速度；在这种情况下，折半法排序反而会显得速度慢了。当n较小时，对稳定性不作要求时宜用选择法排序，对稳定性有要求时宜用插入法或冒泡法排序。

8.6　字符串处理函数

在编写程序时，经常需要对字符和字符串进行操作，如转换字符的大小写、求字符串长度等，这些都可以使用字符函数和字符串函数来解决。C语言标准函数库专门为其提供了一系列处理函数。在编写程序的过程中合理、有效地使用这些字符串函数可以提高编程效率，同时也可以提高程序性能。本节将对字符串处理函数进行介绍。

字符串复制

8.6.1　字符串复制

在字符串操作中，字符串复制是比较常用的操作之一。在字符串处理函数中包含strcpy函数，该函数可用于复制特定长度的字符串到另一个字符串中。其语法格式如下：

```
strcpy(目的字符数组名，源字符数组名)
```

功能：把源字符数组中的字符串复制到目的字符数组中。字符串结束标志“\0”也一同复制。

（1）要求目的字符数组有足够的长度，否则不能全部装入所复制的字符串。

（2）“目的字符数组名”必须写成数组名形式；而“源字符数组名”可以是字符数组名，也可以是一个字符串常量，这时相当于把一个字符串赋给一个字符数组。

（3）不能用赋值语句将一个字符串常量或字符数组直接赋给一个字符数组。

下面通过实例来介绍一下strcpy函数的使用。

【例8-17】字符串复制。

本实例中，在main函数体中定义了两个字符数组，分别用于存储源字符数组和目的字符数组，然后获取用户为两个字符数组赋值的字符串，并分别输出两个字符数组，调用strcpy函数将源字符数组中的字符串赋值给目的字符数组，最后输出目的字符数组。

```
#include<stdio.h>
#include<string.h>

int main()
{
    char str1[30],str2[30];
    printf("输入目的字符串:\n");
    gets(str1);                                  /*输入目的字符串*/
    printf("输入源字符串:\n");
    gets(str2);                                  /*输入源字符串*/

    printf("输出目的字符串:\n");
    puts(str1);                                  /*输出目的字符串*/
    printf("输出源字符串:\n");
    puts(str2);                                  /*输出源字符串*/
    strcpy(str1,str2);                           /*调用strcpy函数实现字符串复制*/
    printf("调用strcpy函数进行字符串复制:\n");
    printf("复制字符串之后的目的字符串:\n");
    puts(str1);                                  /*输出复制后的目的字符串*/

    return 0;                                    /*程序结束*/
}
```

运行程序，字符串复制结果如图8-19所示。

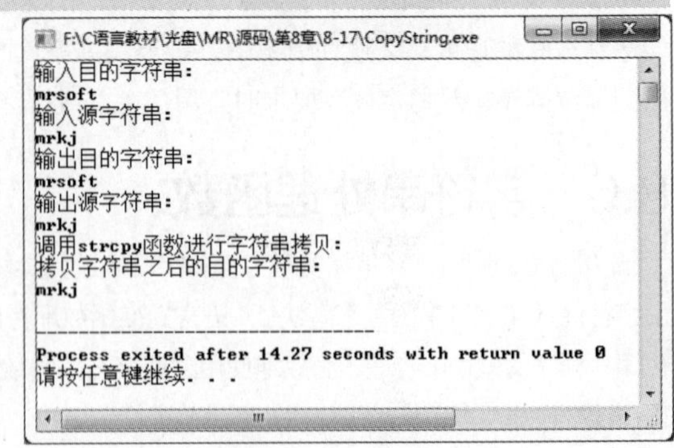

图8-19　字符串复制

8.6.2　字符串连接

字符串连接就是将一个字符串连接到另一个字符串的末尾，使其组合成一个新的字符串。在字符串处理函数中，strcat函数就具有字符串连接的功能。其语法格式如下：

```
strcat(目的字符数组名,源字符数组名)
```

功能：把源字符数组中的字符串连接到目的字符数组中字符串的后面，并删去目的字符数组中原有的串结束标志“\0”。

要求目的字符数组应有足够的长度，否则不能装下连接后的字符串。

字符串连接

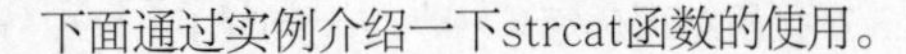

下面通过实例介绍一下strcat函数的使用。

【例8-18】字符串连接。

在本实例的main函数体中定义两个字符数组，分别为存储源字符数组和目的字符数组，然后获取用户为两个字符数组赋值的字符串，并分别输出两个字符数组，调用strcat函数将源字符数组中的字符串连接到目的字符数组中字符串的后面，最后输出目的字符数组。

```
#include<stdio.h>
#include<string.h>

int main()
{
    char str1[30],str2[30];
    printf("输入目的字符串:\n");
    gets(str1);                                    /*输入目的字符串*/
    printf("输入源字符串:\n");
    gets(str2);                                    /*输入源字符串*/

    printf("输出目的字符串:\n");
    puts(str1);                                    /*输出目的字符串*/
    printf("输出源字符串:\n");
    puts(str2);                                    /*输出源字符串*/
    strcat(str1,str2);                             /*调用strcat函数进行字符串连接*/
    printf("调用strcat函数进行字符串连接:\n");
    printf("字符串连接之后的目的字符串:\n");
    puts(str1);                                    /*输出连接后的目的字符串*/

    return 0;                                      /*程序结束*/
}
```

运行程序，字符串连接结果如图8-20所示。

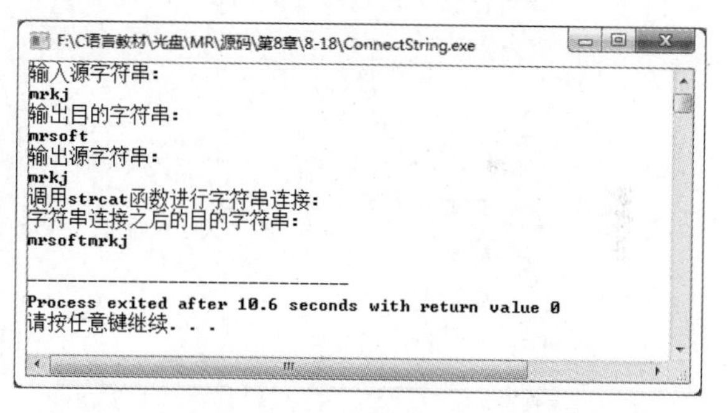

图8-20　字符串连接

字符串复制实质上是用源字符数组中的字符串覆盖目的字符数组中的字符串，而字符串连接则不存在覆盖的问题，只是单纯地将源字符数组中的字符串连接到目的字符数组中的字符串的后面。

8.6.3　字符串比较

字符串比较就是将一个字符串与另一个字符串从首字母开始，按照ASCII码的顺序进行逐个比较。在字符串处理函数中，strcmp函数就具有在字符串间进行比较的功能。其语法格式如下：

```
strcmp(字符数组名1,字符数组名2)
```

字符串比较

功能：按照ASCII码顺序比较两个数组中的字符串，并由函数返回值返回比较结果。

返回值如下。

- 字符串1=字符串2，返回值为0。
- 字符串1>字符串2，返回值为正数。
- 字符串1<字符串2，返回值为负数。

当两个字符串进行比较时，若出现不同的字符，则以第一个不同的字符的比较结果作为整个比较的结果。

下面通过实例介绍一下strcmp函数的使用。

【例8-19】字符串比较。

在本实例的main函数体中定义4个字符数组，分别用来存储用户名、密码、用户输入的用户名及密码字符串，然后分别调用strcmp函数比较用户输入的用户名和密码是否正确。

```
#include<stdio.h>
#include<string.h>

int main()
{
    char user[20] = {"mrsoft"};                    /*设置用户名字符串*/
    char password[20] = {"mrkj"};                  /*设置密码字符串*/
    char ustr[20],pwstr[20];
    int i=0;

    while(i < 3)
    {
        printf("输入用户名字符串:\n");
        gets(ustr);                                /*输入用户名字符串*/
        printf("输入密码字符串:\n");
        gets(pwstr);                               /*输入密码字符串*/
        if(strcmp(user,ustr))                      /*如果用户名字符串不相等*/
        {
            printf("用户名字符串输入错误! \n");     /*提示"用户名字符串输入错误"*/
        }
        else                                       /*用户名字符串相等*/
        {
            if(strcmp(password,pwstr))             /*如果密码字符串不相等*/
            {
                printf("密码字符串输入错误! \n");   /*提示"密码字符串输入错误"*/
            }
            else                                   /*用户名和密码字符串都正确*/
            {
                printf("欢迎使用! \n");             /*输出"欢迎使用! "字符串*/
                break;
            }
        }
        i++;
    }
    if(i == 3)
    {
        printf("输入字符串错误3次! \n");            /*输入字符串错误3次*/
    }

    return 0;                                      /*程序结束*/
}
```

运行程序，字符串比较的结果如图8-21所示。

8.6.4 字符串大小写转换

字符串的大小写转换需要使用strupr和strlwr函数。strupr函数的语法格式如下：

```
strupr(字符串)
```

功能：将字符串中的小写字母变成大写字母，其他字母不变。

strlwr函数的语法格式如下：

```
strlwr(字符串)
```

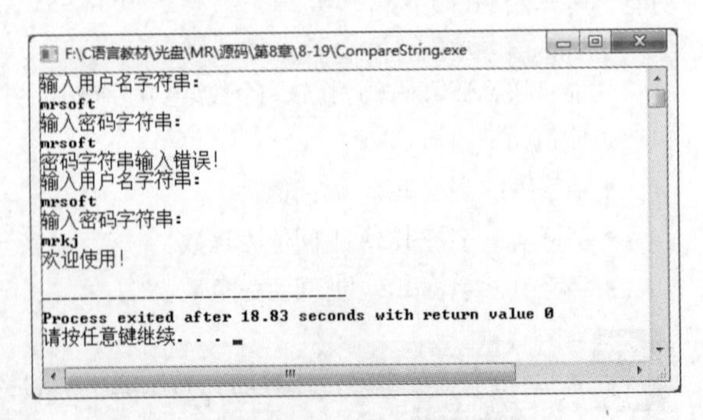

图8-21 字符串比较

功能：将字符串中的大写字母变成小写字母，其他字母不变。

下面通过实例介绍一下strupr和strlwr函数的使用。

字符串大小写转换

【例8-20】字符串大小写转换。

在本实例的main函数体中定义两个字符数组，分别用来存储要转换的字符串和转换后的字符串，然后根据用户输入的操作指令判断调用strupr或strlwr函数进行大小写转换。

```
#include<stdio.h>
#include<string.h>

int main()
{
    char text[20],change[20];
    int num;
    int i=0;

    while(1)
    {

        printf("输入转换大小写方式（1表示大写，2表示小写，0表示退出）:\n");
        scanf("%d", &num);
        if(num == 1)                                          /*如果是转换为大写*/
        {
            printf("输入一个字符串:\n");
            scanf("%s", &text);                               /*输入要转换的字符串*/
            strcpy(change,text);                              /*复制要转换的字符串*/
            strupr(change);                                   /*字符串转换大写*/
            printf("转换成大写字母的字符串为:%s\n",change);    /*输出转换后的字符串*/
        }
        else if(num == 2)                                     /*如果是转换为小写*/
        {
            printf("输入一个字符串:\n");
            scanf("%s", &text);                               /*输入要转换的字符串*/
            strcpy(change,text);                              /*复制要转换的字符串*/
            strlwr(change);                                   /*字符串转换小写*/
            printf("转换成小写字母的字符串为:%s\n",change);    /*输出转换后的字符串*/
        }
        else if(num == 0)                                     /*如果指令字符为0*/
        {
            break;                                            /*跳出当前循环*/
        }
    }

    return 0;                                                 /*程序结束*/
}
```

运行程序，字符串大小写转换的结果如图8-22所示。

8.6.5 获得字符串长度

获得字符串长度

在使用字符串时，有时需要动态获得字符串的长度。通过循环来判断字符串结束标志“\0”虽然也能获得字符串的长度，但是实现起来相对烦琐，这时可以使用strlen函数来计算字符串的长度。strlen函数的语法格式如下：

```
strlen(字符数组名)
```

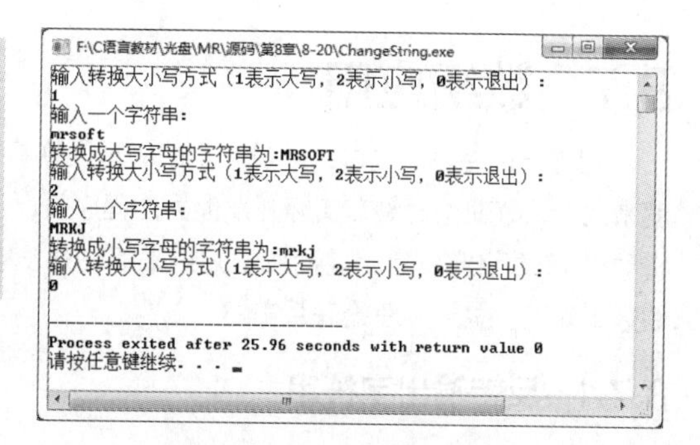

图8-22　字符串大小写转换

功能：计算字符串的实际长度（不含字符串结束标志“\0”），函数返回值为字符串的实际长度。

下面通过实例介绍一下strlen函数的使用。

【例8-21】获得字符串长度。

在本实例中的main函数体中定义两个字符数组，用来存储用户输入的字符串，然后调用strlen函数计算字符串长度，调用strcat函数将两个字符串连接在一起，并再次调用strlen函数计算连接后的字符串长度。

```
#include<stdio.h>
#include<string.h>

int main()
{
    char text[50],connect[50];
    int num;

    printf("输入一个字符串:\n");
    scanf("%s", &text);                             /*获取输入的字符串*/
    num = strlen(text);                             /*计算字符串长度*/
    printf("字符串的长度为:%d\n",num);              /*输出字符串长度*/
    printf("再输入一个字符串:\n");
    scanf("%s", &connect);                          /*获取输入的字符串*/
    num = strlen(connect);                          /*计算字符串长度*/
    printf("字符串的长度为:%d\n",num);              /*输出字符串长度*/
    strcat(text,connect);                           /*连接字符串*/
    printf("将两个字符串进行连接:%s\n",text);       /*输出连接后的字符串*/
    num = strlen(text);                             /*计算连接后的字符串长度*/
    printf("连接后的字符串长度为:%d\n",num);        /*输出连接后的字符串*/

    return 0;                                       /*程序结束*/
}
```

运行程序，获取字符串长度的结果如图8-23所示。

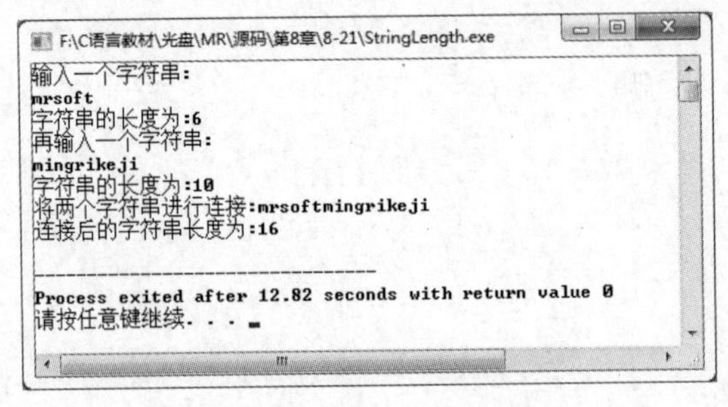

图8-23　获取字符串长度

8.7　数组应用

记得一位将军曾说过：“没有实战的军人算不上真正的军人。”这句话是有一定道理的。从程序员的角度来说，只有理论而没有实际开发能力的程序员，不能够算是真正的程序员。本节将通过3个数组实例运用前面所学知识来解决开发中的一些问题，以此来巩固所学的数组知识，做到“理论联系实战”。

反转输出字符串

8.7.1　反转输出字符串

字符串操作在应用程序中经常会使用，如连接两个字符串、查找字符串等。

本节需要实现的功能是反转字符串。以字符串“mrsoft”为例，其反转的结果为“tfosrm”。

在程序中定义两个字符数组，一个表示源字符串，另一个表示反转后的字符串，即目标字符串。在源字符串中从第一个字符开始遍历，读取字符数据，在目标字符串中从最后一个字符（结束标记“\0”除外）倒序遍历字符串，依次将源字符串中的第一个字符数据写入目标字符串的最后一个字符中，将源字符串中的第二个字符数据写入目标字符串的倒数第二个字符中，依此类推，这样就实现了字符串的反转。图8-24描述了算法的实现过程。

下面介绍实例的设计过程。

【例8-22】反转输出字符串。

在本实例的main函数体中定义两个字符数组，分别为源字符数组和目标字符数组，然后在循环遍历源字符数组的同时，将读取的字符从目标字符数组的末尾开始向前插入，最后分别输出源字符数组和目标字符数组。

```
#include<stdio.h>

int main()
{
    int i;
    char String[7]  = {"mrsoft"};
    char Reverse[7] = {0};
    int size;
    size = sizeof(String);                          /*计算源字符串长度*/

    /*循环读取字符*/
    for(i=0;i<6;i++)
    {
        Reverse[size-i-2] = String[i];              /*向目标字符串中插入字符*/
    }

    /*输出源字符串*/
    printf("输出源字符串：%s\n",String);
    /*输出目标字符串*/
    printf("输出目标字符串：%s\n",Reverse);

    return 0;                                       /*程序结束*/
}
```

运行程序，显示结果如图8-25所示。

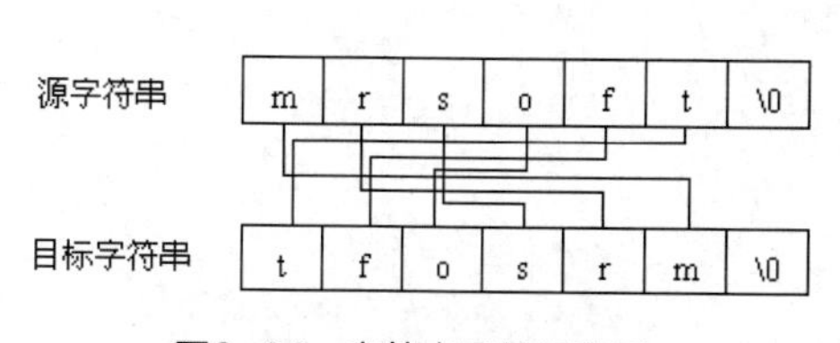

图8-24　字符串反转示意图

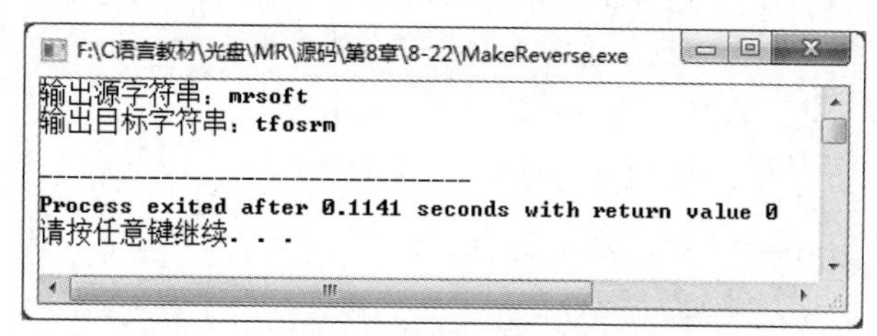

图8-25　反转输出字符串

8.7.2　输出系统日期和时间

输出系统日期和时间

在控制台应用程序中，通常需要按照系统的提示信息进行操作。例如，用户进行某一个操作，需要输入一个命令，如果命令输入错误，系统会进行提示。本节要求设计一个应用程序，当用户输入命令字符“0”时显示帮助信息，输入命令字符“1”时显示系统日期，输入命令字符“2”时显示系统时间，输入命令字符

“3”时退出系统。

在设计本实例时需要解决两个问题：第一个问题是需要不断地保持程序运行，等待用户输入命令，防止main函数结束；第二个问题是获取系统日期和时间。

对于第一个问题可以使用一个无限循环语句来实现，在循环语句中等待用户输入，如果用户输入的是命令字符“3”，则终止循环，结束应用程序。

对于第二个问题可以使用时间函数time和localtime来获取系统的日期和时间。

下面介绍实例的实现过程。

【例8-23】输出系统日期和时间。

在本实例的main函数中将各个控制命令保存在数组中，然后使用while语句设计一个无限循环，在该循环中让用户输入命令，并判断用户输入的命令是否和数组中存储的命令相同，如果相同则执行相应的语句。

```
#include<stdio.h>
#include<time.h>

int main()
{
    int command[4] = {0,1,2,3};                          /*定义一个数组*/
    int num;
    struct tm *sysTime;
    printf("如需帮助可输入数字0！\n");                      /*输出字符串*/
    printf("请输入命令符：\n");                              /*输出字符串*/

    while (1)
    {
        scanf("%d", &num);                               /*获得输入数字*/
        /*判断用于输入的字符*/
        if(command[0] == num)                            /*如果是命令数字0*/
        {
            /*输出帮助信息*/
            printf("输入数字1显示系统日期，输入数字2显示系统时间，输入数字3退出系统!\n");
        }
        else if(command[1] == num)                       /*如果是命令数字1*/
        {
            time_t nowTime;
            time(&nowTime);                              /*获取系统日期*/
            sysTime= localtime(&nowTime);                /*转换为系统日期*/
            printf("系统日期：%d-%d-%d \n",1900 + sysTime->tm_year,sysTime->tm_mon + 1,sysTime->
                    tm_mday);                            /*输出信息*/
        }
        else if(command[2] == num)                       /*如果是命令数字2*/
        {
            time_t nowTime;
            time(&nowTime);                              /*获取系统时间*/
            sysTime = localtime(&nowTime);               /*转换为系统时间*/
            printf("系统时间：%d:%d:%d \n",sysTime->tm_hour ,sysTime->tm_min ,sysTime-> tm_sec);
                                                         /*输出信息*/
        }
        else if(command[3] == num)
        {
            return 0;                                    /*退出系统*/
        }
        printf("请输入命令符：\n");                          /*输出字符串*/
    }
```

```
    return 0;                                               /*程序结束*/
}
```

运行程序，显示结果如图8-26所示。

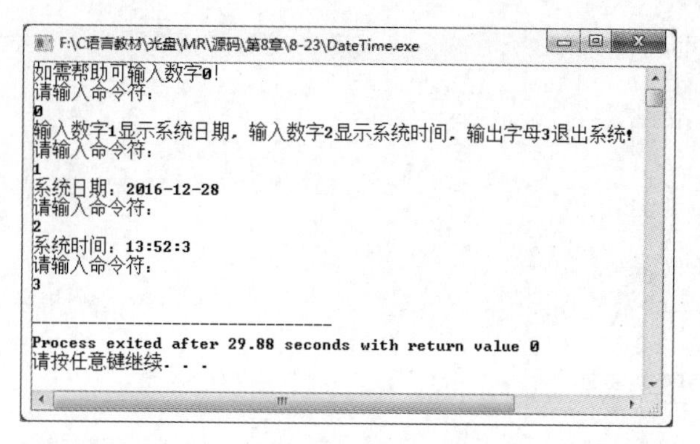

图8-26　输出系统日期和时间

8.7.3　字符串的加密和解密

字符串的加密和解密

在设计应用程序时，为了防止一些敏感信息的泄漏，通常需要对这些信息进行加密。以用户的登录密码为例，如果密码以明文的形式存储在数据表中，就很容易被人发现；相反，如果密码以密文的形式存储，即使别人从数据表中发现了密码，这也是加密之后的密码，根本不能够使用。通过对密码进行加密，能够极大提高系统的保密性。

为了减小本节实例的规模，这里要求设计一个加密和解密的算法，在对一个指定的字符串加密之后，利用解密函数能够对密文解密，显示明文信息。加密的方式是将字符串中每个字符加上它在字符串中的位置和一个偏移值5。以字符串“mrsoft”为例，第一个字符m在字符串中的位置为0，那么它对应的密文是'm' + 0 + 5，即r。

下面介绍实例的设计过程。

【例8-24】字符串的加密和解密。

在本实例的main函数中使用while语句设计一个无限循环，并声明两个字符数组，分别用来保存明文和密文字符串。在首次循环中要求用户输入字符串，进行将明文加密成密文的操作，之后的操作则是根据用户输入的命令字符进行判断，输入“1”加密新的明文，输入“2”对刚加密的密文进行解密，输入“3”退出系统。

```
#include<stdio.h>
#include<string.h>

int main()
{
    int result = 1;
    int i;
    int count = 0;
    char Text[128] = {'\0'};                                /*定义一个明文字符数组*/
    char cryptograph[128] = {'\0'};                         /*定义一个密文字符数组*/
    while (1)
    {
        if(result == 1)                                     /*如果是加密明文*/
        {
            printf("请输入要加密的明文：\n");                  /*输出字符串*/
            scanf("%s", &Text);                             /*获取输入的明文*/
            count = strlen(Text);
```

```
            for(i=0; i<count; i++)                          /*遍历明文*/
            {
                cryptograph[i] = Text[i] + i + 5;           /*设置加密字符*/
            }
            cryptograph[i] = '\0';                          /*设置字符串结束标记*/
            /*输出密文信息*/
            printf("加密后的密文是：%s\n",cryptograph);
        }
        else if(result == 2)                                /*如果是解密密文字符串*/
        {
            count = strlen(Text);
            for(i=0; i<count; i++)                          /*遍历密文字符串*/
            {
                Text[i] = cryptograph[i] - i - 5;           /*设置解密字符*/
            }
            ext[i] = '\0';                                  /*设置字符串结束标记*/
            /*输出明文信息*/
            printf("解密后的明文是：%s\n",Text);
        }
        else if(result == 3)                                /*如果是退出系统*/
        {
            break;                                          /*跳出循环*/
        }
        else
        {
            printf("请输入命令符：\n");                       /*输出字符串*/
        }

        /*输出字符串*/
        printf("输入1加密新的明文，输入2对刚加密的密文进行解密，输入3退出系统：\n");
        printf("请输入命令符：\n");                           /*输出字符串*/
        scanf("%d", &result);                               /*获取输入的命令字符*/
    }

    return 0;                                               /*程序结束*/
}
```

运行程序，显示结果如图8-27所示。

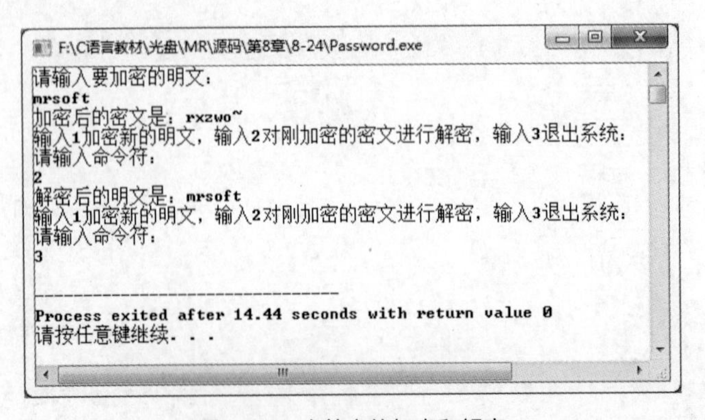

图8-27 字符串的加密和解密

小 结

数组类型是构造类型的一种，数组中的每一个元素都属于同一种类型。本章首先介绍了有关一维数组、二维数组、字符数组及多维数组的定义和引用，使读者可以对数组有个充分的认识，然后通过实例介绍了C语言标准函数库中常用的字符串处理函数的使用，最后通过3个综合性的数组应用实例加深对数组的理解。

上机指导

选票统计。

班级竞选班长，共有3个候选人，输入参加选举的人数及每个人选举的内容，输出3个候选人最终的得票数及无效选票数。运行结果如图8-28所示。

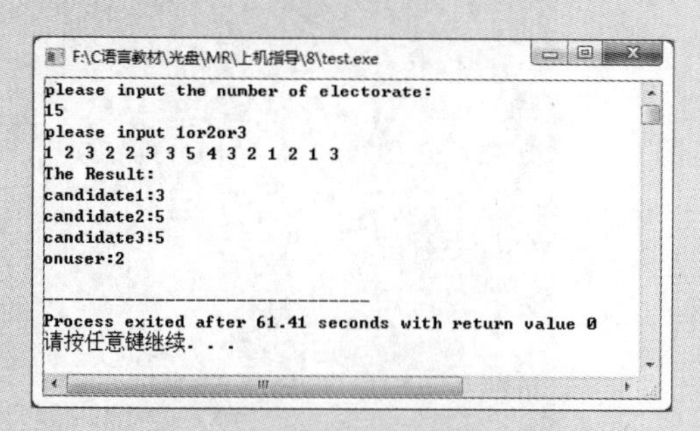

图8-28　选票统计

上机指导

编程思路如下。

本例是一个典型的一维数组应用。C语言中规定，只能逐个引用数组中的元素，而不能一次引用整个数组。

本程序这点体现在对数组元素进行判断时只能通过for语句对数组中的元素一个一个的引用。

习 题

8-1　任意输入一个3行3列的二维数组，求对角元素之和。

8-2　不使用C语言标准函数库中的函数实现字符串的复制，即实现strcpy函数的功能。

8-3　使用字符数组和实型数组分别存储学生姓名和成绩，并通过对学生成绩的排序，按照名次输出字符数组中对应的学生姓名。

8-4　判断一个数是否存在数组中。

8-5　设计魔方阵（魔方阵就是由自然数组成方阵，方阵的每个元素都不相等，且每行和每列以及主副对角线上的各元素之和都相等）。

CHAPTER09

第9章 函数

本章要点

了解函数的概念 ■
掌握函数的定义方式 ■
熟悉返回语句和函数参数的作用 ■
掌握函数的调用 ■
了解内部函数和外部函数的概念 ■
区分局部变量和全局变量 ■

■ 一个较大的程序一般应分为若干个程序模块，每一个模块用来实现一个特定的功能。所有的高级语言中都有子程序，用来实现模块的功能。在C语言中，子程序的作用是由函数实现的。

■ 本章致力于使读者了解关于函数的概念，掌握函数的定义及其组成部分；熟悉函数的调用方式；了解内部函数和外部函数的作用范围，区分局部变量和全局变量的不同；最后能将函数应用于程序中，将程序分成模块。

9.1 函数概述

构成C程序的基本单元是函数。函数中包含程序的可执行代码。

每个C程序的入口和出口都位于主函数main之中。编写程序时，并不是将所有内容都放在主函数main中。为了方便规划、组织、编写和调试，一般的做法是将一个程序划分成若干个程序模块，每一个程序模块都完成一部分功能。这样，不同的程序模块可以由不同的人来完成，从而可以提高软件开发的效率。

也就是说，主函数可以调用其他函数，其他函数也可以相互调用。在main函数中调用其他函数，这些函数执行完毕之后又返回到main函数中。通常把这些被调用的函数称为下层函数。函数调用发生时，立即执行被调用的函数，而调用者则进入等待的状态，直到被调用函数执行完毕。函数可以有参数和返回值。

例如盖一栋楼房，在这项工程中，在工程师的指挥下，有工人搬运盖楼的材料，有建筑工人建造楼房，还有工人在楼房外粉刷涂料。编写程序与盖楼的道理是一样的，主函数就像工程师一样，其功能是控制每一步程序的执行，其中定义的其他函数就好比盖楼中的每一道步骤，分别去完成自己特殊的功能。

图9-1所示是某程序的函数调用示意图。

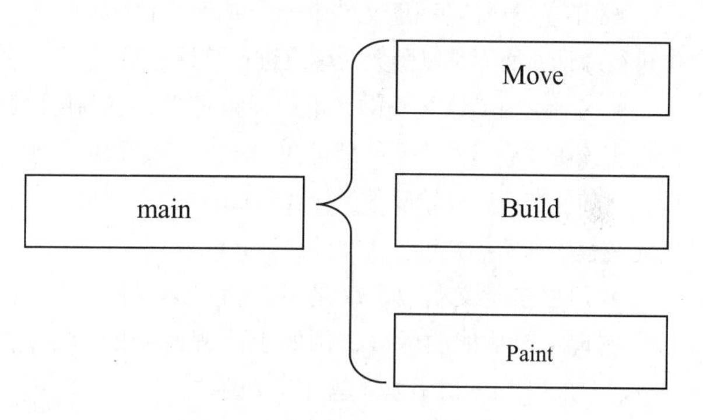

图9-1　某程序的函数调用示意图

【例9-1】在主函数中调用其他函数。

在本实例中，通过定义函数来完成某种特定的功能，为了表示函数完成的功能，在这里使用输出的信息进行表示。希望读者通过这个实例先对函数的概念有一个更为具体的认识。

```
#include<stdio.h>

void Move();                                    /*声明搬运函数*/
void Build();                                   /*声明建造函数*/
void Paint();                                   /*声明粉刷函数*/

int main()
{
    Move();                                     /*执行搬运函数*/
    Build();                                    /*执行建造函数*/
    Paint();                                    /*执行粉刷函数*/
    return 0;                                   /*程序结束*/
}

/*////////////////////////////////////////////////////////////////////////*/
/*                          执行搬运功能                                  */
/*////////////////////////////////////////////////////////////////////////*/
void Move()
{
    printf("This Function can move material\n");
}
/*////////////////////////////////////////////////////////////////////////*/
/*                          执行建造功能                                  */
```

```
/*///////////////////////////////////////////////////////////////////////*/
void Build()
{
    printf("This Function can build a building\n");
}
/*///////////////////////////////////////////////////////////////////////*/
/*                          执行粉刷功能                                  */
/*///////////////////////////////////////////////////////////////////////*/
void Paint()
{
    printf("This Function can paint cloth\n");
}
```

在查看程序的结果之前，先对程序进行分析和讲解。

• 首先，一个源程序文件由一个或者多个函数组成。一个源程序文件是一个编译单位，即以源程序为单位进行编译，而不是以函数为单位进行编译。

• 库函数由C系统提供，用户无须定义，在调用函数之前也不必在程序中作类型说明，只需在程序前包含有该函数原型的头文件即可在程序中直接调用。例如，在上面程序中用于在控制台显示信息的printf函数，之前应在程序开始部分包含stdio.h这个头文件；又如要使用其他字符串操作函数strlen、strcmp等时，也应在程序开始部分包含头文件string.h。

• 用户自定义函数，就是用户自己编写的用来实现特定功能的函数，例如上面程序中的Move、Build和Paint函数都是自定义函数。

• 在这个程序中，要使用printf函数首先要包含stdio.h头文件，然后声明3个自定义的函数。

最后在主函数main中调用这3个函数，在主函数main外可以看到这3个函数的定义。

运行程序，显示结果如图9-2所示。

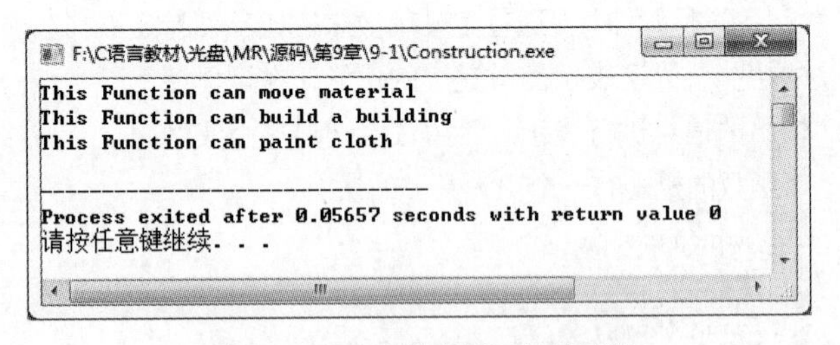

图9-2　在主函数中调用其他函数

9.2　函数的定义

在程序中编写函数时，函数的定义是让编译器知道函数的功能。定义的函数包括函数头和函数体两部分。

1. 函数头

函数头分为以下3个部分。

• 返回值类型。返回值可以是某种C数据类型。

• 函数名。函数名也就是函数的标识符，函数名在程序中必须是唯一的。因为是标识符，所以函数名也要遵守标识符命名规则。

• 参数表。参数表可以没有变量也可以有多个变量，在进行函数调用时，实际参数将被复制到这些变量中。

2. 函数体

函数体包括局部变量的声明和函数的可执行代码。

前面最常提到的就是main函数，下面对其进行介绍。

所有的C程序都必须有一个main函数。该函数已经由系统声明过了，在程序中只需要定义即可。main

函数的返回值为整型，并可以有两个参数。这两个参数一个是整数，一个是指向字符数组的指针（指针知识点将会在第10章讲解）。虽然在调用时有参数传递给main函数，但是在定义main函数时可以不带任何参数，在前面的所有实例中都可以看到main函数就没有带任何参数。除了main函数外，其他函数在定义和调用时，参数都必须是匹配的。

程序中从来不会调用main函数，系统的启动过程在开始运行程序时调用main函数。当main函数结束返回时，系统的结束过程将接收这个返回值。至于启动和结束的过程，程序员不必关心，编译器在编译和链接时会自动提供。不过根据习惯，当程序结束时，应该返回整数值。其他返回值的意义由程序的要求所决定，通常都表示程序非正常终止。

为了让读者习惯main函数的返回值，可以看到本书所有实例中的main函数都定义为如下形式：

```
int main()
{
    …                                                      /*程序代码*/
    return 0;                                              /*程序结束*/
}
```

9.2.1 函数定义的形式

函数定义的形式

C语言的库函数在编写程序时是可以直接调用的，如printf输出函数。而自定义函数则必须由用户对其进行定义，在其函数的定义中完成函数特定的功能，这样才能被其他函数调用。

一个函数的定义分为函数头和函数体两个部分。函数定义的语法格式如下：

```
返回值类型 函数名(参数列表)
{
    函数体(函数实现特定功能的过程);
}
```

定义一个函数的代码如下：

```
int AddTwoNumber(int iNum1,int iNum2)                      /*函数头部分*/
{
    /*函数体部分，实现函数的功能*/
    int result;                                            /*定义整型变量*/
    result = iNum1+iNum2;                                  /*进行加法操作*/
    return result;                                         /*返回操作结果，程序结束*/
}
```

通过代码分析一下定义函数的过程。

1. 函数头

函数头用来标志一个函数代码的开始，这是一个函数的入口处。函数头分成返回值类型、函数名和参数列表3个部分。

在上面的代码中，函数头组成如图9-3所示。

int　AddTwoNumber　(intiNum1, int iNum2)

返回值类型　函数名　参数列表

图9-3　函数头组成

2. 函数体

函数体位于函数头的下方位置，由一对大括号括起来，大括号决定了函数体的范围。函数要实现的特定功能，都是在函数体部分通过代码语句完成的，最后通过return语句返回实现的结果。在上面的代码中，AddTwoNumber函数的功能是实现两个整数加法，因此定义一个整数用来保存加法的计算结果，之后利用传递进来的参数进行加法操作，并将结果保存在result变量中，最后函数要将所得到的结果进行返回。通过这些语句的操作，实现了函数的特定功能。

现在已经了解到定义一个函数应该使用怎样的语法格式，在定义函数时会有如下几种特殊的情况。

（1）无参函数

无参函数也就是没有参数的函数。无参函数的语法格式如下：

```
返回值类型 函数名()
{
    函数体
}
```

通过代码来看一下无参函数。例如，使用上面的语法定义一个无参函数如下：

```
void ShowTime()                                          /*函数头*/
{
    printf("It's time to show yourself!");               /*显示一条信息*/
}
```

（2）空函数

顾名思义，空函数就是没有任何内容的函数，也没有什么实际作用。空函数既然没有什么实际功能，那么为什么要存在呢？原因是空函数所处的位置是要放一个函数的，只是这个函数现在还未编好，用这个空函数先占一个位置，待以后用一个编好的函数来取代它。

空函数的语法格式如下：

```
类型说明符 函数名()
{
}
```

例如定义一个空函数，留出一个位置以后再添加其中的功能：

```
void ShowTime()                                          /*函数头*/
{
}
```

9.2.2 声明与定义

声明与定义

在程序中编写函数时，要先对函数进行声明，再对函数进行定义。函数的声明是让编译器知道函数的名称、参数、返回值类型等信息。函数的定义是让编译器知道函数的功能。

函数声明的格式由函数返回值类型、函数名、参数列表和分号4部分组成，其语法格式如下：

```
返回值类型  函数名(参数列表);
```

此处要注意的是，在声明的最后要有分号“;”作为语句的结尾。例如，声明一个函数的代码如下：

```
int ShowNumber(int iNumber);
```

为了使读者更容易区分函数的声明和定义，通过一个比喻来说明函数的声明和定义。在生活中经常能看到很多电器的宣传广告。通过宣传广告，可以了解到电器的名称和用处等。当顾客了解这个电器之后，就会到商店里看一看这个电器，经过服务人员的介绍，就会知道电器的具体功能和使用的方式。函数的声明就相当于电器商品的宣传广告，可帮助顾客了解电器；函数的定义就相当于服务人员具体介绍的电器的功能和使用方式。

【例9-2】定义获取屏幕光标位置和设置文字颜色函数。

本书第17章的综合实例“趣味俄罗斯方块”应用中，界面中的文字是彩色的，而且显示位置是通过设置坐标确定的。本实例中通过定义获取屏幕光标位置gotoxy()函数和设置文字颜色color()函数，来输出文字。

```
#include <stdio.h>
#include <conio.h>
```

```
#include <windows.h>

//函数声明
void gotoxy(int x, int y);
int color(int c);

HANDLE hOut;                                          /*控制台句柄*/

/**
 * 获取屏幕光标位置函数
 */
void gotoxy(int x, int y)
{
    COORD pos;
    pos.X = x;                                        /*横坐标*/
    pos.Y = y;                                        /*纵坐标*/
    SetConsoleCursorPosition(GetStdHandle(STD_OUTPUT_HANDLE), pos);
}

/**
 * 文字颜色函数
 */
int color(int c)
{
     SetConsoleTextAttribute(GetStdHandle(STD_OUTPUT_HANDLE), c);   /*更改文字颜色*/
     return 0;
}

int main()
{
     color(14);                                       /*设置文字颜色为黄色*/
     gotoxy(22,4);                                    /*设置文字显示位置的坐标为(22,4)*/
     printf("此文字设置成了黄色! ");                  /*输出文字*/

     color(10);                                       /*设置文字颜色为绿色*/
     gotoxy(22,6);
     printf("此文字设置成了绿色! ");

     color(13);                                       /*设置文字颜色为粉色*/
     gotoxy(22,8);
     printf("此文字设置成了粉色! \n\n\n\n");
}
```

（1）设置文字颜色

C语言中，SetConsoleTextAttribute()是设置控制台窗口字体颜色和背景色的函数。它的函数原型为：

```
BOOL SetConsoleTextAttribute(HANDLE consolehwnd, WORD wAttributes);
consolehwnd = GetStdHandles(STD_OUTPUT_HANDLE);
```

GetStdHandle是获得输入、输出或错误的屏幕缓冲区的句柄，它的参数值有下面几种类型，如表9-1所示。

表9-1　GetStdHandle的参数列表

参数值	含义
STD_INPUT_HANDLE	标准输入的句柄
STD_OUTPUT_HANDLE	标准输出的句柄
STD_ERROR_HANDLE	标准错误的句柄

wAttributes是设置颜色的参数，对应颜色值如表9-2所示。

表9-2　wAttributes的参数列表

数值	颜色
0	黑色
1	深蓝色
2	深绿色
3	深蓝绿色
4	深红色
5	紫色
6	暗黄色
7	白色
8	灰色
9	亮蓝色
10	亮绿色
11	亮蓝绿色
12	红色
13	粉色
14	黄色
15	亮白色

使用这种方式设置控制台的文字颜色，有以下两点局限性。

（1）仅限Windows系统使用。

（2）不能改变控制台的背景色，控制台的背景色只能是黑色。

（2）设置文字显示位置

C语言中，使用SetConsoleCursorPosition来定位光标位置。

```
void gotoxy(int x,int y)
{
   COORD pos;
   pos.X=x;
   pos.Y=y;
   SetConsoleCursorPosition(GetStdHandle(STD_OUTPUT_HANDLE), pos);
}
```

其中COORD pos是一个结构体变量（有关结构体知识，在第11章讲解），其中x，y是它的成员，修改pos.X和pos.Y的值可以达到控制光标位置的目的。

运行程序，显示结果如图9-4所示。

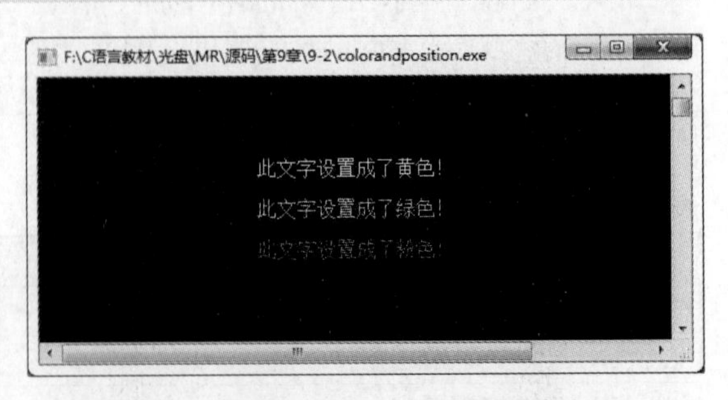

图9-4　设置控制台上文字颜色和显示位置

如果将函数的定义放在调用函数之前，就不需要进行函数的声明，此时函数的定义就包含了函数的声明。

9.3 返回语句

在函数的函数体中常会看到这样一句代码：

```
return 0;
```

这就是返回语句。返回语句有以下两个主要用途。

- 利用返回语句能立即从所在的函数中退出，即返回到调用的程序中去。
- 返回语句能返回值。将函数值赋给调用的表达式中，当然有些函数也可以没有返回值，例如返回值类型为void的函数就没有返回值。

下面对这两个用途进行说明。

9.3.1 从函数返回

从函数返回

从函数返回就是返回语句的第一个主要用途。在程序中，有两种方法可以终止函数的执行，并返回到调用函数的位置。这里介绍第一种方法，是在函数体中，从第一句一直执行到最后一句，当所有语句都执行完，程序遇到结束符号“}”后返回。

【例9-3】从函数返回。

在本实例中，通过一个简单的函数，在函数的适当位置输出提示信息，进而观察有关从函数的返回过程。

```
#include<stdio.h>

int Function();                                    /*声明函数*/

int main()
{
    printf("this step is before the Function\n");  /*输出提示信息*/
    Function();                                    /*调用函数*/
    printf("this step is end of the Function\n");  /*输出提示信息*/
    return 0;
}

int Function()                                     /*定义函数*/
{
    printf("this step is in the Function\n");      /*输出提示信息*/
    /*函数结束*/
}
```

（1）在代码中，首先声明使用的函数Function，在main函数中首先输出提示信息来表示此时程序执行的位置在main函数中。

（2）调用Function函数，在该函数中通过输出的提示信息表示此时程序执行的位置在Function中，由于定义的函数中只有一条语句，因此执行完这条语句之后就返回到main函数中。

（3）自定义的函数Function执行完返回到main函数中继续执行一条输出语句，并显示提示信息，表示此时自定义的函数Function已经执行完毕。

（4）最后调用return函数，程序结束。

运行程序，显示结果如图9-5所示。

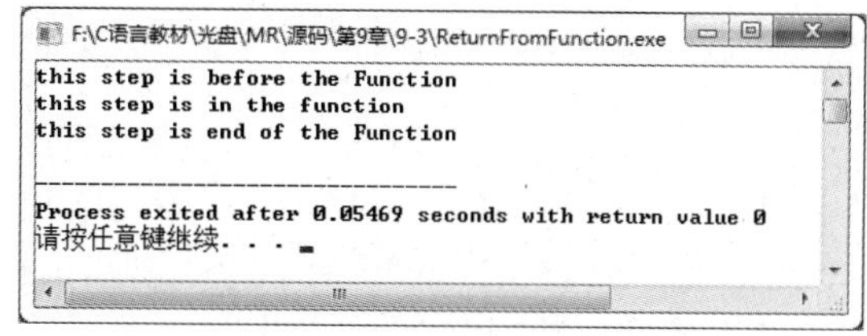

图9-5 从函数返回

9.3.2 返回值

返回值

通常调用者希望能调用其他函数得到一个确定的值，这就是函数的返回值。例如下面的代码：

```
int Minus(int iNumber1,int iNumber2)
{
```

```
    int iResult;                              /*定义一个整型变量用来存储返回的结果*/
    iResult=iNumber1-iNumber2;                /*进行减法计算，得到计算结果*/
    return result;                            /*return语句返回计算结果*/
}
int main()
{
    int iResult;                              /*定义一个整型变量*/
    iResult=Minus(9,4);                       /*进行9-4的减法计算，并将结果赋值给变量iResult*/
    return 0;                                 /*程序结束*/
}
```

从上面的代码中可以看到，首先定义了一个进行减法操作的函数Minus，在main主函数中通过调用Minus函数将计算的减法结果赋值给在main函数中定义的变量iResult。

下面对函数进行说明。

函数的返回值都通过函数中的return语句获得，return语句将被调用函数中的一个确定值返回到调用函数中，例如上面代码中自定义函数Minus的最后就是使用return语句将计算的结果返回到主函数main调用的位置。

return语句后面的括号是可以省略的，例如return 0和return(0)是相同的，在本书的实例中都将括号进行了省略，因此在此对return语句进行说明。

【例9-4】返回值类型与return值类型。

在本实例中可以看到，自定义的函数返回值类型与最终return语句返回值的类型不一致，但是通过类型转换后，函数的返回类型和定义类型一致。

```
#include<stdio.h>

char ShowChar();                              /*函数的声明*/

int main()
{
    char cResult;
    cResult=ShowChar();                       /*进行9-4的减法计算，并将结果赋值给变量cResult*/
    printf("%c\n",cResult);                   /*将返回的结果进行输出*/
    return 0;                                 /*程序结束*/
}

char ShowChar()
{
    int iNumber;                              /*定义整型变量*/
    printf("please input a number:\n");       /*输出提示信息*/
    scanf("%d",&iNumber);                     /*输入一个整型变量*/
    return iNumber;                           /*返回的是整型*/
}
```

（1）在程序代码中，首先为程序声明一个ShowChar函数，在主函数main中定义一个字符型的变量cResult，调用自定义函数ShowChar得到返回的值，使用printf函数将所得到的结果进行输出显示。

（2）在主函数main外是ShowChar函数的定义，在其函数体中定义的是一个整型变量iNumber，用户通过提示信息输入数据，最后将数据进行返回。

（3）在这里可以看到虽然在ShowChar函数中返回的是整型变量，但是由于定义时指定的返回值类型是字符型，因此返回值是字符型。

运行程序，显示结果如图9-6所示。

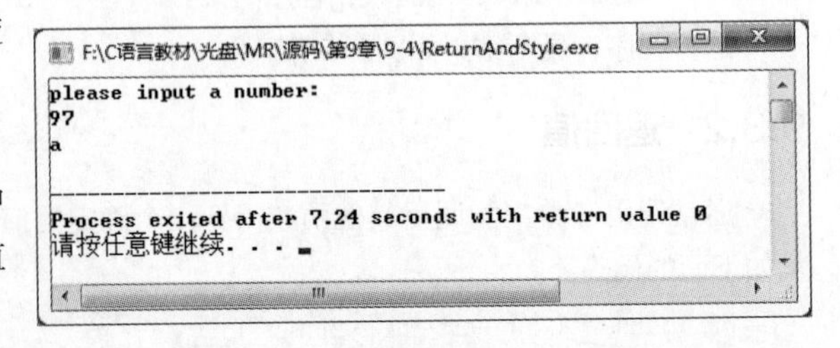

图9-6　返回值类型与return值类型

9.4 函数参数

在调用函数时，大多数情况下，主调函数和被调用函数之间有数据传递关系，这就是前面提到的有参数的函数形式。函数参数的作用是传递数据给函数使用，函数利用接收的数据进行具体的操作处理。

函数参数在定义函数时放在函数名称的后面，如图9-7所示。

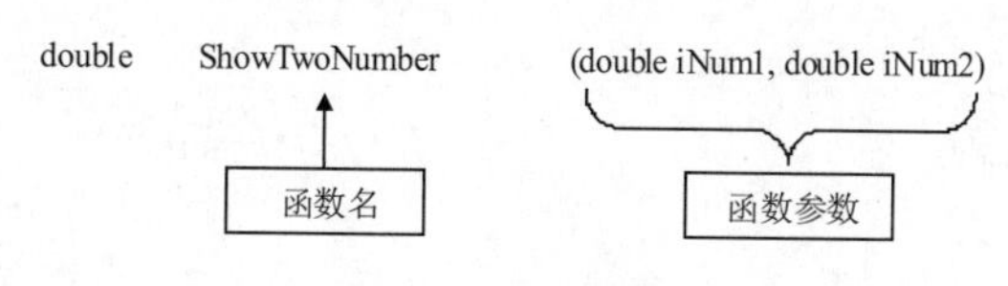

图9-7 函数参数

9.4.1 形式参数与实际参数

在使用函数时，经常会用到形式参数和实际参数。两者都叫作参数，那么二者有什么关系？二者之间的区别是什么？两种参数各自又起到什么作用？接下来读者可通过形式参数与实际参数的名称和作用来进行理解，再通过一个比喻和实例进行深入理解。

形式参数与实际参数

1. 通过名称理解

- 形式参数：按照名称进行理解就是形式上存在的参数。
- 实际参数：按照名称进行理解就是实际存在的参数。

2. 通过作用理解

- 形式参数：在定义函数时，函数名后面括号中的变量名称为“形式参数”。在函数调用之前，传递给函数的值将被复制到这些形式参数中。
- 实际参数：在调用一个函数时，也就是真正使用一个函数时，函数名后面括号中的参数为“实际参数”。函数的调用者提供给函数的参数叫实际参数。实际参数是表达式计算的结果，并且被复制给函数的形式参数。

读者可通过图9-8可以更好地理解形式参数与实际参数。

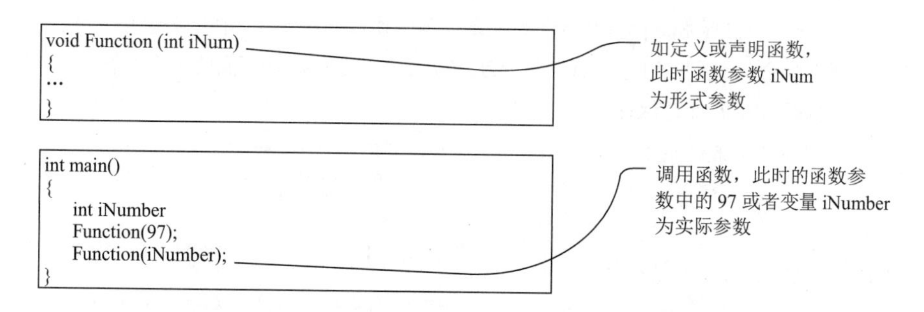

图9-8 形式参数与实际参数

形式参数简称为形参，实际参数简称为实参。

3. 通过一个比喻来理解形式参数和实际参数

一位母亲拿来了一袋牛奶，将牛奶倒入一个空奶瓶中，然后喂宝宝喝牛奶。函数的作用就相当于宝宝用奶瓶喝牛奶这个动作，实参相当于母亲拿来的一袋牛奶，而空的奶瓶就相当于形参。牛奶放入奶瓶这个动作相当于将实参传递给形参，使用灌好牛奶的奶瓶这个动作就相当于函数使用参数进行操作的过程。

下面通过一个实例对形式参数和实际参数进行讲解。

【例9-5】形式参数与实际参数的比喻实现。

实例中将上面的比喻进行了实际的模拟，希望读者可以一边实际动手操作，一边通过上面的比喻对形式参数和实际参数加深理解，更好地掌握知识点。

```
#include<stdio.h>

void DrinkMilk(char* cBottle);                                  /*声明函数*/

int main()
{
    char cPoke[]="";                                            /*定义字符数组变量*/
    printf("Mother wanna give the baby:");                      /*输出信息提示*/
    scanf("%s",&cPoke);                                         /*输入字符串*/
    DrinkMilk(cPoke);                                           /*将实际参数传递给形式参数*/
    return 0;                                                   /*程序结束*/
}

/*喝牛奶的动作*/
void DrinkMilk(char* cBottle)                                   /*cBottle为形式参数*/
{
    printf("The Baby drink the %s\n",cBottle);                  /*输出提示，进行喝牛奶动作*/
}
```

现在根据上面的实例，一边理解比喻，一边对本程序进行讲解。

（1）首先声明程序中要用到的函数DrinkMilk，在声明函数时cBottle变量称为形式参数，这就相当于之前母亲为孩子准备好的空奶瓶。

（2）在主函数main中，定义一个字符数组变量用来保存用户输入的字符。

（3）通过printf库函数显示信息，表示此时孩子饿了，妈妈应该喂孩子吃东西。

（4）使用scanf库函数在控制台上输入字符串，将其字符串保存在cPoke变量中。

（5）cPoke获得数据之后，调用DrinkMilk函数，将cPoke变量作为DrinkMilk函数的参数传递。此时的cPoke变量就是实际参数，而传递的对象就是形式参数。这就相当于妈妈把牛奶袋打开后，将牛奶放入空奶瓶中。

（6）既然调用DrinkMilk函数，程序就会调转到DrinkMilk函数的定义处。在函数定义中的函数参数cBottle为形式参数，不过此时cBottle已经得到了cPoke变量传递给它的值。这样，在下面使用输出语句printf输出cBottle变量时，显示的数据就是cPoke变量保存的数据。此时就相当于使用灌满牛奶的奶瓶喂宝宝喝牛奶一样。

（7）DrinkMilk函数执行完，回到主函数main中，return语句返回0，程序结束。此时，宝宝已经喝饱了，妈妈就可以安心地做其他事情。

运行程序，显示结果如图9-9所示。

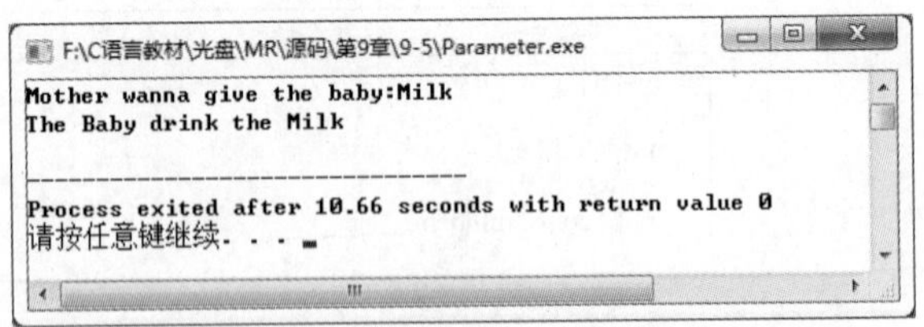

图9-9 形式参数与实际参数的比喻程序

9.4.2 数组作函数参数

数组作函数参数

本节将讨论数组作为实参传递给函数的这种特殊情况。将数组作为函数参数进行传递，不同于标准的赋值调用的参数传递方法。

当数组作为函数的实参时，只传递数组的地址，而不是将整个数组赋值到函数中。当用数组名作为实参调用函数时，指向该数组的第一个元素的指针就被传递到函数中。

C语言中没有任何下标的数组名，这个数组名表示的含义是指向该数组第一个元素的指针。

声明函数参数时必须具有相同的类型，根据这一点，下面将对使用数组作为函数参数的各种情况进行详细的讲解。

1. 数组元素作为函数参数

由于实参可以是表达式形式，数组元素可以是表达式的组成部分，因此数组元素可以作为函数的实参，与用变量作为函数实参一样，是单向传递。

【例9-6】数组元素作为函数参数。

在实例中定义一个数组，然后将赋值后的数组元素作为函数的实参进行传递，当函数的形参得到实参传递的数值后，将其进行显示输出。

```
#include<stdio.h>

void ShowMember(int iMember);                         /*声明函数*/

int main()
{
    int iCount[10];                                   /*定义一个整型的数组*/
    int i;                                            /*定义整型变量，用于循环*/

    for(i=0;i<10;i++)                                 /*进行赋值循环*/
    {
        iCount[i]=i;                                  /*为数组中的元素进行赋值操作*/
    }

    for(i=0;i<10;i++)                                 /*循环操作*/
    {
        ShowMember(iCount[i]);                        /*执行输出函数操作*/
    }
    return 0;
}

void ShowMember(int iMember)                          /*函数定义*/
{
    printf("Show the member is%d\n",iMember);         /*输出数据*/
}
```

（1）在程序代码中，首先是对下面要使用的函数进行声明，在主函数main的开始处首先定义一个整型的数组和一个整型变量i，变量i用于下面要使用的循环语句。

（2）变量定义完成之后要对数组中的元素进行赋值，在这里使用for循环语句，变量i作为循环语句的循环条件，并且作为数组的下标指定数组元素位置。

（3）通过一个循环语句调用ShowMember函数显示数据，其中可以看到i作为参数中数组的下标，表示指定要输出的数组元素。

运行程序，显示结果如图9-10所示。

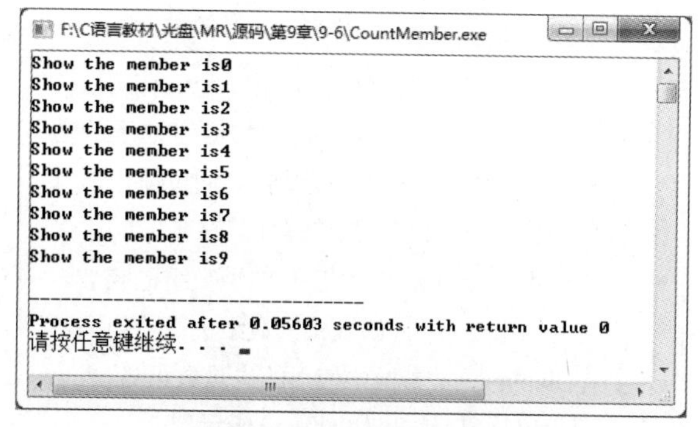

图9-10　数组元素作为函数参数

2. 数组名作为函数参数

可以用数组名作为函数参数，此时实参与形参都使用数组名。

【例9-7】数组名作为函数参数。

在本实例中，通过使用数组名作为函数的实参和形参，实现与实例9-6同样的程序显示结果。

```
#include<stdio.h>

void Evaluate(int iArrayName[10]);                    /*声明赋值函数*/
void Display(int iArrayName[10]);                     /*声明显示函数*/

int main()
{
    int iArray[10];                                   /*定义一个具有10个元素的整型数组*/

    Evaluate(iArray[10]);                             /*调用函数进行赋值操作，将数组名作为参数*/
    Display(iArray[10]);                              /*调用函数进行输出操作，将数组名作为参数*/
    return 0;
}
/*////////////////////////////////////////////////////////////////////////*/
/*                         数组元素的显示                                   */
/*////////////////////////////////////////////////////////////////////////*/
void Display(int iArrayName[10])
{
    int i;                                            /*定义整型变量*/
    for(i=0;i<10;i++)                                 /*执行循环的语句*/
    {                                                 /*在循环语句中执行输出操作*/
        printf("the member number is %d\n",iArrayName[i]);
    }
}
/*////////////////////////////////////////////////////////////////////////*/
/*                         进行数组元素的赋值                               */
/*////////////////////////////////////////////////////////////////////////*/
void Evaluate(int iArrayName[10])
{
    int i;                                            /*定义整型变量*/
    for(i=0;i<10;i++)                                 /*执行循环语句*/
    {                                                 /*在循环语句中执行赋值操作*/
        iArrayName[i]=i;
    }
}
```

（1）首先是对程序中将要使用的两个函数进行声明，在声明语句中可以看到函数参数中是用数组名作为参数名。

（2）在主函数main中，定义一个具有10个元素的整型数组iArray。

（3）定义整型数组之后，调用Evaluate函数，这时可以看到iArray作为函数参数传递数组的地址。在Evaluate的定义中可以看到，通过使用形参iArrayName对数组进行了赋值操作。

（4）调用Evaluate函数后，整型数组已经被赋值，此时又调用Display函数将其数组进行输出，可以看到在Display函数参数中使用的也是数组名。

运行程序，显示结果如图9-11所示。

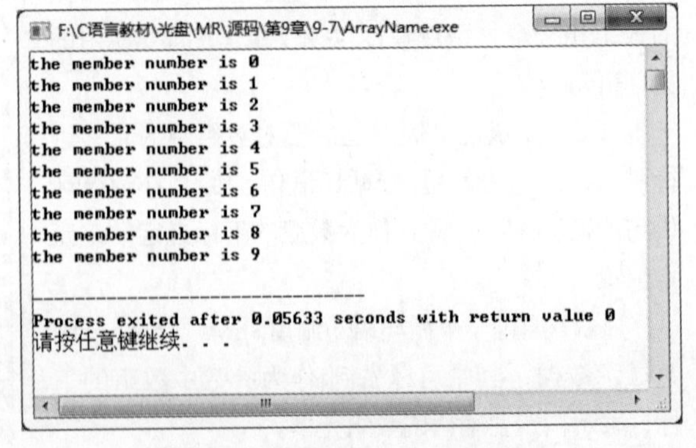

图9-11　数组名作为函数参数

3. 可变长度的数组作为函数参数

可以将函数的参数声明成长度可变的数组，在此基础上利用上面的程序进行修改。声明方式的代码为：

```
void Function(int iArrayName[]);                    /*声明函数*/

int iArray[10];                                     /*定义整型数组*/
Function(iArray);                                   /*将数组名作为实参进行传递*/
```

从上面的代码中可以看到，在定义和声明一个函数时将数组作为函数参数，并且没有指明数组此时的长度，这样就将函数参数声明为长度可变的数组。

【例9-8】可变长度的数组作为函数参数。

在本实例中，修改实例9-7，使其参数为可变长度数组。通过两个程序的比较使读者对此加深印象。

```
#include<stdio.h>

void Evaluate(int iArrayName[]);                    /*声明函数，参数为可变长度数组*/
void Display(int iArrayName[]);                     /*声明函数，参数为可变长度数组*/

int main()
{
    int iArray[10];                                 /*定义一个具有10个元素的整型数组*/

    Evaluate(iArray[10]);                           /*调用函数进行赋值操作，将数组名作为参数*/
    Display(iArray[10]);                            /*调用函数进行输出操作，将数组名作为参数*/
    return 0;
}
/*////////////////////////////////////////////////////////////////////////////////////////////////*/
/*                               数组元素的显示                                                     */
/*////////////////////////////////////////////////////////////////////////////////////////////////*/
void Display(int iArrayName[])                      /*定义函数，参数为可变长度数组*/
{
    int i;                                          /*定义整型变量*/
    for(i=0;i<10;i++)                               /*执行循环的语句*/
    {                                               /*在循环语句中执行输出操作*/
        printf("the member number is %d\n",iArrayName[i]);
    }
}
/*////////////////////////////////////////////////////////////////////////////////////////////////*/
/*                               进行数组元素的赋值                                                 */
/*////////////////////////////////////////////////////////////////////////////////////////////////*/
void Evaluate(int iArrayName[])                     /*定义函数，参数为可变长度数组*/
{
    int i;                                          /*定义整型变量*/
    for(i=0;i<10;i++)                               /*执行循环语句*/
    {                                               /*在循环语句中执行赋值操作*/
        iArrayName[i]=i;
    }
}
```

本程序的执行过程与实例9-7相似，只是在声明和定义函数参数时，使用的是可变长度数组的形式。

运行程序，显示结果如图9-12所示。

4. 使用指针作为函数参数

最后一种方式是将函数参数声明为一个指针（指针知识点会在第10章讲解，这里只做初步了解）。前面的讲解中也曾提到，当数组作为函数的实参时，只传递数组的地址，而不是将整个数组赋值到函数中去。当用数组名作为实参调用函数时，指向该数组的第一个元素的指针就被传递到函数中。

```
F:\C语言教材\光盘\MR\源码\第9章\9-8\ArrayChange.exe
the member number is 0
the member number is 1
the member number is 2
the member number is 3
the member number is 4
the member number is 5
the member number is 6
the member number is 7
the member number is 8
the member number is 9

--------------------------------
Process exited after 0.05336 seconds with return value 0
请按任意键继续. . .
```

图9-12　可变长度数组为函数参数

将函数参数声明为一个指针的方法，也是C语言程序比较专业的写法。

例如声明一个函数参数为指针时，传递数组方法如下：

```
void  Function(int* pPoint);                           /*声明函数*/

int iArray[10];                                        /*定义整型数组*/
Function(iArray);                                      /*将数组名作为实参进行传递*/
```

从上面的代码中可以看到，指针在声明Function时作为函数参数。在调用函数时，可以将数组名作为函数的实参进行传递。

【例9-9】指针作为函数参数。

在本实例中，还是使用相同功能的实例，在之前实例程序的基础上进行修改，使之满足新的情况。

```
#include<stdio.h>

void  Evaluate(int* pPoint);                           /*声明函数，参数为可变长度数组*/
void  Display(int* pPoint);                            /*声明函数，参数为可变长度数组*/

int main()
{
    int iArray[10];                                    /*定义一个具有10个元素的整型数组*/

    Evaluate(iArray);                                  /*调用函数进行赋值操作，将数组名作为参数*/
    Display(iArray);                                   /*调用函数进行输出操作，将数组名作为参数*/
    return 0;
}
/*////////////////////////////////////////////////////////////////////////////*/
/*                              数组元素的显示                                  */
/*////////////////////////////////////////////////////////////////////////////*/
void  Display(int* pPoint)                             /*定义函数，参数为可变长度数组*/
{
    int i;                                             /*定义整型变量*/
    for(i=0;i<10;i++)                                  /*执行循环的语句*/
    {                                                  /*在循环语句中执行输出操作*/
        printf("the member number is %d\n",pPoint[i]);
    }
}
/*////////////////////////////////////////////////////////////////////////////*/
/*                              进行数组元素的赋值                              */
/*////////////////////////////////////////////////////////////////////////////*/
```

```
void  Evaluate(int* pPoint)                              /*定义函数，参数为可变长度数组*/
{
    int i;                                               /*定义整型变量*/
    for(i=0;i<10;i++)                                    /*执行循环语句*/
    {                                                    /*在循环语句中执行赋值操作*/
        pPoint[i]=i;
    }
}
```

（1）在程序的开始处声明函数时，将指针声明为函数参数。

（2）主函数main中，首先定义一个具有10个元素的整型数组。

（3）将数组名作为Evaluate函数的参数。在Evaluate函数的定义中，可以看到定义函数参数也为指针。在Evaluate函数体内，通过循环对数组进行赋值操作。可以看到虽然pPoint是指针，但也可以使用数组的形式进行表示。

（4）在主函数main中调用Display函数进行输出操作。

运行程序，显示结果如图9-13所示。

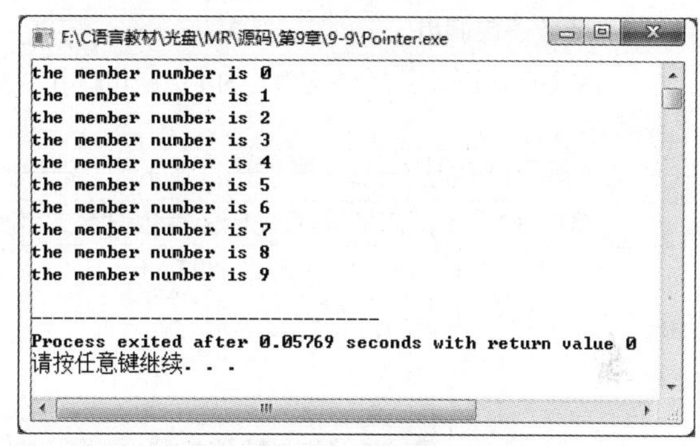

图9-13　指针作为函数参数

9.4.3　main函数的参数

在前面介绍函数定义的内容中，曾在讲解函数体时提到过主函数main的有关内容，下面在此基础上对main函数的参数进行介绍。

main 函数的参数

在运行程序时，有时需要将必要的参数传递给主函数。主函数main的形式参数如下：

```
main(int argc, char* argv[] )
```

两个特殊的内部形参argc和argv是用来接收命令行实参的，这是只有主函数main具有的参数。

- argc参数保存命令行的参数个数，是整型变量。这个参数的值至少是1，因为至少程序名就是第一个实参。
- argv参数是一个字符指针数组，这个数组中的每一个元素都指向命令行实参。所有命令行实参都是字符串，任何数字都必须由程序转变成为适当的格式。

【例9-10】main函数的参数使用。

在本实例中，通过使用main函数的参数，将其程序的名称进行输入。

```
#include<stdio.h>

int main(int argc,char* argv[])
{
    printf("%s\n",argv[0]);                    /*输出程序的位置*/
    return 0;                                  /*程序结束*/
}
```

运行程序，显示结果如图9-14所示。

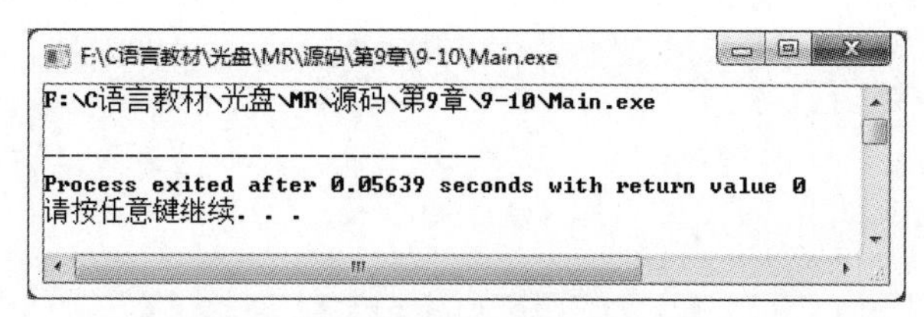

图9-14　main函数的参数使用

9.5 函数的调用

在生活中，为了能完成某项特殊的工作，需要使用特定功能的工具。首先要去制作这个工具，工具制作完成后，就要进行使用。函数就像要完成某项功能的工具，而使用函数的过程就是函数的调用。

9.5.1 函数的调用方式

函数的调用方式

一种工具不只有一种使用方式，函数的调用也是如此。函数的调用方式有3种，包括函数语句调用、函数表达式调用和函数参数调用。下面对这3种情况进行介绍。

1. 函数语句调用

把函数的调用作为一个语句就称为函数语句调用。函数语句调用是最常使用的调用函数的方式，如下所示：

```
Display();                                          /*显示一条消息*/
```

这个函数的功能就是在函数的内部显示一条消息，这时不要求函数带返回值，只要求完成一定的操作。

【例9-11】调用获取屏幕光标位置和设置文字颜色函数，来设置趣味俄罗斯方块的标题图。

本书第17章的综合实例“趣味俄罗斯方块”中，欢迎界面上有一组由俄罗斯方块组成的标题图，如图9-15所示。

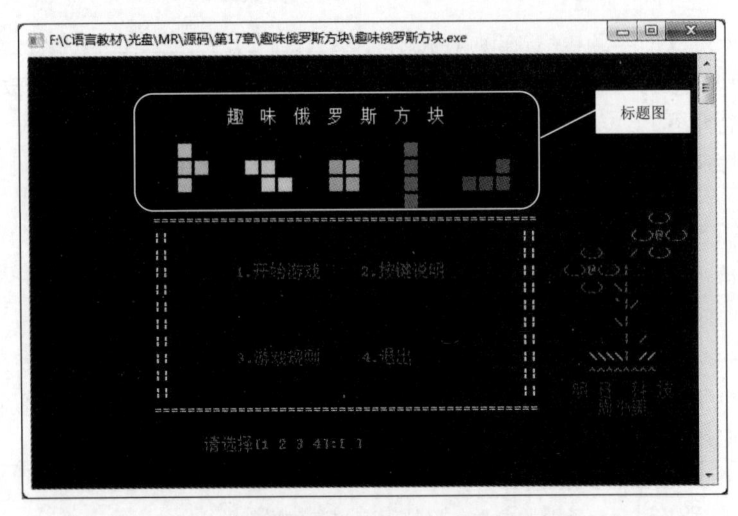

图9-15 趣味俄罗斯方块欢迎界面上的标题图

在本实例中需要设计设置控制台的坐标位置函数gotoxy()和设置文字颜色函数color()函数，并且调用这两个函数，输出标题图上的字符花。要求只画出标题图即可。

```
#include <stdio.h>
#include <conio.h>
#include <windows.h>
HANDLE hOut;                                    /*控制台句柄*/

/**
 * 获取屏幕光标位置函数
 */
void gotoxy(int x, int y)
{
    COORD pos;
    pos.X = x;                                  /*横坐标*/
```

```
    pos.Y = y;                                      /*纵坐标*/
    SetConsoleCursorPosition(GetStdHandle(STD_OUTPUT_HANDLE), pos);
}

/**
 * 文字颜色函数
 */
int color(int c)
{
    SetConsoleTextAttribute(GetStdHandle(STD_OUTPUT_HANDLE), c);      /*更改文字颜色*/
    return 0;
}

int main()
{
    color(15);                                                  /*亮白色*/
    gotoxy(24,3);
    printf("趣 味 俄 罗 斯 方 块\n");                             /*输出标题*/
    color(11);                                                  /*亮蓝色*/
    gotoxy(18,5);
    printf("■");                                                /*■*/
    gotoxy(18,6);                                               /*■■*/
    printf("■■");                                               /*■*/
    gotoxy(18,7);
    printf("■");

    color(14);                                                  /*黄色*/
    gotoxy(26,6);
    printf("■■");                                               /*■■*/
    gotoxy(28,7);                                               /*  ■■*/
    printf("■■");

    color(10);                                                  /*绿色*/
    gotoxy(36,6);                                               /*■■*/
    printf("■■");                                               /*■■*/
    gotoxy(36,7);
    printf("■■");

    color(13);                                                  /*粉色*/
    gotoxy(45,5);
    printf("■");                                                /*■*/
    gotoxy(45,6);                                               /*■*/
    printf("■");                                                /*■*/
    gotoxy(45,7);                                               /*■*/
    printf("■");
    gotoxy(45,8);
    printf("■");

    color(12);                                                  /*亮红色*/
    gotoxy(56,6);
    printf("■");                                                /*■*/
    gotoxy(52,7);                                               /*■■■*/
    printf("■■■");
}
```

首先定义设置控制台文字颜色函数color()和设置控制台坐标位置函数gotoxy()。在主函数main()中调用color()和gotoxy()函数，设置输出小方块的颜色和显示位置。

说明

小方块"■"属于特殊符号，可以在搜狗输入法上右键选择的“表情&符号”/ 特殊符号中找到。

运行程序，显示结果如图9-16所示。

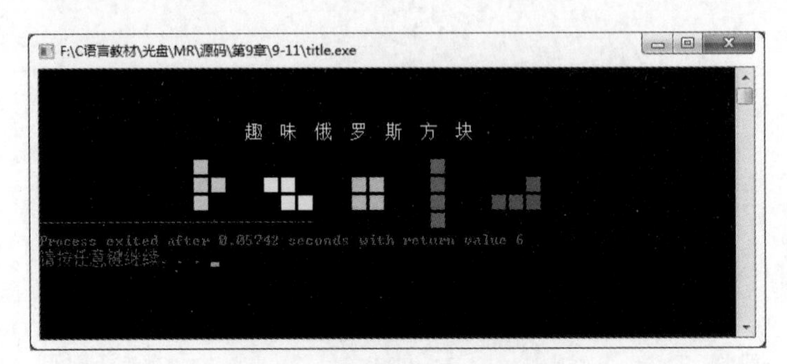

图9-16　趣味俄罗斯方块的标题图

2. 函数表达式调用

函数出现在一个表达式中，这时要求函数必须返回一个确定的值，而这个值则作为参加表达式运算的一部分。如下述代码所示：

```
iResult=iNum3*AddTwoNum(3,5);            /*函数在表达式中，这时AddTwoNum(3,5)位置应该为具体的值*/
```

可以看到，函数AddTwoNum在这条语句中的功能是使两个数相加。在表达式中，AddTwoNum将相加的结果与iNum3变量执行乘法运算，将得到的结果赋值给iResult变量。

【例9-12】函数表达式调用。

在本实例中，定义一个函数，其功能是进行加法运算，并在表达式中调用该函数，使得函数的返回值参加运算得到新的结果。

```
#include<stdio.h>

/*声明函数，函数进行加法计算*/
int AddTwoNum(int iNum1, int iNum2);

int main()
{
    int iResult;                            /*定义变量用来存储计算结果*/
    int iNum3=10;                           /*定义变量，赋值为10*/
    iResult=iNum3*AddTwoNum(3,5);           /*在表达式中调用AddTwoNum函数*/
    printf("The result is : %d\n",iResult); /*将运算结果进行输出*/
    return 0;                               /*程序结束*/
}

int AddTwoNum(int iNum1, int iNum2)         /*定义函数*/
{
    int iTempResult;                        /*定义整型变量*/
    iTempResult=iNum1+iNum2;                /*进行加法运算，并将结果赋值给iTempResult*/
    return iTempResult;                     /*返回运算结果*/
}
```

（1）在程序代码中，先对要使用的函数进行声明操作。

（2）在主函数main中，首先定义整型变量用来保存计算结果。定义整型变量iNum3，为其赋值为10。

（3）在表达式中调用AddTwoNum函数来对数值3和5进行加法运算，并且将运算结果赋值给表达式中的元素。iNum3变量乘以函数返回的值，最后将结果赋值给iResult变量。

（4）使用printf函数对所得到的结果进行输出显示。

运行程序，显示结果如图9-17所示。

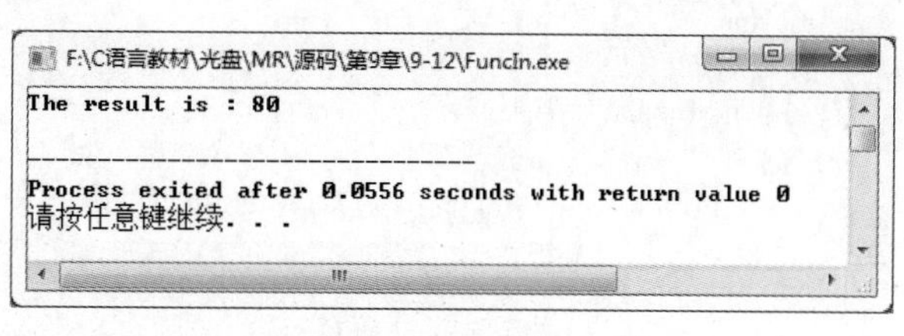

图9-17　函数表达式调用

3. 函数参数调用

函数调用作为一个函数的实参，这样将函数返回值作为实参传递到函数中使用。

函数出现在一个表达式中，这时要求函数返回一个确定的值，这个值用来参加表达式的运算。如下代码所示：

```
iResult=AddTwoNum(10,AddTwoNum(3,5));                    /*函数在参数中*/
```

在这条语句中，AddTwoNum函数的功能还是进行两个数相加，然后将相加的结果作为函数的参数，继续进行相加运算。

【例9-13】函数参数调用。

本实例在前面程序的基础上进行修改，进行连续加法的操作。

```
#include<stdio.h>

/*声明函数，函数进行加法计算*/
int AddTwoNum(int iNum1, int iNum2);

int main()
{
    int iResult;                                /*定义变量用来存储计算结果*/

    iResult=AddTwoNum(10,AddTwoNum(3,5));       /*在参数中调用AddTwoNum函数*/
    printf("The result is : %d\n",iResult);     /*将运算结果进行输出*/
    return 0;                                   /*程序结束*/
}

int AddTwoNum(int iNum1, int iNum2)             /*定义函数*/
{
    int iTempResult;                            /*定义整型变量*/
    iTempResult=iNum1+iNum2;                    /*进行加法运算，并将结果赋值给iTempResult*/
    return iTempResult;                         /*返回运算结果*/
}
```

在程序中可以看到AddTwoNum函数作为函数的参数进行加法操作。

运行程序，显示结果如图9-18所示。

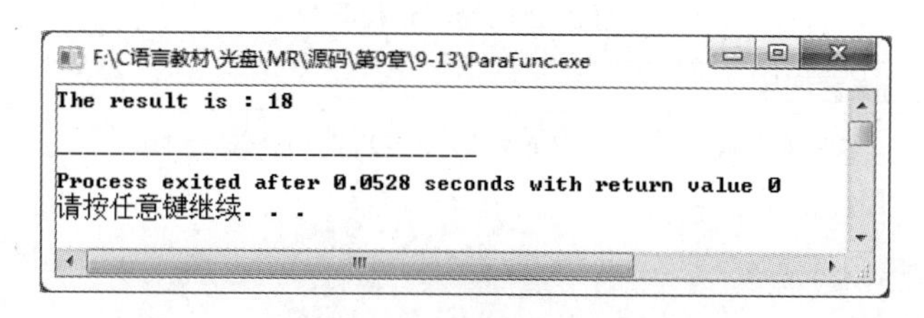

图9-18　函数参数调用

9.5.2 嵌套调用

嵌套调用

在C语言中，函数的定义都是互相平行、独立的，也就是说在定义函数时，一个函数体内不能包含定义的另一个函数，这一点和Pascal语言是不同的（Pascal允许在定义一个函数时，在其函数体内包含另一个函数的定义，而这种形式称为嵌套定义）。例如，下面的代码是错误的：

```
int main()
{
    void Display()                                  /*错误！！！不能在函数内定义函数*/
    {
        printf("I want to show the Nesting function");
    }
    return 0;
}
```

从上面的代码中可以看到，在主函数main中定义了一个Display函数，目的是输出一句提示。但C语言是不允许进行嵌套定义的，因此进行编译时就会出现如图9-19所示的错误提示。

```
error C2143: syntax error : missing ';' before '{'
```

图9-19　错误提示

虽然C语言不允许进行嵌套定义，但是允许嵌套调用函数，也就是说，在一个函数体内可以调用另外一个函数。例如，使用下面代码进行函数的嵌套调用：

```
void ShowMessage()                                  /*定义函数*/
{
    printf("The ShowMessage function");
}

void Display()
{
    ShowMessage();                                  /*正确，在函数体内进行函数的嵌套调用*/
}
```

用一个比喻来理解，某公司的CEO决定该公司要完成一个方向的目标，但是要完成这个目标就需要将其讲给公司的经理们听，公司中的经理要做的就是将要做的内容再传递给下级的副经理们听，副经理再讲给下属的职员听，职员按照上级的指示进行工作，最终完成目标。其过程如图9-20所示。

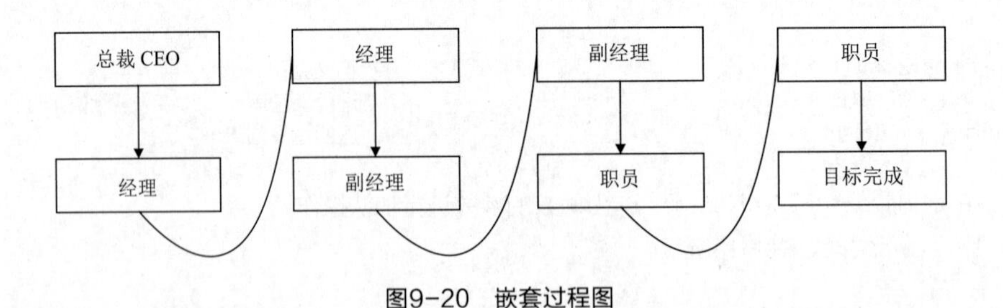

图9-20　嵌套过程图

【例9-14】函数的嵌套调用。

在本实例中，利用嵌套函数模拟上述比喻中描述的过程，其中将每一个位置的人要做的事情封装成一个函数，通过调用函数完成最终目标。

```
#include<stdio.h>

void CEO();                                         /*声明函数*/
void Manager();
void AssistantManager();
void Clerk();
```

```
int main()
{
    CEO();                                                    /*调用CEO的作用函数*/
    return 0;
}

void CEO()
{
    /*输出信息，表示调用CEO函数进行相应的操作*/
    printf("The CEO's working is telling Manager\n");
    Manager();                                                /*调用Manager的作用函数*/
}

void Manager()
{
    /*输出信息，表示调用Manager函数进行相应的操作*/
    printf("The Manager's working's work is telling AssistantManager\n");
    AssistantManager();                                       /*调用AssistantManager的作用函数*/
}

void AssistantManager()
{
    /*输出信息，表示调用AssistantManager函数进行相应的操作*/
    printf("The AssistantManager's work is telling Clerk\n");
    Clerk();                                                  /*调用Clerk的作用函数*/
}

void Clerk()
{
    /*输出信息，表示调用Clerk函数进行相应的操作*/
    printf("The Clerk's work is making it\n");
}
```

（1）首先在程序中声明将要使用的函数，其中的CEO代表公司总裁，Manager代表经理，AssistantManager代表副经理，Clerk代表职员。

（2）主函数main的下面是有关函数的定义。先来看一下CEO函数，通过输出一条信息来表示这个函数的功能和作用。最后在函数体中嵌套调用了Manager函数。Manger函数和CEO函数运行的步骤是相似的，只是最后又在其函数体内调用了AssistantManager函数。在AssistantManager函数中调用了Clerk函数。

（3）在主函数main中，调用了CEO函数，于是程序的整个流程按照步骤（2）进行，直到return 0语句返回，程序结束。

运行程序，显示结果如图9-21所示。

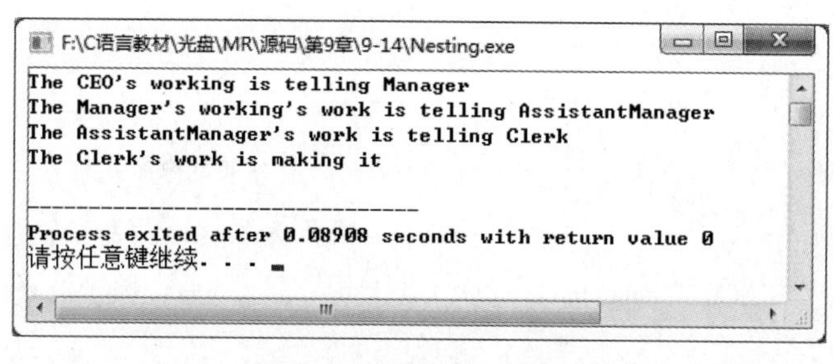

图9-21　函数的嵌套调用

9.5.3 递归调用

C语言的函数都支持递归，也就是说，每个函数都可以直接或者间接地调用自己。所谓的间接调用，是指在递归函数调用的下层函数中再调用自己。递归调用过程如图9-22所示。

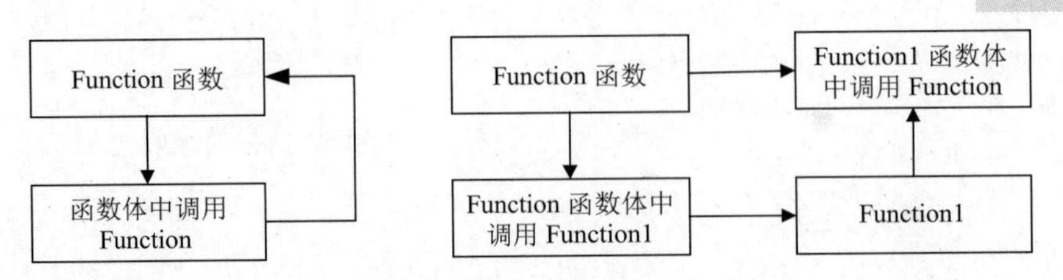

图9-22 递归调用过程

递归之所以能实现，是因为函数的每个执行过程在栈中都有自己的形参和局部变量的副本，这些副本和该函数的其他执行过程不发生关系。

这种机制是当代大多数程序设计语言实现子程序结构的基础，也使得递归成为可能。假定某个调用函数调用了一个被调用函数，再假定被调用函数又反过来调用了调用函数，那么第二个调用就称为调用函数的递归，因为它发生在调用函数的当前执行过程运行完毕之前。而且，因为原先的调用函数、现在的被调用函数在栈中较低的位置有它独立的一组参数和自变量，原先的参数和变量将不受任何影响，所以递归能正常工作。

【例9-15】函数的递归调用。

本实例中，定义一个字符串数组，为其赋值为一系列的名称，通过递归函数的调用，最后实现逆序显示排列的名单。

```
#include<stdio.h>

void DisplayNames(char** cNameArray);                    /*声明函数*/

char* cNames[]=                                          /*定义字符串数组*/
{
    "Aaron",                                             /*为字符串数组进行赋值*/
    "Jim",
    "Charles",
    "Sam",
    "Ken",
    "end"                                                /*设定结束标志*/
};

int main()
{
    DisplayNames(cNames);                                /*调用递归函数*/
    return 0;
}

void DisplayNames(char** cNameArray)
{
    if(*cNameArray=="end")                               /*判断结束标志*/
    {
        return ;                                         /*函数结束返回*/
    }
    else
    {
        DisplayNames(cNameArray+1);                      /*调用递归函数*/
```

```
        printf("%s\n",*cNameArray);                    /*输出字符串*/
    }
}
```

图9-23所示为程序调用的流程图，通过此图了解程序流程后再进行讲解，会使读者对程序有更清晰的认识。

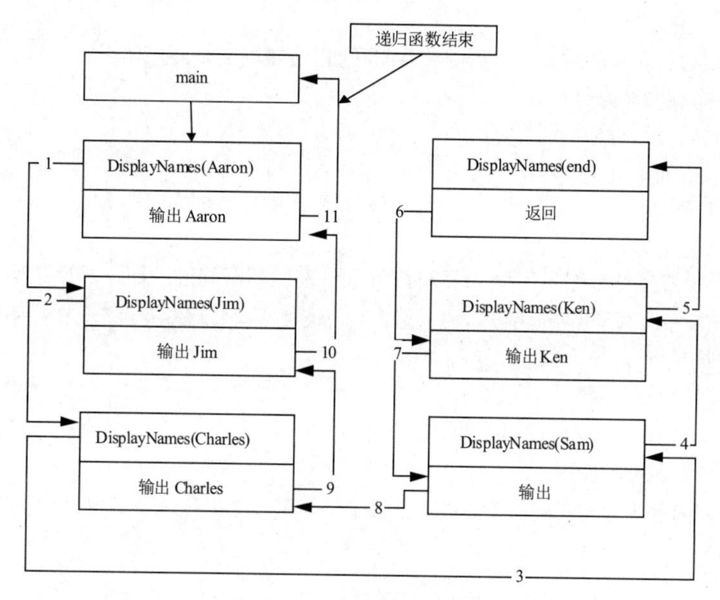

图9-23　程序调用流程图

对程序进行分析如下。

（1）程序中首先声明要用到的递归函数，递归函数的参数声明为指针的指针。

（2）定义一个全局字符串数组，并且为其进行赋值。其中的一个字符串数组元素end作为字符串数组的结束标志。

（3）在主函数main中调用递归函数DisplayNames。

（4）在程序的下面是有关DisplayNames函数的定义。在DisplayNames的函数体中，通过一个if语句判断此时要输出的字符串是否是结束字符串，如果是结束标志“end”字符串，那么使用return语句进行返回；如果不是，则执行下面的else语句。在else语句块中先调用的是递归函数，在函数参数处可以看到传递的字符串数组元素发生改变，传递下一个数组元素。如果调用递归函数，则又开始判断传递进来的字符串是否是数组的结束标志。最后输出字符串数组的元素。

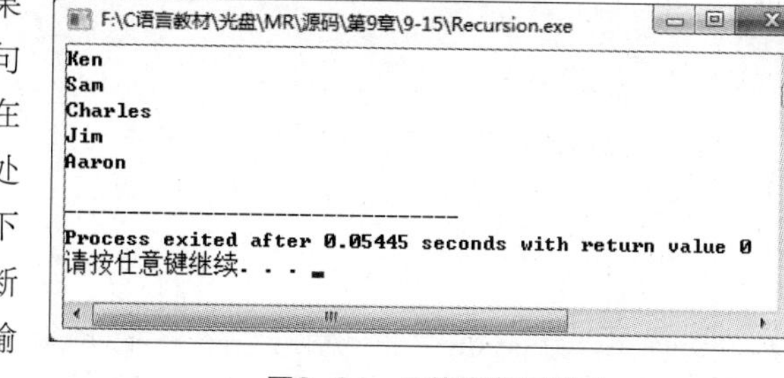

图9-24　函数的递归调用

运行程序，显示结果如图9-24所示。

9.6　内部函数和外部函数

函数是C语言程序中的最小单位，往往把一个函数或多个函数保存为一个文件，这个文件称为源文件。定义一个函数，这个函数就会被另外的函数所调用。但当一个源程序由多个源文件组成时，可以指定函数不能被其他文件调用。这样，C语言又把函数分为两类：一个是内部函数，另一个是外部函数。

9.6.1 内部函数

内部函数

定义一个函数，如果希望这个函数只被所在的源文件使用，那么这样的函数就称为内部函数，又称为静态函数。使用内部函数，可以使函数只局限在函数所在的源文件中，如果在不同的源文件中有同名的内部函数，则这些同名的函数是互不干扰的。

在定义内部函数时，要在函数返回值和函数名前面加上关键字static进行修饰：

```
static 返回值类型 函数名(参数列表)
```

例如定义一个功能是进行加法运算且返回值是int型的内部函数，代码如下：

```
static int Add(int iNum1,int iNum2)
```

在函数的返回值类型int前加上关键字static，就将原来的函数修饰成内部函数。

使用内部函数的好处是，不同的开发者可以分别编写不同的函数，而不必担心所使用的函数是否会与其他源文件中的函数同名，因为内部函数只可以在所在的源文件中进行使用，所以即使不同的源文件中有相同的函数名也没有关系。

下面通过实例来介绍一下strcpy函数的使用。

【例9-16】内部函数的使用。

在本实例中使用内部函数，通过一个函数对字符串进行赋值，再通过一个函数对字符串进行输出显示。

```
#include<stdio.h>

static char* GetString(char* pString)                /*定义赋值函数*/
{
    return pString;                                  /*返回字符*/
}

static void ShowString(char* pString)                /*定义输出函数*/
{
    printf("%s\n",pString);                          /*显示字符串*/
}

int main()
{
    char* pMyString;                                 /*定义字符串变量*/

    pMyString=GetString("Hello!");                   /*调用函数为字符串赋值*/
    ShowString(pMyString);                           /*显示字符串*/

    return 0;
}
```

在程序中，使用static关键字对函数进行修饰，使其只能在其源文件中进行调用。

运行程序，字符串赋值结果如图9-25所示。

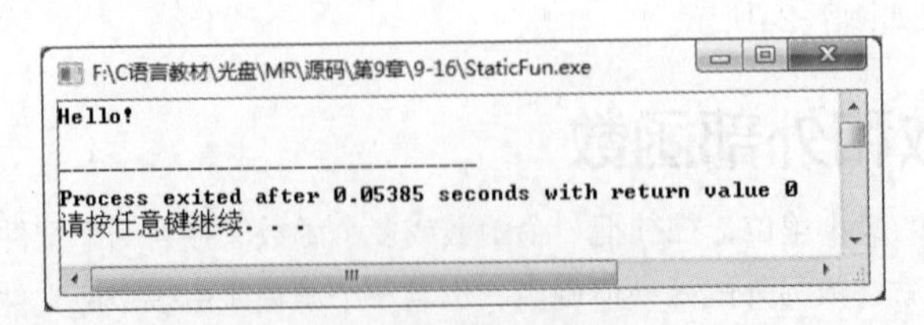

图9-25 内部函数的使用

9.6.2 外部函数

外部函数

与内部函数相反的就是外部函数，外部函数是可以被其他源文件调用的函数。定义外部函数使用关键字extern进行修饰。在使用一个外部函数时，要先用extern声明所用的函数是外部函数。

例如函数头可以写成下面的形式：

```
extern int Add(int iNum1,int iNum2);
```

这样，Add函数就可以被其他源文件调用进行加法运算。

在C语言中定义函数时，如果不指明函数是内部函数还是外部函数，那么默认将函数指定为外部函数，也就是说，定义外部函数时可以省略关键字extern。本书中的多数实例所使用的函数都为外部函数。

【例9-17】外部函数的使用。

在本实例中，使用外部函数完成和实例9-16中使用内部函数时相同的功能，只是所用的函数不包含在同一个源文件中。

```
/*////////////////////////////////////////////////////////////////////*/
/*                              ExternFun.c                           */
/*////////////////////////////////////////////////////////////////////*/
#include<stdio.h>

extern char* GetString(char* pString);                   /*声明外部函数*/
extern void ShowString(char* pString);                   /*声明外部函数*/

int main()
{
    char* pMyString;                                     /*定义字符串变量*/
    pMyString=GetString("Hello!");                       /*调用函数为字符串赋值*/
    ShowString(pMyString);                               /*显示字符串*/

    return 0;
}

/*////////////////////////////////////////////////////////////////////*/
/*                              ExternFun1.c                          */
/*////////////////////////////////////////////////////////////////////*/
extern char* GetString(char* pString)
{
    return pString;                                      /*返回字符*/
}

/*////////////////////////////////////////////////////////////////////*/
/*                              ExternFun2.c                          */
/*////////////////////////////////////////////////////////////////////*/
extern void ShowString(char* pString)
{
    printf("%s\n",pString);                              /*显示字符串*/
}
```

从上面的程序中，可以看到代码和实例9-16几乎是相同的，但是由于使用extern关键字使得函数为外部函数，因此可以将函数放入其他源文件中。

（1）主函数main在源文件ExternFun.c中。首先声明两个函数，其中使用extern关键字说明这两个函数为外部函数。然后在main函数体中调用这两个函数，GetString函数对pMyString变量进行赋值，而ShowString函数用来输出pMyString变量。

（2）在ExternFun1.c源文件中对GetString函数进行定义，通过对传递进来的参数执行返回操作，完成对变量的赋值功能。

（3）在ExternFun2.c源文件中对ShowString函数进行定义，在函数体中使用printf函数对传递进来的参数进行显示。

运行程序，字符串连接结果如图9-26所示。

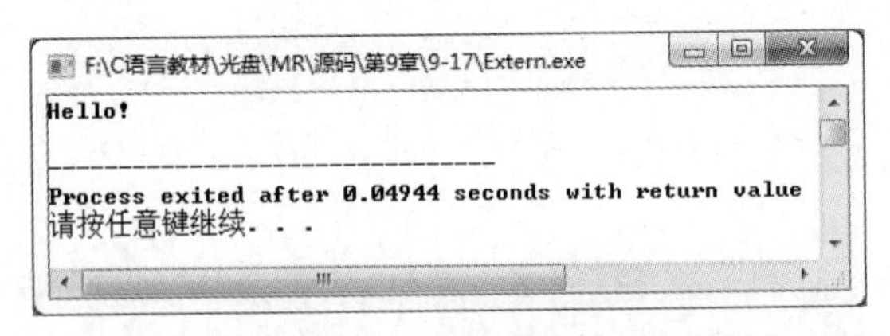

图9-26　外部函数的使用

9.7　局部变量和全局变量

在讲解有关局部变量和全局变量的知识之前，先来了解一些有关作用域方面的内容。作用域的作用就是决定程序中的哪些语句是可用的，换句话说，就是在程序中的可见性。作用域包括局部作用域和全局作用域，那么局部变量具有局部作用域，而全局变量具有全局作用域。接下来具体看一下有关局部变量和全局变量的内容。

9.7.1　局部变量

局部变量

在一个函数的内部定义的变量是局部变量。上述实例中绝大多数的变量都只是局部变量，这些变量声明在函数内部，无法被其他函数所使用。函数的形式参数也属于局部变量，作用范围仅限于函数内部的所有语句块。

在语句块内声明的变量仅在该语句块内部起作用，当然也包括嵌套在其中的子语句块。

图9-27表示的是不同情况下局部变量的作用域范围。

【例9-18】局部变量的作用域。

本实例在不同的位置定义一些变量，并为其赋值来表示变量的所在位置，最后输出显示其变量值，通过输出的信息来观察局部变量的作用域范围。

```
#include<stdio.h>

int main()
{
    int iNumber1=1;                              /*iNumber1的作用域在整个main函数中*/
    if(iNumber1>0)
    {
        int iNumber2=2;                          /*iNumber2的作用域在if语句块中*/
        if(iNumber2>0)
        {
            int iNumber3=3;                      /*iNumber3的作用域在if语句块中*/
                                                 /*将3个都在此作用域的变量进行输出*/
            printf("All three number are in scope here %d  %d  %d\n",
                iNumber1,iNumber2,iNumber3);
        }
    }
    return 0;
}
```

在程序中有3个作用域范围，主函数main是其中最大的作用域范围，因为定义变量iNumber1在main函数中，所以iNumber1的作用域是在整个main函数体中。而iNumber2定义在第一个if语句块中，因此它的作用域范围就是在第一个if语句块内。变量iNumber3在最内部的嵌套层，因此它的作用域范围只在最里面的if语句块中。

从上面的描述中可以看到，一个局部变量的作用域范围可以由包含变量的一对大括号所限定，这样就可以更好地观察出局部变量的作用域。

运行程序，显示结果如图9-28所示。

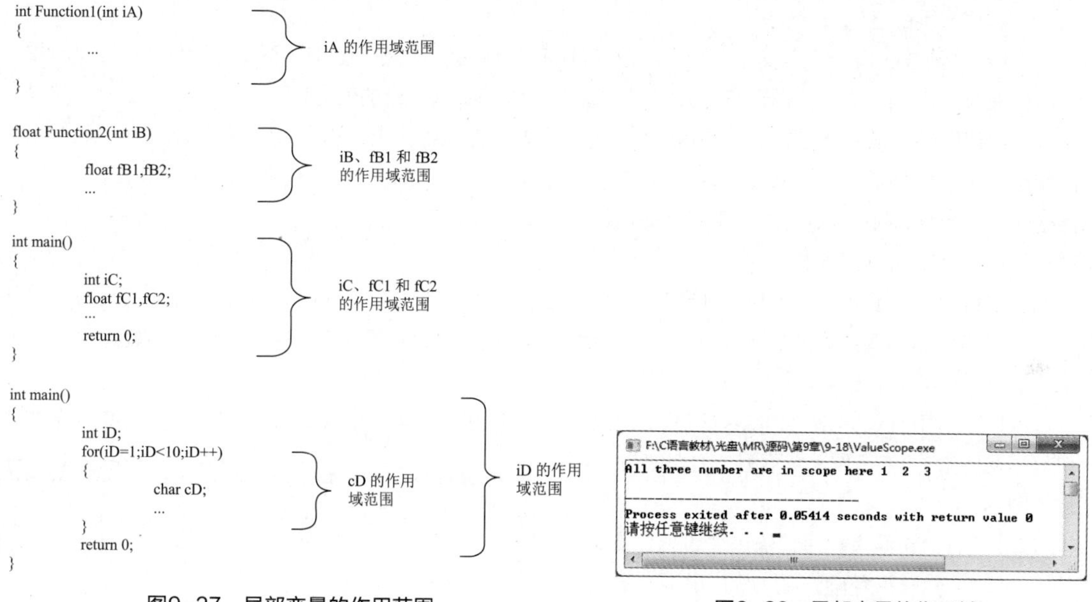

图9-27　局部变量的作用范围

图9-28　局部变量的作用域

在C语言中位于不同作用域的变量可以使用相同的标识符，也就是可以为变量起相同的名称。此时读者朋友们有没有想到这样一种情况，如果内层作用域中定义的变量和已经声明的某个外层作用域中的变量有相同的名称，在内层中使用这个变量名，那么此时这个变量名表示的是外层变量还是内层变量呢？答案是：内层作用域中的变量将屏蔽外层作用域中的那个变量，直到结束内层作用域为止。这就是局部变量的屏蔽作用。

【例9-19】局部变量的屏蔽作用。

在本实例中，不同的语句块中定义了3个相同名称的变量，通过输出变量值来演示有关局部变量的屏蔽作用效果。

```
#include<stdio.h>

int main()                                      /*主函数main*/
{
    int iNumber1=1;                             /*在第一个iNumber1定义位置*/
    printf("%d\n",iNumber1);                    /*输出变量值*/

    if(iNumber1>0)
    {
        int iNumber1=2;                         /*在第二个iNumber1定义位置*/
        printf("%d\n",iNumber1);                /*输出变量值*/

        if(iNumber1>0)
        {
            int iNumber1=3;                     /*在第3个iNumber1定义位置*/
```

```
            printf("%d\n",iNumber1);                        /*输出变量值*/
        }

        printf("%d\n",iNumber1);                            /*输出变量值*/
    }

    printf("%d\n",iNumber1);                                /*输出变量值*/
    return 0;
}
```

运行程序得到的显示结果分析如下。

（1）在主函数main中，定义了第一个整型变量iNumber1，将其赋值为1，赋值之后使用printf函数进行输出变量iNumber1。在程序的运行结果中可以看到，此时iNumber1的值为1。

（2）使用if语句进行判断，这里使用if语句的目的在于划分出一段语句块。因为位于不同作用域的变量可以使用相同的标识符，所以在if语句块中也定义一个iNumber1变量，并将其赋值为2。再次使用printf函数输出变量iNumber1的操作，观察一下程序的运行结果，发现第二个输出的值为2。此时值为2的变量在此作用域中就将值为1的变量屏蔽掉。

（3）在if语句中再次进行嵌套，其嵌套语句中定义相同标识符的iNumber1变量，为了进行区分，将其赋值为3。调用printf函数输出变量iNumber1，从程序运行的结果可以看出显示结果为3。由此看出值为3的变量将值为2与1的两个变量都进行了屏蔽。

（4）在最深层嵌套的if语句结束之后，使用printf函数进行输出，发现此时显示的值为2。由此说明此时已经不在值为3的变量作用域范围，而在值为2的作用域范围。

（5）当if语句结束之后，输出变量值，此时显示的变量值为1，说明离开了值为2的作用域范围，不再对值为1的变量产生变量的屏蔽作用。

运行程序，显示结果如图9-29所示。

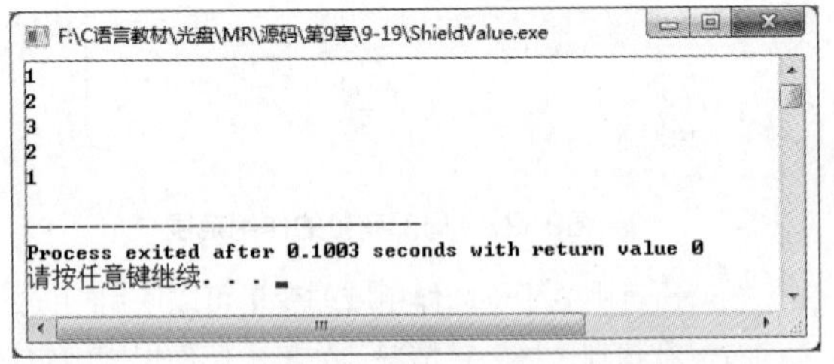

图9-29 局部变量的屏蔽作用

9.7.2 全局变量

程序的编译单位是源文件，通过上文的介绍读者可以了解到在函数中定义的变量称为局部变量。如果一个变量在所有函数的外部声明，这个变量就是全局变量。顾名思义，全局变量是可以在程序中的任何位置进行访问的变量。

全局变量

全局变量不属于某个函数，而属于整个源文件，但是如果要被外部文件使用，则要用extern关键字进行引用修饰。

定义全局变量的作用是增加函数间数据联系的渠道。由于同一个文件中的所有函数都能引用全局变量的值，因此如果在一个函数中改变了全局变量的值，就能影响到其他函数，相当于各个函数间有直接传递通道。

例如，有一家全国连锁商店机构，商店所使用的价格是全国统一的。全国各地有很多这样的连锁商店，当进行价格调整时，应该确保每一家连锁商店的价格是相同的。全局变量就像其中所要设定的价格，而函数就像每一家连锁店，当全局变量进行修改时，那么函数中使用的该变量都被更改。

为了使读者更为清楚地掌握其概念，下面用实例模拟上面的比喻进行理解和分析。

【例9-20】使用全局变量模拟价格调整。

在本程序中，使用全局变量模拟连锁店全国价格调整，使用函数表示连锁店，并在函数中输出一条消息，表示连锁店中的价格。

```
#include<stdio.h>

int iGlobalPrice=100;                                    /*设定商店的初始价格*/

void Store1Price();                                      /*声明函数，代表1号连锁店*/
void Store2Price();                                      /*代表2号连锁店*/
void Store3Price();                                      /*代表3号连锁店*/
void ChangePrice();                                      /*更改连锁店的统一价格*/

int main()
{
        /*先显示价格改变之前所有连锁店的价格*/
    printf("the chain store's original price is : %d\n",iGlobalPrice);
    Store1Price();                                       /*显示1号连锁店的初始价格*/
    Store2Price();                                       /*显示2号连锁店的初始价格*/
    Store3Price();                                       /*显示3号连锁店的初始价格*/
        /*调用函数，改变连锁店的价格*/
    ChangePrice();
        /*显示提示，显示修改后的价格*/
    printf("the chain store's  present price is : %d\n",iGlobalPrice);
    Store1Price();                                       /*显示1号连锁店的当前价格*/
    Store2Price();                                       /*显示2号连锁店的当前价格*/
    Store3Price();                                       /*显示3号连锁店的当前价格*/
    return 0;
}
/*定义1号连锁店的价格函数*/
void Store1Price()
{
    printf("store1's price is : %d\n",iGlobalPrice);
}
/*定义2号连锁店的价格函数*/
void Store2Price()
{
    printf("store2's price is : %d\n",iGlobalPrice);
}
/*定义3号连锁店的价格函数*/
void Store3Price()
{
    printf("store3's price is : %d\n",iGlobalPrice);
}
/*定义更改连锁店价格函数*/
void ChangePrice()
{
    printf("What price do you want to change?  the price is: ");
    scanf("%d",&iGlobalPrice);
}
```

（1）在程序中，定义了一个全局变量iGlobalPrice来表示所有连锁店的价格，为了可以形成对比，初始化值为100。定义的一种函数代表连锁店的价格，例如Store1Price代表1号连锁店；定义的另一种函数ChangePrice用来改变全局变量的值，也就代表了对所有连锁店进行调价。

（2）主函数main中，首先是将连锁店的初始价格进行显示，之后通过一条信息提示更改iGlobalPrice变量。当全局变量被修改后，将所有连锁店当前的价格再进行输出和对比。

（3）通过这个程序的运行结果可以看出，全局变量增加了函数间数据联系的渠道，当修改一个全局变量时，所有函数中的该变量都会改变。

运行程序，显示结果如图9-30所示。

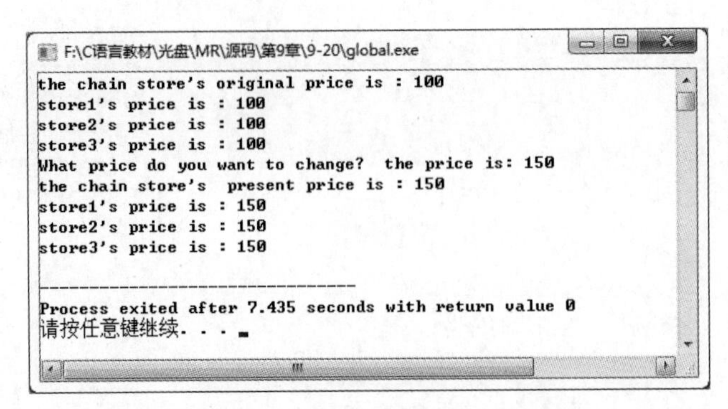

图9-30 使用全局变量模拟价格调整

9.8 函数应用

函数应用

为了使用户快速编写程序，编译系统都会提供一些库函数。不同的编译系统所提供的库函数可能不完全相同，其中有可能函数名称相同但是实现的功能不同，也有可能实现统一功能但是函数的名称却不同。ANSI C标准建议提供的标准库函数包括了目前多数C编译系统所提供的库函数，下面就介绍一部分常用的库函数。

在程序中经常会使用一些数学的运算或者公式，这里首先介绍有关数学的常用函数。

1. abs函数

该函数的功能是：求整数的绝对值。函数定义如下：

```
int abs(int i);
```

例如，求一个负数的绝对值的方法如下：

```
int iAbsoluteNumber;                    /*定义整型变量*/
int iNumber = -12;                      /*定义整型变量，为其赋值为-12*/
iAbsoluteNumber=abs(iNumber);           /*将iNumber的绝对值赋给iAbsoluteNumber变量*/
```

注意

在使用数学函数时，要为程序添加头文件#include<math.h>。

2. labs函数

该函数的功能是：求长整数的绝对值。函数定义如下：

```
long labs(long n);
```

例如，求一个长整型的绝对值的方法如下：

```
long lResult;                           /*定义长整型变量*/
long lNumber = -1234567890L;            /*定义长整型变量，为其赋值为-1234567890*/
lResult= labs(lNumber);                 /*将lNumber的绝对值赋给iResult变量*/
```

3. fabs函数

该函数的功能是：返回浮点数的绝对值。函数定义如下：

```
double fabs(double x);
```

例如，求一个实型的绝对值的方法如下：

```
double fFloatResult;                    /*定义实型变量*/
double fNumber = -1234.0;               /*定义实型变量，为其赋值为-1234.0*/
fFloatResult= fabs(fNumber);            /*将fNumber的绝对值赋给fResult变量*/
```

【例9-21】数学库函数使用。

在本实例中，将上述介绍的3个库函数放在一起，通过调用函数观察函数的作用。

```
#include<stdio.h>
#include<math.h>                                /*包含头文件math.h*/
int main()
{
    int iAbsoluteNumber;                        /*定义整型变量*/
    int iNumber = -12;                          /*定义整型变量，为其赋值为-12*/
    long lResult;                               /*定义长整型变量*/
    long lNumber = -1234567890L;                /*定义长整型变量，为其赋值为-1234567890*/
    double fFloatResult;                        /*定义浮点型变量*/
    double fNumber = -123.1;                    /*定义浮点型变量，为其赋值为-123.1*/

    iAbsoluteNumber=abs(iNumber);               /*将iNumber的绝对值赋给iAbsoluteNumber变量*/
    iResult= labs(lNumber);                     /*将lNumber的绝对值赋给iResult变量*/
    fFloatResult= fabs(fNumber);                /*将fNumber的绝对值赋给fFloatResult变量*/

    /*输出原来的数字，然后将得到的绝对值进行输出*/
    printf("the original number is: %d, the absolute is: %d\n",iNumber,iAbsoluteNumber);
    printf("the original number is: %ld, the absolute is: %ld\n",lNumber,lResult);
    printf("the original number is: %lf, the absolute is: %lf\n",fNumber,fFloatResult);

    return 0;
}
```

上述程序代码通过使用数学函数，求取已经赋值完成的变量，并将得到的数值存储在其他变量中，最后使用输出函数将原来的数值和求取后的数值都进行输出。

运行程序，显示结果如图9-31所示。

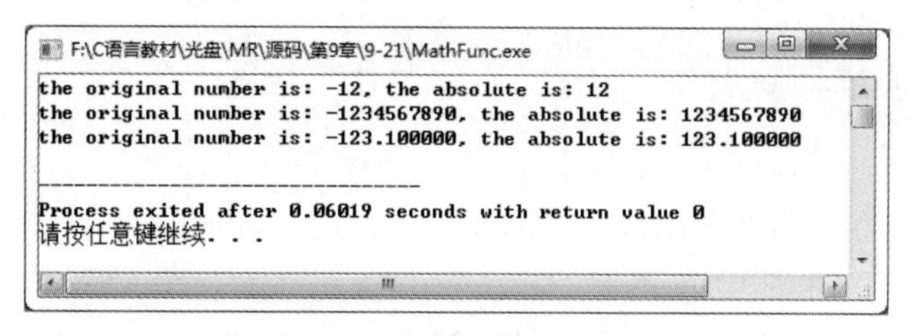

图9-31　数学库函数使用

4. sin函数

该函数的功能是：正弦函数。函数定义如下：

```
double sin(double x);
```

例如，求正弦值的方法如下：

```
double fResultSin;                              /*定义实型变量*/
double fXsin = 0.5;                             /*定义实型变量，并进行赋值*/
fResultSin = sin(fXsin);                        /*使用正弦函数*/
```

5. cos函数

该函数的功能是：余弦函数。函数定义如下：

```
double cos(double x);
```

例如，求余弦值的方法如下：

```
double fResultCos;                              /*定义实型变量*/
double fXcos = 0.5;                             /*定义实型变量，为其赋值为0.5*/
fResultCos = cos(fXcos);                        /*调用余弦函数*/
```

6. tan函数

该函数的功能是：正切函数。函数定义如下：

```
double tan(double x);
```

例如，求正切值的方法如下：

```
double fResultTan;                          /*定义实型变量*/
double fXtan = 0.5;                         /*定义实型变量，为其赋值为0.5*/
fResultTan = tan(fXtan);                    /*调用正切函数*/
```

【例9-22】使用三角函数。

在本程序中，利用库函数中的数学函数解决有关三角运算的问题。

```
#include<stdio.h>
#include<math.h>                            /*包含头文件math.h*/

int main()
{
    double fResultSin;                      /*用来保存正弦值*/
    double fResultCos;                      /*用来保存余弦值*/
    double fResultTan;                      /*用来保存正切值*/

    double fXsin =0.5;
    double fXcos = 0.5;
    double fXtan = 0.5;

    fResultSin = sin(fXsin);                /*调用正弦函数*/
    fResultCos = cos(fXcos);                /*调用余弦函数*/
    fResultTan = tan(fXtan);                /*调用正切函数*/
    /*输出运算结果*/
    printf("The sin of %lf is %lf\n", fXsin, fResultSin);
    printf("The cos of %lf is %lf\n", fXcos, fResultCos);
    printf("The tan of %lf is %lf\n", fXtan, fResultTan);
    return 0;
}
```

在使用数学函数时，要先包含头文件math.h。代码中，先定义用来保存计算结果的变量，之后定义要计算的变量，为了能看出结果的不同，在此都将其赋值为0.5，然后通过三角函数得到结果，最后通过输出语句将原值和结果都进行输出显示。

运行程序，显示结果如图9-32所示。

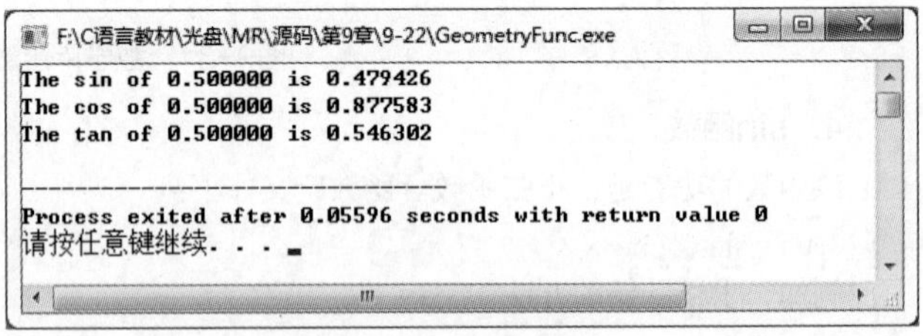

```
F:\C语言教材\光盘\MR\源码\第9章\9-22\GeometryFunc.exe
The sin of 0.500000 is 0.479426
The cos of 0.500000 is 0.877583
The tan of 0.500000 is 0.546302

--------------------------------
Process exited after 0.05596 seconds with return value 0
请按任意键继续. . .
```

图9-32　使用三角函数

下面要介绍的是另一类常用的函数，即有关字符和字符串的函数。

7. isalpha函数

该函数的功能是：检测字母，如果参数（ch）是字母表中的字母（大写或小写），则函数返回非零值，否则返回零。要包含头文件ctype.h。函数定义如下：

```
int isalpha( int ch );
```

例如，判断输入的字符是否为字母的方法如下：

```
char c;                         /*定义字符变量*/
scanf( "%c", &c );              /*输入字符*/
isalpha(c);                     /*调用isalpha函数判断输入的字符*/
```

8. isdigit函数

该函数的功能是：检测数字，如果参数（ch）是数字则函数返回非零值，否则返回零。要包含头文件ctype.h。函数定义如下：

```
int isdigit( int ch );
```

例如，判断输入的字符是否为数字的方法如下：

```
char c;                                    /*定义字符变量*/
scanf( "%c", &c );                         /*输入字符*/
isdigit(c);                                /*调用isdigit函数判断输入的字符*/
```

9. isalnum函数

该函数的功能是：检测字母或数字，如果参数（ch）是字母表中的一个字母或是一个数字，则函数返回非零值，否则返回零。要包含头文件ctype.h。函数定义如下：

```
int isalnum( int ch );
```

例如，判断输入的字符是否为数字或字母的方法如下：

```
char c;                                    /*定义字符变量*/
scanf( "%c", &c );                         /*输入字符*/
isalnum(c);                                /*调用isalnum函数判断输入的字符*/
```

【例9-23】使用字符函数判断输入字符。

在本程序中，通过向控制台输入字符，利用if判断语句和字符函数判断输入的是哪一种类型的字符，然后根据字符的不同类型输出提示信息。

```
#include<stdio.h>
#include<ctype.h>

void SwitchShow(char c);

int main()
{
    char cCharPut;                         /*定义字符变量，用来接收输入的字符*/
    char cCharTemp;                        /*定义字符变量，用来接收回车符*/


    printf("First enter:");                /*消息提示，第一次输入字符*/
    scanf( "%c", &cCharPut);               /*输入字符*/
    SwitchShow(cCharPut);                  /*调用函数进行判断*/
    cCharTemp=getchar();                   /*接收回车符*/

    printf("Second enter:");               /*消息提示，第二次输入字符*/
    scanf( "%c", &cCharPut);               /*输入字符*/
    SwitchShow(cCharPut);                  /*调用函数判断输入的字符*/
    cCharTemp=getchar();                   /*接收回车符*/

    printf("Third enter:");                /*消息提示，第三次输入字符*/
    scanf( "%c", &cCharPut);               /*输入字符*/
    SwitchShow(cCharPut);                  /*调用函数判断输入的字符*/

    return 0;                              /*程序结束*/
}

void SwitchShow(char cChar)
{
    if(isalpha(cChar))                     /*判断是否为字母*/
    {
        printf("You entered a letter of the alphabet %c\n",cChar);
```

```
    }

    if(isdigit(cChar))                                    /*判断是否为数字*/
    {
        printf("You entered the digit %c\n", cChar);
    }

    if(isalnum(cChar))                                    /*判断是否为字母或者数字*/
    {
        printf("You entered the alphanumeric character %c\n", cChar);
    }

    else                                                  /*当字符既不是字母也不是数字时*/
    {
        printf("You entered the character is not alphabet or digit :%c\n", cChar);
    }
}
```

（1）要使用字符函数，先要引入头文件ctype.h。

（2）程序中定义了两个字符变量，cCharPut用来在程序中接收将要输入的字符，而cCharTemp的作用是接收输入完成后按Enter键确定的回车符。

（3）定义SwitchShow函数实现在程序中判断字符的功能，这样可以使程序更简洁。在SwitchShow函数体中，通过在if语句的判断条件中调用字符函数，根据调用字符函数的返回值结果判断传递的字符参数cChar是哪一种情况，最后通过在不同情况中的提示信息来表示判断的结果。

（4）在main函数中，可以看到其中调用了getchar函数，其作用是获取一个字符。在输入字符时，每次输入完毕后要按Enter键进行确定，这样回车符就会变成下一次要输入的字符，因此这里调用getchar函数将回车符进行提取。

读者可以尝试将getchar函数所在行的代码注释掉，运行程序观察结果，会发现其中第二个输入被程序跳过。

运行程序，显示结果如图9-33所示。

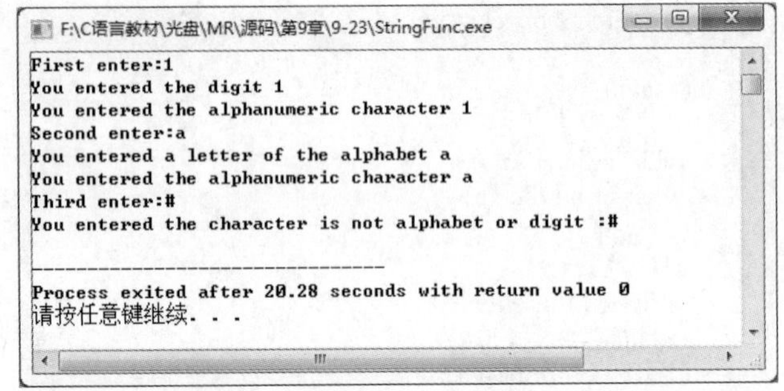

图9-33　使用字符函数判断输入字符

小结

本章主要讲解C语言中函数的相关内容，通过讲解函数定义，帮助读者学会定义一个函数。返回语句和函数参数的介绍，使读者更深一步了解函数的细节部分。只知道如何定义函数是不够的，通过介绍函数的调用，将函数的各种调用方式与方法进行详细的说明，再利用实例的说明使读者有“不仅看得见并且摸得着”的感觉。接下来讲解内部函数和外部函数以及局部变量和全局变量的知识，更深入地探讨细节部分。最后讲解一些常用的函数，通过将常用的函数放入实例中进行演示，使读者更便于轻松地了解函数的功能。

函数是C语言的重点部分，希望读者对此部分的知识多加理解。

上机指导

固定格式输出当前时间。

编程实现将当前时间用以下形式输出：

星期　月　日　小时：分：秒　年

上机指导

运行结果如图9-34所示。

编程思路如下。

本程序中用到3个与时间相关的函数，下面逐一介绍。

- time()函数

```
time_t  time(time_t *t)
```

该函数的作用是获取以秒为单位的，以格林威治时间1970年1月1日00：00：00开始计时的当前时间值作为time()函数的返回值，并把它存在t所指的区域中（在不需要存储的时候通常为NULL）。该函数的原型在头文件time.h中。

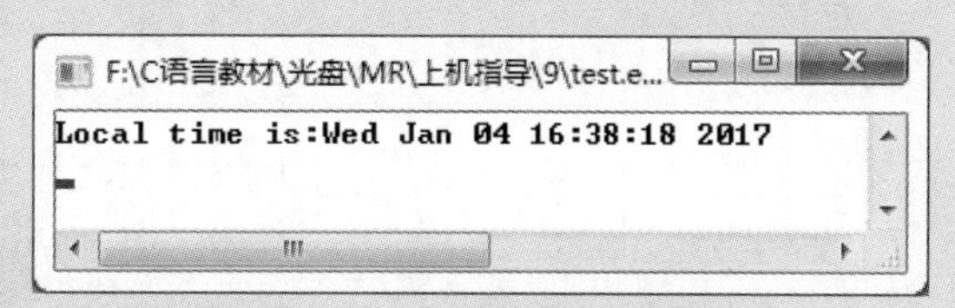

图9-34　固定格式输出当前时间

- localtime()函数

```
struct tm *localtime(const time_t *t)
```

该函数的作用是返回一个指向从tm形式定义的分解时间的结构的指针。t的值一般情况下通过调用time()函数来获得。该函数的原型在头文件time.h中。

- asctime()函数

```
char *asctime(struct tm *p)
```

该函数的作用是返回指向一个字符串的指针。p指针所指向的结构中的时间信息被转换成如下格式：

星期　月　日　小时：分：秒　年

该函数的原型在头文件time.h中。

习　题

9-1　定义一个标识符为Max函数，其函数功能是判断两个整数的大小，并将较大的整数显示出来。

9-2　有一个一维数组Score，存放10个元素代表10个学生的成绩。要求设计函数，其中将数组名作为函数的参数，函数功能是求出这10个学生的平均成绩。

9-3　编写一个判断素数的函数，实现输入一个整数，使用判断素数的函数进行判断，然后输出是否是素数的信息。

9-4　有5个人坐在一起，问第5个人年龄，他说比第4个人大2岁。问第4个人年龄，他说比第3个人大2岁。问第3个人年龄，他说比第2个人大两岁。问第2个人年龄，他说比第1个人大2岁。最后问第1个人年龄，他说是10岁。编写程序，当输入第几个人时则输出其对应年龄。

9-5　A、B、C、D、E这5个人在某天夜里合伙去捕鱼，到第二天凌晨时都疲惫不堪，于是各自找地方睡觉。A第一个醒来，他将鱼分成5份，把多余的一条鱼扔掉，拿走自己的一份。B第二个醒来，也将鱼分为5份，把多余的一条扔掉，拿走自己的一份，C、D、E依次醒来，也按同样的方法拿鱼。问他们合伙至少捕了多少条鱼？

CHAPTER10

第10章 指针

本章要点

- 掌握指针的相关概念
- 掌握指针与数组之间的关系
- 掌握指向指针的指针
- 掌握如何使用指针变量作函数参数
- 了解main函数的参数

■ 指针是C语言的一个重要组成部分，是C语言的核心、精髓所在，用好指针可以在C语言编程中起到事半功倍的效果：一方面，可以提高程序的编译效率和执行速度以及实现动态的存储分配；另一方面，使用指针可使程序更灵活，便于表示各种数据结构，编写高质量的程序。

10.1 指针相关概念

10.1.1 地址与指针

系统的内存就好比是带有编号的小房间，如果想使用内存就需要得到房间编号。图10-1定义了一个整型变量i，整型变量需要4个字节，所以编译器为变量i分配的编号为1000~1003。

什么是地址？地址就是内存区中对每个字节的编号，如图10-1所示的1000、1001、1002和1003就是地址，进一步说明变量在内存中的存储地址，如图10-2所示。

图10-2所示的1000、1004等就是内存单元的地址，而0、1、…、5就是内存单元的内容，换种说法就是基本整型变量i在内存中的地址从1000开始。因为基本整型占4个字节，所以变量j在内存中的起始地址为1004，变量i的内容是0。

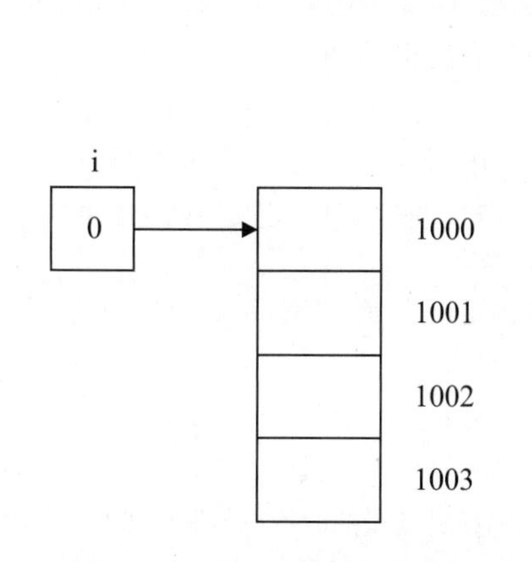

图10-1 变量在内存中的存储

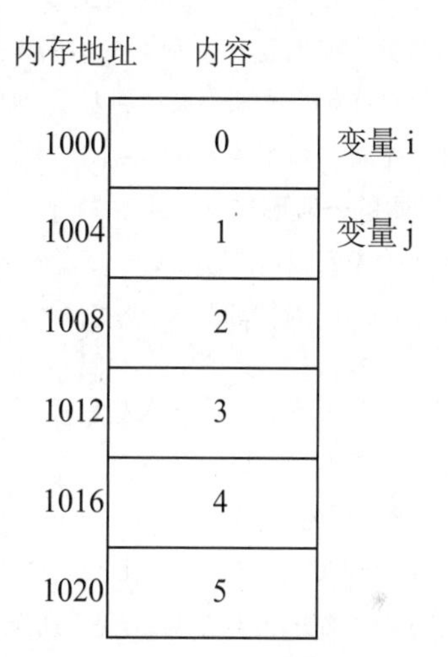

图10-2 变量存放

那么指针又是什么呢？这里仅将指针看作是内存中的一个地址，多数情况下，这个地址是内存中另一个变量的位置，如图10-3所示。

在程序中定义了一个变量，在进行编译时就会给该变量在内存中分配一个地址，通过访问这个地址可以找到所需的变量，这个变量的地址称为该变量的“指针”。图10-3所示的地址1000是变量i的指针。

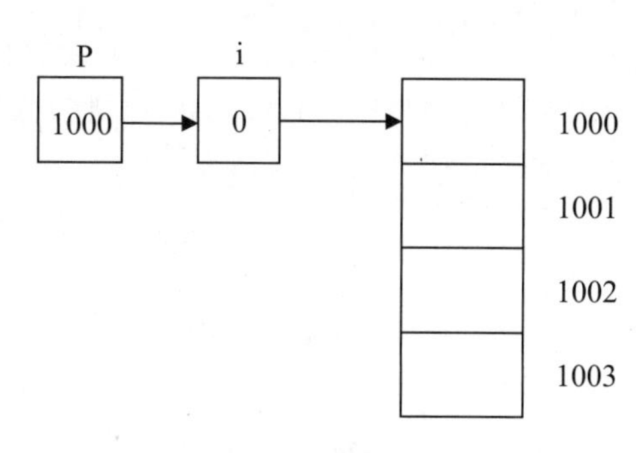

图10-3 指针

10.1.2 变量与指针

变量的地址是变量和指针二者之间连接的纽带，如果一个变量包含了另一个变量的地址，则可以理解成第一个变量指向第二个变量。所谓“指向”就是通过地址来体现的。因为指针变量是指向一个变量的地址，所以将一个变量的地址值赋给这个指针变量后，这个指针变量就“指向”了该变量。例如，将变量i的地址存放到指针变量p中，p就指向i，其关系如图10-4所示。

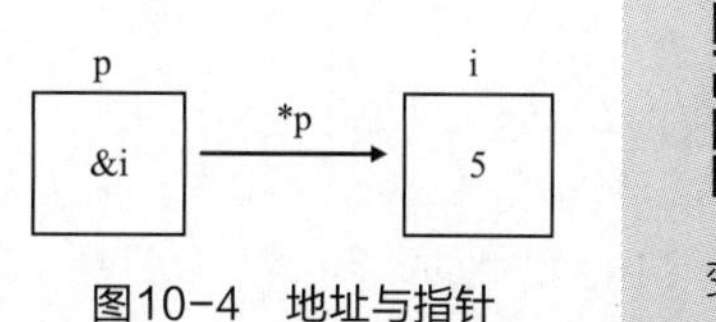

图10-4 地址与指针

在程序代码中是通过变量名对内存单元进行存取操作

的，但是代码经过编译后已经将变量名转换为该变量在内存中的存放地址，对变量值的存取都是通过地址进行的。如对图10-2所示的变量i和变量j进行如下操作：

```
i+j;
```

其含义是：根据变量名与地址的对应关系，找到变量i的地址1000，然后从1000开始读取4个字节数据放到CPU寄存器中，再找到变量j的地址1004，从1004开始读取4个字节的数据放到CPU的另一个寄存器中，通过CPU的加法中断计算出结果。

在低级语言的汇编语言中都是直接通过地址来访问内存单元的，在高级语言中一般使用变量名访问内存单元，但C语言作为高级语言提供了通过地址来访问内存单元的方式。

10.1.3 指针变量

指针变量

由于通过地址能访问指定的内存存储单元，可以说地址“指向”该内存单元。地址可以形象地称为指针，意思是通过指针能找到内存单元。一个变量的地址称为该变量的指针。如果有一个变量专门用来存放另一个变量的地址，它就是指针变量。在C语言中有专门用来存放内存单元地址的变量类型，即指针类型。下面将针对如何定义一个指针变量、如何为一个指针变量赋值及如何引用指针变量这3方面内容加以介绍。

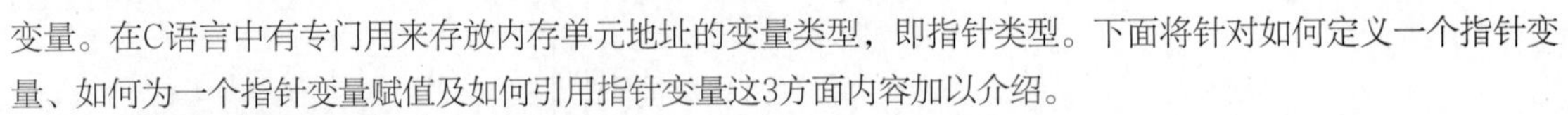

1. 指针变量的一般形式

如果有一个变量专门用来存放另一变量的地址，则它称为指针变量。图10-4所示的p就是一个指针变量。如果一个变量包含指针（指针等同于一个变量的地址），则必须对它进行说明。定义指针变量的一般形式如下：

```
类型说明 * 变量名
```

其中，“*”表示该变量是一个指针变量，变量名即为定义的指针变量名，类型说明表示本指针变量所指向的变量的数据类型。

2. 指针变量的赋值

指针变量同普通变量一样，使用之前不仅需要定义，而且必须赋予具体的值。未经赋值的指针变量不能使用。给指针变量所赋的值与给其他变量所赋的值不同，给指针变量的赋值只能赋予地址，而不能赋予任何其他数据，否则将引起错误。C语言中提供了地址运算符&来表示变量的地址。其一般形式为：

```
& 变量名;
```

如&a表示变量a的地址，&b表示变量b的地址。给一个指针变量赋值可以有以下两种方法。

（1）定义指针变量的同时就进行赋值，例如：

```
int a;
int *p=&a;
```

（2）先定义指针变量之后再赋值，例如：

```
int a;
int *p;
p=&a;
```

注意这两种赋值语句的区别，如果在定义完指针变量之后再赋值注意不要加“*”。

【例10-1】从键盘中输入两个数，利用指针的方法将这两个数输出。

```
#include<stdio.h>
main()
{
    int a, b;
    int *ipointer1, *ipointer2;                    /*声明两个指针变量*/
    scanf("%d,%d", &a, &b);                        /*输入两个数*/
```

```
    ipointer1 = &a;
    ipointer2 = &b;                                    /*将地址赋给指针变量*/
    printf("The number is:%d,%d\n", *ipointer1, *ipointer2);
}
```

运行程序，显示结果如图10-5所示。

通过实例10-1可以发现程序中采用的赋值方式是上述第二种方法，即先定义再赋值。

这里强调一点，即不允许把一个数赋予指针变量，例如：

```
int *p;
p=1002;
```

这样写是错误的。

3. 指针变量的引用

引用指针变量是对变量进行间接访问的一种形式。对指针变量的引用形式如下：

```
*指针变量
```

其含义是引用指针变量所指向的值。

【例10-2】利用指针变量实现数据的输入和输出。

```
#include<stdio.h>
main()
{
    int *p,q;
    printf("please input:\n");
    scanf("%d",&q);                                  /*输入一个整型数据*/
    p = &q;
    printf("the number is:\n");
    printf("%d\n",*p);                               /*输出变量的值*/
}
```

运行程序，显示结果如图10-6所示。

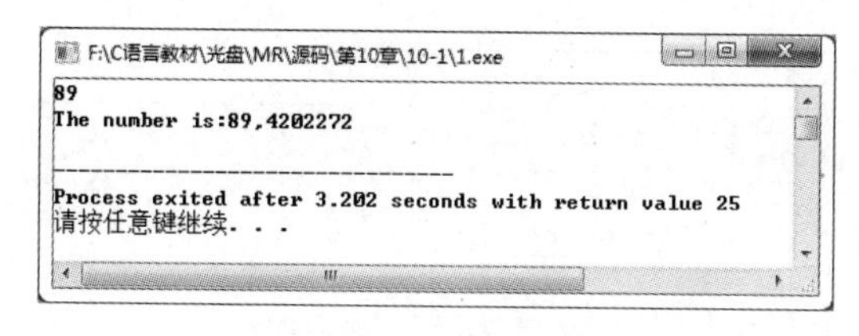

图10-5 数据输出

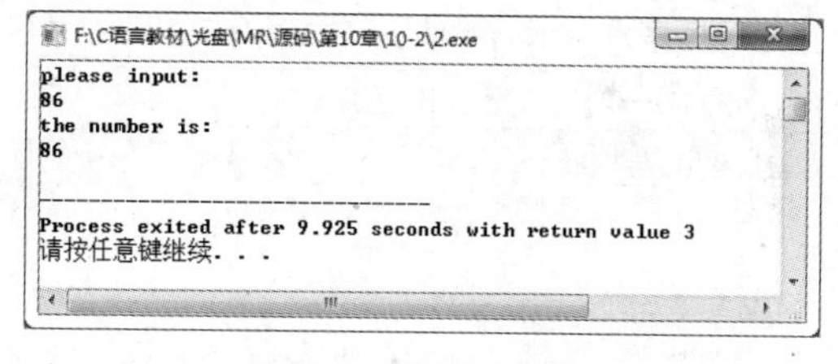

图10-6 指针变量应用

可将上述程序修改成如下形式：

```
#include<stdio.h>
main()
{
    int *p,q;
    p=&q;
    printf("please input:\n");
    scanf("%d",p);
    printf("the number is:\n");
    printf("%d\n",q);                                /*输出变量的值*/
}
```

运行结果完全相同。

4. “&”和“*”运算符

在前面介绍指针变量的过程中用到了“&”和“*”两个运算符，运算符&是一个返回操作数地址的单目运算符，叫作取地址运算符，例如：

```
p=&i;
```

就是将变量i的内存地址赋给p，这个地址是该变量在计算机内部的存储位置。

运算符“*”是单目运算符，叫做指针运算符，作用是返回指定的地址内的变量的值。如前面提到过p中装有变量i的内存地址，则：

```
i=*p;
```

就是将变量i的值赋给q，假如变量i的值是5，则q的值也是5。

5. “&*”和“*&”的区别

如果有如下语句：

```
int a;
p=&a;
```

下面通过以上两条语句来分析“&”和“*&”的区别，“&”和“*”的运算符优先级别相同，按自右而左的方向结合。因此“&*p”先进行“*”运算，“*p”相当于变量a；再进行“&”运算，“&*p”就相当于取变量a的地址。“*&a”先进行“&”运算，“&a”就是取变量a的地址，然后执行“*”运算，“*&a”就相当于取变量a所在地址的值，实际就是变量a。下面通过两个实例来具体介绍。

【例10-3】“&*”的应用。

```
#include<stdio.h>
main()
{
    long i;
    long *p;
    printf("please input the number:\n");
    scanf("%ld",&i);
    p=&i;
    printf("the result1 is: %ld\n",&*p);                /*输出变量i的地址*/
    printf("the result2 is: %ld\n",&i);                 /*输出变量i的地址*/
}
```

运行程序，显示结果如图10-7所示。

【例10-4】“*&”的应用。

```
#include<stdio.h>
main()
{
    long i;
    long *p;
    printf("please input the number:\n");
    scanf("%ld",&i);
    p=&i;
    printf("the result1 is: %ld\n",*&i);                /*输出变量i的值*/
    printf("the result2 is: %ld\n",i);                  /*输入变量i的值*/
    printf("the result3 is: %ld\n",*p);                 /*使用指针形式输出i的值*/
}
```

运行程序，显示结果如图10-8所示。

```
F:\C语言教材\光盘\MR\源码\第10章\10-3\3.exe
please input the number:
98
the result1 is: 2686648
the result2 is: 2686648

Process exited after 5.431 seconds with return value 24
请按任意键继续. . .
```

图10-7 “&*”的应用

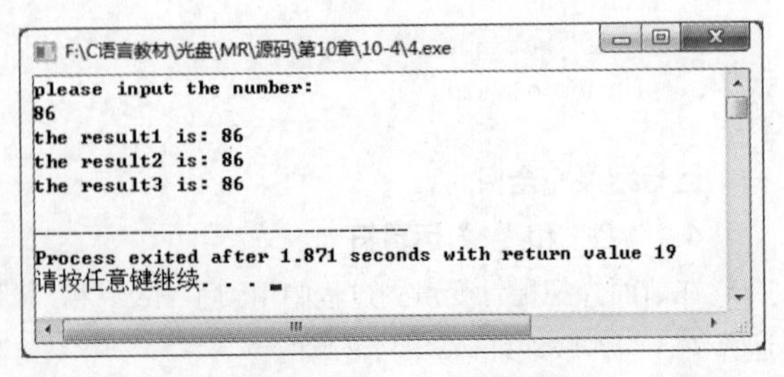

图10-8 “*&”的应用

10.1.4 指针自加自减运算

指针自加自减运算

指针的自加自减运算不同于普通变量的自加自减运算，也就是说并非简单地进行加1、减1，这里通过下面的实例进行具体分析。

【例10-5】整型变量地址输出。

```
#include<stdio.h>
main()
{
    int i;
    int *p;
    printf("please input the number:\n");
    scanf("%d",&i);
    p=&i;                                          /*将变量i的地址赋给指针变量*/
    printf("the result1 is: %d\n",p);
    p++;                                           /*地址加1，这里的1并不代表一个字节*/
    printf("the result2 is: %d\n",p);
}
```

运行程序，显示结果如图10-9所示。

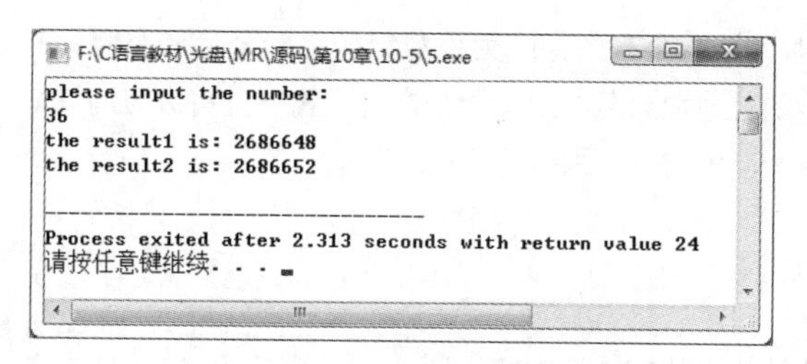

图10-9 整型变量地址输出

若将实例10-5的程序改成：

```
#include<stdio.h>
main()
{
    short i;
    short *p;
    printf("please input the number:\n");
    scanf("%d",&i);
    p=&i;                                          /*将变量i的地址赋给指针变量*/
    printf("the result1 is: %d\n",p);
    p++;                                           /*地址加1，这里的1并不代表一个字节*/
    printf("the result2 is: %d\n",p);
}
```

运行程序，显示结果如图10-10所示。

基本整型变量i在内存中占4个字节，指针p是指向变量i的地址的，这里的p++不是简单地在地址上加1，而是指向下一个存放基本整型数的地址。图10-9所示的结果是因为变量i是基本整型，所以执行p++后，p的值增加了4（4个字节）；图10-10所示的结果是因为i被定义成了短整型，所以执行p++后，p的值增加了2（两个字节）。

指针都按照它所指向的数据类型的直接长度进行增或减。可以将实例10-5用图10-11来形象地表示。

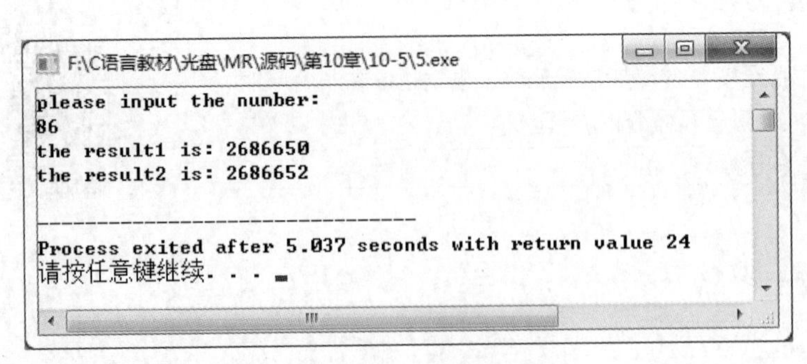

图10-10 短整型变量地址输出

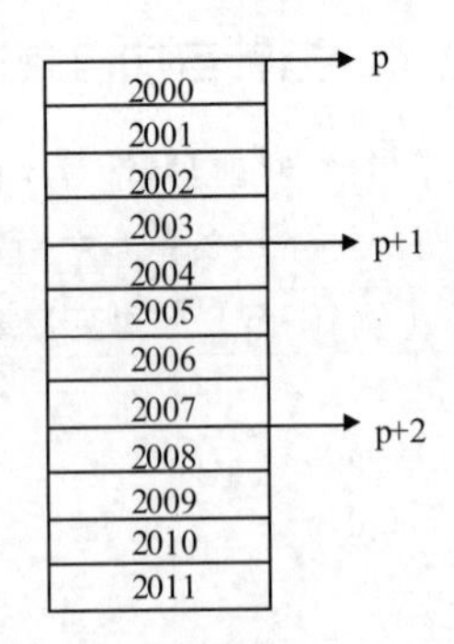

图10-11 指向整型变量的指针

10.2 数组与指针

系统需要提供一定量连续的内存来存储数组中的各元素，内存都有地址，指针变量就是存放地址的变量，如果把数组的地址赋给指针变量，就可以通过指针变量来引用数组。下面就介绍如何用指针来引用一维数组及二维数组元素。

10.2.1 一维数组与指针

一维数组与指针

当定义一个一维数组时，系统会在内存中为该数组分配一个存储空间，其数组的名称就是数组在内存中的首地址。若再定义一个指针变量，并将数组的首地址传给指针变量，则该指针就指向了这个一维数组。

例如：

```
int *p,a[10];
p=a;
```

这里a是数组名，也就是数组的首地址，将它赋给指针变量p，也就是将数组a的首地址赋给p。也可以写成如下形式：

```
int *p,a[10];
p=&a[0];
```

上面的语句是将数组a中的首个元素的地址赋给指针变量p。由于a[0]的地址就是数组的首地址，因此两条赋值操作效果完全相同，如实例10-6所示。

【例10-6】输出数组中的元素。

```
#include<stdio.h>
main()
{
    int *p,*q,a[5],b[5],i;
    p=&a[0];
    q=b;
    printf("please input array a:\n");
    for(i=0;i<5;i++)
        scanf("%d",&a[i]);
    printf("please input array b:\n");
    for(i=0;i<5;i++)
        scanf("%d",&b[i]);
    printf("array a is:\n");
    for(i=0;i<5;i++)
        printf("%5d",*(p+i));
    printf("\n");
    printf("array b is:\n");
    for(i=0;i<5;i++)
```

```
        printf("%5d",*(q+i));
    printf("\n");
}
```

运行程序，显示结果如图10-12所示。

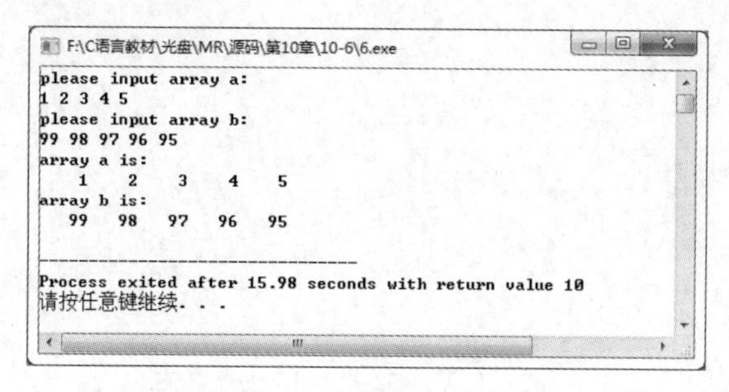
F:\C语言教材\光盘\MR\源码\第10章\10-6\6.exe
please input array a:
1 2 3 4 5
please input array b:
99 98 97 96 95
array a is:
1 2 3 4 5
array b is:
99 98 97 96 95
Process exited after 15.98 seconds with return value 10
请按任意键继续. . .

图10-12　输出数组中的元素

实例10-6中有如下两条语句：

```
p=&a[0];
q=b;
```

这两种表示方法都是将数组首地址赋给指针变量。

那么如何通过指针的方式来引用一维数组中的元素呢？有以下语句：

```
int *p,a[5];
p=&a;
```

针对上面的语句将通过以下2方面进行介绍。

①p+n与a+n表示数组元素a[n]的地址，即&a[n]。对整个a数组来说，共有5个元素，n的取值为0～4，则数组元素的地址就可以表示为p+0～p+4或a+0～a+4。

②表示数组中的元素用到了前面介绍的数组元素的地址，用*(p+n)和*(a+n)来表示数组中的各元素。

实例10-6中的语句：printf("%5d",*(p+i));和语句：printf("%5d",*(q+i));分别表示输出数组a和数组b中对应的元素。

实例10-6中使用指针指向一维数组及通过指针引用数组元素的过程可以通过图10-13和图10-14表示。

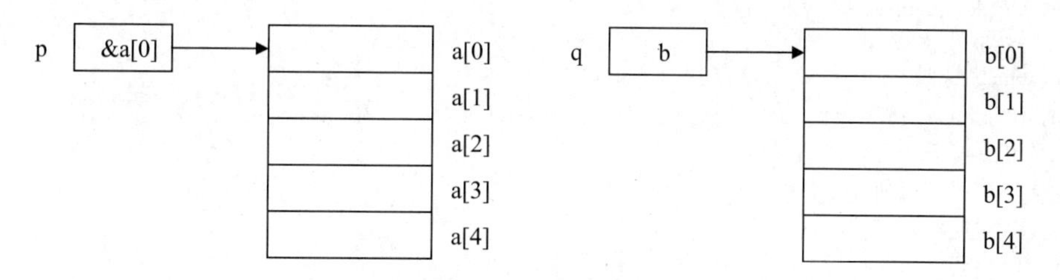

图10-13　指针指向一维数组

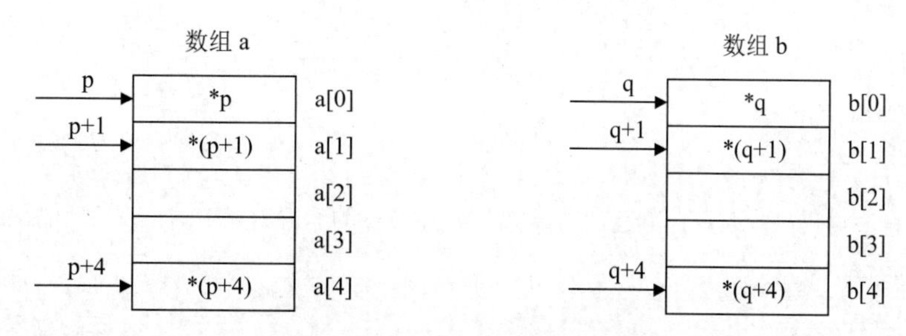

图10-14　通过指针引用数组元素

前面提到可以用a+n表示数组元素的地址，*(a+n)表示数组元素，那么就可以将实例10-6的程序代码改成如下形式：

```
#include<stdio.h>
main()
{
    int *p,*q,a[5],b[5],i;
    p=&a[0];
    q=b;
    printf("please input array a:\n");
    for(i=0;i<5;i++)
        scanf("%d",&a[i]);
    printf("please input array b:\n");
    for(i=0;i<5;i++)
        scanf("%d",&b[i]);
    printf("array a is:\n");
    for(i=0;i<5;i++)
        printf("%5d",*(a+i));
    printf("\n");
    printf("array b is:\n");
    for(i=0;i<5;i++)
        printf("%5d",*(b+i));
    printf("\n");
}
```

程序运行的结果与实例10-6的运行结果一样。

- 表示指针的移动可以使用“++”和“--”这两个运算符。

利用“++”运算符可将程序改写成如下形式：

```
#include<stdio.h>
main()
{
    int *p,*q,a[5],b[5],i;
    p=&a[0];
    q=b;
    printf("please input array a:\n");
    for(i=0;i<5;i++)
        scanf("%d",&a[i]);
    printf("please input array b:\n");
    for(i=0;i<5;i++)
        scanf("%d",&b[i]);
    printf("array a is:\n");
    for(i=0;i<5;i++)
        printf("%5d",*p++);
    printf("\n");
    printf("array b is:\n");
    for(i=0;i<5;i++)
        printf("%5d",*q++);
    printf("\n");
}
```

还可将上面程序再进一步改写，其运行结果仍与实例10-6的运行结果相同，改写后的程序代码如下：

```
#include<stdio.h>
main()
{
    int *p,*q,a[5],b[5],i;
```

```
    p=&a[0];
    q=b;
    printf("please input array a:\n");
    for(i=0;i<5;i++)
        scanf("%d",p++);
    printf("please input array b:\n");
    for(i=0;i<5;i++)
        scanf("%d",q++);
    p=a;
    q=b;
    printf("array a is:\n");
    for(i=0;i<5;i++)
        printf("%5d",*p++);
    printf("\n");
    printf("array b is:\n");
    for(i=0;i<5;i++)
        printf("%5d",*q++);
    printf("\n");
}
```

比较上面两个程序会发现，如果在给数组元素赋值时使用了如下语句：

```
printf("please input array a:\n");
for(i=0;i<5;i++)
    scanf("%d",p++);
printf("please input array b:\n");
for(i=0;i<5;i++)
    scanf("%d",q++);
```

而且在输出数组元素时需要使用指针变量，则需加上如下语句；

```
p=a;
q=b;
```

这两个语句的作用是将指针变量p和q重新指向数组a和数组b在内存中的起始位置。若没有该语句，而直接使用*p++的方法进行输出，则此时将会产生错误。

10.2.2 二维数组与指针

二维数组与指针

定义一个3行5列的二维数组，其在内存中的存储形式如图10-15所示。

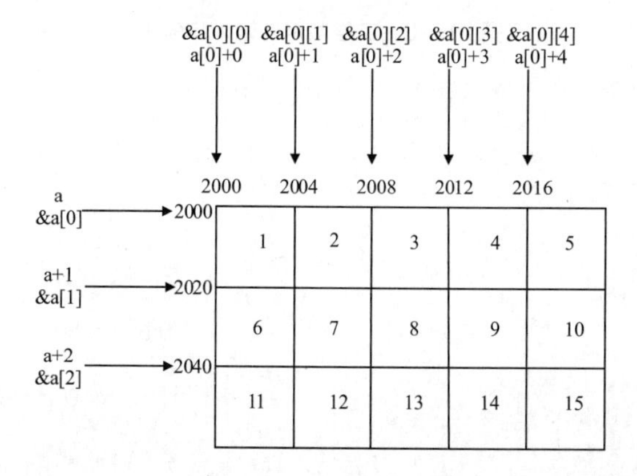

图10-15 二维数组

从图10-15中可以看到几种表示二维数组中元素地址的方法，下面逐一进行介绍。

- &a[0][0]既可以看作数组0行0列的首地址，也可以看作二维数组的首地址。类似地&a[m][n]就是第m

行n列元素的地址。

- a[0]+n表示第0行第n个（列）元素的地址。

【例10-7】利用指针对二维数组进行输入和输出。

```
#include<stdio.h>
main()
{
    int a[3][5],i,j;
    printf("please input:\n");
    for(i=0;i<3;i++)                          /*控制二维数组的行数*/
    {
        for(j=0;j<5;j++)                      /*控制二维数组的列数*/
        {
            scanf("%d",a[i]+j);               /*给二维数组元素赋初值*/
        }
    }
    printf("the array is:\n");
    for(i=0;i<3;i++)
    {
        for(j=0;j<5;j++)
        {
            printf("%5d",*(a[i]+j));          /*输出数组中元素*/
        }
        printf("\n");
    }
}
```

运行程序，显示结果如图10-16所示。

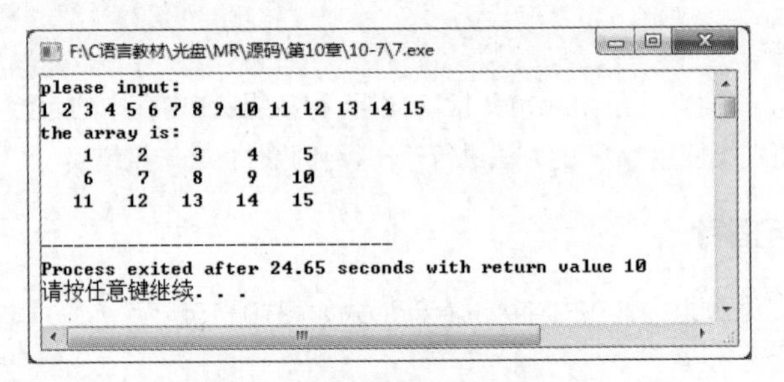

图10-16 二维数组的输入和输出

在运行结果仍相同的前提下还可将程序改写成如下形式：

```
#include<stdio.h>
main()
{
    int a[3][5],i,j,*p;
    p=a[0];
    printf("please input:\n");
    for(i=0;i<3;i++)                          /*控制二维数组的行数*/
    {
        for(j=0;j<5;j++)                      /*控制二维数组的列数*/
        {
            scanf("%d",p++);                  /*为二维数组中的元素赋值*/
        }
    }
    p=a[0];                                   /*p为第一个元素的地址*/
    printf("the array is:\n");
```

```
    for(i=0;i<3;i++)
    {
        for(j=0;j<5;j++)
        {
            printf("%5d",*p++);                    /*输出二维数组中的元素*/
        }
        printf("\n");
    }
}
```

- &a[0]是第0行的首地址，当然&a[n]就是第n行的首地址。

【例10-8】将一个3行5列的二维数组的第3行元素输出。

```
#include<stdio.h>
main()
{
    int a[3][5],i,j,(*p)[5];
    p=&a[0];
    printf("please input:\n");
    for(i=0;i<3;i++)                              /*控制二维数组的行数*/
        for(j=0;j<5;j++)                          /*控制二维数组的列数*/
            scanf("%d",(*(p+i))+j);               /*为二维数组中的元素赋值*/
        p=&a[2];                                  /*p为第一个元素的地址*/
        printf("the third line is:\n");
            for(j=0;j<5;j++)
                printf("%5d",*((*p)+j));          /*输出二维数组中的元素*/
            printf("\n");
}
```

运行程序，显示结果如图10-17所示。

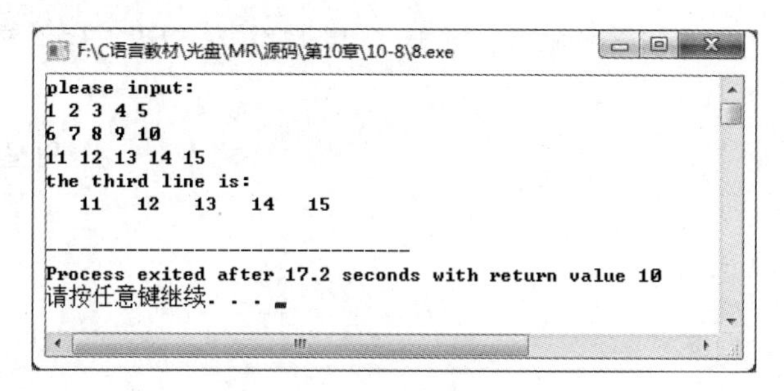

图10-17 输出第3行元素

- a+n表示第n行的首地址。

【例10-9】将一个3行5列的二维数组的第二行元素输出。

```
#include<stdio.h>
main()
{
    int a[3][5],i,j;
    printf("please input:\n");
    for(i=0;i<3;i++)                              /*控制二维数组的行数*/
        for(j=0;j<5;j++)                          /*控制二维数组的列数*/
            scanf("%d",*(a+i)+j);                 /*为二维数组中的元素赋值*/
            /*p为第一个元素的地址*/
        printf("the second line is:\n");
        for(j=0;j<5;j++)
```

```
            printf("%5d",*(*(a+1)+j));                /*输出二维数组中的元素*/
        printf("\n");
}
```

运行程序，显示结果如图10-18所示。

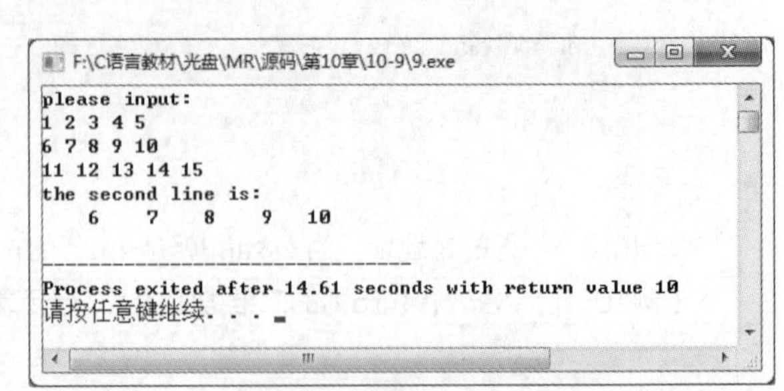

图10-18　输出第二行元素

前面讲过了如何利用指针来引用一维数组，这里在一维数组的基础上介绍如何通过指针来引用一个二维数组中的元素。

- *(*(a+n)+m)表示第n行第m列元素。
- *(a[n]+m)表示第n行第m列元素。

10.2.3　字符串与指针

访问一个字符串可以通过两种方式：第一种方式就是前面讲过的使用字符数组来存放一个字符串，从而实现对字符串的操作；另一种方式就是下面将要介绍的使用字符指针指向一个字符串，此时可不定义数组。

字符串与指针

【例10-10】字符型指针应用。

```
#include<stdio.h>
main()
{
    char *string="hello mingri";
    printf("%s",string);                              /*输出字符串*/
}
```

运行程序，显示结果如图10-19所示。

实例10-10中定义了字符型指针变量string，用字符串常量“hello mingri”为其赋初值，注意这里并不是把“hello mingri”中的所有字符存放到string中，只是把该字符串中的第一个字符的地址赋给指针变量string，如图10-20所示。

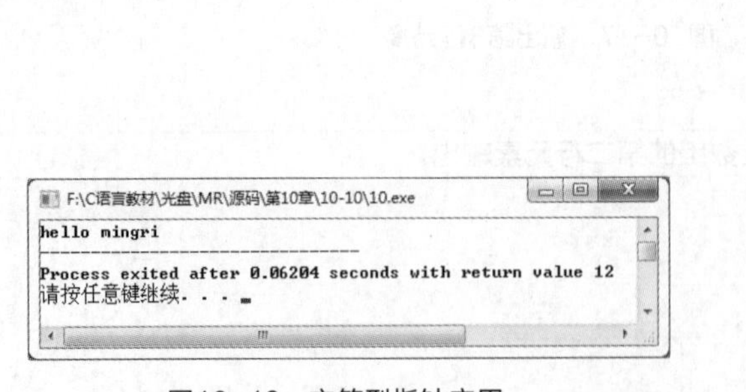

图10-19　字符型指针应用

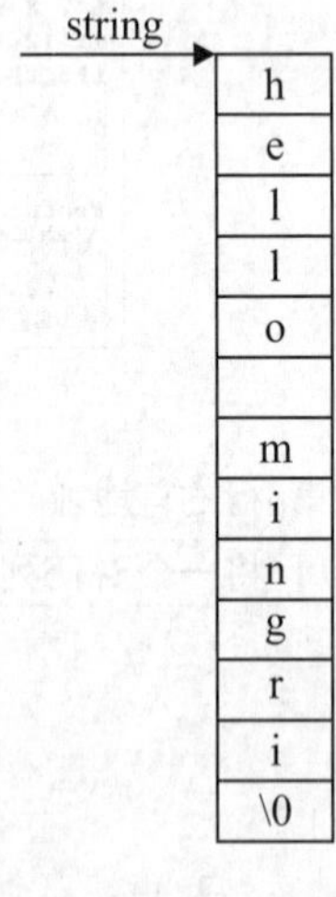

图10-20　字符型指针

语句：

```
char *string="hello mingri";
```

等价于下面两条语句：

```
char *string;
string="hello mingri";
```

【例10-11】利用指针实现字符串复制功能。

```
#include<stdio.h>
main()
{
    char str1[ ]="you are beautiful",str2[30]= " ",*p1,*p2;
    p1=str1;
    p2=str2;
    while(*p1!='\0')
    {
        *p2=*p1;
        p1++;                                   /*指针移动*/
        p2++;
    }
    *p2='\0';                                   /*在字符串的末尾加结束符*/
    printf("Now the string2 is:\n");
    puts(str2);                                 /*输出字符串*/
}
```

程序运行结果如图10-21所示。

实例10-11中定义了两个指向字符型数组的指针变量。首先让p1和p2分别指向字符串a和字符串b的第一个字符的地址。将p1所指向的内容赋给p2所指向的元素，然后p1和p2分别加1，指向下一个元素，直到*p1的值为“\0”为止。

这里有一点需要注意，就是p1和p2的值是同步变化的，如图10-22所示。若p1处在p11的位置，p2就处在p21的位置；若p1处在p12的位置，p2就处在p22的位置。

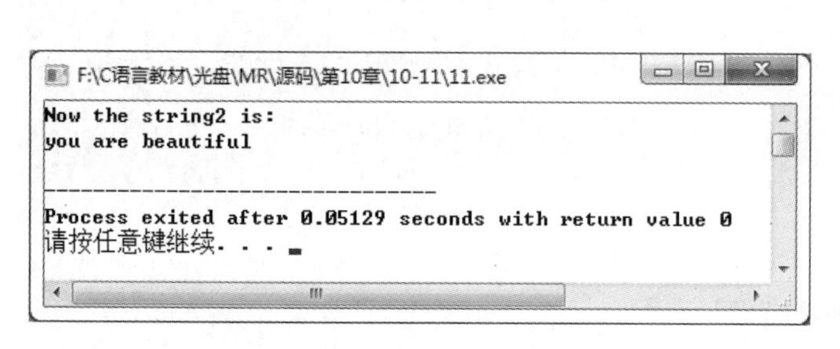

图10-21　输出第二行元素

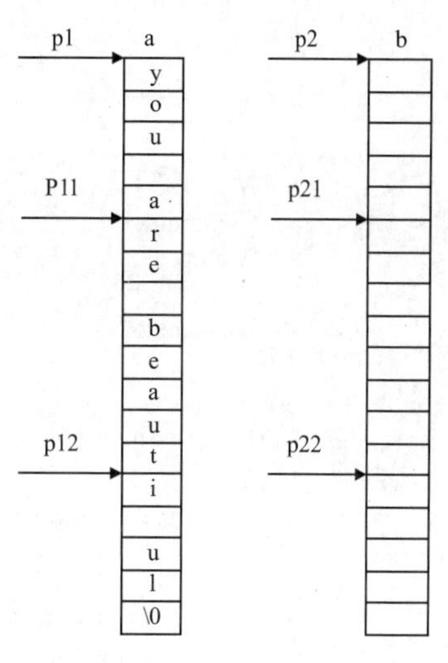

图10-22　输出第二行元素

10.2.4　字符串数组

前面讲过了字符数组，这里提到的字符串数组有别于字符数组。字符数组是一个一维数组，而字符串数组是以字符串作为数组元素的数组，可以将其看成一个二维字符数组。下面定义一个简单的字符串数组：

字符串数组

```
char country[5][20]=
{
    "China",
    "Japan",
```

```
    "Russia",
    "Germany",
    "Switzerland"
}
```

字符型数组变量country被定义为含有5个字符串的数组，每个字符串的长度要小于20（这里要考虑字符串结束符“\0”）。

通过观察上面定义的字符串数组可以发现像"China"和"Japan"这样的字符串的长度仅为5，加上字符串结束符也仅为6，而内存中却要给它们分别分配一个20字节的空间，这样就会造成资源浪费。为了解决这个问题，可以使用指针数组，使每个指针指向所需要的字符常量，这种方法虽然需要在数组中保存字符指针，而且也占用空间，但要远少于字符串数组需要的空间。

那么什么是指针数组？一个数组，其元素均为指针类型数据，这样的数组称为指针数组。也就是说，指针数组中的每一个元素都相当于一个指针变量。一维指针数组的定义形式如下：

```
类型名 数组名[数组长度]
```

【例10-12】输出12个月。

```
#include<stdio.h>
main()
{
    int i;
    char *month[]=
    {
            "January",
            "February",
            "March",
            "April",
            "May",
            "June",
            "July",
            "August",
            "September",
            "October",
            "November",
            "December"
    };                                          /*给指针数组中的元素赋初值*/
    for(i=0;i<12;i++)
        printf("%s\n",month[i]);                /*输出指针数组中的各元素*/
}
```

程序运行结果如图10-23所示。

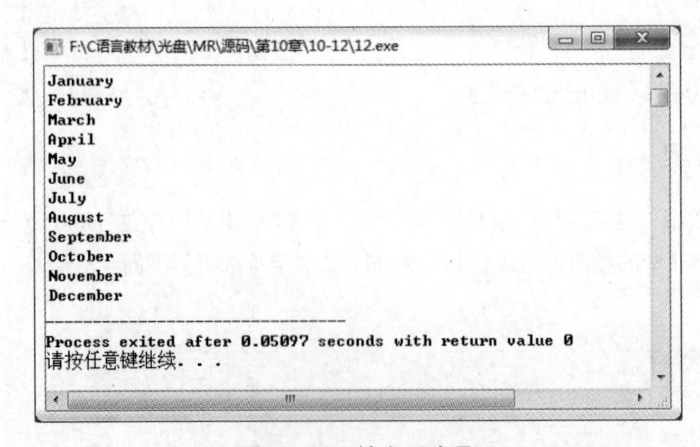

图10-23　输出12个月

10.3 指向指针的指针

一个指针变量可以指向整型变量、实型变量、字符类型变量，当然也可以指向指针类型变量。当这种指针变量用于指向指针类型变量时，则称之为指向指针的指针变量。这种双重指针如图10-24所示。

整型变量i的地址是&i，将其值传递给指针变量p1，则p1指向i；同时，将p1的地址&p1传递给p2，则p2指向p1。这里的p2就是指向指针变量的指针变量，即指针的指针。指向指针的指针变量定义如下：

```
类型标识符 **指针变量名;
```

例如：

```
int **p;
```

其含义为定义一个指针变量p，它指向另一个指针变量，该指针变量又指向一个基本整型变量。由于指针运算符*是自右至左结合，所以上述定义相当于：

```
int *(*p);
```

既然知道了如何定义指向指针的指针，那么可以将图10-24用图10-25更形象地表示出来。

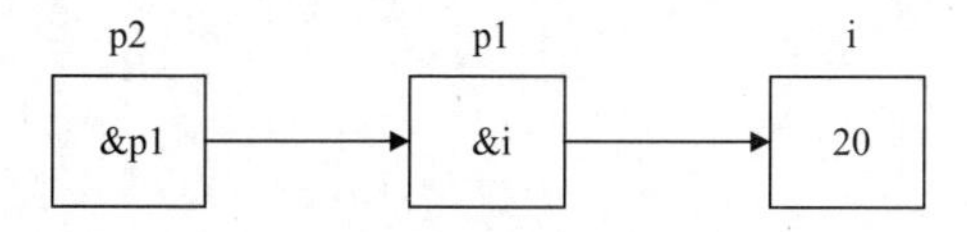

图10-24　指向指针的指针（一）

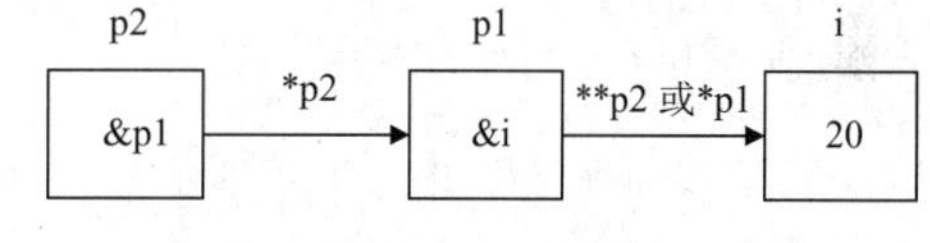

图10-25　指向指针的指针（二）

下面介绍一下指向指针变量的指针变量在程序中是如何应用的。

【例10-13】使用指向指针的指针输出12个月。

```
#include<stdio.h>
main()
{
    int i;
    char **p;
    char *month[]=
    {
            "January",
            "February",
            "March",
            "April",
            "May",
            "June",
            "July",
            "August",
            "September",
            "October",
            "November",
            "December"
    };                                                      /*给指针数组中的元素赋初值*/
    for(i=0;i<12;i++)
    {
        p=month+i;
        printf("%s\n",*p);                                      /*输出指针数组中的各元素*/
    }
}
```

运行程序，显示结果如图10-26所示。

【例10-14】利用指向指针的指针输出一维数组中是偶数的元素，并统计偶数的个数。

```
#include<stdio.h>
main()
{
    int a[10],*p1,**p2,i,n=0;                    /*定义数组、指针、变量等为基本整型*/
    printf("please input:\n");
    for(i=0;i<10;i++)
        scanf("%d",&a[i]);                       /*给数组a中各元素赋值*/
    p1=a;                                        /*将数组a的首地址赋给p1*/
    p2=&p1;                                      /*将指针p1的地址赋给p2*/
    printf("the array is:");
    for(i=0;i<10;i++)
    {
        if(*(*p2+i)%2==0)
        {
            printf("%5d",*(*p2+i));              /*输出数组中的元素*/
            n++;
        }
    }
    printf("\n");
    printf("the number is:%d\n",n);
}
```

运行程序，显示结果如图10-27所示。

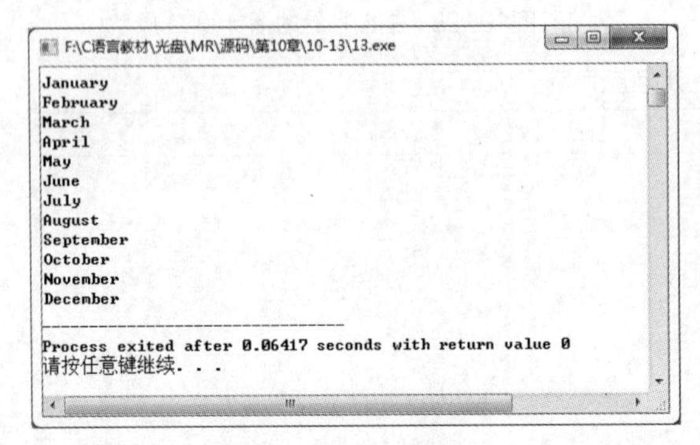

图10-26 输出12个月

```
F:\C语言教材\光盘\MR\源码\第10章\10-14\14.exe
please input:
47 58 12 36 966 41 51 52 53 61
the array is:   58   12   36  966   52
the number is:5
--------------------------------
Process exited after 21.29 seconds with return value 16
请按任意键继续. . .
```

图10-27 输出偶数

该程序中将数组a的首地址赋给指针变量p1，又将指针变量p1的地址赋给指向指针的指针变量p2，要通过这个双重指针变量p2访问数组中的元素，就要一层层地来分析。首先看*p2的含义，*p2指向的是指针变量p1所存放的内容，即数组a的首地址，要想取出数组a中的元素，就必须在*p2前面再加一个指针运算符“*”。

根据前面讲过的指针的用法还可将实例10-14的程序改写成如下形式：

```
#include<stdio.h>
main()
{
    int a[10],*p1,**p2,n=0;                      /*定义数组、指针等为基本整型*/
    printf("please input:\n");
    for(p1=a;p1-a<10;p1++)                       /*指针p1从a的首地址开始变化*/
    {
        p2=&p1;                                  /*将指针p1的地址赋给p2*/
        scanf("%d",*p2);                         /*通过指针变量给数组元素赋初值*/
    }
    printf("the array is:");
    for(p1=a;p1-a<10;p1++)
```

```
    {
        p2=&p1;                                                  /*将指针p1的地址赋给p2*/
        if(**p2%2==0)
        {
            printf("%5d",**p2);                                  /*将数组中的元素输出*/
            n++;
        }
    }
    printf("\n");
    printf("the number is:%d\n",n);
}
```

10.4 指针变量作函数参数

指针变量作函数参数

通过前面的介绍可知，整型变量、实型变量、字符型变量、数组名和数组元素等均可作为函数参数。此外，指针型变量也可以作为函数参数，这里具体进行介绍。

首先通过实例10-15来介绍如何用指针变量来作为函数参数。

【例10-15】交换两个数。调用自定义函数交换两变量值。

```
#include <stdio.h>
void swap(int *a,int *b)
{
    int tmp;
    tmp=*a;
    *a=*b;
    *b=tmp;

}
main()
{
    int x,y;
    int *p_x,*p_y;
    printf("请输入两个数：\n");
    scanf("%d",&x);
    scanf("%d",&y);
    p_x=&x;
    p_y=&y;
    swap(p_x,p_y);
    printf("x=%d\n",x);
    printf("y=%d\n",y);
}
```

运行程序，显示结果如图10-28所示。

swap函数是用户自定义函数，在main函数中调用该函数交换变量a和b的值，swap函数的两个形参被传入了两个地址值，也就是传入了两个指针变量。在swap函数的函数体内使用整型变量tmp作为中间变量，将两个指针变量所指向的数值进行交换。在main函数内首先获取输入的两个数值，分别传递给变量x和y，再调用swap函数将变量x和y的数值互换。

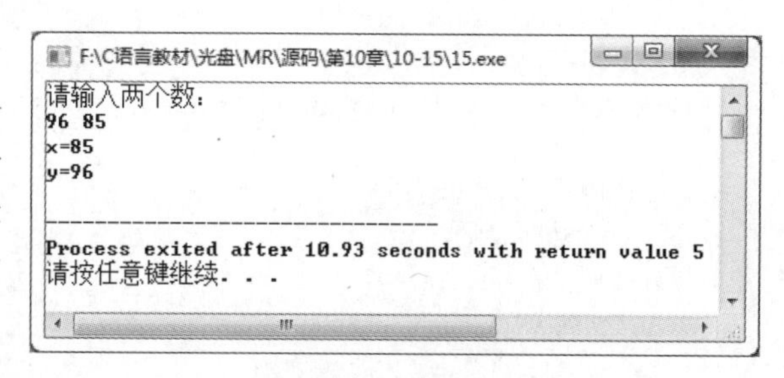

图10-28　交换两个数

这可以将前述程序改成如下形式：

```
#include<stdio.h>
void swap(int a,int b)
{
    int tmp;
    tmp=a;
    a=b;
    b=tmp;

}
void main()
{
    int x,y;
    printf("请输入两个数：\n");
    scanf("%d",&x);
    scanf("%d",&y);
        swap(x,y);
    printf("x=%d\n",x);
    printf("y=%d\n",y);
}
```

程序运行结果如图10-29所示。

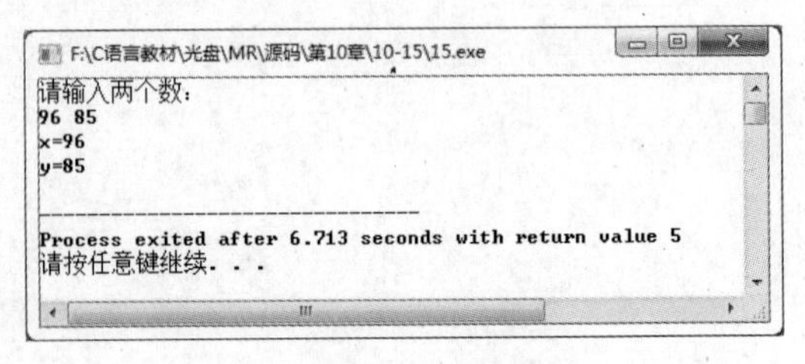

图10-29　数值未实现交换

由程序运行结果可知，程序并没有交换x和y的值，这涉及值传递概念。

在函数调用过程中，主调用函数与被调用函数之间有一个值传递过程。

函数调用中发生的值传递是单向的，只能把实参的值传递给形参，在函数调用过程中，形参的值发生改变，实参的值不会发生改变，因此上面的这段代码同样不能实现x和y值的互换。

通过指针传递参数可以减少值传递带来的开销，也可以使函数调用不产生值传递。

下面来介绍嵌套的函数调用是如何使用指针变量作函数参数的。

【例10-16】嵌套的函数调用。

```
#include<stdio.h>
void swap(int *p1, int *p2)                          /*自定义交换函数*/
{
    int temp;
    temp = *p1;
    *p1 = *p2;
    *p2 = temp;
}
void exchange(int *pt1, int *pt2, int *pt3)          /*3个数由大到小排序*/
{
    if (*pt1 < *pt2)
        swap(pt1, pt2);                              /*调用swap函数*/
    if (*pt1 < *pt3)
        swap(pt1, pt3);
    if (*pt2 < *pt3)
        swap(pt2, pt3);
}
```

```
main()
{
    int a, b, c, *q1, *q2, *q3;
    puts("Please input three key numbers you want to rank:");
    scanf("%d,%d,%d", &a, &b, &c);
    q1 = &a;                                                /*将变量a地址赋给指针变量q1*/
    q2 = &b;
    q3 = &c;
    exchange(q1, q2, q3);                                   /*调用exchange函数*/
    printf("\n%d,%d,%d\n", a, b, c);
}
```

运行程序，显示结果如图10-30所示。

本程序创建了一个自定义函数swap，用于交换两个变量的值。本程序还创建了一个自定义函数exchange，其作用是将3个数由大到小排序，在exchange函数中还调用了前面自定义的swap函数，这里的swap和exchange函数都是以指针变量作为形参。程序运行时，通过键盘输入3个数a、b、c，分别将a、b、c的地址赋给q1、q2、q3，调用exchange函数，将指针变量作为实参，将实参变量的值传递给形参变量，此时q1和pt1都指向变量a，q2和pt2都指向变量b，q3和pt3都指向变量c；在exchange函数中又调用了swap函数，当执行swap(pt1,pt2)时，pt1也指向了变量a，pt2指向了变量b。实现exchange函数中调用swap函数的这一过程如图10-31所示。

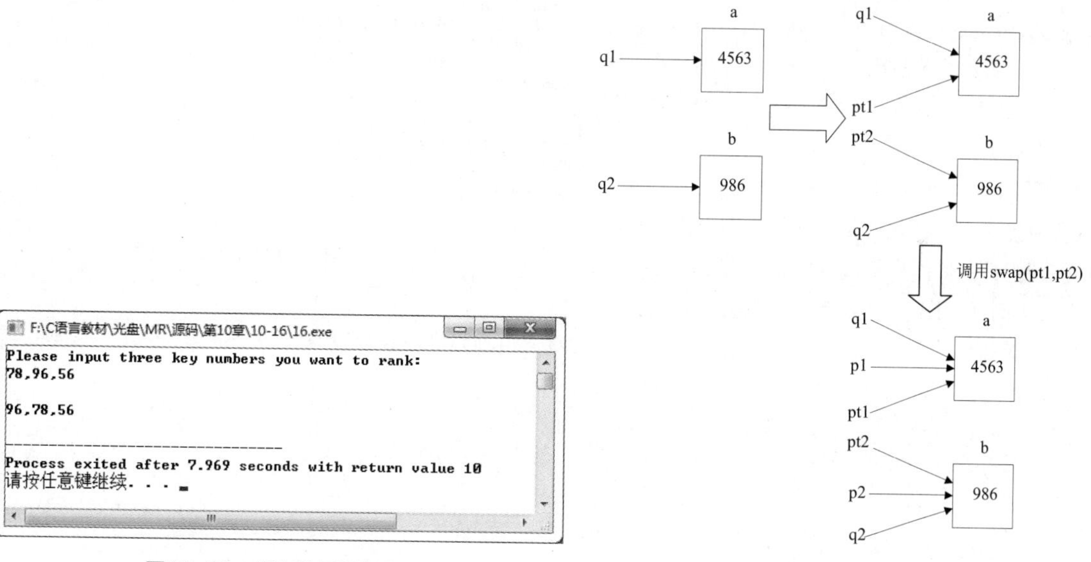

图10-30　嵌套的函数调用

图10-31　嵌套调用时指针的指向情况

C语言中实参变量和形参变量之间的数据传递是单向的“值传递”方式。指针变量作函数参数也是如此，调用函数不可能改变实参指针变量的值，但可以改变实参指针变量所指变量的值。

前面介绍了指向数组的指针变量的定义和使用，这里介绍如何使指向数组的指针变量作函数参数。

形式参数和实际参数均为指针变量。

【例10-17】 任意输入10个数据，先将这10个数据中是奇数的数据输出，再求这10个数据中所有奇数之和。

```
#include<stdio.h>
void SUM(int *p,int n)                                      /*自定义函数SUM查找数组中的奇数*/
{
    int i,sum=0;
```

```
    printf("the odd:\n");
    for(i=0;i<n;i++)
        if(*(p+i)%2!=0)                                    /*判断数组中的元素是否为奇数*/
        {
            printf("%5d",*(p+i));
            sum=sum+*(p+i);
        }
        printf("\n");
        printf("sum:%d\n",sum);
}
main()
{
    int *pointer,a[10],i;
    pointer=a;                                             /*指针指向数组首地址*/
    printf("please input:\n");
    for(i=0;i<10;i++)
        scanf("%d",&a[i]);
    SUM(pointer,10);                                       /*调用SUM函数*/
}
```

运行程序，显示结果如图10-32所示。

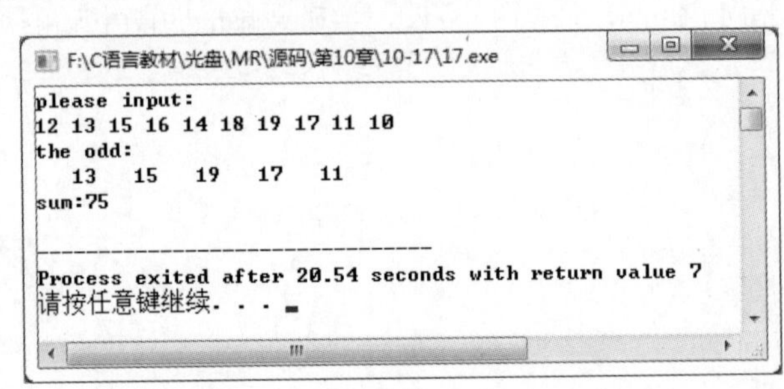

图10-32 输出奇数并求奇数之和

在自定义函数SUM中使用了指针变量作形式参数，在主函数main中实际参数pointer是一个指向一维数组a的指针，被调用函数SUM中的形式参数p得到pointer的值，指向了内存中存放的一维数组。

冒泡排序是C语言中比较经典的例子，也是读者应该牢牢掌握的一种算法，下面具体分析如何使用指针变量作为函数参数来实现冒泡排序。

【例10-18】使用指针实现冒泡排序。

冒泡排序的基本思想：如果要对n个数进行冒泡排序，则要进行n-1轮比较，在第一轮比较中要进行n-1次两两比较，在第j轮比较中要进行n-j次两两比较。

```
#include<stdio.h>
void order(int *p,int n)                                  /*自定义order函数*/
{
    int i,t,j;
    for(i=0;i<n-1;i++)
        for(j=0;j<n-1-i;j++)
            if(*(p+j)>*(p+j+1))                           /*判断相邻两个元素的大小*/
            {
                t=*(p+j);
                *(p+j)=*(p+j+1);
                *(p+j+1)=t;                               /*借助中间变量t进行值互换*/
            }
            printf("排序后的数组:");
            for(i=0;i<n;i++)
            {
                if(i%5==0)                                /*以每行5个元素的形式输出*/
                    printf("\n");
```

```
            printf("%5d",*(p+i));                           /*输出数组中排序后的元素*/
        }
        printf("\n");
}
main()
{
    int a[20],i,n;
    printf("请输入数组元素的个数:\n");
    scanf("%d",&n);                                         /*输入数组元素的个数*/
    printf("请输入各个元素:\n");
    for(i=0;i<n;i++)
        scanf("%d",a+i);                                    /*给数组元素赋初值*/
    order(a,n);                                             /*调用order函数*/
}
```

运行程序，显示结果如图10-33所示。

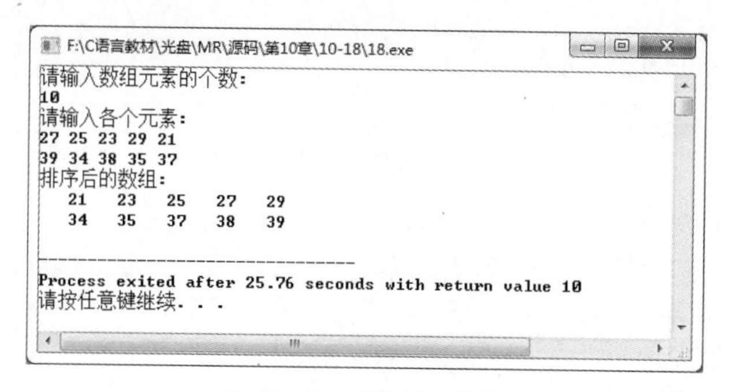

图10-33　冒泡排序结果

前面两个实例都是用一个指向数组的指针变量作为函数参数。在10.3节介绍过指向指针的指针，这里就来通过一个实例介绍如何用指向指针的指针作函数参数。

【例10-19】编程实现对英文的12个月份按字母顺序排序。

```
#include<stdio.h>
#include<string.h>
sort(char *strings[], int n)                            /*自定义排序函数*/
{
    char *temp;
    int i, j;
    for(i = 0; i < n; i++)
    {
        for(j = i + 1; j < n; j++)
        {
            if(strcmp(strings[i], strings[j]) > 0)      /*比较两个字符串的大小*/
            {
                temp = strings[i];
                strings[i] = strings[j];
                strings[j] = temp;                      /*如果前面字符串比后面的大，则互换*/
            }
        }
    }
}
main()
{
    int n = 12;
```

```
    int i;
    char **p;                                           /*定义字符型指向指针的指针*/
    char *month[] =
    {
              "January",
             "February",
             "March",
             "April",
             "May",
             "June",
             "July",
             "August",
             "September",
             "October",
             "November",
             "December"

    };
    p = month;
    sort(p, n);                                                    /*调用排序函数*/
    printf("排序后的12月份如下：\n");
    for (i = 0; i < n; i++)
        printf("%s\n", month[i]);                                  /*输出排序后的字符串*/
}
```

运行程序，显示结果如图10-34所示。

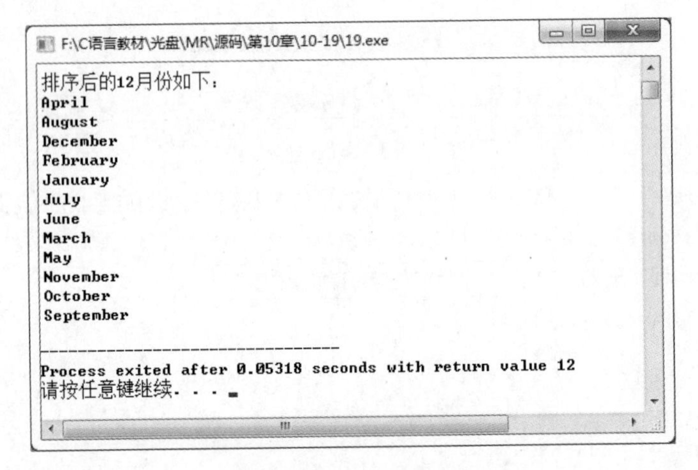

图10-34 字符串排序

下面将通过一个二维数组使用指针变量作函数参数的实例来加深读者对该部分知识的理解。

【例10-20】找出数组每行中最大的数，并将这些数相加求和。

```
#include<stdio.h>
#define N 4
void max(int (*a)[N],int m)                    /*自定义max函数，求二维数组每行最大元素*/
{
    int value,i,j,sum=0;
    for(i=0;i<m;i++)
    {
        value=*(*(a+i));                       /*将每行中的首个元素赋给value*/
        for(j=0;j<N;j++)
            if(*(*(a+i)+j)>value)              /*判断其他元素是否小于value的值*/
                value=*(*(a+i)+j);             /*把比value大的数重新赋给value*/
            printf("第%d行：最大数是：%d\n",i,value);
```

```
            sum=sum+value;
        }
        printf("\n");
        printf("每行中最大数相加之和是：%d\n",sum);
}
main()
{
        int a[3][N],i,j;
        int (*p)[N];
        p=&a[0];
        printf("please input:\n");
        for(i=0;i<3;i++)
            for(j=0;j<N;j++)
                scanf("%d",&a[i][j]);                    /*给数组中的元素赋值*/
            max(p,3);                                    /*调用max函数，指针变量作函数参数*/
}
```

运行程序，显示结果如图10-35所示。

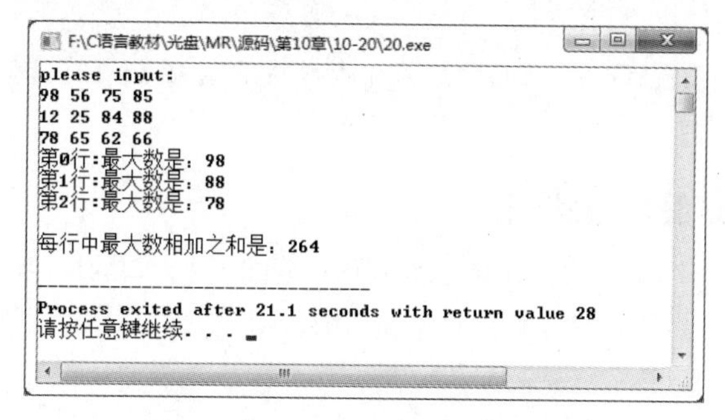

图10-35　输出每行最大的数并求和

（1）数组名就是这个数组的首地址，因此也可以将数组名作为实参传递给形式参数。如实例10-18中的语句：

```
order(a,n);                                          /*调用order函数*/
```

就是直接使用数组名作函数参数的。

（2）当形参为数组时，实参也可以为指针变量。可将实例10-18改写成如下形式：

```
#include<stdio.h>
void order(int a[],int n)
{
    int i,t,j;
    for(i=0;i<n-1;i++)
        for(j=0;j<n-1-i;j++)
            if(*(a+j)>*(a+j+1))                      /*判断相邻两个元素的大小*/
            {
                t=*(a+j);
                *(a+j)=*(a+j+1);
                *(a+j+1)=t;                          /*借助中间变量t进行值互换*/
            }
            printf("排序后的数组:");
            for(i=0;i<n;i++)
            {
                if(i%5==0)                           /*以每行5个元素的形式输出*/
                    printf("\n");
                printf("%5d",*(a+i));                /*输出数组中排序后的元素*/
            }
```

```
        printf("\n");
}
main()
{
    int a[20],i,n;
    int *p;
    p=a;
    printf("请输入数组元素的个数:\n");
    scanf("%d",&n);                                          /*输入数组元素的个数*/
    printf("请输入各个元素:\n");
    for(i=0;i<n;i++)
        scanf("%d",p++);/*给数组元素赋初值*/
    p=a;
    order(p,n);                                              /*调用order函数*/
}
```

本程序中，形参是数组，而实参是指针变量。

注意

上述程序中倒数第3行语句：

p=a;

该语句不可少，如果将其省略，则后面调用order函数时，参数p指向的就不是a数组。

10.5　返回指针值的函数

返回指针值的函数

指针变量也可以指向一个函数。一个函数在编译时被分配一个入口地址，该入口地址就称为函数的指针。可以用一个指针变量指向函数，然后通过该指针变量调用此函数。

一个函数可以返回一个整型值、字符值、实型值等，也可以返回指针型的数据，即地址。其概念与之前介绍的类似，只是返回的值的类型是指针类型而已。返回指针值的函数简称为指针函数。

定义指针函数的一般形式为：

```
类型名 *函数名(参数表列);
```

例如：

```
int *fun(int x,int y)
```

fun是函数名，调用它以后能得到一个指向整型数据的指针。x和y是函数fun的形式参数，这两个参数均为基本整型。这个函数的函数名前面有一个“*”，表示此函数是指针型函数，类型说明int是表示返回的指针指向整型变量。

【例10-21】使用返回指针的函数求长方形的周长。

```
#include<stdio.h>
int per(int a,int b);
void main()
{
    int iWidth,iLength,iResult;
    printf("请输入长方形的长:\n");
    scanf("%d",&iLength);
    printf("请输入长方形的宽:\n");
    scanf("%d",&iWidth);
    iResult=per(iWidth,iLength);
    printf("长方形的周长是:");
    printf("%d\n",iResult);
}
```

```
int per(int a,int b)
{
    return (a+b)*2;
}
```

运行程序，显示结果如图10-36所示。

实例10-21中用前面讲过的方式自定义了一个per函数，用来求长方形的周长。下面就来看一下在实例10-21的基础上如何使用返回值为指针的函数。

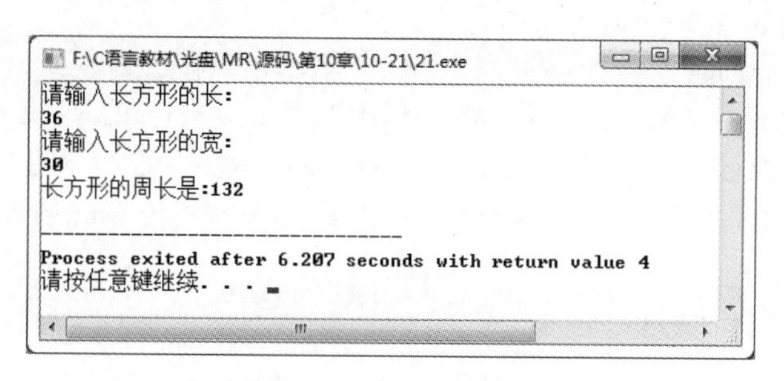

图10-36　求长方形的周长

```
#include<stdio.h>
int *per(int a,int b);
int Perimeter;
void main()
{
    int iWidth,iLength;
    int *iResult;
    printf("请输入长方形的长:\n");
    scanf("%d",&iLength);
    printf("请输入长方形的宽:\n");
    scanf("%d",&iWidth);
    iResult=per(iWidth,iLength);
    printf("长方形的周长是:");
    printf("%d\n",*iResult);
}

int *per(int a,int b)
{
    int *p;
    p=&Perimeter;
    Perimeter=(a+b)*2;
    return p;
}
```

程序中自定义了一个返回指针值的函数：

```
int * per(int x,int y)
```

将指向存放着所求长方形周长的变量的指针变量返回。注意这个程序本身并不需要写成这种形式，因为对这种问题如上编写程序并不简便，此处这样写只是起到讲解的作用。

10.6　指针数组作main函数的参数

在前面讲过的程序中，几乎都会出现main函数。main函数称为主函数，是所有程序运行的入口。main

函数是由系统调用的，当处于操作命令状态下，输入main所在的文件名，系统即调用main函数，在前面的内容中，对main函数始终作为主调函数进行处理，即允许main调用其他函数并传递参数。

指针数组作 main 函数的参数

main函数的第一行一般形式如下：

```
main()
```

我们可以发现main函数是没有参数的，那么main函数能否有参数呢？实际上main函数可以是无参函数，也可以是带参函数。对于带参的形式来说，就需要向其传递参数。下面先看一下main函数的带参的形式：

```
main(int argc,char *argv[])
```

从函数参数的形式上看，包含一个整型和一个指针数组。当一个C的源程序经过编译、链接后，会生成扩展名为.exe的可执行文件，这是可以在操作系统下直接运行的文件。对于main函数来说，其实际参数和命令是一起给出的，也就是在一个命令行中包括命令名和需要传给main函数的参数。命令行的一般形式为：

```
命令名    参数1    参数2 … 参数n
```

例如：

```
d:\debug\1 hello hi yeah
```

命令行中的命令名就是可执行文件的文件名，如语句中的d:\debug\1，命令名和其后所跟参数之间需用空格分隔。命令行与main函数的参数存在如下关系。

设命令行为：

```
file happy bright glad
```

其中，file为文件名，也就是一个由file.c经编译、链接后生成的可执行文件file.exe，其后跟了3个参数。以上命令行与main函数中的形式参数关系如下：

它的形式参数argc记录了命令行中命令名与实际参数的个数（file、happy、bright、glad），共4个，指针数组的大小由形式参数的值决定，即char *argv[4]，该指针数组的取值情况如图10-37所示。

利用指针数组作main函数的形参，可以向程序传送命令行参数。

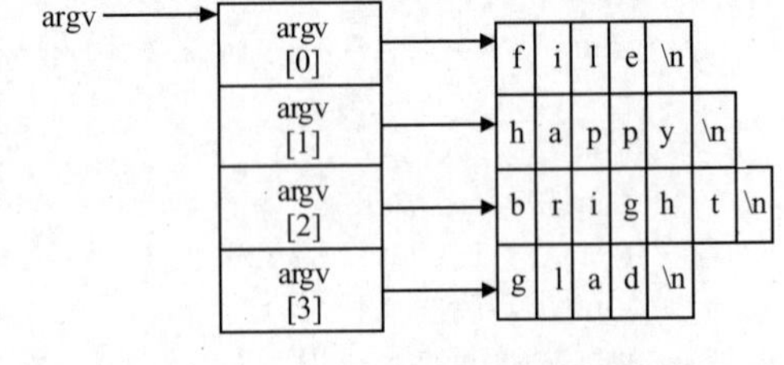

图10-37　指针数组取值

参数字符串的长度是不定的，并且参数字符串的长度不需要统一，且参数的个数也可以是任意的，并不具体规定。

【例10-22】输出main函数的参数内容。

```
#include<stdio.h>
main(int argc,char *argv[])                                    /*main函数为带参函数*/
{
    printf("the list of parameter:\n");
    printf("命令名：\n");
    printf("%s\n",*argv);
    printf("参数个数：\n");
    printf("%d\n",argc);

}
```

运行程序，显示结果如图10-38所示。

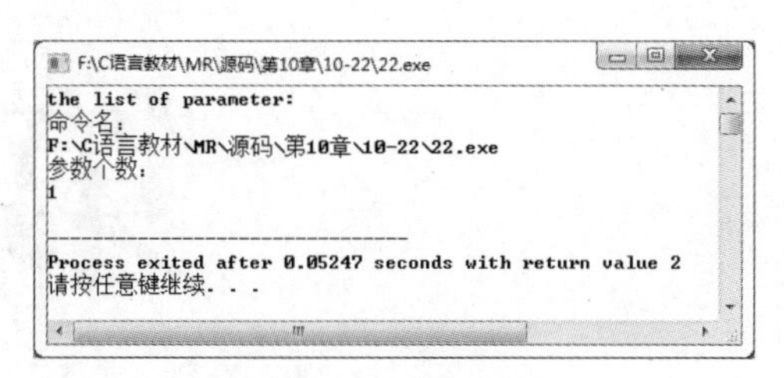

图10-38　输出参数内容

小　结

本章主要介绍了指针的相关概念及其应用，指针的相关概念中要理解变量与指针之间的区别，重点掌握指针变量的相关概念及用法；还主要介绍了指针与一维数组、二维数组、字符串及字符串数组之间的关系，通常情况下把数组、字符串的首地址赋予指针变量；还讲解了指向指针的指针、如何使用指针变量作函数参数、返回指针值的函数以及main函数的参数等相关内容，其中使用指针变量作函数参数在编写程序过程中用得比较多，希望读者能够注意。

上机指导

输入月份号输出英文月份名。

使用指针数组创建一个含有英文月份名的字符串数组，并使用指向指针的指针指向这个字符串数组，实现输出数组中的指定字符串。运行程序后，输入要显示英文名的月份号，将输出该月份对应的英文名。运行结果如图10-39所示。

上机指导

编程思路如下。

使用指向指针的指针实现对字符串数组中字符串的输出。这里首先定义了一个包含英文月份名的字符串数组，并定义了一个指向指针的指针变量指向该数组。使用该变量输出字符串数组的字符串。

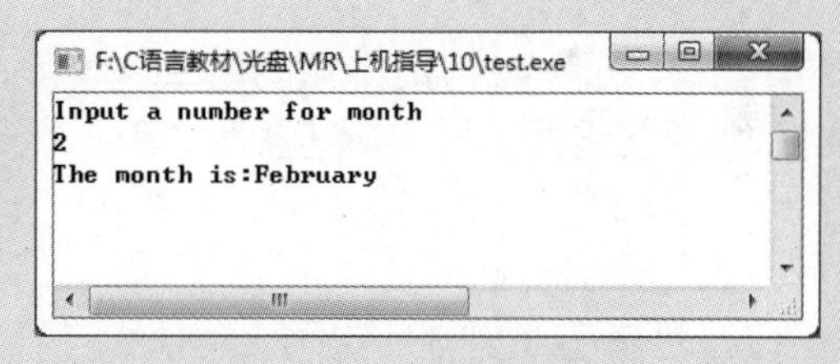

图10-39　输入月份号输出英文月份名

习　题

10-1　编程实现将数组中的元素值按照相反顺序存放。

10-2　编程实现输入两个字符串，将这两个字符串连接后输出。

10-3　使用指针实现字符串的复制，并将字符串输出。

10-4　查找成绩不及格的学生。有4个学生的4科考试成绩，找出至少有一科不及格的学生，将成绩列表输出。

10-5　使用指针插入元素。在有序（升序）的数组中插入一个数，使插入后的数组仍然有序。

CHAPTER11

第11章 结构体和共用体

本章要点

- 了解结构体的概念
- 掌握定义结构体的方法
- 掌握结构体数组和结构体指针
- 了解链表的概念
- 熟悉链表的有关操作
- 掌握共用体
- 了解枚举类型

■ 迄今为止，程序中所用的都是基本类型的数据，如整型int、字符型char等，并且介绍了数组这种构造类型，数组中的各元素属于同一种类型。在编写程序时，这些基本的类型是不能满足程序中各种复杂数据的要求的，因此C语言还提供了构造类型的数据。构造类型数据是由基本类型按照一定规则组成的。

■ 本章致力于使读者了解结构体的概念，掌握如何定义结构体和共用体及其使用方式。学会定义结构体数组、共用体数组结构体指针、共用体指针，以及包含结构的结构。最后结合结构体和共用体的具体应用进行更为深刻的理解。

11.1 结构体

当基本的类型不能满足使用要求时，程序员可以将一些有关的变量组织起来定义成一个结构（structure），这样来表示一个有机的整体或一种新的类型，因此程序就可以像处理内部的基本数据那样对结构进行各种操作。

结构体类型的概念

11.1.1 结构体类型的概念

“结构体”是一种构造类型，它是由若干“成员”组成的，其中的每一个成员可以是一个基本数据类型或者又是一个构造类型。既然结构体是一种新的类型，就需要先对其进行构造，这里称这种操作为声明一个结构体。声明结构体的过程就好比生产商品的过程，只有商品生产出来才可以使用该商品。

假如在程序中就要使用“商品”这样一个类型，一般的商品具有产品名称、形状、颜色、功能、价格和产地等特点，如图11-1所示。

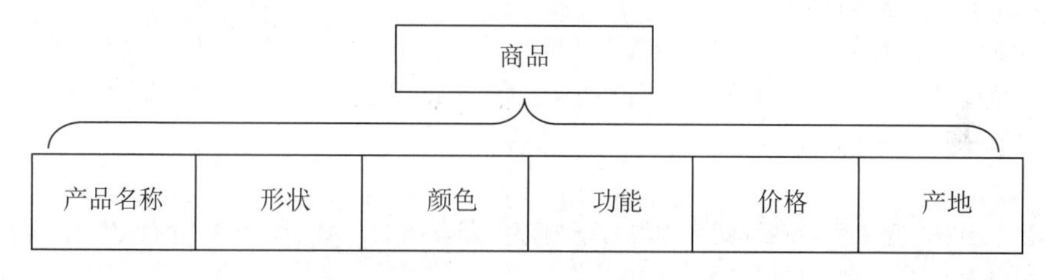

图11-1 “商品”类型

通过图11-1可以看到，“商品”这种类型并不能使用之前学习过的任何一种数据类型表示，这时就需要自己定义一种新的类型，这种自己指定的结构就称为结构体。

声明结构体时使用的关键字是struct，其一般形式为：

```
struct 结构体名
{
    成员列表
};
```

关键字struct表示声明结构，其后的结构体名表示该结构的类型名。大括号中的变量构成结构的成员，也就是一般形式中的成员列表处。

在声明结构体时，要注意大括号最后面有一个分号“;”，在编程时千万不要忘记。

例如声明一个结构体：

```
struct Product
{
    char cName[10];                                    /*产品名称*/
    char cShape[20];                                   /*形状*/
    char cColor[10];                                   /*颜色*/
    char cFunc[20];                                    /*功能*/
    int iPrice;                                        /*价格*/
    char cArea[20];                                    /*产地*/
};
```

上面的代码使用关键字struct声明一个名为Product的结构体类型，在结构体中定义的变量是Product结构的成员，这些变量表示产品名称、形状、颜色、功能、价格和产地，可以根据结构成员听起不同的作用选择与其相对应的类型。

11.1.2 结构体变量的定义

结构体变量的定义

11.1.1节介绍了如何使用struct关键字来构造一个新的结构体类型以满足程序的设计要求。要使用构造出来的类型才是构造新类型的目的。

声明一个结构体表示的是创建一种新的类型名，要用新的类型名再定义变量。定义结构体变量的方式有3种：

（1）声明结构体类型，再定义变量。

11.1.1节中声明的Product结构体类型就是先声明结构体类型，然后用struct Product定义结构体变量，例如：

```
struct Product product1;
struct Product product2;
```

struct Product是结构体类型名，而product1和product2是结构体变量名。既然使用Product类型定义变量，那么这两个变量就具有相同的结构。

定义一个基本类型的变量与定义结构体类型变量的不同之处在于：定义结构体变量不仅要求指定变量为结构体类型，而且要求指定为某一特定的结构体类型，如struct Product；而定义基本类型的变量时（如整型变量），只需要指定int型即可。

定义结构体变量后，系统就会为其分配内存单元。例如，product1和product2在内存中各占84字节（10+20+10+20+4+20）。

（2）在声明结构类型时，同时定义结构体变量。

这种定义变量的一般形式为：

```
struct 结构体名
{
    成员列表;
}变量名列表；
```

可以看到，在一般形式中将定义的变量的名称放在声明结构体的末尾处。

①定义的变量的名称要放在最后的分号前面。
②定义的变量不是只能有一个，可以定义多个变量。

例如使用struct Product结构体类型名：

```
struct Product
{
    char cName[10];                                      /*产品名称*/
    char cShape[20];                                     /*形状*/
    char cColor[10];                                     /*颜色*/
    int iPrice;                                          /*价格*/
    char cArea[20];                                      /*产地*/
}product1,product2;                                      /*定义结构体变量*/
```

这种定义变量的方式与第一种方式相同，即定义了两个struct Product类型的变量product1和product2。

（3）直接定义结构体类型变量。

这种定义变量的一般形式为：

```
struct
{
    成员列表
}变量名列表;
```

可以看出这种方式没有给出结构体名称，如定义变量product1和product2：

```
struct
{
    char cName[10];                                     /*产品名称*/
    char cShape[20];                                    /*形状*/
    char cColor[10];                                    /*颜色*/
    int iPrice;                                         /*价格*/
    char cArea[20];                                     /*产地*/
}product1,product2;                                     /*定义结构体变量*/
```

以上就是有关定义结构变量的3种方法。有关结构体的类型说明如下。

- 类型与变量是不同的。例如只能对变量进行赋值操作，而不能对一个类型进行操作。这就像使用int型定义变量iInt，可以为iInt进行赋值，但是不能为int进行赋值。在编译时，对类型是不分配空间的，只对变量分配空间。
- 其中结构体的成员也可以是结构体类型的变量，例如：

```
struct date                                             /*时间结构*/
{
    int year;                                           /*年*/
    int month;                                          /*月*/
    int day;                                            /*日*/
};

struct student                                          /*学生信息结构*/
{
    int num;                                            /*学号*/
    char name[30];                                      /*姓名*/
    char sex;                                           /*性别*/
    int age;                                            /*年龄*/
    struct date birthday;                               /*出生日期*/
}student1,student2;
```

以上代码声明了一个时间的结构体类型struct date，其中包括年、月、日；还声明了一个学生信息的结构类型struct student，并且定义两个结构体变量student1和student2。在struct student结构体类型中，可以看到有一个成员是表示学生的出生日期，使用的是struct date结构体类型。

11.1.3 结构体变量的引用

定义结构体类型变量以后，当然可以引用这个变量。但要注意的是，不能直接将一个结构体变量作为一个整体进行输入和输出。例如，不能将product1和product2进行以下输出：

结构体变量的引用

```
printf("%s%s%s%d%s",product1);
printf("%s%s%s%d%s",product2);
```

要对结构体变量进行赋值、存取或运算，实质上就是对结构体变量的成员进行这些操作。结构体变量的成员的一般形式为：

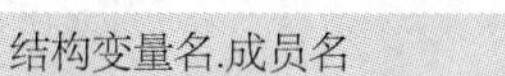

```
结构变量名.成员名
```

在引用结构的成员时，可以在结构的变量名的后面加上成员运算符“.”和成员的名字。例如：

```
product1.cName="Icebox";
```

```
product2.iPrice=2000;
```

这两条赋值语句就是对product1结构体变量中的两个成员cName和iPrice进行赋值。

但是如果成员本身又属于一个结构体类型，应该怎么办呢？这时就要使用若干个成员运算符，一级一级地找到最低一级的成员。只能对最低级的成员进行赋值、存取及运算操作。例如对上面定义的结构体变量student1中的出生日期进行赋值：

```
student1.birthday.year=1986;
student1.birthday.month=12;
student1.birthday.day=6;
```

不能使用student1.birthday来访问student1变量中的成员birthday，因为birthday本身是一个结构体变量。

结构体变量的成员也可以像普通变量一样进行赋值、存取及运算操作，例如：

```
product2.iPrice=product1.iPrice+500;
product1.iPrice++;
```

因为“.”运算符的优先级最高，所以product1.iPrice++是product1.iPrice成员进行自加运算，而不是先对iPrice进行自加运算。

还可以对结构体变量成员的地址进行引用，也可以对结构体变量的地址进行引用，例如：

```
scanf("%d",&product1.iPrice);                    /*输入成员iPrice的地址*/
printf("%o",&product1);                          /*输出product1的首地址*/
```

【例11-1】引用结构体变量。

在本实例中声明结构体类型表示商品，然后定义结构体变量，之后对变量中的成员进行赋值，最后将结构体变量中保存的信息进行输出。

```
#include<stdio.h>
struct Product                                   /*声明结构*/
{
    char cName[10];                              /*产品的名称*/
    char cShape[20];                             /*形状*/
    char cColor[10];                             /*颜色*/
    int iPrice;                                  /*价格*/
    char cArea[20];                              /*产地*/
};
int main()
{
    struct Product product1;                     /*定义结构体变量*/
    printf("请输入产品的名称:\n");               /*信息提示*/
    scanf("%s",&product1.cName);                 /*输入结构成员*/
    printf("请输入产品的形状:\n");               /*信息提示*/
    scanf("%s",&product1.cShape);                /*输入结构成员*/
    printf("请输入产品的颜色:\n");               /*信息提示*/
    scanf("%s",&product1.cColor);                /*输入结构成员*/
    printf("请输入产品的价格:\n");               /*信息提示*/
    scanf("%d",&product1.iPrice);                /*输入结构成员*/
    printf("请输入产品的产地\n");                /*信息提示*/
    scanf("%s",&product1.cArea);                 /*输入结构成员*/
    printf("名称为: %s\n",product1.cName);       /*将成员变量输出*/
    printf("形状为: %s\n",product1.cShape);
    printf("颜色为: %s\n",product1.cColor);
    printf("价格为: %d\n",product1.iPrice);
```

```
    printf("产地为: %s\n",product1.cArea);
    return 0;
}
```

（1）在源文件中，先声明结构体变量类型用来表示商品这种特殊的类型，在结构体中定义了有关的成员。

（2）在主函数main中，使用struct Product定义结构体变量product1。然后根据输出的信息提示，用户输入相应的结构体成员数据。输入结构体成员数据时，在scanf函数中引用了结构成员变量的地址，如&product1.cArea。

（3）当所有数据都输入完毕后，引用结构体变量product1中的成员，使用printf函数将其进行输出显示。

运行程序，显示结果如图11-2所示。

```
F:\C语言教材\光盘\MR\源码\第11章\11-1\Struct.exe
请输入产品的名称:
冰柜
请输入产品的形状:
长方体
请输入产品的颜色:
白色
请输入产品的价格:
3500
请输入产品的产地
CHINA
名称为: 冰柜
形状为: 长方体
颜色为: 白色
价格为: 3500
产地为: CHINA

--------------------------------
Process exited after 24.81 seconds with return value 0
请按任意键继续. . .
```

图11-2　引用结构体变量

11.1.4　结构体类型变量的初始化

结构体类型变量的初始化与其他基本类型的变量一样，可以在定义结构体变量时指定初始值。例如：

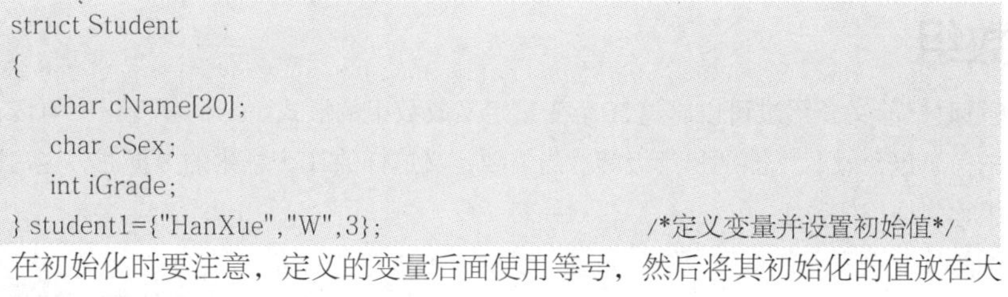

```
struct Student
{
    char cName[20];
    char cSex;
    int iGrade;
} student1={"HanXue","W",3};                    /*定义变量并设置初始值*/
```

结构体类型变量的初始化

在初始化时要注意，定义的变量后面使用等号，然后将其初始化的值放在大括号中，并且每一个数据要与结构体的成员列表的顺序一致。

【例11-2】结构体类型的初始化操作。

在本实例中，演示两种初始化结构体变量的方式，一种是在声明结构时定义变量的同时进行初始化，另一种是在定义结构体变量后进行初始化。

```
#include<stdio.h>
struct Student                                      /*学生结构*/
{
    char cName[20];                                 /*姓名*/
    char cSex[20];                                  /*性别*/
    int iAge;                                       /*年龄*/
} student1={"齐德隆","女",18};                     /*定义变量并设置初始值*/
int main()
{
    struct Student student2={"祁东强","男",20};   /*定义变量并设置初始值*/
    /*将第一个结构体中的数据输出*/
    printf("输入学生1的资料为:\n");
    printf("姓名: %s\n",student1.cName);
    printf("性别: %s\n",student1.cSex);
    printf("年龄: %d\n",student1.iAge);
    /*将第二个结构体中的数据输出*/
    printf("输入学生2的资料为:\n");
    printf("姓名: %s\n",student2.cName);
    printf("性别: %s\n",student2.cSex);
    printf("年龄: %d\n",student2.iAge);
```

```
    return 0;
}
```

（1）从代码中可以看到，声明结构时定义student1并且对其进行初始化操作，将要赋值的内容放在后面的大括号中，每一个数据都与结构中的成员数据相对应。

（2）在main函数中，使用声明的结构体类型struct Student定义变量student2，并且进行初始化的操作。

（3）最后将两个结构变量中的成员进行输出，并比较二者数据的区别。

运行程序，显示结果如图11-3所示。

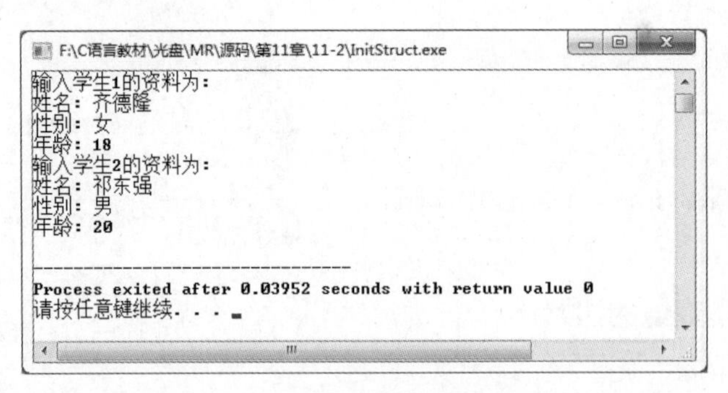

图11-3 结构体类型的初始化操作

11.2 结构体数组

当要定义10个整型变量时，前文介绍过可以将这10个变量定义成数组的形式。结构体变量中可以存放一组数据，例如一个学生的信息包含姓名、性别和年级等。当需要定义这样的10个学生的数据时，也可以使用数组的形式，这时的数组称为结构体数组。

结构体数组与之前介绍的数组的区别就在于，数组中的元素是根据要求定义的结构体类型而不是基本类型。

定义结构体数组

11.2.1 定义结构体数组

定义一个结构体数组的方式与定义结构体变量的方法相同，只是结构体变量替换成数组。定义结构体数组的一般形式如下：

```
struct 结构体名
{
    成员列表;
}数组名;
```

例如，定义学生信息的结构体数组，其中包含5个学生的信息：

```
struct Student                                    /*学生结构*/
{
    char cName[20];                               /*姓名*/
    int iNumber;                                  /*学号*/
    char cSex;                                    /*性别*/
    int iGrade;                                   /*年级*/
} student[5];                                     /*定义结构体数组*/
```

这种定义结构体数组的方式是声明结构体类型的同时定义结构体数组，可以看到结构体数组和结构体变量的位置是相同的。

就像定义结构体变量那样，定义结构体数组也可以有不同的方式。例如，先声明结构体类型再定义结构体数组：

```
struct Student student[5];                          /*定义结构体数组*/
```

或者直接定义结构体数组：

```
struct                                              /*学生结构*/
{
    char cName[20];                                 /*姓名*/
    int iNumber;                                    /*学号*/
    char cSex;                                      /*性别*/
    int iGrade;                                     /*年级*/
} student[5];                                       /*定义结构体数组*/
```

上面的代码都是定义一个结构体数组，其中的元素为struct Student类型的数据，每个元素中又有4个成员变量，如图11-4所示。

	cName	iNumber	cSex	iGrade
student[0]	WangJiasheng	12062212	M	3
student[1]	YuLongjiao	12062213	W	3
student[2]	JiangXuehuan	12062214	W	3
student[3]	ZhangMeng	12062215	W	3
student[4]	HanLiang	12062216	M	3

图11-4　结构体数组

数组中各元素的数据在内存中的存储是连续的，如图11-5所示。

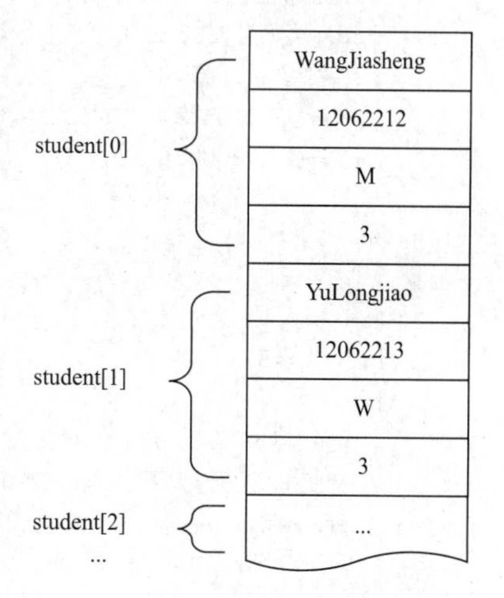

图11-5　数组数据在内存中的存储形式

11.2.2　结构体数组的初始化

结构体数组的初始化

为结构体数组进行初始化操作，与为基本类型的数组进行初始化操作相同。初始化结构体数组的一般形式为：

```
struct 结构体名
{
    成员列表;
}数组名={初始值列表};
```

例如为学生信息结构体数组进行初始化操作：

```
struct Student                              /*学生结构*/
{
    char cName[20];                         /*姓名*/
    int iNumber;                            /*学号*/
    char cSex;                              /*性别*/
    int iGrade;                             /*年级*/
} student[5]={{"WangJiasheng",12062212,'M',3},
        {"YuLongjiao",12062213,'W',3},
        {"JiangXuehuan",12062214,'W',3},
        {"ZhangMeng",12062215,'W',3},
        {"HanLiang",12062216,'M',3}};       /*定义数组并设置初始值*/
```

为数组进行初始化时，最外层的大括号表示所列出的是数组中的元素。因为每一个元素都是结构体类型，所以每一个元素也使用大括号，其中包含每一个结构体元素的成员数据。

在定义数组student时，也可以不指定数组中的元素个数，这时编译器会根据数组后面的初始化值列表中给出的元素个数，来确定数组中元素的个数。例如：

```
student[ ]={...};
```

定义结构体数组时，可以先声明结构体类型，再定义结构体数组。同样，为结构体数组进行初始化操作时也可以使用同样的方式，例如：

```
struct student[5]={{"WangJiasheng",12062212,'M',3},
        {"YuLongjiao",12062213,'W',3},
        {"JiangXuehuan",12062214,'W',3},
        {"ZhangMeng",12062215,'W',3},
        {"HanLiang",12062216,'M',3}}
```

【例11-3】初始化结构体数组，并输出学生信息。

在本实例中，结构体数组通过初始化的方式保存学生信息。输出查看学生的信息，因为所查看的学生信息格式是一样的，因此可以使用循环操作。

```
#include<stdio.h>
struct Student                                          /*学生结构*/
{
    char cName[20];                                     /*姓名*/
    int iNumber;                                        /*学号*/
    char cSex[20];                                      /*性别*/
    int iGrade;                                         /*年级*/
} student[5]={
        {"王家生",12062212,"男",3},
        {"王龙娇",12062213,"女",3},
        {"姜雪环",12062214,"女",3},
        {"张萌",12062215,"女",3},
        {"韩亮",12062216,"男",3}
        };                                              /*定义数组并设置初始值*/
int main()
{
    int i;                                              /*循环控制变量*/
    for(i=0;i<5;i++)                                    /*使用for语句进行5次循环*/
    {
        printf("NO%d student:\n",i+1);          /*首先输出学生的名次*/
        /*使用变量i作为下标，输出数组中的元素数据*/
        printf("Name: %s, Number: %d\n",student[i].cName,student[i].iNumber);
        printf("Sex: %s, Grade: %d\n",student[i].cSex,student[i].iGrade);
        printf("\n");                                   /*空格行*/
    }
    return 0;
}
```

（1）将学生所需要的信息声明为struct Student结构体类型，同时定义结构体数组student，并为其初始化。需要注意的是，所给出数据的类型要与结构体中的成员变量的类型相一致。

（2）定义的数组包含5个元素，输出时使用for语句进行循环输出操作。其中定义变量i为控制循环操作。因为数组的下标是从0开始的，所以为变量i赋初值0。

（3）在for语句中，先显示每个学生的输出次序，其中因为i的初值为0，所以要加上1。之后将数组中的元素所表示的数据输出，这时变量i作为数组的下标，然后通过结构体成员的引用得到正确的数据，最后将其输出。

运行程序，显示结果如图11-6所示。

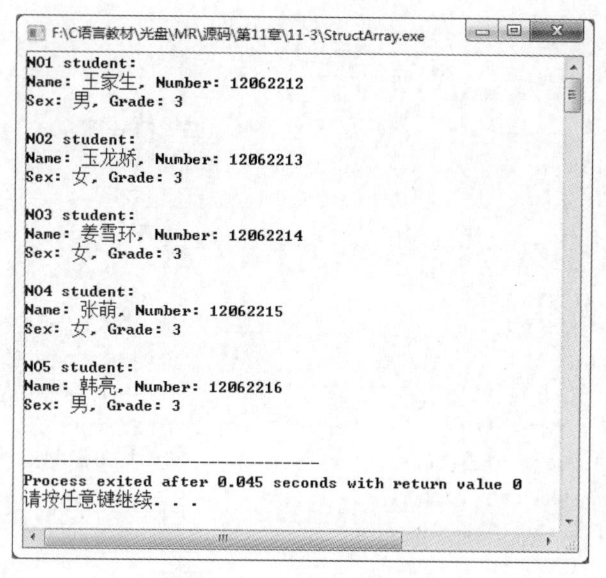

图11-6　输出学生信息

11.3　结构体指针

一个指向变量的指针表示的是变量所占内存中的起始地址。如果一个指针指向结构体变量，那么该指针指向的是结构体变量的起始地址。同样地，指针变量也可以指向结构体数组中的元素。

指向结构体变量的指针

11.3.1　指向结构体变量的指针

既然指针指向结构体变量的地址，因此可以使用指针来访问结构体中的成员。定义结构体指针的一般形式为：

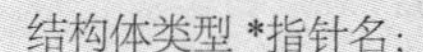

```
结构体类型 *指针名;
```

例如定义一个指向struct Student结构类型的pStruct指针变量如下：

```
struct Student *pStruct;
```

使用指向结构体变量的指针访问成员有以下两种方法，其中pStruct为指向结构体变量的指针。

第一种方法是使用点运算符引用结构体成员，其一般形式为：

```
(*pStruct).成员名
```

结构体变量可以使用点运算符对其中的成员进行引用。*pStruct表示指向的结构体变量，因此使用点运算符可以引用结构体中的成员变量。

注意

*pStruct一定要使用括号，因为点运算符的优先级是最高的，如果不使用括号，就会先执行点运算然后执行*运算。

例如pStruct指针指向了student1结构体变量，引用其中的成员：

```
(*pStruct).iNumber=12061212;
```

【例11-4】通过指针使用点运算符引用结构体变量的成员。

本实例还使用之前声明过的学生结构。首先为结构体定义变量初始化赋值，然后使用指针指向该结构体变量，最后通过指针引用结构体变量中的成员进行输出。

```
#include<stdio.h>
int main()
{
    struct Student                                          /*学生结构*/
    {
        char cName[20];                                     /*姓名*/
        int iNumber;                                        /*学号*/
        char cSex[20];                                      /*性别*/
        int iGrade;                                         /*年级*/
    }student={"苏玉群",12061212,"女",2};                    /*对结构体变量进行初始化*/
    struct Student *pStruct;                                /*定义结构体类型指针*/
    pStruct=&student;                                       /*指针指向结构体变量*/
    printf("********学生资料********\n");                   /*消息提示*/
    printf("姓名: %s\n",(*pStruct).cName);                  /*使用指针引用变量中的成员*/
    printf("学号: %d\n",(*pStruct).iNumber);
    printf("性别: %s\n",(*pStruct).cSex);
    printf("年级: %d\n",(*pStruct).iGrade);
    return 0;
}
```

（1）首先在程序中声明结构体类型，同时定义变量student，为变量进行初始化的操作。

（2）定义结构体指针变量pStruct，然后执行“pStruct=&student;”操作，使得指针指向student变量。

（3）输出消息提示，然后在printf函数中使用指向结构体变量的指针引用成员变量，将学生的信息进行输出。

声明结构的位置可以放在main函数外也可以放在main函数内。

运行程序，显示结果如图11-7所示。

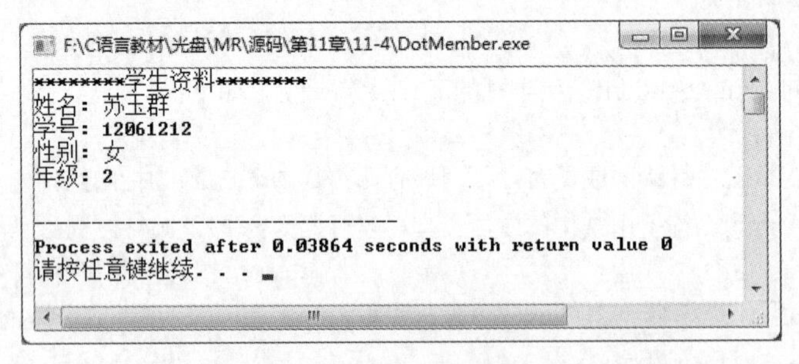

图11-7　通过指针使用点运算符引用结构体变量的成员

第二种方法是使用指向运算符引用结构成员，其一般形式为：

```
pStruct ->成员名;
```

例如使用指向运算符引用一个变量的成员：

```
pStruct->iNumber=12061212;
```

假如student为结构体变量，pStruct为指向结构体变量的指针，可以看出以下3种形式的效果是等价的。

- student.成员名。
- (*pStruct).成员名。
- pStruct->成员名。

在使用指向运算符“->”引用成员时，要注意分析以下情况。

（1）pStruct->iGrade，表示指向的结构体变量中成员iGrade的值。

（2）pStruct->iGrade++，表示指向的结构体变量中成员iGrade的值，引用后该值加1。

（3）++pStruct->iGrade，表示指向的结构体变量中成员iGrade的值加1，计算后再进行引用。

【例11-5】使用指向运算符引用结构体对象成员。

在本实例中，定义结构体变量但不对其进行初始化操作，使用指针指向结构体变量并为其成员进行赋值操作。

```
#include<stdio.h>
#include<string.h>
struct Student                                    /*学生结构*/
{
    char cName[20];                               /*姓名*/
    int  iNumber;                                 /*学号*/
    char cSex[20];                                /*性别*/
    int iGrade;                                   /*年级*/
}student;                                         /*定义变量*/
int main()
{
    struct Student* pStruct;                      /*定义结构体类型指针*/
    pStruct=&student;                             /*指针指向结构体变量*/
    strcpy(pStruct->cName,"苏玉群");              /*将字符串常量复制到成员变量中*/
    pStruct->iNumber=12061212;                    /*为成员变量赋值*/
    strcpy(pStruct->cSex,"女");                   /*将字符串常量复制到成员变量中*/
    pStruct->iGrade=2;
    printf("********学生资料********\n");         /*消息提示*/
    printf("姓名: %s\n",student.cName);           /*使用成员变量直接输出*/
    printf("学号: %d\n",student.iNumber);
    printf("性别: %s\n",student.cSex);
    printf("年级: %d\n",student.iGrade);
    return 0;
}
```

（1）在程序中使用了strcpy函数将一个字符串常量复制到成员变量中。注意，使用该函数要在程序中包含头文件string.h。

（2）可以看到在为成员赋值时，使用的是指向运算符引用的成员变量，在程序的最后使用结构体变量和点运算符直接将成员的数据进行输出。输出的结果表示使用指向运算符为成员变量赋值成功。

运行程序，显示结果如图11-8所示。

```
F:\C语言教材\光盘\MR\源码\第11章\11-5\PointStruct.exe
********学生资料********
姓名: 苏玉群
学号: 12061212
性别: 女
年级: 2

--------------------------------
Process exited after 0.05937 seconds with return value 0
请按任意键继续. . .
```

图11-8　使用指向运算符引用结构体对象成员

11.3.2　指向结构体数组的指针

结构体指针变量不但可以指向一个结构体变量，还可以指向结构体数组，此时指针变量的值就是结构体数组的首地址。结构体指针变量也可以直接指向结构体数组中的元素，这时指针变量的值就是该结构体数组元素的首地址。

指向结构体数组的指针

例如定义一个结构体数组student[5]，使用结构体指针指向该数组：

```
struct Student* pStruct;
pStruct=student;
```

因为数组不使用下标时表示的是数组的第一个元素的地址，所以指针指向数组的首地址。如果想利用指针指向第3个元素，则在数组名后附加下标，然后在数组名前使用取地址符号&，例如：

```
pStruct=&student[2];
```

【例11-6】使用结构体指针变量指向结构体数组。

在本实例中，使用之前声明的学生结构类型定义结构体数组，并对其进行初始化操作。通过指向该数组的指针，将其中元素的数据进行输出显示。

```
#include<stdio.h>
struct Student                                          /*学生结构*/
{
    char cName[20];                                     /*姓名*/
    int  iNumber;                                       /*学号*/
    char cSex[20];                                      /*性别*/
    int iGrade;                                         /*年级*/
} student[5]={
        {"王家生",12062212,"男",3},
        {"玉龙娇",12062213,"女",3},
        {"姜雪环",12062214,"女",3},
        {"张萌",12062215,"女",3},
        {"韩亮",12062216,"男",3}
};                                                      /*定义数组并设置初始值*/
int main()
{
    struct Student *pStruct;
    int index;
    pStruct=student;
    for(index=0;index<5;index++,pStruct++)
    {
        printf("NO%d student:\n",index+1);          /*首先输出学生的名次*/
        /*使用变量index做下标，输出数组中的元素数据*/
        printf("Name: %s, Number: %d\n",pStruct->cName,pStruct->iNumber);
        printf("Sex: %s, Grade: %d\n",pStruct->cSex,pStruct->iGrade);
        printf("\n");                                   /*空格行*/
    }
    return 0;
}
```

（1）在程序中定义了一个结构体数组student[5]，定义结构体指针变量pStruct指向该数组的首地址。

（2）使用for语句，对数组元素进行循环操作。在循环语句块中，pStruct刚开始是指向数组的首地址，也就是第一个元素的地址，因此使用pStruct->引用的是第一个元素中的成员。使用输出函数显示成员变量表示的数据。

（3）当一次循环语句结束之后，循环变量进行自加操作，同时pStruct也执行自加运算。这里需要注意的是，pStruct++表示pStruct的增加值为一个数组元素的大小，也就是说pStruct++表示的是数组元素中的第二个元素student[1]。

(++pStruct)->iNumber与(pStruct++)->iNumber的区别在于，前者是先执行++操作，使得pStruct指向下一个元素的地址，然后取得该元素的成员值；而后者是先取得当前元素的成员值，再使得pStruct指向下一个元素的地址。

运行程序，显示结果如图11-9所示。

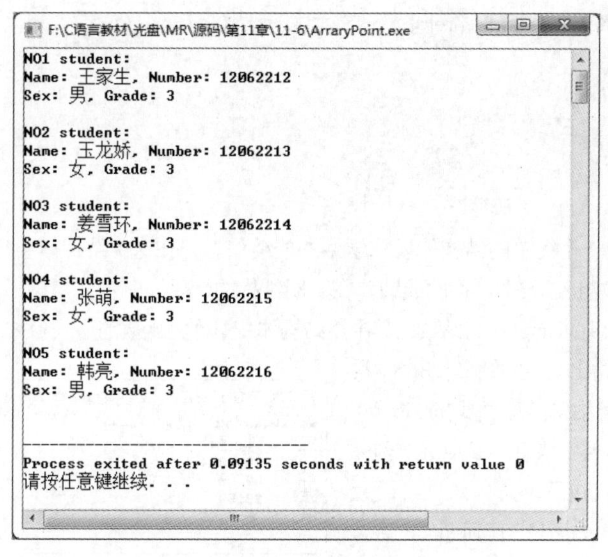

图11-9　使用结构体指针变量指向结构体数组

11.3.3　结构体作为函数参数

结构体作为函数参数

函数是有参数的，使用结构体作为函数的参数有3种形式：使用结构体变量作为函数参数；使用指向结构体变量的指针作为函数参数；使用结构体变量的成员作为函数参数。

1. 使用结构体变量作为函数参数

使用结构体变量作为函数的实参时，采取的是“值传递”，会将结构体变量所占内存单元的内容全部顺序传递给形参，形参也必须是同类型的结构体变量。例如：

```
void Display(struct Student stu);
```

在形参的位置使用结构体变量，但是函数调用期间，形参也要占用内存单元。这种传递方式在空间和时间上开销都比较大。

另外，根据函数参数传递方式，如果在函数内部修改了变量中成员的值，则改变的值不会返回到主调函数中。

【例11-7】使用结构体变量作为函数参数。

在本实例中，声明一个简单的结构类型表示学生成绩，编写一个函数，使得该结构类型变量作为函数的参数。

```
#include<stdio.h>
struct Student                                          /*学生结构*/
{
    char cName[20];                                     /*姓名*/
    float fScore[3];                                    /*成绩*/
}student={"苏玉群",98.5f,89.0,93.5f};                   /*定义变量*/
void Display(struct Student stu)                        /*形参为结构体变量*/
{
    printf("********学生成绩********\n");               /*提示信息*/
    printf("姓名：%s\n",stu.cName);                     /*引用结构体变量的成员*/
    printf("语文：%.2f\n",stu.fScore[0]);
    printf("数学：%.2f\n",stu.fScore[1]);
    printf("英语：%.2f\n",stu.fScore[2]);
    /*计算平均分数*/
```

```
    printf("平均成绩:%.2f\n",(stu.fScore[0]+stu.fScore[1]+stu.fScore[2])/3);
}
int main()
{
    Display(student);                              /*调用函数，结构体变量作为实参进行传递*/
    return 0;
}
```

（1）在程序中声明一个简单的结构体表示学生的成绩信息，在这个结构体中定义一个字符数组表示名称，还定义了一个实型数组表示3个学科的成绩。在声明结构的最后同时定义变量，并进行初始化。

（2）之后定义一个名为Display的函数，其中用结构体变量作为函数的形式参数。在函数体中，使用参数stu引用结构中的成员，输出学生的姓名和3个学科的成绩，并在最后通过表达式计算出平均成绩。

（3）在主函数main中，使用student结构体变量作为参数，调用Display函数。

运行程序，显示结果如图11-10所示。

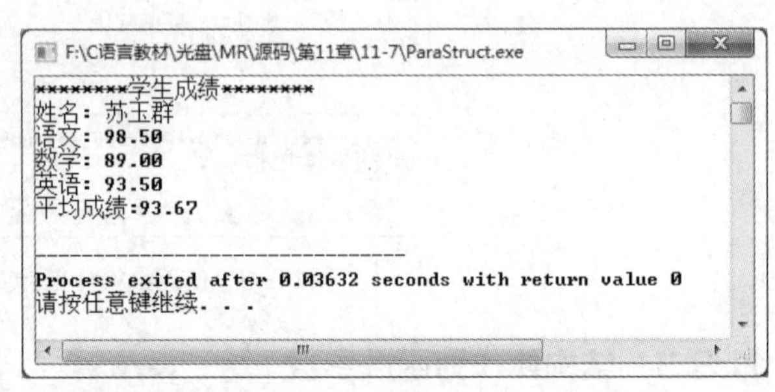

图11-10　使用结构体指针变量指向结构体数组

2. 使用指向结构体变量的指针作为函数参数

在使用结构体变量作为函数的参数时，在传值的过程中空间和时间的开销比较大，那么有没有一种更好的传递方式呢？答案是“有！”，就是使用结构体变量的指针作为函数的参数进行传递。

在传递结构体变量的指针时，只是将结构体变量的首地址进行传递，并没有将变量的副本进行传递。例如声明一个传递结构体变量指针的函数如下：

```
void Display(struct Student *stu)
```

这样使用形参stu指针就可以引用结构体变量中的成员了。这里需要注意的是，因为传递的是变量的地址，如果在函数中改变成员中的数据，那么返回主调用函数时变量会发生改变。

【例11-8】使用结构体变量指针作为函数参数。

本实例对实例11-7的程序做了一点改动，其中使用结构体变量的指针作为函数的参数，并且在函数中改动结构体成员的数据。通过前后两次的输出，比较二者的区别。

```
#include<stdio.h>
struct Student                                     /*学生结构*/
{
    char cName[20];                                /*姓名*/
    float fScore[3];                               /*成绩*/
}student={"苏玉群",98.5f,89.0,93.5f};               /*定义变量*/
void Display(struct Student* stu)                  /*形参为结构体变量的指针*/
{
    printf("********学生成绩********\n");          /*提示信息*/
    printf("姓名：%s\n",stu->cName);                /*使用指针引用结构体变量的成员*/
    printf("英语：%.2f\n",stu->fScore[2]);          /*输出英语的成绩*/
    stu->fScore[2]=90.0f;                          /*更改成员变量的值*/
}
int main()
{
    struct Student *pStruct=&student;              /*定义结构体变量指针*/
    Display(pStruct);                              /*调用函数，结构体变量作为参数进行传递*/
```

```
    printf("更改后的英语成绩：%.2f\n",pStruct->fScore[2]);        /*输出成员变量的值*/
    return 0;
}
```

（1）在本实例中，函数的参数是结构体变量的指针，因此在函数体中要通过使用指向运算符“->”引用成员的数据。为了简化操作，只将英语成绩进行输出，并且最后更改成员的数据。

（2）在主函数main中，先定义结构体变量指针，并将结构体变量的地址传递给指针，将指针作为函数的参数进行传递。函数调用完后，再显示一次变量中的成员数据。通过输出结果可以看到，在函数中通过指针改变成员的值，在返回主调用函数中值发生变化。

程序中为了直观地看出函数传递的参数是结构体变量的指针，定义了一个指针变量指向结构体。实际上可以直接传递结构体变量的地址作为函数的参数，如“Display(&student);”。

程序运行结果如图11-11所示。

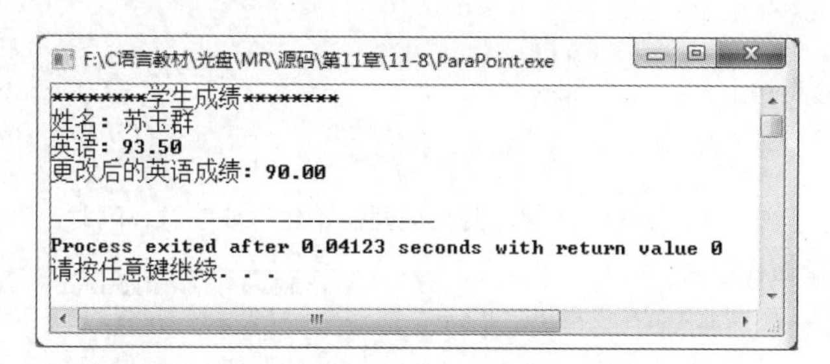

图11-11　使用结构体变量指针作为函数参数

3．使用结构体变量的成员作为函数参数

使用这种方式为函数传递参数与普通的变量作为实参是一样的，是传值方式传递。例如：

```
Display(student.fScore[0]);
```

传值时，实参要与形参的类型一致。

11.4　包含结构的结构

包含结构的结构

在介绍有关结构体变量的定义时，曾经说明结构体中的成员不仅可以是基本类型，也可以是结构体类型。

例如，定义一个学生信息结构体类型，其中的成员包括姓名、学号、性别、出生日期。其中，成员出生日期就属于一个结构体类型，因为出生日期包括年、月、日这3个成员。这样，学生信息这个结构体类型就是包含结构的结构。

【例11-9】包含结构的结构。

在本实例中，定义两个结构体类型，一个表示时间，一个表示学生信息。其中，时间结构体是学生信息结构中的成员。通过使用个人信息结构体类型表示学生的基本信息内容。

```
#include<stdio.h>
struct date                                          /*时间结构*/
{
    int year;                                        /*年*/
```

```
    int month;                                                    /*月*/
    int day;                                                      /*日*/
};
struct student                                                    /*学生信息结构*/
{
    char name[30];                                                /*姓名*/
    int num;                                                      /*学号*/
    char sex[20];                                                 /*性别*/
    struct date birthday;                                         /*出生日期*/
}student={"苏玉群",12061212,"女",{1986,12,6}};                     /*为结构变量初始化*/
int main()
{
    printf("********学生成绩********\n");
    printf("姓名: %s\n",student.name);                            /*输出结构成员*/
    printf("学号: %d\n",student.num);
    printf("性别: %s\n",student.sex);
    printf("出生日期: %d,%d,%d\n",student.birthday.year,
    student.birthday.month,student.birthday.day);                 /*输出成员结构体数据*/
    return 0;
}
```

（1）程序中在为包含结构的结构struct student类型初始化时要注意，因为出生日期是结构体，所以要使用大括号将赋值的数据包含在内。

（2）在引用成员结构体变量的成员时，例如，student.birthday.year，student.birthday表示引用student变量中的成员birthday，因此student.birthday.year表示student变量中结构体变量birthday的成员year变量的值。

程序运行结果如图11-12所示。

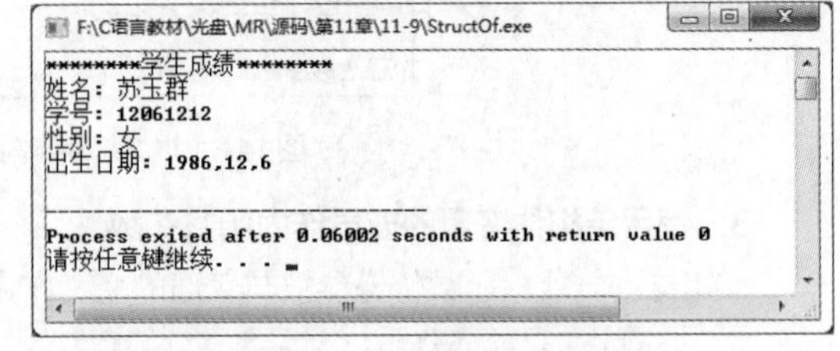

图11-12　包含结构的结构

11.5　链表

数据是信息的载体，是描述客观事物属性的数、字符以及所有能输入到计算机中并被计算机程序识别和处理的集合。数据结构是指数据对象以及其中的相互关系和构造方法。在数据结构中有一种线性存储结构称为线性表，本节中将会根据前面所学的结构体的知识介绍有关线性表的链式存储结构（也称其为链表）。

11.5.1　链表概述

链表是一种常见的数据结构。前面介绍过使用数组存放数据，但是使用数组时要先指定数组中包含元素的个数，即为数组的长度。但是如果向这个数组中加入的元素个数超过了数组的长度时，便不能将内容完全保存。例如，在定义一个班级的人数时，如果小班是30人，普通班级是50人，且定义班级人数时使用的是数组，那么要定义数组的个数为最大，也就是最少为50个元素，否则不满足最大时的情况。可见，这种方式非常浪费空间。

链表概述

这时就希望有一种存储方式，其存储元素的个数是不受限定的，当添加元素时存储的个数就会随之改变，这种存储方式就是链表。

图11-13所示为链表结构的示意图。

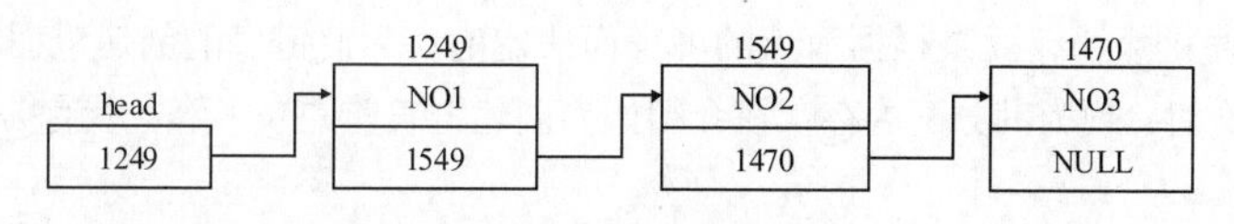

图11-13　链表结构的示意图

在链表中有一个头指针变量，图中head表示的就是头指针，这个头指针变量保存一个地址。从图11-13中的箭头可以看到，该地址为一个变量的地址，也就是说头指针指向一个变量，这个变量称为元素。在链表中每一个元素包括数据部分和指针部分。数据部分用来存放元素所包含的数据，而指针部分用来指向下一个元素。最后一个元素的指针指向NULL，表示指向的地址为空。

从图11-13中可以看到，头节点head指向第一个元素，第一个元素中的指针又指向第二个元素，第二个元素的指针又指向第3个元素的地址，第3个元素的指针就指向为空。

根据对链表的描述，可以联想到链表就像一个铁链，一环扣一环，然后通过头指针寻找链表中的元素。这就好比在一个幼儿园中，老师拉着第一个小朋友的手，第一个小朋友又拉着第二个小朋友的手，……，这样下去在幼儿园中的小朋友就连成了一条线。最后一个小朋友没有拉着任何人，他的手是空着的，他就好像是链表中的链尾，而老师就是头指针，通过老师就可以找到这个队伍中的任何一个小朋友。

在链表这种数据结构中，必须利用指针才能实现，因此链表中的节点应该包含一个指针变量来保存下一个节点的地址。

例如，设计一个链表表示一个班级，其中链表中的节点表示学生：

```
struct Student
{
    char cName[20];                                    /*姓名*/
    int iNumber;                                       /*学号*/
    struct Student *pNext;                             /*指向下一个节点的指针*/
};
```

可以看到学生的姓名和学号属于数据部分，而pNext就是指针部分，用来保存下一个节点的地址。

要向链表中添加一个节点时，操作的过程是怎样的呢？首先来看一组实例图，如图11-14所示。

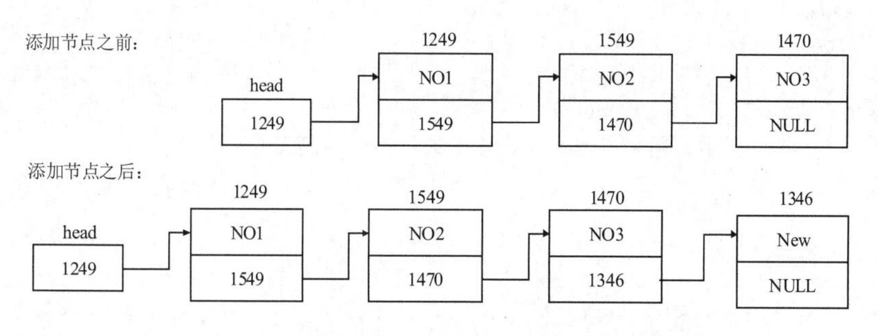

图11-14　节点添加过程

当有新的节点要添加到链表中时，原来最后一个节点的指针将保存新添加的节点地址，而新节点的指针指向空（NULL），当添加节点完成后，新节点将成为链表中的最后一个节点。从添加节点的过程可以看出不用担心链表的长度会超出范围。至于具体的代码内容将会在后文进行讲述。

创建动态链表

11.5.2　创建动态链表

从本节开始讲解链表相关的具体操作，从对链表的概述中可以看出链表并不是一开始就设定好自身的大小，而是根据节点的多少而决定的，因此链表的创建过程是一个动态的创建过程。动态创建一个节点时，要为其分配内存，在介绍如何创建链表前先来了解一些有关动态创建链表会使用的函数。

1. malloc函数

malloc函数的原型如下：

```
void *malloc(unsigned int size);
```

该函数的功能是在内存中动态地分配一块size大小的内存空间。malloc函数会返回一个指针，该指针指向分配的内存空间，如果出现错误则返回NULL。

2. calloc函数

calloc函数的原型如下：

```
void * calloc(unsigned n, unsigned size);
```

该函数的功能是在内存中动态分配n个长度为size的连续内存空间数组。calloc函数会返回一个指针，该指针指向动态分配的连续内存空间地址。当分配空间错误时，返回NULL。

3. free函数

free函数的原型如下：

```
void free(void *ptr);
```

该函数的功能是使用由指针ptr指向的内存区，使部分内存区能被其他变量使用。ptr是最近一次调用calloc或malloc函数时返回的值。free函数无返回值。

动态分配的相关函数已经介绍完了，现在开始介绍如何创建动态的链表。

所谓建立动态链表就是指在程序运行过程中从无到有地建立起一个链表，即一个一个地分配节点的内存空间，然后输入节点中的数据并建立节点间的相连关系。

例如在链表概述中介绍过可以将一个班级里的学生作为链表中的节点，然后将所有学生的信息存放在链表结构中。

首先创建节点结构，表示每一个学生：

```
struct Student
{
    char cName[20];                               /*姓名*/
    int iNumber;                                  /*学号*/
    struct Student *pNext;                        /*指向下一个节点的指针*/
};
```

然后定义一个Create函数，用来创建列表。该函数将会返回链表的头指针。

```
int iCount;                                       /*全局变量表示链表长度*/

struct Student *Create()
{
    struct Student *pHead=NULL;                   /*初始化链表头指针为空*/
    struct Student *pEnd,*pNew;
    iCount=0;                                     /*初始化链表长度*/
    pEnd=pNew=(struct Student*)malloc(sizeof(struct Student));
    printf("please first enter Name ,then Number\n");
    scanf("%s",&pNew->cName);
    scanf("%d",&pNew->iNumber);
    while(pNew->iNumber!=0)
    {
        iCount++;
        if(iCount==1)
```

```
        {
            pNew->pNext=pHead;                                          /*使得指向为空*/
            pEnd=pNew;                                                  /*跟踪新加入的节点*/
            pHead=pNew;                                                 /*头指针指向头节点*/
        }
        else
        {
            pNew->pNext=NULL;                                           /*新节点的指针为空*/
            pEnd->pNext=pNew;                                           /*原来的尾节点指向新节点*/
            pEnd=pNew;                                                  /*pEnd指向新节点*/
        }
        pNew=(struct Student*)malloc(sizeof(struct Student));          /*再次分配节点内存空间*/
        scanf("%s",&pNew->cName);
        scanf("%d",&pNew->iNumber);
    }
    free(pNew);                                                         /*释放没有用到的空间*/
    return pHead;
}
```

Create函数的功能是创建链表，在Create的外部可以看到一个整型的全局变量iCount，这个变量的作用是表示链表中节点的数量。在Create函数中，首先定义需要用到的指针变量，pHead用来表示头指针，pEnd用来指向原来的尾节点，pNew用来指向新创建的节点。

使用malloc函数分配内存，先使pEnd和pNew两个指针都指向第一个分配的内存，然后显示提示信息，依次输出一个学生的姓名和学号。使用while循环语句进行判断，如果学号为0，则不执行循环语句。

在while循环语句中，iCount++自加操作表示链表中节点的增加。然后要判断新加入的节点是否是第一次加入的节点，如果是第一次加入则执行if语句块中的代码，否则执行else语句块中的代码。

在if语句块中，因为第一次加入节点时其中没有节点，所以新节点即为头节点也为最后一个节点，并且要将新加入的节点的指针指向NULL，即pHead指向NULL。else语句实现的是链表中已经有节点存在时的操作。首先将新节点pNew的指针指向NULL，然后将原来最后一个节点的指针指向新节点，最后将pEnd指针指向最后一个节点。

这样一个节点创建完之后，要再进行分配内存，然后向其中输入数据，通过while语句再次判断输入的数据是否符合节点的要求。当节点不符合要求时，执行while循环语句下面的代码，调用free函数将不符合要求的节点空间进行释放。

这样一个链表就通过动态分配内存空间的方式创建完成了。

11.5.3 输出链表

输出链表

链表已经被创建出来，构建数据结构就是为了使用它，以将保存的信息进行输出显示。接下来介绍如何将链表中的数据显示输出。

```
void Print(struct Student *pHead)
{
    struct Student *pTemp;                                              /*循环所用的临时指针*/
    int iIndex=1;                                                       /*表示链表中节点的序号*/

    printf("----the List has %d members:----\n",iCount);               /*消息提示*/
    printf("\n");                                                       /*换行*/
    pTemp=pHead;                                                        /*指针得到头节点的地址*/

    while(pTemp!=NULL)
    {
        printf("the NO%d member is:\n",iIndex);
        printf("the name is: %s\n",pTemp->cName);                       /*输出姓名*/
```

```
        printf("the number is: %d\n",pTemp->iNumber);                /*输出学号*/
        printf("\n");                                                /*输出换行*/
        pTemp=pTemp->pNext;                                          /*移动临时指针到下一个节点*/
        iIndex++;                                                    /*进行自加运算*/
    }
}
```

Printf函数用来将链表中的数据进行输出。在函数的参数中，pHead表示一个链表的头节点。在函数中，定义一个临时的指针pTemp用来进行循环操作，定义一个整型变量用来表示链表中的节点序号。然后将临时指针变量pTemp保存头节点的地址。

使用while语句将所有节点中保存的数据都显示输出。其中每输出一个节点的内容后，就移动pTemp指针变量指向下一个节点的地址。当为最后一个节点时，所拥有的指针指向NULL，此时循环结束。

【例11-10】创建链表并将数据输出。

根据上面介绍的有关链表的创建与输出操作，将这些代码整合到一起，编写一个包含学生信息的链表结构，并且将链表中的信息进行输出。

```
#include<stdio.h>
#include<stdlib.h>
struct Student
{
    char cName[20];                                                  /*姓名*/
    int iNumber;                                                     /*学号*/
    struct Student *pNext;                                           /*指向下一个节点的指针*/
};
int iCount;                                                          /*全局变量表示链表长度*/
struct Student* Create()
{
    struct Student *pHead=NULL;                                      /*初始化链表，头指针为空*/
    struct Student *pEnd,*pNew;
    iCount=0;                                                        /*初始化链表长度*/
    pEnd=pNew=(struct Student*)malloc(sizeof(struct Student));
    printf("请先输入学生的姓名，然后输入学生的学号\n");
    scanf("%s",&pNew->cName);
    scanf("%d",&pNew->iNumber);
    while(pNew->iNumber!=0)
    {
        iCount++;
        if(iCount==1)
        {
            pNew->pNext=pHead;                                       /*使得指向为空*/
            pEnd=pNew;                                               /*跟踪新加入的节点*/
            pHead=pNew;                                              /*头指针指向首节点*/
        }
        else
        {
            pNew->pNext=NULL;                                        /*新结点的指针为空*/
            pEnd->pNext=pNew;                                        /*原来的节点指向新节点*/
            pEnd=pNew;                                               /*pEnd指向新节点*/
        }
        pNew=(struct Student*)malloc(sizeof(struct Student));
                                                                     /*再次分配节点内存空间*/
        scanf("%s",&pNew->cName);
        scanf("%d",&pNew->iNumber);
    }
```

```
    free(pNew);                                          /*释放没有用到的空间*/
    return pHead;
}
void Print(struct Student *pHead)
{
    struct Student *pTemp;                               /*循环所用的临时指针*/
    int iIndex=1;                                        /*表示链表中节点的序号*/
    printf("*****本名单中有%d个学生:*****\n",iCount);     /*消息提示*/
    printf("\n");                                        /*换行*/
    pTemp=pHead;                                         /*指针得到头节点的地址*/
    while(pTemp!=NULL)
    {
        printf("第%d个学生是:\n",iIndex);
        printf("姓名: %s\n",pTemp->cName);               /*输出姓名*/
        printf("学号: %d\n",pTemp->iNumber);             /*输出学号*/
        printf("\n");                                    /*输出换行*/
        pTemp=pTemp->pNext;                              /*移动临时指针到下一个节点*/
        iIndex++;                                        /*进行自加运算*/
    }
}
int main()
{
    struct Student *pHead;                               /*定义头节点*/
    pHead=Create();                                      /*创建节点*/
    Print(pHead);                                        /*输出链表*/
    return 0;                                            /*程序结束*/
}
```

在main函数中，先定义一个头节点指针pHead，然后调用Create函数创建链表，并将链表的头节点返回给pHead指针变量。利用得到的头节点pHead作为Print函数的参数。

运行程序，显示结果如图11-15所示。

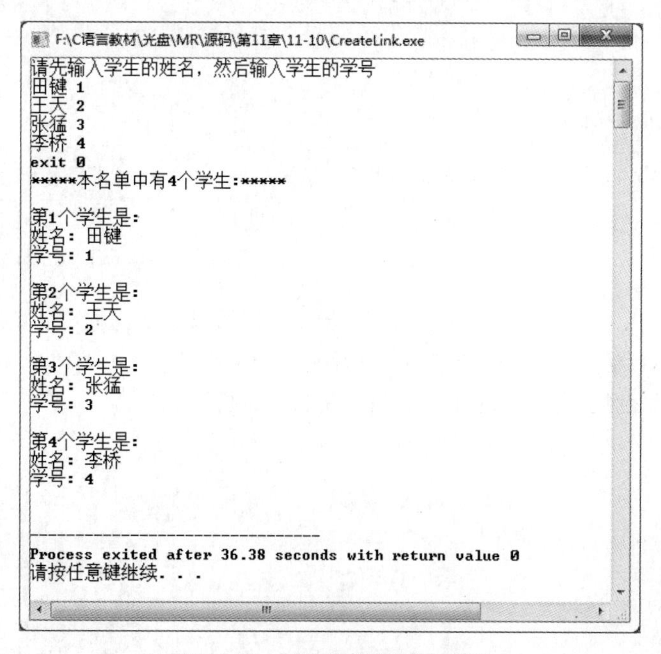

图11-15　创建链表并将数据输出

11.6 链表相关操作

本节将对链表的功能进行完善，使其具有插入、删除节点的功能。这些操作都是在11.5节中所声明的结构和链表的基础上添加的。

11.6.1 链表的插入操作

链表的插入操作可以在链表的头节点位置进行，也可以在某个节点的位置进行，或者可以像创建键表结构时在链表的后面添加节点。这3种插入操作的思路都是一样的。下面主要介绍第一种插入方式，即在链表的头节点位置插入节点，如图11-16所示。

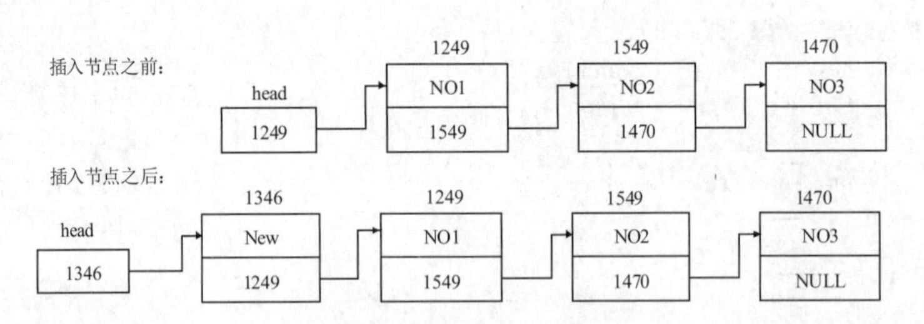

图11-16 插入节点操作

插入节点的过程就如手拉手的小朋友连成一条线，这时又来了一个小朋友，他要站在老师和一个小朋友的中间，那么老师就要放开原来的小朋友的手，拉住新加入的小朋友的手，这个新加入的小朋友的手就拉住原来的那个小朋友的手。这样，这条连成的线还是连在一起。

设计一个函数用来向链表中添加节点：

```
struct Student* Insert(struct Student* pHead)
{
    struct Student* pNew;                                  /*指向新分配的空间*/
    printf("----Insert member at first----\n");           /*提示信息*/
    /*分配内存空间，并返回指向该内存空间的指针*/
    pNew=(struct Student*)malloc(sizeof(struct Student));

    scanf("%s",&pNew->cName);
    scanf("%d",&pNew->iNumber);

    pNew->pNext=pHead;                                     /*新节点指针指向原来的头节点*/
    pHead=pNew;                                            /*头指针指向新节点*/
    iCount++;                                              /*增加链表节点数量*/
    return pHead;                                          /*返回头指针*/
}
```

在代码中，为要插入的新节点分配内存，然后向新节点中输入数据，这样一个节点就创建完成了。接下来就是将这个节点插入到链表中。首先将新节点的指针指向原来的首节点，保存头节点的地址。然后将头指针指向新节点，这样就完成了节点的连接操作，最后增加链表的节点数量。

修改main函数的代码，加入添加节点操作：

```
int main()
{
    struct Student *pHead;                                 /*定义头节点*/
    pHead=Create();                                        /*创建节点*/
    pHead=Insert(pHead);                                   /*插入节点*/
    Print(pHead);                                          /*输出链表*/
    return 0;                                              /*程序结束*/
}
```

使用Insert函数返回新的头指针，运行程序，显示结果如图11-17所示。

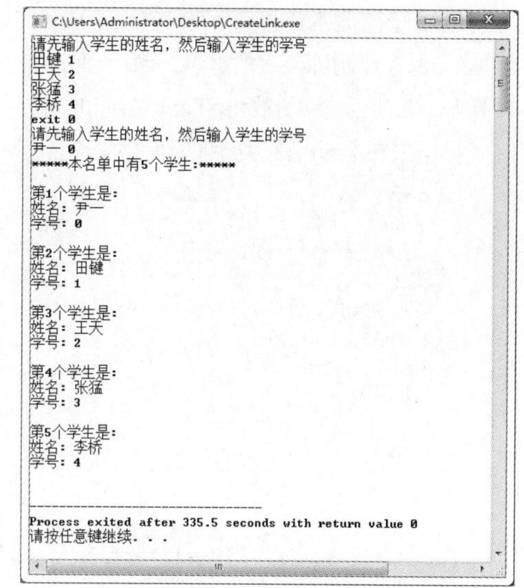

图11-17　链表插入操作

11.6.2　链表的删除操作

之前的操作都是向链表中添加节点，当希望删除链表中的节点时，应该怎么办呢？还是通过前文中小朋友手拉手的比喻进行理解。例如，队伍中的一个小朋友想离开队伍了，要保持这个队伍不会断开的方法是只需他两边的小朋友将手拉起来就可以了。

例如在一个链表中删除其中的一个节点，如图11-18所示。

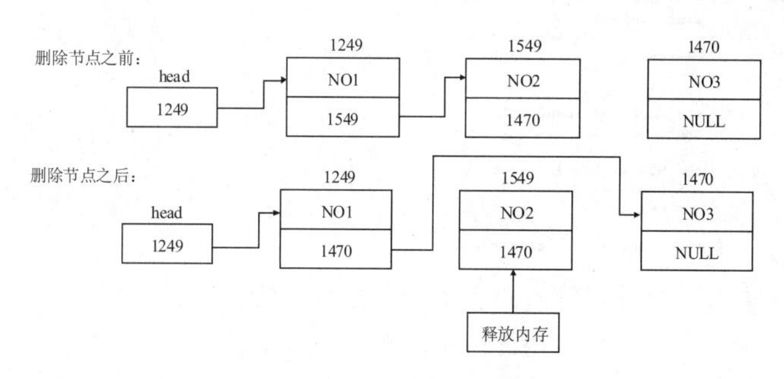

图11-18　删除节点操作

通过图11-18可以发现，要删除一个节点，首先要找到这个节点的位置，例如图中的NO2节点。然后将NO1节点的指针指向NO3节点，最后将NO2节点的内存空间释放掉，这样就完成了NO2节点的删除操作。

根据这种思路编写删除链表节点操作的函数如下：

```
/*pHead表示头节点，iIndex表示要删除的节点下标*/
void Delete(struct Student *pHead,int iIndex)
{
    int i;                                          /*控制循环变量*/
    struct Student *pTemp;                          /*临时指针*/
    struct Student *pPre;                           /*表示要删除节点前的节点*/
    pTemp=pHead;                                    /*得到头节点*/
    pPre=pTemp;
    printf("----delete NO%d member----\n",iIndex);  /*提示信息*/
    for(i=1;i<iIndex;i++)                           /*for循环使得pTemp指向要删除的节点*/
    {
        pPre=pTemp;
        pTemp=pTemp->pNext;
    }
    pPre->pNext=pTemp->pNext;                       /*连接删除节点两边的节点*/
    free(pTemp);                                    /*释放要删除节点的内存空间*/
    iCount--;                                       /*减少链表中的元素个数*/
}
```

为Delete函数传递两个参数，pHead表示链表的头指针，iIndex表示要删除节点在链表中的位置。定义整型变量i用来控制循环的次数，然后定义两个指针，分别用来表示要删除的节点和这个节点之前的节点。

输出一行提示信息表示要进行删除操作，之后利用for语句进行循环操作找到要删除的节点，使用pTemp保存要删除节点的地址，pPre保存前一个节点的地址。找到要删除的节点后，连接要删除节点两边的节点，并使用free函数将pTemp指向的内存空间进行释放。

接下来在main函数中添加代码执行删除操作，将链表中的第二个节点进行删除。

```
int main()
{
    struct Student* pHead;                          /*定义头节点*/
    pHead=Create();                                 /*创建节点*/
    pHead=Insert(pHead);                            /*插入节点*/
    Delete(pHead,2);                                /*删除第二个节点的操作*/
    Print(pHead);                                   /*输出链表*/
    return 0;                                       /*程序结束*/
}
```

运行程序，通过显示的结果可以看到第二个节点中的数据被删除，显示结果如图11-19所示。

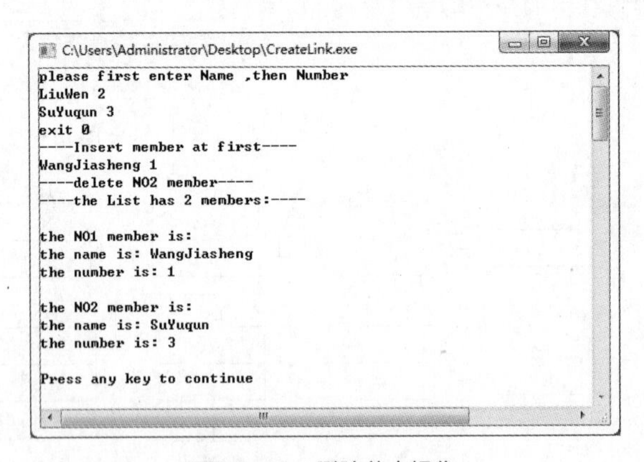

图11-19　删除节点操作

有关链表的操作就讲解到这里，为了方便读者阅读程序，这里将有关链表相应操作的完整程序给出，希望读者能从整体方向对链表有更好的理解。

【例11-11】完整的链表操作代码。

```
#include<stdio.h>
#include<stdlib.h>
struct Student
{
    char cName[20];                                 /*姓名*/
    int iNumber;                                    /*学号*/
    struct Student *pNext;                          /*指向下一个节点的指针*/
};
int iCount;                                         /*全局变量表示链表长度*/
struct Student* Create()
{
    struct Student *pHead=NULL;                     /*初始化链表，头指针为空*/
    struct Student *pEnd,*pNew;
    iCount=0;                                       /*初始化链表长度*/
    pEnd=pNew=(struct Student*)malloc(sizeof(struct Student));
    printf("请先输入学生的姓名，然后输入学生的学号\n");
    scanf("%s",&pNew->cName);
    scanf("%d",&pNew->iNumber);
    while(pNew->iNumber!=0)
    {
        iCount++;
        if(iCount==1)
```

```
        {
                pNew->pNext=pHead;                              /*使得指向为空*/
                pEnd=pNew;                                      /*跟踪新加入的节点*/
                pHead=pNew;                                     /*头指针指向头节点*/
        }
        else
        {
                pNew->pNext=NULL;                               /*新节点的指针为空*/
                pEnd->pNext=pNew;                               /*原来的节点指向新节点*/
                pEnd=pNew;                                      /*pEnd指向新节点*/
        }
        pNew=(struct Student*)malloc(sizeof(struct Student));
                                                                /*再次分配节点内存空间*/
        scanf("%s",&pNew->cName);
        scanf("%d",&pNew->iNumber);
    }
    free(pNew);                                                 /*释放没有用到的空间*/
    return pHead;
}
void Print(struct Student *pHead)
{
    struct Student *pTemp;                                      /*循环所用的临时指针*/
    int iIndex=1;                                               /*表示链表中节点的序号*/
    printf("*****本名单中有%d个学生:*****\n",iCount);            /*消息提示*/
    printf("\n");                                               /*换行*/
    pTemp=pHead;                                                /*指针得到头节点的地址*/
    while(pTemp!=NULL)
    {
        printf("第%d个学生是:\n",iIndex);
        printf("姓名: %s\n",pTemp->cName);                      /*输出姓名*/
        printf("学号: %d\n",pTemp->iNumber);                    /*输出学号*/
        printf("\n");                                           /*输出换行*/
        pTemp=pTemp->pNext;                                     /*移动临时指针到下一个节点*/
        iIndex++;                                               /*进行自加运算*/
    }
}
struct Student *Insert(struct Student *pHead)
{
    struct Student *pNew;                                       /*指向新分配的空间*/
    printf("----插入学生姓名和学号----\n");                      /*提示信息*/
    /*分配内存空间，并返回指向该内存空间的指针*/
    pNew=(struct Student*)malloc(sizeof(struct Student));
    scanf("%s",&pNew->cName);
    scanf("%d",&pNew->iNumber);
    pNew->pNext=pHead;                                          /*新节点指针指向原来的头节点*/
    pHead=pNew;                                                 /*头指针指向新节点*/
    iCount++;                                                   /*增加链表节点数量*/
    return pHead;                                               /*返回头指针*/
}
void Delete(struct Student *pHead,int iIndex)
                                        /*pHead表示头节点，iIndex表示要删除的节点下标*/
{
    int i;                                                      /*控制循环变量*/
    struct Student *pTemp;                                      /*临时指针*/
    struct Student *pPre;                                       /*表示要删除节点前的节点*/
    pTemp=pHead;                                                /*得到头节点*/
    pPre=pTemp;
    printf("*****删除第%d的学生*****\n",iIndex);                 /*提示信息*/
    for(i=1;i<iIndex;i++)                                       /*for循环使得pTemp指向要删除的节点*/
```

```
    {
        pPre=pTemp;
        pTemp=pTemp->pNext;
    }
    pPre->pNext=pTemp->pNext;                    /*连接删除节点两边的节点*/
    free(pTemp);                                 /*释放要删除节点的内存空间*/
    iCount--;                                    /*减少链表中的元素个数*/
}
int main()
{
    struct Student* pHead;                       /*定义头节点*/
    pHead=Create();                              /*创建节点*/
    pHead=Insert(pHead);                         /*插入节点*/
    Delete(pHead,2);                             /*删除第二个节点的操作*/
    Print(pHead);                                /*输出链表*/
    return 0;                                    /*程序结束*/
}
```

11.7 共用体

共用体看起来很像结构体，只不过关键字由struct变成了union。共用体和结构体的区别在于：结构体定义了一个由多个数据成员组成的特殊类型，而共用体定义了一段为所有数据成员共享的内存。

11.7.1 共用体的概念

共用体的概念

共用体也称为联合体，它使几种不同类型的变量存放到同一段内存单元中。所以共用体在同一时刻只能有一个值，它属于某一个数据成员。由于所有成员位于同一段内存，因此共用体的大小就等于最大成员的大小。

定义共用体的类型变量的一般形式为：

```
union 共用体名
{
    成员列表
}变量列表;
```

例如定义一个共用体类型的变量，包括的数据成员有整型、字符型和实型：

```
union DataUnion
{
    int iInt;
    char cChar;
    float fFloat;
}variable;                                       /*定义共用体变量*/
```

其中variable为定义的共用体变量，而union DataUnion是共用体类型。还可以像结构体那样将共用体类型的声明和变量定义分开：

```
union DataUnion variable;
```

可以看到共用体定义变量的方式与结构体定义变量的方式很相似，不过一定要注意两者的区别：结构体变量的大小是其所包括的所有数据成员大小的总和，其中每个成员分别占有自己的内存单元；而共用体的大小为所包含数据成员中最大内存长度的大小。例如上面定义的共用体变量variable的大小就与float类型的成员内存大小相等。

11.7.2 共用体变量的引用

共用体变量的引用

共用体变量定义完成后，就可以引用其中的成员数据进行使用。引用的一般形式为：

```
共用体变量.成员名;
```

例如，引用前面定义的variable变量中的成员数据的方法：

```
variable.iInt;
variable.cChar;
variable.fFloat;
```

不能直接引用共用体变量，如“printf("%d",variable);”。

【例11-12】引用共用体变量。

在本实例中定义共用体变量，通过定义的显示函数，引用共用体中的数据成员。

```
#include<stdio.h>

union DataUnion                                    /*声明共用体类型*/
{
    int iInt;                                      /*成员变量*/
    char cChar;
};

int main()
{
    union DataUnion Union;                         /*定义共用体变量*/
    Union.iInt=97;                                 /*为共用体变量中的成员赋值*/
    printf("iInt: %d\n",Union.iInt);                    /*输出成员变量的数据*/
    printf("cChar: %c\n",Union.cChar);
    Union.cChar='A';                               /*改变成员变量的数据*/
    printf("iInt: %d\n",Union.iInt);                    /*输出成员变量的数据*/
    printf("cChar: %c\n",Union.cChar);
    return 0;
}
```

在程序中改变共用体的一个成员，其他成员也会随之改变。当给某个特定的成员进行赋值时，其他成员的值也会具有一致的含义，这是因为它们的值的每一个二进制位都被新值所覆盖。

运行程序，显示结果如图11-20所示。

```
F:\C语言教材\光盘\MR\源码\第11章\11-12\Union.exe
iInt: 97
cChar: a
iInt: 65
cChar: A

--------------------------------
Process exited after 0.05196 seconds with return value 0
请按任意键继续. . .
```

图11-20 使用共用体变量

11.7.3 共用体变量的初始化

在定义共用体变量时，可以同时对变量进行初始化操作。初始化的值放在一对大括号中。

共用体变量的初始化

对共用体变量初始化时，只需要一个初始化值就足够了，其类型必须和共用体的第一个成员的类型相一致。

【例11-13】共用体变量的初始化。

在本实例中，在定义共用体变量的同时进行初始化操作，并将引用变量的值输出。

```
#include<stdio.h>

union DataUnion                                    /*声明共用体类型*/
{
```

```
    int iInt;                                           /*成员变量*/
    char cChar;
};

int main()
{
    union DataUnion Union={97};                         /*定义共用体变量，并进行初始化*/
    printf("iInt: %d\n",Union.iInt);                    /*输出成员变量的数据*/
    printf("cChar: %c\n",Union.cChar);
    return 0;
}
```

如果共用体的第一个成员是一个结构体类型，则初始化值中可以包含多个用于初始化该结构体的表达式。

运行程序，显示结果如图11-21所示。

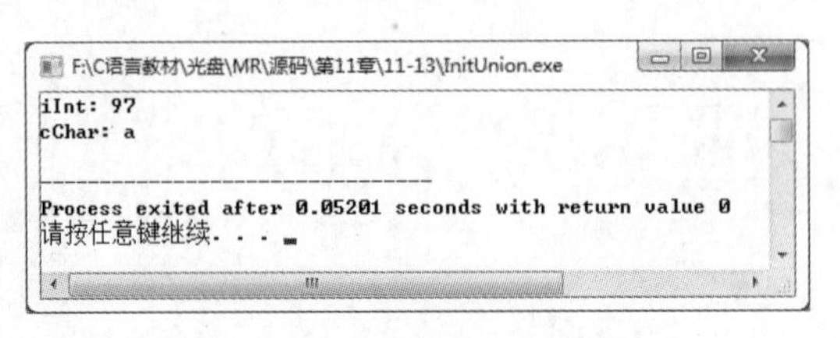

图11-21　初始化共用体变量

11.7.4　共用体类型的数据特点

共用体类型的数据特点

在使用共用体类型时，需要注意以下特点。

- 同一个内存段可以用来存放几种不同类型的成员，但是每一次只能存放其中一种，而不是同时存放所有的类型。也就是说在共用体中，只有一个成员起作用，其他成员不起作用。
- 共用体变量中起作用的成员是最后一次存放的成员，在存入一个新的成员后原有的成员就失去作用。
- 共用体变量的地址和它的各成员的地址是一样的。
- 不能对共用体变量名赋值，也不能企图引用变量名来得到一个值。

11.8　枚举类型

枚举类型

利用关键字enum可以声明枚举类型，这也是一种数据类型。使用该类型可以定义枚举类型变量，一个枚举变量包含一组相关的标识符，其中每个标识符都对应一个整数值，称为枚举常量。

定义枚举类型变量的一般形式为enum变量名（枚举常量1，枚举常量2，……，枚举常量n）

例如定义一个枚举类型变量，其中每个标识符都对应一个整数值：

```
enum Colors(Red,Green,Blue);
```

Colors就是定义的枚举类型变量，在括号中的第一个标识符对应着数值0，第二个对应于1，依此类推。

每个标识符都必须是唯一的，而且不能采用关键字或当前作用域内的其他相同的标识符。

在定义枚举类型的变量时，可以为某个特定的标识符指定其对应的整型值，紧随其后的标识符对应的值依次加1。例如：

```
enum Colors(Red=1,Green,Blue);
```

这样的话，Red的值为1，Green为2，Blue为3。

【例11-14】使用枚举类型。

在本实例中，通过定义枚举类型观察其使用方式，其中每个枚举常量在声明的作用域内都可以看作一个新的数据类型。

```
#include<stdio.h>

enum Color{Red=1,Blue,Green} color;                 /*定义枚举变量，并初始化*/
int main()
{
    int icolor;                                     /*定义整型变量*/
    scanf("%d",&icolor);                            /*输入数据*/
    switch(icolor)                                  /*判断icolor值*/
    {
    case Red:                                       /*枚举常量，Red表示1*/
        printf("the choice is Red\n");
        break;
    case Blue:                                      /*枚举常量，Blue表示2*/
        printf("the choice is Blue\n");
        break;
    case Green:                                     /*枚举常量，Green表示3*/
        printf("the choice is Green\n");
        break;
    default:
        printf("???\n");
        break;
    }
    return 0;
}
```

在程序中定义枚举变量在初始化时，为第一个枚举常量赋值为1，这样Red赋值为1后，之后的枚举常量就会依次加1。通过使用switch语句判断输入的数据与这些标识符是否符合，然后执行case语句中的操作。

运行程序，显示结果如图11-22所示。

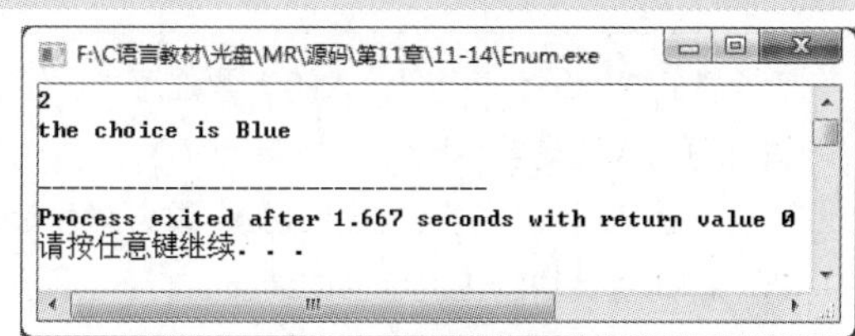

图11-22　使用枚举类型

小　结

本章先介绍了有关结构体的内容，编程人员可以通过结构定义符合要求的结构体类型。之后介绍了结构体以数组方式定义，指向结构体的指针，以及包含结构的结构的情况。

学习完如何构建结构体后，接下来介绍了一种常见的数据结构——链表，其中讲解了有关链表的创建过程，介绍如何动态分配内存空间。而链表的插入、删除、输出操作，应用了之前学习的结构体的知识。

本章的最后讲解了有关共用体和枚举类型这两方面的内容，需要注意共用体和结构体两者间的最大区别：结构体的大小是所有成员数据大小的总和，而共用体的大小与成员数据中最大的成员数据大小相同。

上机指导

师生信息存储系统。

要求设计一个程序，可以存放一个学校的所有学生和老师的数据。其中，学生的数据中包括姓名、身份、性别、编号和班级；老师的数据中包括姓名、身份、性别、编号和职务。显示结果如图11-23所示。

上机指导

编程思路如下。

在本章中对于信息显示输出已经举出大量实例，读者可以参照修改完成本实例。由于老师和学生两者数据中只有一项是不相同的，所以可以使用共用体，这样设计一个结构体类型就可以满足设计要求。

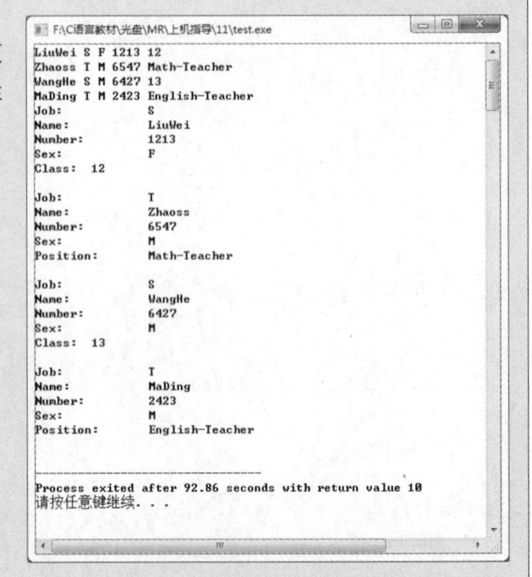

图11-23　师生信息存储系统

习 题

11-1　设计一个候选人的选票程序。假设有3个候选人，每一次输入要选择的候选人姓名，最后输出每个人的得票结果。

11-2　计算学生的综合成绩。输入学生期中成绩、期末成绩、期间测试成绩，按30%、50%、20%的比例计算学生的综合成绩。

11-3　计算开机时间。通过定义结构体time（存储时间信息），计算开机时间，要求在每次开始计算开机时间时都能接着上次记录的结果向下记录。

11-4　共用体处理任意类型数据。设计一个共用体类型，使其成员包含多种数据类型，根据不同的类型，输出不同的数据。

11-5 利用枚举类型表示一周的每一天，通过输入数字来输出对应的是星期几。

11-6　设计简单的文本编辑器。要求实现3个功能，第一、要求对指定行输入字符串；第二、删除指定行的字符串；第三、显示输入的字符串的内容。

11-7 使用头插入法创建一个键表，并将键表输出在窗体上。

CHAPTER12

第12章 位运算

本章要点

- 掌握6种位运算符
- 掌握实现循环移位的方法
- 了解位段的相关内容

■ C语言可用来代替汇编语言完成大部分编程工作，也就是说C语言能支持汇编语言进行大部分的运算，因此C语言完全支持按位运算，这也使C语言的应用更加广泛。

12.1 位与字节

位与字节

在前面章节中讲过数据在内存中是以二进制的形式存放的，下面将具体介绍位与字节之间的关系。

位是计算机存储数据的最小单位。一个二进制位可以表示两种状态（0和1），多个二进制位组合起来便可表示多种信息。

一个字节通常是由8位二进制数组成，当然有的计算机系统是由16位二进制数组成，本书中提到的一个字节指的是由8位二进制数组成的。

因为本书中所使用的运行环境是Visual C++ 6.0，所以定义一个基本整型数据，它在内存中占4个字节，也就是32位；如果定义一个字符型，则在内存中占一个字节，也就是8位。不同的数据类型占用的字节数不同，因此占用的二进制位数也不同。

12.2 位运算操作符

C语言既具有高级语言的特点，又具有低级语言的功能，C语言和其他语言的区别是完全支持按位运算。前面讲过的都是以字节为基本单位进行运算的，本节将介绍如何在位一级进行运算。按位运算也就是对字节或字中的实际位进行检测、设置或移位。C语言提供的位运算符如表12-1所示。

表12-1 位运算符

运算符	含义
&	按位与
|	按位或
~	取反
^	按位异或
<<	左移
>>	右移

12.2.1 “与”运算符

“与”运算符

按位“与”运算符&是双目运算符，功能是使参与运算的两数各对应的二进制位相“与”。只有对应的两个二进制位均为1时，结果才为1，否则为0，如表12-2所示。

表12-2 “与”运算符

a	b	a&b
0	0	0
0	1	0
1	0	0
1	1	1

例如，89&38的算式：

```
      0000000001011001    十进制数 89
(&)
      0000000000100110    十进制数 38
  ____________________
      0000000000000000    十进制数 0
```

通过上面的运算会发现按位“与”的一个用途就是清零，要将原数中为1的位置为0，只需使与其进行“与”操作的数所对应的位置为0便可实现清零操作。

“与”操作的另一个用途就是取特定位，可以通过“与”的方式取一个数中的某些指定位，如果取十进制数22的后5位则要与后5位均是1的数相“与”，同样地，要取后4位，就与后4位都是1的数相“与”即可。

【例12-1】任意输入两个数分别赋给a和b，计算a&b的值。

```
#include<stdio.h>
main()
{
    unsigned result;                                        /*定义无符号变量*/
    int a, b;
    printf("please input a:");
    scanf("%d",&a);
    printf("please input b:");
    scanf("%d",&b);
    printf("a=%d,b=%d", a, b);
    result = a&b;                                           /*计算"与"运算的结果*/
    printf("\na&b=%u\n", result);
}
```

运行程序，显示结果如图12-1所示。

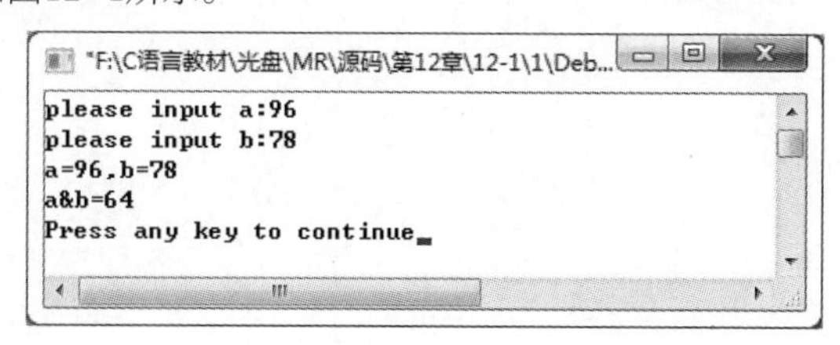

图12-1 a&b

本章中实例使用Visual C++6.0运行。

实例12-1的计算过程如下：

```
          0000000001100000    十进制数 96
(&)
          0000000001001110    十进制数 78
-----------------------------
          0000000001000000    十进制数 64
```

12.2.2 “或”运算符

“或”运算符

按位“或”运算符|是双目运算符，功能是使参与运算的两数各对应的二进制位相“或”，只要对应的两个二进制位有一个为1，结果位就为1，如表12-3所示。

表12-3 “或”运算符

a	b	a|b
0	0	0
0	1	1
1	0	1
1	1	1

例如，17|31的算式：

```
          0000000000010001    十进制数 17
    (|)
          0000000000011111    十进制数 31
    ------------------------------------
          0000000000011111    十进制数 31
```

从上式可以发现十进制数17的二进制的后5位是10001，而十进制数31对应的二进制的后5位是11111，将这两个数执行“或”运算之后得到的结果是31，也就是将17的二进制数的后5位中是0的位变成了1，因此可以总结出这样一个规律，即要想使一个数的后6位全为1，只需和63按位“或”；同理，若要使后5位全为1，只需和31按位“或”即可，其他依此类推。

【例12-2】任意输入两个数分别赋给a和b，计算a|b的值。

```
#include<stdio.h>
main()
{
    unsigned result;                                    /*定义无符号变量*/
    int a, b;
    printf("please input a:");
    scanf("%d",&a);
    printf("please input b:");
    scanf("%d",&b);
    printf("a=%d,b=%d", a, b);
    result = a|b;                                       /*计算或运算的结果*/
    printf("\na|b=%u\n", result);
}
```

运行程序，显示结果如图12-2所示。

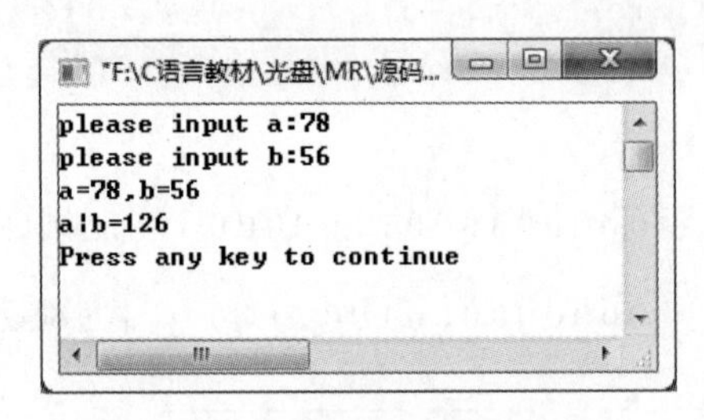

图12-2 结构体类型的初始化操作

实例12-2的计算过程如下（为了方便观察，这里只给出每个数据的后16位）：

```
          0000000001001110   十进制数 78
    (|)
          0000000000111000   十进制数 56
    ------------------------------------
          0000000001111110   十进制数 126
```

12.2.3 “取反”运算符

“取反”运算符

“取反”运算符“～”为单目运算符，具有右结合性。其功能是对参与运算的数的各二进制位按位求反，即将0变成1，1变成0。如~83是对83进行按位求反：

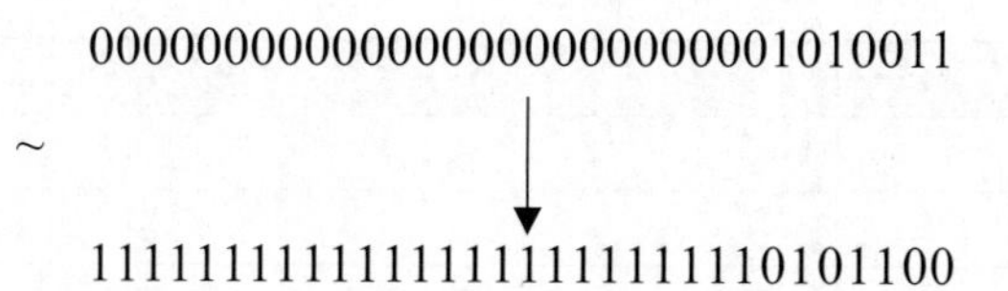

在进行“取反”运算的过程中，切不可简单地认为一个数取反后的结果就是该数的相反数（即~25的值是-25），这是错误的。

【例12-3】输入一个数赋给变量a，计算~a的值。

```
#include<stdio.h>
main()
{
    unsigned result;                                    /*定义无符号变量*/
    int a;
    printf("please input a:");
    scanf("%d",&a);
    printf("a=%d", a);
    result = ~a;                                        /*求a的反*/
    printf("\n~a=%o\n", result);
}
```

运行程序，显示结果如图12-3所示。

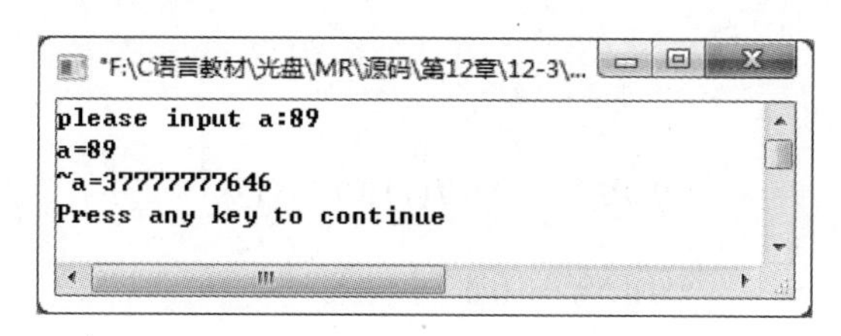

图12-3　~a

实例12-3的执行过程如下：

```
0 0 0 0 0 0 0 0 0 0 0 0 0 0 0 0 0 0 0 0 0 0 0 0 0 1 0 1 1 0 0 1
~
1 1 1 1 1 1 1 1 1 1 1 1 1 1 1 1 1 1 1 1 1 1 1 1 1 0 1 0 0 1 1 0
3   7   7   7   7   7   7   7   6   4   6
```

实例12-3最后是以八进制的形式输出的。

12.2.4　“异或”运算符

“异或”运算符

按位“异或”运算符^是双目运算符。其功能是使参与运算的两数各对应的二进制位相“异或”，当对应的两个二进制位数相异时结果为1，否则结果为0，如表12-4所示。

表12-4　“异或”运算符

a	b	a^b
0	0	0
0	1	1
1	0	1
1	1	0

例如，107^127的算式：

```
  0000000001101011   十进制数 107
^
  0000000001111111   十进制数 127
---------------------
  0000000000010100   十进制数 20
```

从上面算式可以看出，“异或”操作的一个主要用途就是能使特定的位翻转，如果要将107的后7位翻转，只需与一个后7位都是1的数进行“异或”操作即可。

“异或”操作的另一个主要用途，就是在不使用临时变量的情况下实现两个变量值的互换。

例如x=9，y=4，将x和y的值互换可用如下方法实现：

x=x^y;

y=y^x;

x=x^y;

其具体运算过程如下：

```
  0000000000001001(x)
^
  0000000000000100(y)
---------------------
  0000000000001101(x)
^
  0000000000000100(y)
---------------------
  0000000000001001(y)
^
  0000000000001101(x)
---------------------
  0000000000000100(x)
```

【例12-4】输入两个数分别赋给变量a和b，计算a^b的值。

```
#include<stdio.h>
main()
{
    unsigned result;                                    /*定义无符号数*/
    int a, b;
    printf("please input a:");
```

```
    scanf("%d",&a);
    printf("please input b:");
    scanf("%d",&b);
    printf("a=%d,b=%d", a, b);
    result = a^b;                                          /*求a与b"异或"的结果*/
    printf("\na^b=%u\n", result);
}
```

运行程序，显示结果如图12-4所示。

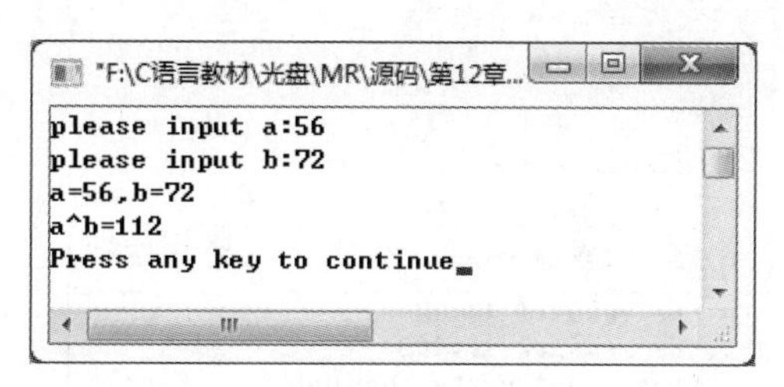

图12-4　a^b

实例12-4的执行过程如下：

```
  0000000000111000
^
  0000000001001000
--------------------
  0000000001110000
```

12.2.5 “左移”运算符

“左移”运算符

“左移”运算符“<<”是双目运算符。其功能是把“<<”左边的运算数的各二进制位全部左移若干位，由“<<”右边的数指定移动的位数，高位丢弃，低位补0。

如a<<2即把a的各二进制位向左移动两位。假设a=39，那么a在内存中的存放情况如图12-5所示。

0	0	0	0	0	0	0	0	0	0	0	0	0	0	0	0	0	0	0	0	0	0	0	0	0	0	1	0	0	1	1	1

图12-5　39在内存中的存储情况

若将a左移两位，则在内存中的存储情况如图12-6所示。

0	0	0	0	0	0	0	0	0	0	0	0	0	0	0	0	0	0	0	0	0	0	0	0	1	0	0	1	1	1	0	0

图12-6　39左移两位后在内存中的存储情况

a左移两位后由原来的39变成了156。

实际上左移一位相当于该数乘以2，如将a左移两位相当于将该数乘以4，即39乘以4，但这种情况只限于移出位不含1的情况。若是将十进制数64左移两位则移位后的结果将为0（01000000->00000000），这是因为64在左移两位时将1移出了（注意这里的64是假设以一个字节（即8位）存储的）。

【例12-5】 将15先左移两位，将其左移后的结果输出，在这个结果的基础上再左移3位，并将结果输出。

```
#include<stdio.h>
main()
{
    int x=15;
    x=x<<2;                                                   /*x左移2位*/
    printf("the result1 is:%d\n",x);
    x=x<<3;                                                   /*x左移3位*/
    printf("the result2 is:%d\n",x);
}
```

运行程序，显示结果如图12-7所示。

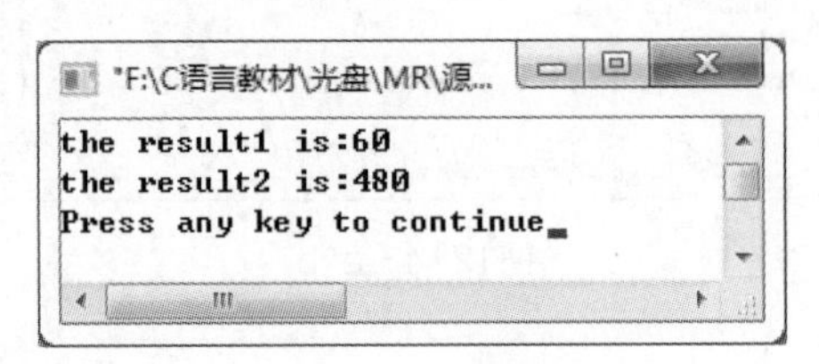

图12-7　左移运算

实例12-5的执行过程如下：

15在内存中的存储情况如图12-8所示。

0	0	0	0	0	0	0	0	0	0	0	0	0	0	0	0	0	0	0	0	0	0	0	0	0	0	0	0	1	1	1	1

图12-8　15在内存中的存储情况

15左移两位后变为60，其存储情况如图12-9所示。

0	0	0	0	0	0	0	0	0	0	0	0	0	0	0	0	0	0	0	0	0	0	0	0	0	0	1	1	1	1	0	0

图12-9　15左移两位后在内存中的存储情况

60左移3位变成480，其存储情况如图12-10所示。

0	0	0	0	0	0	0	0	0	0	0	0	0	0	0	0	0	0	0	0	0	0	0	1	1	1	1	0	0	0	0	0

图12-10　60左移3位后在内存中的存储情况

12.2.6　“右移”运算符

“右移”运算符

右移运算符“>>”是双目运算符。其功能是把“>>”左边的运算数的各二进制位全部右移若干位，“>>”右边的数指定移动的位数。

例如，a>>2即把a的各二进制位向右移动两位，假设a=00000110，右移两位后为00000001，a由原来的6变成了1。

在进行右移时对于有符号数需要注意符号位问题，当为正数时，最高位补0；而为负数时，最高位是补0还是补1取决于编译系统的规定。移入0的称为“逻辑右移”，移入1的称为“算术右移”。

【例12-6】 将30和-30分别右移3位，将所得结果分别输出，在所得结果的基础上再分别右移两位，并将结果输出。

```
#include<stdio.h>
main()
{
    int x=30,y=-30;
    x=x>>3;                                        /*x右移3位*/
    y=y>>3;                                        /*y右移3位*/
    printf("the result1 is:%d,%d\n",x,y);
    x=x>>2;                                        /*x右移2位*/
    y=y>>2;                                        /*y右移2位*/
    printf("the result2 is:%d,%d\n",x,y);
}
```

运行程序，显示结果如图12-11所示。

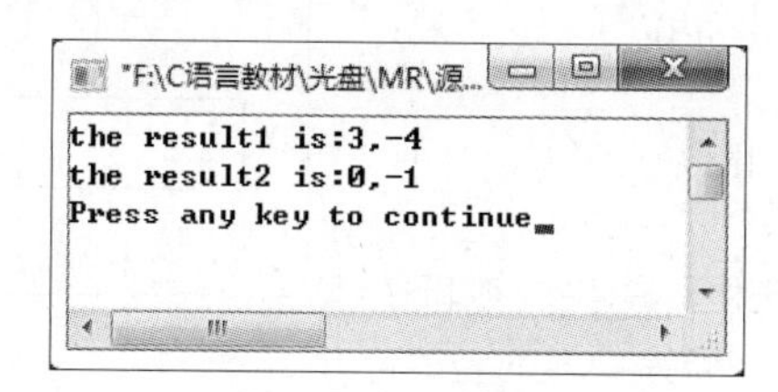

图12-11　左移运算

实例12-6的执行过程如下：

30在内存中的存储情况如图12-12所示。

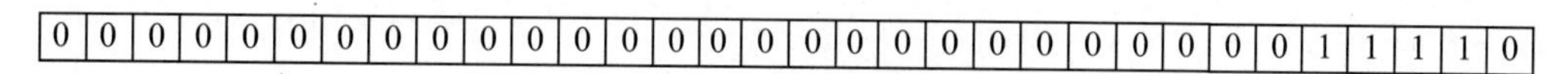

0	0	0	0	0	0	0	0	0	0	0	0	0	0	0	0	0	0	0	0	0	0	0	0	0	0	0	1	1	1	1	0

图12-12　30在内存中的存储情况

-30在内存中的存储情况如图12-13所示。

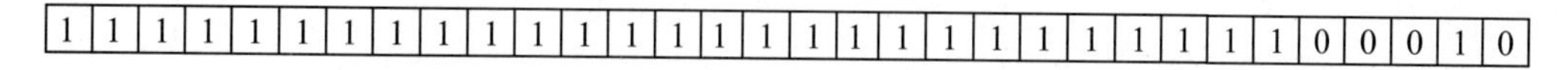

1	1	1	1	1	1	1	1	1	1	1	1	1	1	1	1	1	1	1	1	1	1	1	1	1	1	1	0	0	0	1	0

图12-13　-30在内存中的存储情况

30右移3位变成3，其存储情况如图12-14所示。

0	0	0	0	0	0	0	0	0	0	0	0	0	0	0	0	0	0	0	0	0	0	0	0	0	0	0	0	0	0	1	1

图12-14　30右移3位

-30右移3位变成-4，其存储情况如图12-15所示。

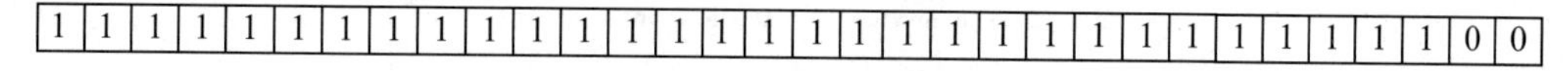

1	1	1	1	1	1	1	1	1	1	1	1	1	1	1	1	1	1	1	1	1	1	1	1	1	1	1	1	1	1	0	0

图12-15　-30右移3位

3右移两位变成0，而-4右移两位则变成-1，如图12-16所示。

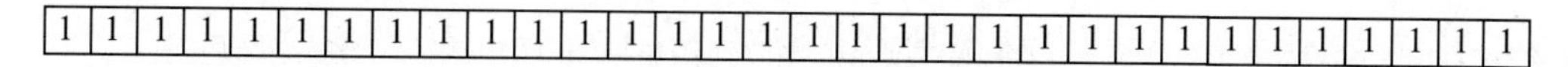

1	1	1	1	1	1	1	1	1	1	1	1	1	1	1	1	1	1	1	1	1	1	1	1	1	1	1	1	1	1	1	1

图12-16　-4右移两位

从上面的过程中可以发现在Visual C++ 6.0中负数进行的右移实质上就是算术右移。

12.3 循环移位

循环移位

前面讲过了向左移位和向右移位，这里将介绍循环移位的相关内容。什么是循环移位呢？循环移位就是将移出的低位放到该数的高位或者将移出的高位放到该数的低位。那么该如何来实现这个过程呢？这里先介绍如何实现循环左移。

循环左移的过程如图12-17所示。

实现循环左移的过程如下。

如图12-17所示将x的左端n位先放到z中的低n位中。由以下语句实现：

```
z=x>>(32-n);
```

将x左移n位，其右面低n位补0。由以下语句实现：

```
y=x<<n;
```

将y与z进行按位“或”运算。由以下语句实现：

```
y=y|z;
```

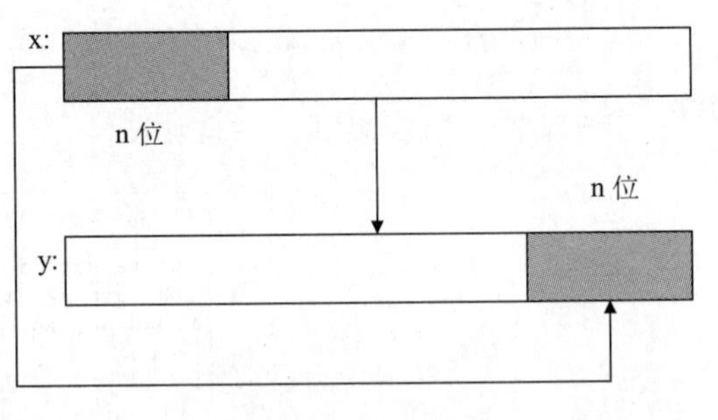

图12-17 循环左移

【例12-7】 编程实现循环左移，具体要求如下：首先从键盘中输入一个八进制数，然后输入要移位的位数，最后将移位的结果显示在屏幕上。

```
#include <stdio.h>
left(unsigned value, int n)                                  /*自定义左移函数*/
{
    unsigned z;
    z = (value >> (32-n)) | (value << n);                    /*循环左移的实现过程*/
    return z;
}
main()
{
    unsigned a;
    int n;
    printf("please input a number:\n");
    scanf("%o", &a);                                         /*输入一个八进制数*/
    printf("please input the number of displacement（>0）:\n");
    scanf("%d", &n);                                         /*输入要移位的位数*/
    printf("the result is %o:\n", left(a, n));               /*将左移后的结果输出*/
}
```

运行程序，显示结果如图12-18所示。

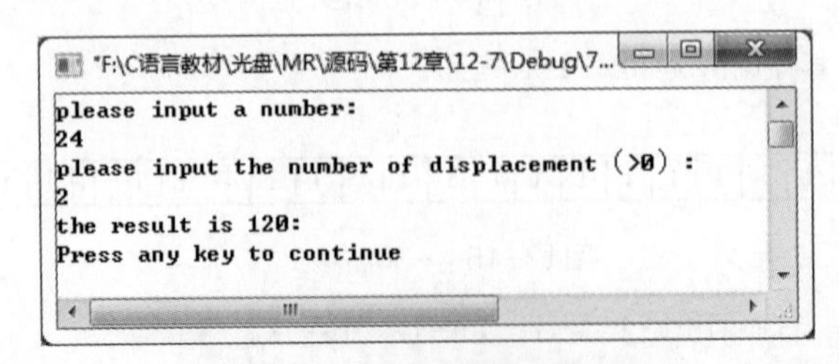

图12-18 循环左移的程序结果

循环右移的过程如图12-19所示，将x的右端n位先放到z中的高n位中。由以下语句实现：

```
z=x<<(32-n);
```

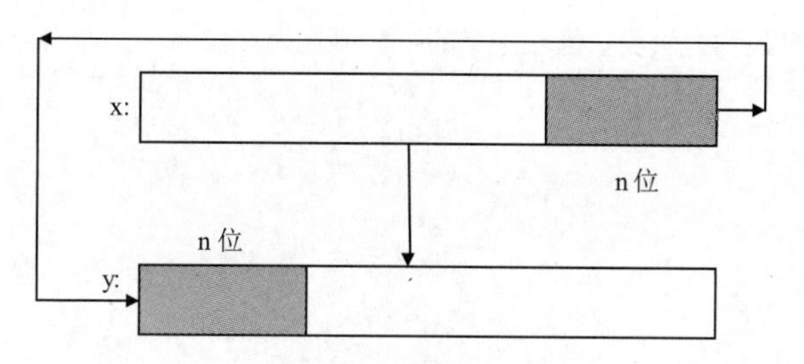

图12-19　循环右移

将x右移n位，其左端高n位补0。由以下语句实现：

```
y=x>>n;
```

将y与z进行按位“或”运算。由以下语句实现：

```
y=y|z;
```

【例12-8】 编程实现循环右移，具体要求如下：首先从键盘中输入一个八进制数，然后输入要移位的位数，最后将移位的结果显示在屏幕上。

```
#include <stdio.h>
right(unsigned value, int n)                                  /*自定义右移函数*/
{
    unsigned z;
    z = (value << (32-n)) | (value >> n);                     /*循环右移的实现过程*/
    return z;
}
main()
{
    unsigned a;
    int n;
    printf("please input a number:\n");
    scanf("%o", &a);                                          /*输入一个八进制数*/
    printf("please input the number of displacement（>0）:\n");
    scanf("%d", &n);                                          /*输入要移位的位数*/
    printf("the result is %o:\n", right(a, n));               /*将右移后的结果输出*/
}
```

运行程序，显示结果如图12-20所示。

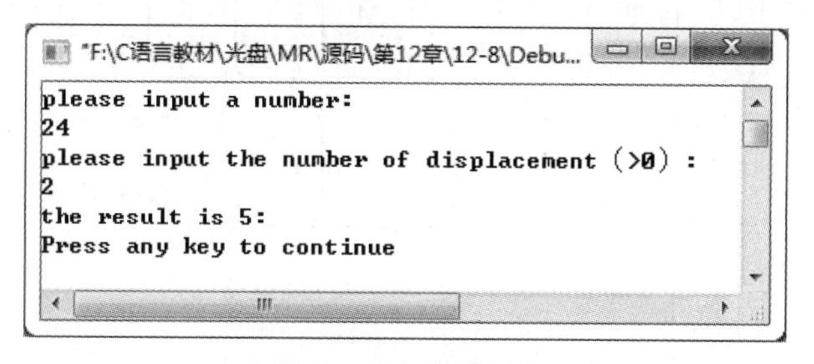

图12-20　循环右移

12.4　位段

12.4.1　位段的概念与定义

位段类型是一种特殊的结构体类型，其所有成员的长度均是以二进制位为单

位定义的，结构体中的成员被称为位段。位段定义的一般形式为：

```
struct 结构名
{
    类型  变量名1:长度;
    类型  变量名2:长度;
    ……
    类型  变量名n:长度;
}
```

一个位段必须被声明为int、unsigned或signed中的一种。

例如，CPU的状态寄存器按位段类型定义如下：

```
struct status
{
    unsigned sign:1;                                    /*符号标志*/
    unsigned zero:1;                                    /*零标志*/
    unsigned carry:1;                                   /*进位标志*/
    unsigned parity:1;                                  /*奇偶溢出标志*/
    unsigned half_carry:1;                              /*半进位标志*/
    unsigned negative:1;                                /*减标志*/
  } flags;
```

显然，对CPU的状态寄存器而言，使用位段类型仅需1个字节。

又如：

```
struct packed_data
{
unsigned a:2;
unsigned b:1;
unsigned c:1;
unsigned d:2;
}data;
```

可以发现，这里a、b、c、d分别占2位、1位、1位、2位，如图12-21所示。

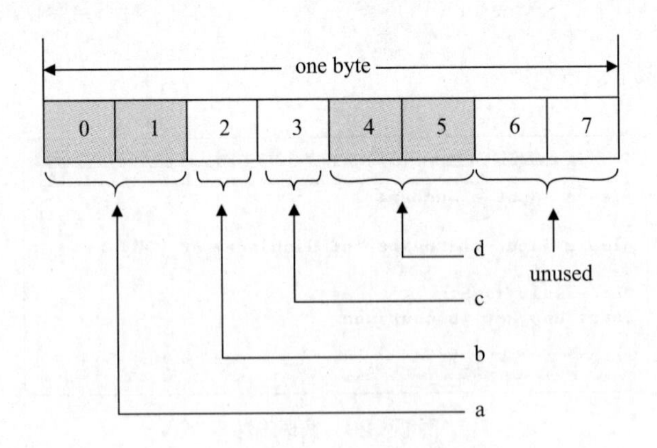

图12-21　占位情况

12.4.2　位段相关说明

位段相关说明

前面介绍了什么是位段，这里针对位段有以下几点说明。

- 因为位段类型是一种结构体类型，所以位段类型和位段变量的定义，以及对位段（即位段类型中的成员）的引用均与结构体类型和结构体变量相同。

● 定义一个如下的位段结构体：

```
struct attribute
{
    unsigned font:1;
    unsigned color:1;
    unsigned size:1;
    unsigned dir:1;
};
```

上面定义的位段结构体中，各个位段都只占用一个二进制位，如果某个位段需要表示多于两种的状态，也可将该位段设置为占用多个二进制位。如果字体大小有4种状态，则可将上面的位段结构体改写成如下形式：

```
struct attribute
{
    unsigned font:1;
    unsigned color:1;
    unsigned size:2;
    unsigned dir:1;
};
```

● 某一位段要从另一个字节开始存放，可写成如下形式：

```
struct status
{
    unsigned a:1;
    unsigned b:1;
    unsigned c:1;
    unsigned :0;
    unsigned d:1;
    unsigned e:1;
    unsigned f:1
 }flags;
```

原本a、b、c、d、e、f这6个位段是连续存储在一个字节中的。由于加入了一个长度为0的无名位段，因此其后的3个位段从下一个字节开始存储，一共占用两个字节。

● 可以使各个位段占满一个字节，也可以不占满一个字节。例如：

```
struct packed_data
{
    unsigned a:2;
    unsigned b:2;
    unsigned c:1;
    int i;
}data;
```

存储形式如图12-22所示。

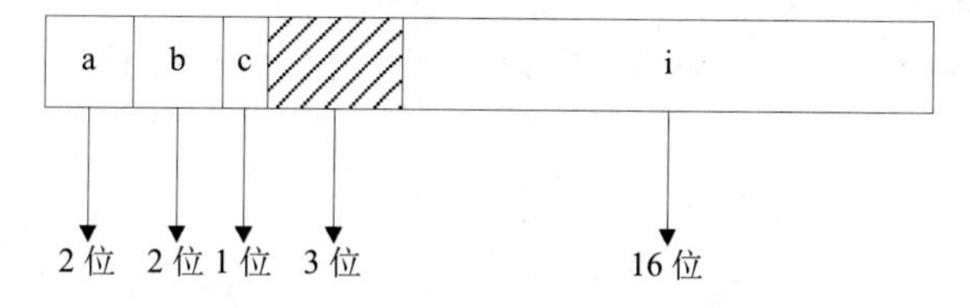

图12-22　不占满一个字节的情况

● 一个位段必须存储在一个存储单元（通常为一字节）中，不能跨两个存储单元。如果本单元不够容纳某位段，则从下一个单元开始存储该位段。

● 可以用“%d”“%x”“%u”和“%o”等格式字符，以整数形式输出位段。

● 在数值表达式中引用位段时，系统自动将位段转换为整型数。

小 结

位运算是C语言的一种特殊运算功能，它是以二进制位为单位进行的运算。本章主要介绍了与（&）、或（|）、取反（~）、异或（^）、左移（<<）、右移（>>）6种位运算，利用位运算可以完成汇编语言的某些功能，如置位、位清零、移位等。

位段在本质上也是结构体类型，不过它的成员按二进制位分配内存，其定义、说明及使用的方式都与结构体相同。位段可以实现数据的压缩，节省了存储空间的同时也提高了程序的效率。

上机指导

使二进制数特定位翻转。

在屏幕上输入一个数，实现使其低4位翻转，即0变为1，1变为0。输出得到的结果。程序运行效果如图12-23所示。

上机指导

编程思路如下。

本例使用“异或”运算实现对指定位进行翻转。所谓翻转，就是将原来位是1的转换为0，原来位是0的转换为1。要使哪几位翻转，就将与其进行“异或”运算的数的该位置设为1。1与1异或值为0，1与0异或值为1。本例要求使数据的低4位进行翻转，这样输入的数据就可以和任意低4位为1的数进行“异或”运算，保持高4位不变，低4位翻转。

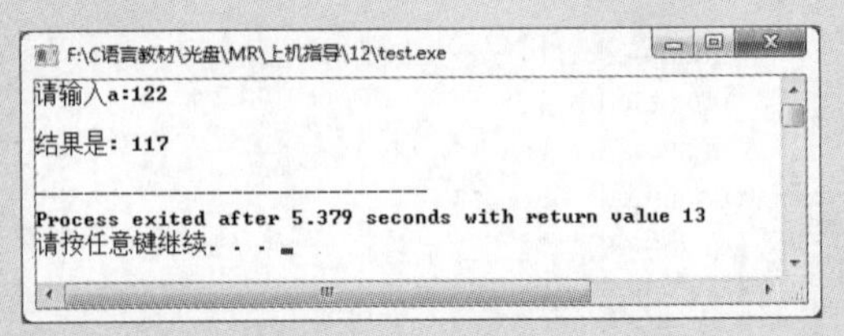

图12-23　使二进制数特定位翻转

习 题

12-1 任意输入两个数，求这两个数进行“与”和“或”运算之后的结果。

12-2 任意输入一个数，分别求该数“左移”和“右移”运算操作后的结果。

12-3 任意输入一个数，分别对该数进行“循环左移”和“循环右移”操作，并将结果输出。

12-4 编写一个移位函数，使移位函数既能循环左移又能循环右移。参数n大于0的时候表示左移，参数n小于0的时候表示右移。例如n=-4，表示要右移4位。

12-5 取出给定的16位二进制数的奇数位，构成新的数据并输出。

12-6 在屏幕上输入一个8进制数，实现输出其后4位对应的数。

12-7 当a=2、b=4、c=6、d=8时编程求a&c、b|d、a^d、~a的值。

CHAPTER13

第13章 预处理

本章要点

- 掌握宏定义相关内容
- 掌握文件包含相关内容
- 掌握条件编译相关内容

■ 使用预处理和具有预处理的功能是C语言和其他高级语言的区别之一。预处理程序包含许多有用的功能，如宏定义、条件编译等，使用预处理功能便于程序的修改、阅读、移植和调试，也便于实现模块化程序设计。

13.1 宏定义

在前面的学习中经常遇到用#define命令定义符号常量的情况，其实使用#define命令就是要定义一个可替换的宏。宏定义是预处理命令的一种，它提供了一种可以替换源代码中字符串的机制。根据宏定义中是否有参数，可以将宏定义分为不带参数的宏定义和带参数的宏定义两种，下面分别进行介绍。

13.1.1 不带参数的宏定义

不带参数的宏定义

宏定义命令#define用来定义一个标识符和一个字符串，以这个标识符来代表这个字符串，在程序中每次遇到该标识符时就表示所定义的字符串。宏定义的作用相当于给指定的字符串起一个别名。

不带参数的宏定义一般形式如下：

```
#define 宏名 字符串
```

- #表示这是一条预处理命令。
- 宏名是一个标识符，必须符合C语言标识符的规定。
- 字符串，在这里可以是常数、表达式、格式字符串等。

例如：

```
#define PI 3.14159
```

该语句的作用是在该程序中用PI替代3.14159，在编译预处理时，每当在源程序中遇到PI就自动用3.14159替代。

使用#define进行宏定义的好处是需要改变一个常量时只需改变#define命令行，整个程序的常量都会改变，大大提高了程序的灵活性。

宏名要简单且意义明确，一般习惯用大写字母表示，以便与变量名相区别。

注意

宏定义不是C语句，不需要在行末加分号。

宏名定义后，即可成为其他宏名定义中的一部分。例如，下面代码定义了正方形的边长SIDE、周长PERIMETER及面积AREA的值：

```
#define SIDE 5
#define PERIMETER 4*SIDE
#define AREA SIDE*SIDE
```

前面强调过宏替换是以字符串代替标识符。因此，如果希望定义一个标准的邀请语，可编写如下代码：

```
#define STANDARD "You are welcome to join us."
printf(STANDARD);
```

编译程序遇到标识符STANDARD时，就用"You are welcome to join us."替换。

对于编译程序，printf语句如下形式是等效的：

```
printf("possible use of 'I' before definition in function main");
```

关于不带参数的宏定义有以下几点需要强调。

- 如果在串中含有宏名，则不进行替换。例如：

```
#include<stdio.h>
#define TEST "this is an example"
main()
{
    char exp[30]="This TEST is not that TEST";                /*定义字符数组并赋初值*/
```

```
    printf("%s\n",exp);
}
```

该段代码输入结果如图13-1所示。

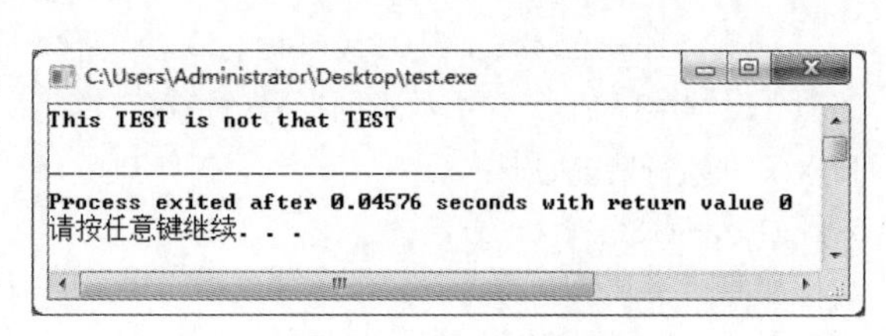

图13-1　在串中含有宏名

注意上面程序字符串中的TEST并没有替换"this is an example"，因此如果字符串中含有宏名，则不进行替换。

● 如果字符串长于一行，可以在该行末尾用一反斜杠“\”续行。

● #define命令出现在程序中函数的外面，宏名的有效范围为定义命令之后到此源文件结束。

在编写程序时通常将所有的#define放到文件的开始处或独立的文件中，而不是将它们分散到整个程序中。

● 可以用#undef命令终止宏定义的作用域，例如：

```
#include<stdio.h>
#define TEST "this is an example"
main()
{
    printf(TEST);
    #undef TEST
}
```

● 宏定义用于预处理命令，它不同于定义的变量，只作字符串替换，不分配内存空间。

带参数的宏定义

13.1.2　带参数的宏定义

带参数的宏定义不是简单的字符串替换，而是要进行参数替换。其一般形式如下：

```
#define 宏名(参数表)字符串
```

【例13-1】对两个数实现乘法加法混合运算。

```
#include<stdio.h>
#define MIX(a,b) ((a)*(b)+(b))                    /*宏定义求两个数的混合运算*/
main()
{
    int x=5,y=9;
    printf("x,y:\n");
    printf("%d,%d\n",x,y);
    printf("the min number is:%d\n",MIX(x,y));    /*宏定义调用*/
}
```

运行程序，显示结果如图13-2所示。

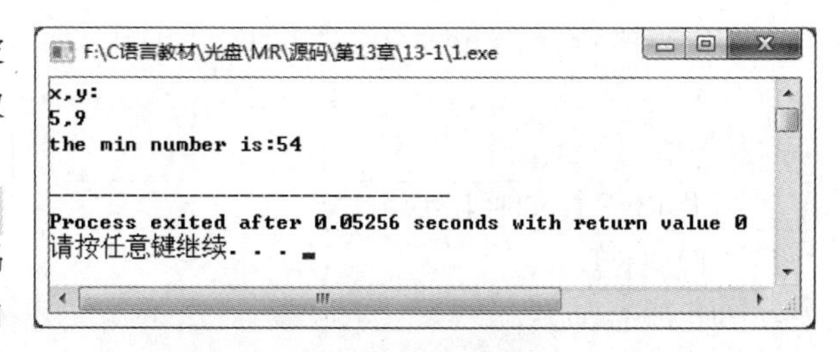

图13-2　混合运算

当编译该程序时，由MIX(a,b)定义的表达式被替换，x和y用作操作数，即printf语句被替换后取如下形式：

```
printf("the min number is: %d",((a)*(b)+(b)));
```

宏代替实在的函数的一个好处是提升了代码的速度，因为不存在函数调用。但也有代价：由于重复编码而增加了程序长度。

对于带参数的宏定义有以下几点需要强调。

- 宏定义时参数要加括号，如不加括号，则有时结果是正确的，有时结果却是错误的，下面具体介绍。

如实例13-1当参数x=10，y=9时，在参数不加括号的情况下调用MIX(x,y)，可以正确地输出结果；当x=10，y=3+4时，在参数不加括号的情况下调用MIX(x,y)，则输出的结果是错误的，因为此时调用的MIX(x,y)执行情况如下：

```
(10*3+4+3+4);
```

此时计算出的结果是41，而实际上希望得出的结果是77，因此为了避免出现上面这种情况，在进行宏定义时要在参数外面加上括号。

- 宏的扩展必须使用括号来括住表达式中低优先级的操作符，以确保调用时达到想要的效果。如果实例13-1宏的扩展外没有加括号，则调用：

```
5*MIX(x,y)
```

则会被扩展为：

```
5*(a)*(b)+(b)
```

而本意是希望得到：

```
5*((a)*(b)+(b))
```

为了避免这种错误发生，解决的办法就是上文提到的宏扩展时加上括号。

- 对带参数的宏的展开，只是将语句中的宏名后面括号内的实参字符串代替#define命令行中的形参。
- 在宏定义时，宏名与带参数的括号之间不可以加空格，否则会将空格以后的字符都作为替代字符串的一部分。
- 在带参宏定义中，形式参数不分配内存单元，因此不必作类型定义。

13.2 #include命令

#include 命令

在一个源文件中使用#include命令可以将另一个源文件的全部内容包含进来，也就是将另外的文件包含到本文件之中。#include使编译程序将另一源文件嵌入带有#include的源文件，被读入的源文件必须用双引号或尖括号括起来。例如：

```
#include "stdio.h"
#include <stdio.h>
```

这两行代码均使用C编译程序读入并编译，用于处理磁盘文件库的子程序。

这两行代码给出了双引号和尖括号的形式，两者之间的区别是，用尖括号时，系统到存放C库函数头文件所在的目录中寻找要包含的文件，这为标准方式；用双引号时，系统先在用户当前目录中寻找要包含的文件，若找不到，再到存放C库函数头文件所在的目录中寻找要包含的文件。通常情况下，如果为调用库函数用#include命令来包含相关的头文件，则用尖括号可以节省查找的时间。如果要包含的是用户自己编写的文件，一般用双引号，用户自己编写的文件通常是在当前目录中。如果文件不在当前目录中，双引号可给出文件路径。

将文件嵌入#include命令中的文件内是可行的，这种方式称为嵌套的嵌入文件，嵌套层次依赖于具体实现，如图13-3所示。

图13-3 文件包含

【例13-2】文件包含应用。

（1）文件f1.h

```
#define P printf
#define S scanf
```

```
#define D "%d"
#define C "%c"
```

（2）文件f2.c

```
#include<stdio.h>
#include"f1.h"                                         /*包含文件f1.h*/
main()
{
    int a;
    P("please input:\n");
    S(D,&a);                                           /*调用f1中的宏定义*/
    P("the number is:\n");
    P(D,a);                                            /*调用f1中的宏定义*/
    P("\n");
    P(C,a);
    P("\n");
}
```

运行程序，显示结果如图13-4所示。

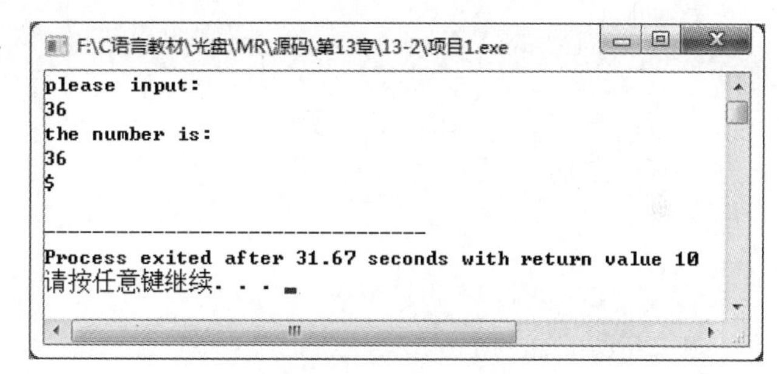

图13-4　文件包含应用

经常用在文件头部的被包含的文件称为“标题文件”或“头文件”，一般以.h为后缀，如本实例中的f1.h。

一般情况下将如下内容放到.h文件中。

- 宏定义。
- 结构、联合和枚举声明。
- typedef声明。
- 外部函数声明。
- 全局变量声明。

使用文件包含为实现程序修改提供了方便，当需要修改一些参数时不必修改每个程序，只需修改一个文件（头文件）即可。

关于“文件包含”有以下几点需要注意。

- 一个#include命令只能指定一个被包含的文件。
- 文件包含是可以嵌套的，即在一个被包含文件中还可以包含另一个被包含文件。
- 若file1.c中包含文件file2.h，那么在预编译后就成为一个文件而不是两个文件，这时如果file2.h中有全局静态变量，则该全局静态变量在file1.c文件中也有效，这时不需要再用extern声明。

13.3　条件编译

预处理器提供了条件编译功能，一般情况下，源程序中所有的行都参加编译，但是有时希望只对其中一部分内容在满足一定条件时才进行编译，这时就需要使用到一些条件编译命令。使用条件编译可方便地处理程序的调试版本和正式版本，同时还会增强程序的可移植性。

13.3.1　#if命令

#if命令

#if的基本含义是：如果#if命令后的常数表达式为真，则编译#if到#endif之间的程序段，否则跳过这段程序。#endif命令用来表示#if段的结束。

#if命令的一般形式如下：

```
#if 常数表达式
  语句段
#endif
```

如果常数表达式为真，则该段程序被编译，否则跳过不编译。

【例13-3】#if命令的应用。

```
#include<stdio.h>
#define NUM 50
main()
{
    int i=0;
#if NUM>50                                                    /*判断NUM是否大于50*/
        i++;
#endif
#if NUM==50
        i=i+50;
#endif
#if NUM<50
        i--;
#endif
        printf("Now i is:%d\n",i);
}
```

运行程序，显示结果如图13-5所示。

同样，若将语句

```
#define NUM 50
```

改为

```
#define NUM 100
```

则运行结果如图13-6所示。

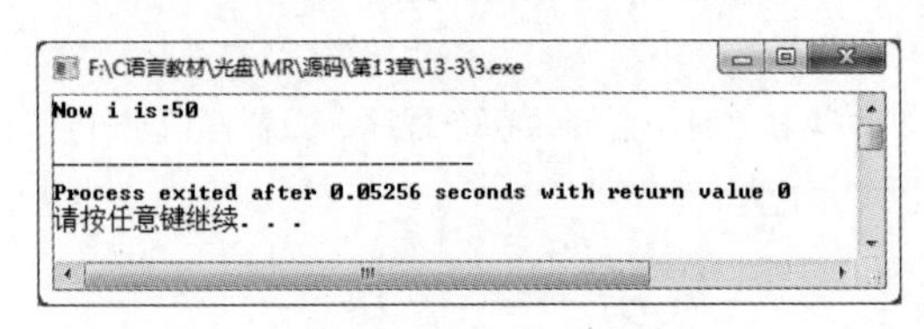

图13-5 #if命令的应用

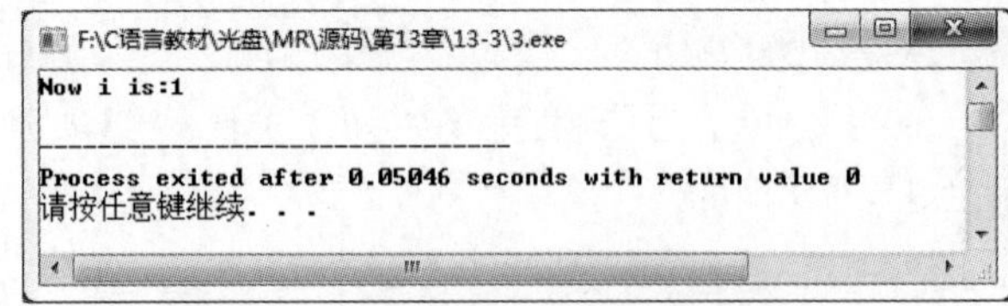

图13-6 NUM为100时的运行结果

#else的作用是为#if为假时提供另一种选择，其作用和前面讲过的条件判断中的else相近。

【例13-4】#else应用。

```
#include<stdio.h>
#define NUM 50
main()
{
    int i=0;
#if NUM>50
        i++;
#else
#if NUM<50
        i--;
#else
        i=i+50;
#endif
#endif
        printf("i is:%d\n",i);
}
```

运行程序，显示结果如图13-7所示。

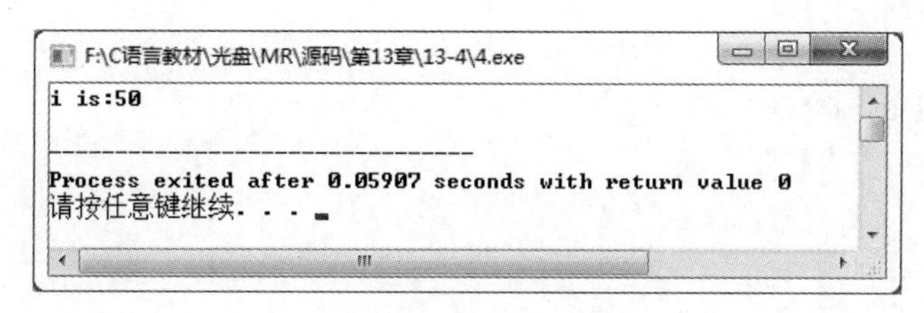

图13-7　#else应用

#elif命令用来建立一种“如果……或者如果……”这样阶梯状多重编译操作选择，这与多分支if语句中的else if类似。

#elif的一般形式如下：

```
#if 表达式
语句段
#elif 表达式1
语句段
#elif 表达式2
语句段
…
#elif 表达式n
语句段
#endif
```

在运行结果不发生改变的前提下可将实例13-4改写成如下形式。

【例13-5】#elif应用。

```
#include<stdio.h>
#define NUM 50
main()
{
    int i=0;
    #if NUM>50
      i++;
    #elif NUM==50
      i=i+50;
    #else
      i--;
    #endif
      printf("i is:%d\n",i);
}
```

运行程序，显示结果与实例13-4的运行结果一致。

13.3.2 #ifdef及#ifndef命令

#ifdef 及 #ifndef 命令

前面介绍过的#if条件编译命令中，需要判断符号常量所定义的具体值，但有时并不需要判断具体值，只需要知道这个符号常量是否被定义了。这时就不需要使用#if，而采用另一种条件编译的方法，即#ifdef与#ifndef命令，分别表示“如果有定义”及“如果无定义”。下面就对这两个命令进行介绍。

#ifdef的一般形式如下：

```
#ifdef 宏替换名
语句段
#endif
```

其含义是：如果宏替换名已被定义过，则对“语句段”进行编译；如果未定义#ifdef后面的宏替换名，则不对语句段进行编译。

#ifdef可与#else连用，构成的一般形式如下：

```
#ifdef 宏替换名
语句段1
#else
语句段2
#endif
```

其含义是：如果宏替换名已被定义过，则对“语句段1”进行编译；如果未定义#ifdef后面的宏替换名，则对“语句段2”进行编译。

#ifndef的一般形式如下：

```
#ifndef 宏替换名
语句段
#endif
```

其含义是：如果未定义#ifndef后面的宏替换名，则对“语句段”进行编译；如果已定义#ifndef后面的宏替换名，则不执行“语句段”。

同样，#ifndef也可以与#else连用，构成的一般形式如下：

```
#ifndef 宏替换名
语句段1
#else
语句段2
#endif
```

其含义是：如果未定义#ifndef后面的宏替换名，则对“语句段1”进行编译；如果已定义#ifndef后面的宏替换名，则对“语句段2”进行编译。

【例13-6】#ifdef和#ifndef的具体应用。

```
#include<stdio.h>
#define STR "diligence is the parent of success\n"
main()
{
    #ifdef STR
        printf(STR);
    #else
        printf("idleness is the root of all evil\n");
    #endif
    printf("\n");
    #ifndef ABC
        printf("idleness is the root of all evil\n");
    #else
        printf(STR);
    #endif
}
```

运行程序，显示结果如图13-8所示。

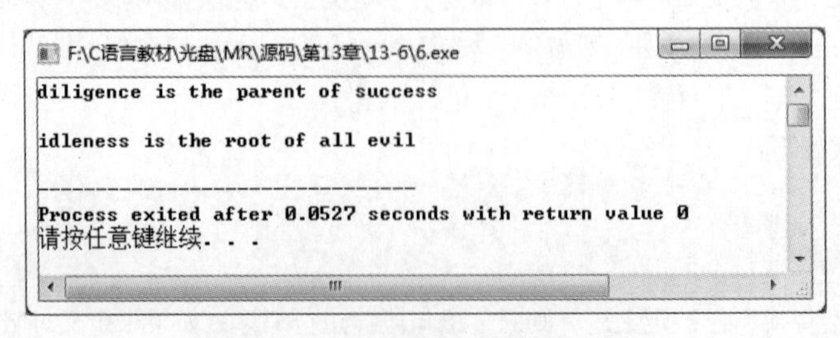

图13-8 #ifdef和#ifndef的具体应用

13.3.3 #undef命令

#undef 命令

前文介绍#define命令时提到过#undef命令，使用#undef命令可以删除事先定义了的宏定义。

#undef命令的一般形式如下：

```
#undef 宏替换名
```

例如：

```
#define MAX_SIZE 100
char array[MAX_SIZE];
#undef  MAX_SIZE
```

上述代码中，首先使用#define定义标识符MAX_SIZE，直到遇到#undef语句之前，MAX_SIZE的定义都是有效的。

#undef命令的主要目的是将宏名局限在仅需要它们的代码段中。

13.3.4 #line命令

#line 命令

#line命令改变_LINE_与_FILE_的内容，_LINE_存放当前编译行的行号，_FILE_存放当前编译的文件名。

#line命令的一般形式如下：

```
#line 行号["文件名"]
```

其中，行号为任一正整数，可选的文件名为任意有效文件标识符。行号为源程序中当前行号，文件名为源文件的名字。#line命令主要用于调试及其他特殊应用。

【例13-7】输出行号。

```
#line 100 "13.7.C"
#include<stdio.h>
main()
{
printf("1.当前行号：%d\n",__LINE__);
printf("2.当前行号：%d\n",__LINE__);
}
```

运行程序，显示结果如图13-9所示。

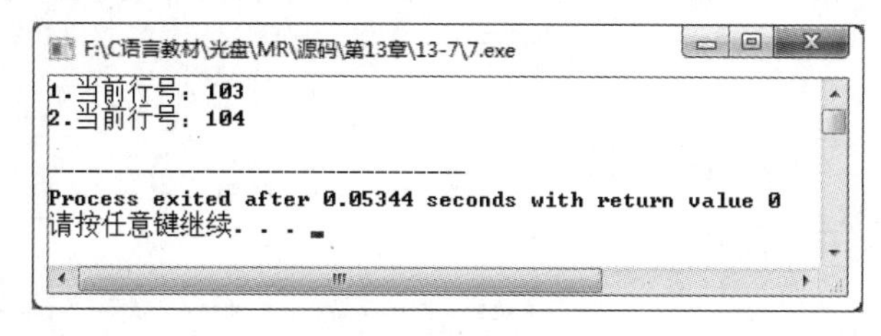

图13-9 输出行号

13.3.5 #pragma命令

#pragma 命令

1. #pragma命令

#pragma命令的作用是设定编译器的状态或者指示编译器完成一些特定的动作。

#pragma命令的一般形式如下：

```
#pragma 参数
```

参数可分为以下几种。

- message参数，能够在编译信息输出窗口中输出相应的信息。
- code_seg参数，设置程序中函数代码存放的代码段。
- once参数，保证头文件被编译一次。

2．预定义宏名

ANSI标准说明了以下5个预定义宏替换名。

- __LINE__：其含义是当前被编译代码的行号。
- __FILE__：其含义是当前源程序的文件名称。
- __DATE__：其含义是当前源程序的创建日期。
- __TIME__：其含义是当前源程序的创建时间。
- __STDC__：其含义是用来判断当前编译器是否为标准C，若其值为1则表示符合标准C，否则不是标准C。

如果编译不是标准的，则可能仅支持以上宏名中的几个或根本不支持。编译程序有时还提供其他预定义的宏名。

有的宏名书写比较特别，书写时两边由两个下画线构成。

小 结

本章主要讲解了宏定义、文件包含、条件编译这3方面内容。宏定义是用一个标识符来表示一个字符串，在宏调用中将用该字符串代换宏名。宏定义分为带参数和不带参数两种形式。文件包含是预处理的一个重要功能，可用于将多个源文件连接成一个源文件进行编译，并生成一个目标文件。条件编译允许只编译源程序中满足条件的程序段，从而减少了内存的开销并提高了程序的效率。

上机指导

使用条件编译隐藏密码。

一般输入密码时都会用星号*来替代，用以增强安全性。要求设置一个宏，规定宏体为1，在正常情况下密码显示为*号的形式，在某些特殊的时候，显示为字符串。运行结果如图13-10所示。

上机指导

编程思路如下。

条件编译使用#if...#else...#endif语句，其进行条件编译的命令格式为：

```
#if 常数表达式
    语句段1
#else
    语句段2
#endif
```

```
F:\C语言教材\光盘\MR\上机指导\13\test.exe
密码为：******
--------------------------------
Process exited after 0.03999 seconds with return value 0
请按任意键继续. . .
```

图13-10　使用条件编译隐藏密码

如果常数表达式为真，则编译“语句段1”，否则编译“语句段2”。

本实例中，对于一个字符串要求有两种输出形式，一种是原样输出，另一种是用相同数目的“*”号输出，可以通过选择语句来实现，但是使用条件编译指令可以在编译阶段就决定要怎样操作。

习题

13-1 输入两个整数，求它们的乘积，用带参的宏实现。

13-2 分别用函数和带参的宏，从3个数中找出最小数。

13-3 利用不带参数的宏定义求平行四边形的面积，平行四边形的面积=底边×高。将平行四边形的底边和高设置为宏的形式。

13-4 定义一个带参的宏swap(a,b)，以实现两个整数之间的交换，并利用它将一维数组a和b的值进行交换。

13-5 编写程序实现利用宏定义求1～100的偶数和，定义一个宏判断一个数是否为偶数。

13-6 利用文件包含设计输出模式。在程序设计时需要很多输出格式，如整型、实型及字符型等，在编写程序的时候会经常使用这些输出格式，如果经常书写这些格式会很烦琐，要求设计一个头文件，将经常使用的输出模式都写进头文件中，方便编写代码。

CHAPTER14

第14章 文件

本章要点

- 了解文件的概念
- 掌握文件的基本操作
- 掌握文件的不同读写方法
- 掌握文件的定位

■ 文件是程序设计中的一个重要概念。在现代计算机的应用领域中，数据处理是一个重要方面，要实现数据处理往往是要通过文件的形式来完成的。本章就来介绍如何将数据写入文件和从文件中读出。

14.1 文件概述

文件概述

“文件”是指一组相关数据的有序集合。这个数据集有一个名称，叫作文件名。通常情况下，使用计算机也就是在使用文件。在前面的程序设计中介绍了输入和输出，即从标准输入设备（键盘）输入，由标准输出设备（显示器或打印机）输出。不仅如此，我们也常把磁盘作为信息载体，用于保存中间结果或最终数据。在使用一些字处理工具时，会打开一个文件将磁盘的信息输入到内存，通过关闭一个文件来实现将内存数据输出到磁盘。这时的输入和输出是针对文件系统的，因此文件系统也是输入和输出的对象。

所有文件都通过流进行输入、输出操作。

（1）与文本流和二进制流对应，文件可以分为文本文件和二进制文件两大类。

①文本文件，也称为ASCII文件。这种文件在保存时，每个字符对应一个字节，用于存放对应的ASCII码。

②二进制文件，不是保存ASCII码，而是按二进制的编码方式来保存文件内容。

（2）从用户的角度（或所依附的介质）看，文件可分为普通文件和设备文件两种。

①普通文件是指驻留在磁盘或其他外部介质上的一个有序数据集。

②设备文件是指与主机相连的各种外部设备，如显示器、打印机、键盘等。在操作系统中，把外部设备也看作一个文件来进行管理，把它们的输入、输出等同于对磁盘文件的读和写。

（3）按文件内容可分为源文件、目标文件、可执行文件、头文件和数据文件等。

在C语言中，文件操作都是由库函数来完成的。本章将介绍主要的文件操作函数。

14.2 文件基本操作

文件的基本操作包括文件的打开和关闭。除了标准的输入、输出文件外，其他所有的文件都必须先打开再使用，而使用后也必须关闭该文件。

14.2.1 文件类型指针

文件类型指针

文件类型指针是一个指向文件有关信息的指针，这些信息包括文件名、状态和当前位置，它们保存在一个结构体变量中。在使用文件时需要在内存中为其分配空间，用来存放文件的基本信息。该结构体类型是由系统定义的，C语言规定该类型为FILE型，其声明如下：

```
typedef struct
{
    short level;
    unsigned flags;
    char fd;
    unsigned char hold;
    short bsize;
    unsigned char *buffer;
    unsigned ar *curp;
    unsigned istemp;
    short token;
}FILE;
```

从上面的结构中可以发现使用typedef定义了一个FILE为该结构体类型，在编写程序时可直接使用上面定义的FILE类型来定义变量，注意在定义变量时不必将结构体内容全部给出，只需写成如下形式：

```
FILE *fp;
```

fp是一个指向FILE类型的指针变量。

14.2.2 文件的打开

文件的打开

fopen函数用来打开一个文件，打开文件的操作就是创建一个流。fopen函数的原型在头文件stdio.h中，其调用的一般形式为：

```
FILE *fp;
fp=fopen(文件名,使用文件方式);
```

其中，“文件名”是将要被打开文件的文件名，“使用文件方式”是指对打开的文件要进行读还是写。使用文件方式如表14-1所示。

表14-1 使用文件方式

文件使用方式	含义
r（只读）	打开一个文本文件，只允许读数据
w（只写）	打开或建立一个文本文件，只允许写数据
a（追加）	打开一个文本文件，并在文件末尾写数据
rb（只读）	打开一个二进制文件，只允许读数据
wb（只写）	打开或建立一个二进制文件，只允许写数据
ab（追加）	打开一个二进制文件，并在文件末写数据
r+（读写）	打开一个文本文件，允许读和写
w+（读写）	打开或建立一个文本文件，允许读写
a+（读写）	打开一个文本文件，允许读，或在文件末追加数据
rb+（读写）	打开一个二进制文件，允许读和写
wb+（读写）	打开或建立一个二进制文件，允许读和写
ab+（读写）	打开一个二进制文件，允许读，或在文件末追加数据

如果要以只读方式打开文件名为123的文本文档文件，应写成如下形式：

```
FILE *fp;
fp=fopen("123.txt","r");
```

如果使用fopen函数打开文件成功，则返回一个有确定指向的FILE类型指针；若打开失败，则返回NULL。通常打开失败的原因有以下方面：

- 指定的盘符或路径不存在。
- 文件名中含有无效字符。
- 以r模式打开一个不存在的文件。

14.2.3 文件的关闭

文件的关闭

文件在使用完毕后，应使用fclose函数将其关闭。fclose函数和fopen函数一样，原型也在stdio.h中，其调用的一般形式为：

```
fclose(文件类型指针);
```

例如：

```
fclose(fp);
```

fclose函数也返回一个值，当正常完成关闭文件操作时，fclose函数返回值为0，否则返回EOF。

在程序结束之前应关闭所有文件，这样做的目的是防止因为没有关闭文件而造成的数据流失。

14.3 文件的读写

打开文件后，即可对文件进行读出或写入的操作。C语言中提供了丰富的文件操作函数，本节将对其进行详细介绍。

14.3.1 fputc函数

fputc 函数

fputc函数的一般形式如下：

```
ch=fputc(字符,文件类型指针);
```

该函数的作用是把一个字符写到磁盘文件（fp所指向的是文件）中去。其中ch是要输出的字符，它可以是一个字符常量，也可以是一个字符变量。fp是文件类型指针变量。如果函数输出成功，则返回值就是输出的字符；如果输出失败，则返回EOF。

【例14-1】编程实现向E:\exp01.txt中写入“forever…forever…”，以“#”结束输入。

```
#include<stdio.h>
#include <stdlib.h>
main()
{
    FILE *fp;                                   /*定义一个指向FILE类型结构体的指针变量*/
    char ch;                                    /*定义变量为字符型*/
    if((fp = fopen("E:\\exp01.txt", "w")) == NULL)  /*以只写方式打开指定文件*/
    {
        printf("cannot open file\n");
        exit(0);
    }
    ch = getchar();                             /*getchar函数返回一个字符赋给ch*/
    while(ch != '#')                            /*当输入"#"时结束循环*/
    {
        fputc(ch, fp);                          /*将读入的字符写到磁盘文件中*/
        ch = getchar();                         /*getchar函数继续返回一个字符赋给ch*/
    }
    fclose(fp);                                 /*关闭文件*/
}
```

当输入如图14-1所示的内容时，则E:\exp01.txt文件中的内容如图14-2所示。

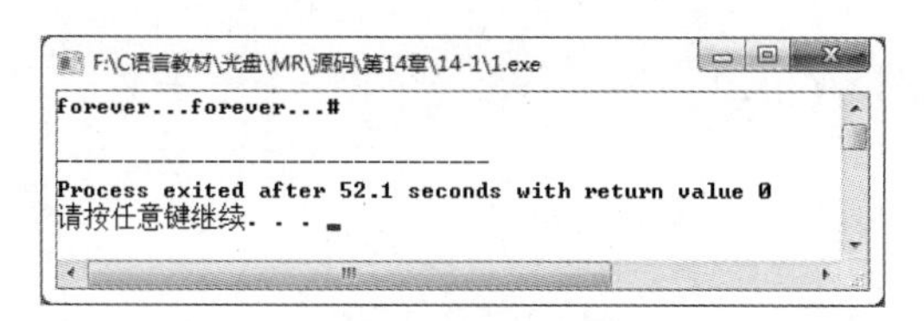

图14-1 运行界面

图14-2 文件中的内容

14.3.2 fgetc函数

fgetc 函数

fgetc函数的一般形式如下：

```
ch=fgetc(文件类型指针);
```

该函数的作用是从指定的文件（fp指向的文件）读入一个字符赋给ch。需要注意的是，该文件必须是以读或读写的方式打开。当函数遇到文件结束符时将返回一个文件结束标志EOF。

【例14-2】要求在程序执行前创建文件E:\exp02.txt，文档内容为“even the wise are not always free from error;no man is wise at all times”，在屏幕中显示出该文件内容。

```
#include<stdio.h>
main()
{
    FILE *fp;                                  /*定义一个指向FILE类型结构体的指针变量*/
    char ch;                                   /*定义变量为字符型*/
    fp = fopen("e:\\exp02.txt", "r");          /*以只读方式打开指定文件*/
    ch = fgetc(fp);                            /*fgetc函数返回一个字符赋给ch*/
    while(ch != EOF)                           /*当读入的字符值等于EOF时结束循环*/
    {
        putchar(ch);                           /*将读入的字符输出在屏幕上*/
        ch = fgetc(fp);                        /*fgetc函数继续返回一个字符赋给ch*/
    }
    fclose(fp);                                /*关闭文件*/
}
```

运行程序，显示结果如图14-3所示。

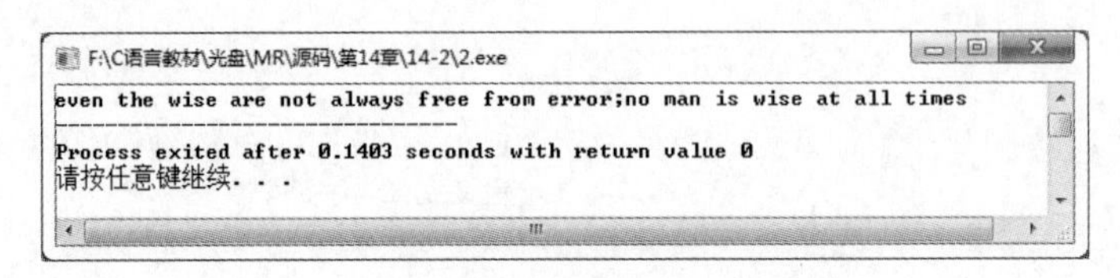

图14-3　读取磁盘文件

14.3.3　fputs函数

fputs 函数

fputs函数与fputc函数类似，区别在于fputc函数每次只向文件中写入一个字符，而fputs函数每次向文件中写入一个字符串。

fputs函数的一般形式如下：

```
fputs(字符串,文件类型指针)
```

该函数的作用是向指定的文件写入一个字符串，其中字符串可以是字符串常量，也可以是字符数组名、指针或变量。

【例14-3】向指定的磁盘文件中写入字符串“天生我材必有用”。

```
#include<stdio.h>
#include<process.h>
main()
{
    FILE *fp;
    char filename[30],str[30];                 /*定义两个字符型数组*/
    printf("please input filename:\n");
    scanf("%s",filename);/*输入文件名*/
    if((fp=fopen(filename,"w"))==NULL)         /*判断文件是否打开失败*/
    {
        printf("can not open!\npress any key to continue:\n");
        getchar();
        exit(0);
    }
    printf("please input string:\n");          /*提示输入字符串*/
    getchar();
    gets(str);
```

```
    fputs(str,fp);                                         /*将字符串写入fp所指向的文件中*/
    fclose(fp);
}
```

运行程序后，输入文件要创建的磁盘位置和文件内容如图14-4所示，则新创建的文件中的内容如图14-5所示。

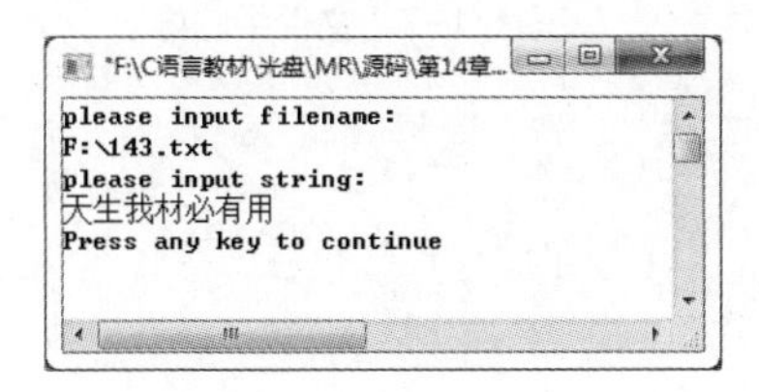

图14-4　运行界面

图14-5　文件中的内容

此实例使用Visual C++6.0编译运行。

14.3.4 fgets函数

fgets 函数

fgets函数与fgetc函数类似，区别在于fgetc函数每次从文件中读出一个字符，而fgets函数每次从文件中读出一个字符串。

fgets函数的一般形式如下：

```
fgets(字符数组名,n,文件类型指针);
```

该函数的作用是从指定的文件中读一个字符串到字符数组中。n表示所得到的字符串中字符的个数（包含“\0”）。

【例14-4】读取任意磁盘文件中的内容。

```
#include<stdio.h>
#include<process.h>
main()
{
    FILE *fp;
    char filename[30],str[30];                             /*定义两个字符型数组*/
    printf("please input filename:\n");
    scanf("%s",filename);/*输入文件名*/
    if((fp=fopen(filename,"r"))==NULL)                     /*判断文件是否打开失败*/
    {
        printf("can not open!\npress any key to continue\n");
        getchar();
        exit(0);
    }
    fgets(str,sizeof(str),fp);                             /*读取磁盘文件中的内容*/
    printf("%s",str);
    fclose(fp);
}
```

运行程序后，输入要读取文件的磁盘位置（此文件已经存在），则可读出磁盘内容，如图14-6所示。文件中的内容如图14-7所示。

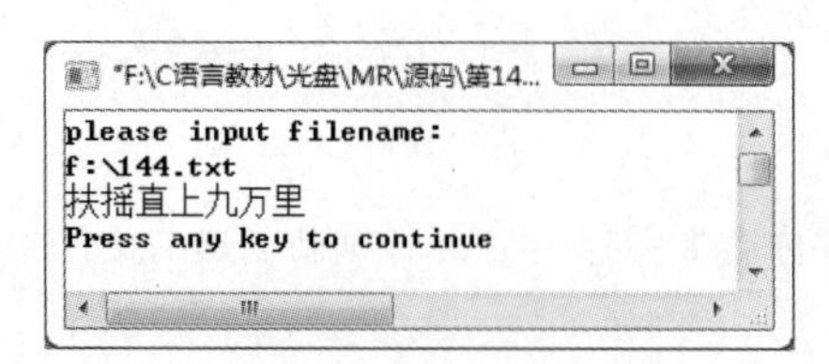

图14-6　运行界面

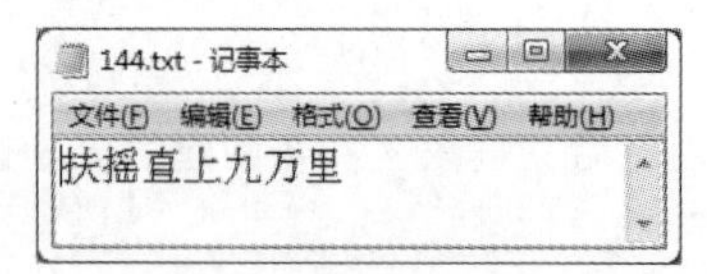

图14-7　文件中的内容

此实例使用Visual C++6.0编译运行。

14.3.5　fprintf函数

fprintf 函数

前面讲过printf和scanf函数，两者都是格式化读写函数，下面要介绍的fprintf和fscanf函数与printf和scanf函数的作用相似，它们最大的区别就是读写的对象不同，fprintf和fscanf函数读写的对象不是终端而是磁盘文件。

fprintf函数的一般形式如下：

```
fprintf(文件类型指针,格式字符串,输出列表);
```

例如：

```
fprintf(fp,"%d",i);
```

它的作用是将整型变量i的值以“%d”的格式输出到fp指向的文件中。

【例14-5】将数字88以字符的形式写到磁盘文件中。

```
#include<stdio.h>
#include<process.h>
main()
{
    FILE *fp;
    int i=88;
    char filename[30];                                  /*定义一个字符型数组*/
    printf("please input filename:\n");
    scanf("%s",filename);                               /*输入文件名*/
    if((fp=fopen(filename,"w"))==NULL)                  /*判断文件是否打开失败*/
    {
        printf("can not open!\npress any key to continue\n");
        getchar();
        exit(0);
    }
    fprintf(fp,"%c",i);                                 /*将88以字符的形式写入fp所指的磁盘文件中*/
    fclose(fp);
}
```

运行程序后，输入要写入的文件的磁盘位置（此文件可不存在），如图14-8所示。文件中的内容如图14-9所示。

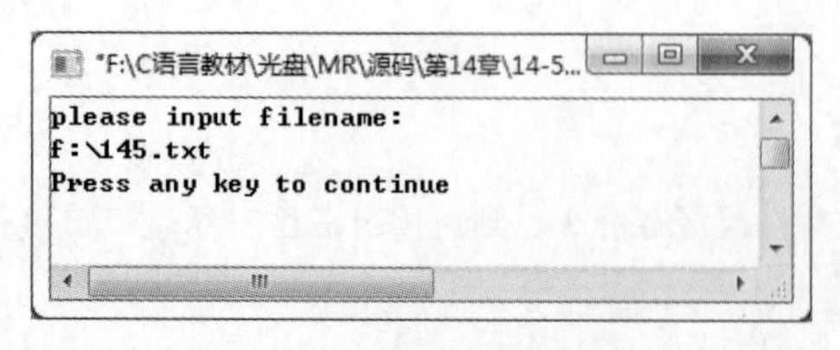

图14-8　运行界面

图14-9　文件中的内容

此实例使用Visual C++6.0编译运行。

14.3.6　fscanf函数

fscanf 函数

fscanf函数的一般形式如下：

```
fscanf(文件类型指针,格式字符串,输入列表);
```

例如：

```
fscanf(fp,"%d",&i);
```

它的作用是读入fp所指向的文件中的i的值。

【例14-6】将文件中的5个字符以整数形式输出。

```
#include<stdio.h>
#include<process.h>
main()
{
    FILE *fp;
    char i,j;
    char filename[30];                                    /*定义一个字符型数组*/
    printf("please input filename:\n");
    scanf("%s",filename);                                 /*输入文件名*/
    if((fp=fopen(filename,"r"))==NULL)                    /*判断文件是否打开失败*/
    {
        printf("can not open!\npress any key to continue\n");
        getchar();
        exit(0);
    }
    for(i=0;i<5;i++)
    {
        fscanf(fp,"%c",&j);
        printf("%d is:%5d\n",i+1,j);
    }
    fclose(fp);
}
```

运行程序后，输入要读取文件的磁盘位置（此文件已经存在），则可读出磁盘内容的整数形式，如图14-10所示。文件中的内容如图14-11所示。

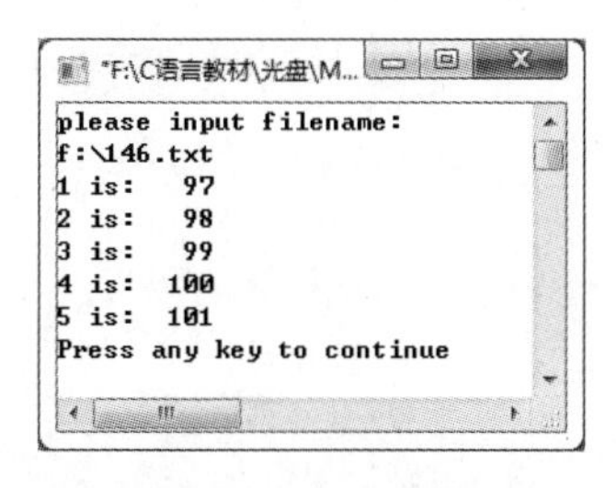

图14-10　运行界面

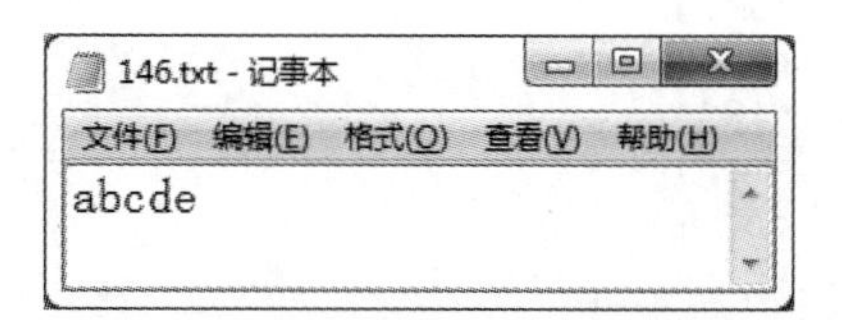

图14-11　文件中的内容

此实例使用Visual C++6.0编译运行。

14.3.7 fread和fwrite函数

前面介绍的fputc和fgetc函数每次只能读写文件中的一个字符，但是在编写程序的过程中往往需要对整块数据进行读写，例如对一个结构体类型变量值进行读写。下面就介绍实现整块读写功能的fread和fwrite函数。

fread 和 fwrite 函数

fread函数的一般形式如下：

```
fread(buffer,size,count,fp);
```

该函数的作用是从fp所指的文件中读入count次，每次读size字节，读入的信息存在buffer地址中。

fwrite函数的一般形式如下：

```
fwrite(buffer,size,count,fp);
```

该函数的作用是将buffer地址开始的信息输出count次，每次写size字节到fp所指的文件中。

- buffer：一个地址。对于fwrite函数来说是要输出数据的地址（起始地址）；对fread函数来说是所要读入的数据存放的地址。
- size：要读写的字节数。
- count：要读写多少个size字节的数据项。
- fp：文件类型指针。

例如：

```
fread(a,2,3,fp);
```

其含义是从fp所指的文件中每次读两个字节送入数组a中，连续读3次。

```
fwrite(a,2,3,fp);
```

其含义是将数组a中的信息每次输出两个字节到fp所指向的文件中，连续输出3次。

【例14-7】 编程实现将录入的通信录信息保存到磁盘文件中，在录入完信息后，将所录入的信息全部显示出来。

```
#include<stdio.h>
#include<process.h>
struct address_list                                   /*定义结构体存储学生成绩信息*/
{
    char name[10];
    char adr[20];
    char tel[15];
} info[100];
void save(char *name, int n)                          /*自定义save函数*/
{
    FILE *fp;                                         /*定义一个指向FILE类型结构体的指针变量*/
    int i;
    if((fp = fopen(name, "wb")) == NULL)              /*以只写方式打开指定文件*/
    {
        printf("cannot open file\n");
        exit(0);
    }
    for(i = 0; i < n; i++)
/*将一组数据输出到fp所指的文件中*/
    if(fwrite(&info[i], sizeof(struct address_list), 1, fp) != 1)
        printf("file write error\n");                 /*如果写入文件不成功，则输出错误*/
    fclose(fp);                                       /*关闭文件*/
}
void show(char *name, int n)                          /*自定义show函数*/
```

```
{
    int i;
    FILE *fp;                                           /*定义一个指向FILE类型结构体的指针变量*/
    if((fp = fopen(name, "rb")) == NULL)                /*以只读方式打开指定文件*/
    {
        printf("cannot open file\n");
        exit(0);
    }
    for(i = 0; i < n; i++)
    {
        /*从fp所指向的文件读入数据存到score数组中*/
        fread(&info[i], sizeof(struct address_list), 1, fp);
        printf("%15s%20s%20s\n", info[i].name, info[i].adr,info[i].tel);
    }
    fclose(fp);                                         /*关闭文件*/
}
main()
{
    int i, n;                                           /*变量类型为基本整型*/
    char filename[50];                                  /*数组为字符型*/
    printf("how many ?\n");
    scanf("%d", &n);                                    /*输入学生数*/
    printf("please input filename:\n");
    scanf("%s", filename);                              /*输入文件所在路径及名称*/
    printf("please input name,address,telephone:\n");
    for (i = 0; i < n; i++)                             /*输入学生成绩信息*/
    {
        printf("NO%d", i + 1);
        scanf("%s%s%s", info[i].name, info[i].adr, info[i].tel);
        save(filename, n);                              /*调用函数save*/
    }
    show(filename, n);                                  /*调用函数show*/
}
```

运行程序后，输入要读取文件的磁盘位置（此文件已经存在），则可读出磁盘内容的整数形式，如图14-12所示。文件中的内容如图14-13所示。

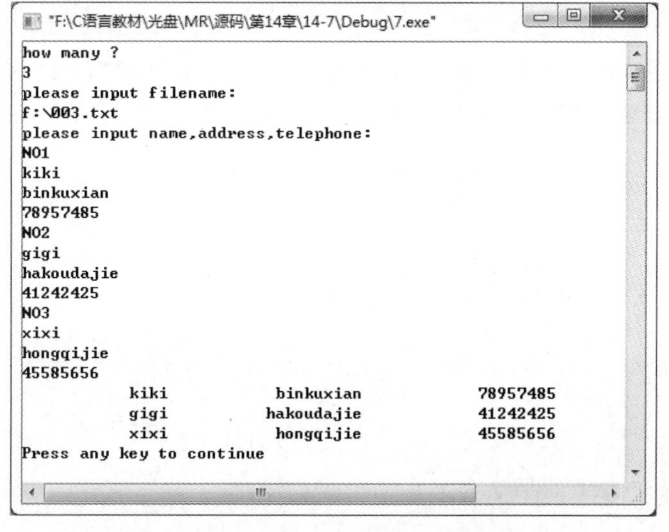

图14-12 录入并显示信息

此实例使用Visual C++6.0编译运行。

14.4 文件的定位

在对文件进行操作时往往不需要从头开始，只需对其中指定的内容进行操作，这时就需要使用文件定位函数来实现对文件的随机读取。本节将介绍3种随机读写函数。

14.4.1 fseek函数

fseek函数

借助缓冲型I/O系统中的fseek函数可以完成随机读写操作。fseek函数的一般形式如下：

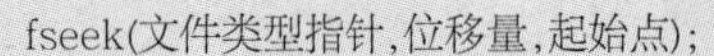

```
fseek(文件类型指针,位移量,起始点);
```

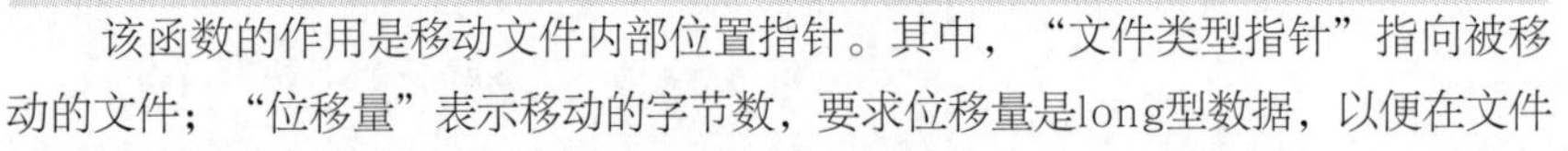

该函数的作用是移动文件内部位置指针。其中，“文件类型指针”指向被移动的文件；“位移量”表示移动的字节数，要求位移量是long型数据，以便在文件长度大于64KB时不会出错。当用常量表示位移量时，要求加后缀“L”；“起始点”表示从何处开始计算位移量，规定的起始点有文件首、文件当前位置和文件末尾3种，其表示方法如表14-2所示。

表14-2 起始点

起始点	表示符号	数字表示
文件首	SEEK—SET	0
文件当前位置	SEEK—CUR	1
文件末尾	SEEK—END	2

例如：

```
fseek(fp,-20L,1);
```

表示将位置指针从当前位置向后退20个字节。

fseek函数一般用于二进制文件。在文本文件中由于要进行转换，往往计算的位置会出现错误。

文件的随机读写在移动位置指针之后进行，即可用前面介绍的任一种读写函数进行读写。

【例14-8】 向任意一个二进制文件中写入一个长度大于6的字符串，然后从该字符串的第6个字符开始输出余下字符。

```
#include<stdio.h>
#include<process.h>
main()
{
    FILE *fp;
    char filename[30],str[50];                              /*定义两个字符型数组*/
    printf("please input filename:\n");
    scanf("%s",filename);                                   /*输入文件名*/
    if((fp=fopen(filename,"wb"))==NULL)                     /*判断文件是否打开失败*/
    {
        printf("can not open!\npress any key to continue\n");
        getchar();
        exit(0);
```

```
    }
    printf("please input string:\n");
    getchar();
    gets(str);
    fputs(str,fp);
    fclose(fp);
    if((fp=fopen(filename,"rb"))==NULL)/*判断文件是否打开失败*/
    {
        printf("can not open!\npress any key to continue\n");
        getchar();
        exit(0);
    }
    fseek(fp,5L,0);
    fgets(str,sizeof(str),fp);
    putchar('\n');
    puts(str);
    fclose(fp);
}
```

运行程序，显示结果如图14-13所示。

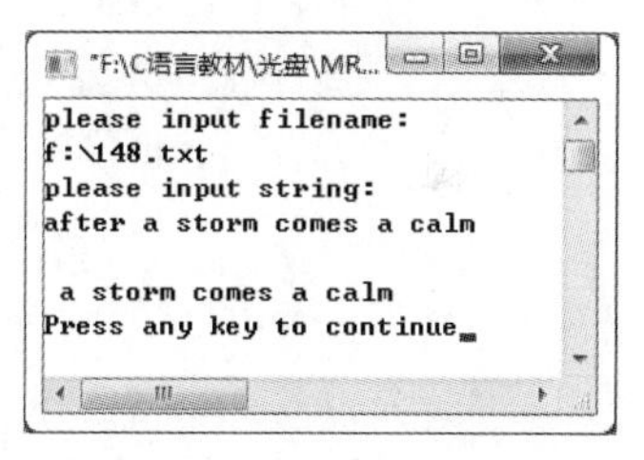

图14-13　截取文档中的内容

此实例使用Visual C++6.0编译运行。

程序中有这样一句代码：

```
fseek(fp,5L,0);
```

此代码的含义是将文件类型指针指向距文件首5个字节的位置，也就是指向字符串中的第6个字符。

14.4.2　rewind函数

rewind 函数

前面讲过了fseek函数，这里将要介绍的rewind函数也能起到定位文件类型指针的作用，从而达到随机读写文件的目的。rewind函数的一般形式如下：

```
int rewind(文件类型指针)
```

该函数的作用是使文件类型指针重新返回文件的开头，该函数没有返回值。

【例14-9】rewind函数的应用。

```
#include<stdio.h>
#include<process.h>
main()
{
    FILE *fp;
    char ch,filename[50];
    printf("please input filename:\n");
    scanf("%s",filename);                          /*输入文件名*/
    if((fp=fopen(filename,"r"))==NULL)             /*以只读方式打开该文件*/
    {
        printf("cannot open this file.\n");
        exit(0);
    }
    ch = fgetc(fp);
    while(ch != EOF)
    {
```

```
        putchar(ch);                                    /*输出字符*/
        ch = fgetc(fp);                                 /*获取fp指向文件中的字符*/
    }
    rewind(fp);                                         /*指针指向文件开头*/
    ch = fgetc(fp);
    while(ch != EOF)
    {
        putchar(ch);                                    /*输出字符*/
        ch = fgetc(fp);
    }
    fclose(fp);                                         /*关闭文件*/
}
```

运行程序，显示结果如图14-14所示。

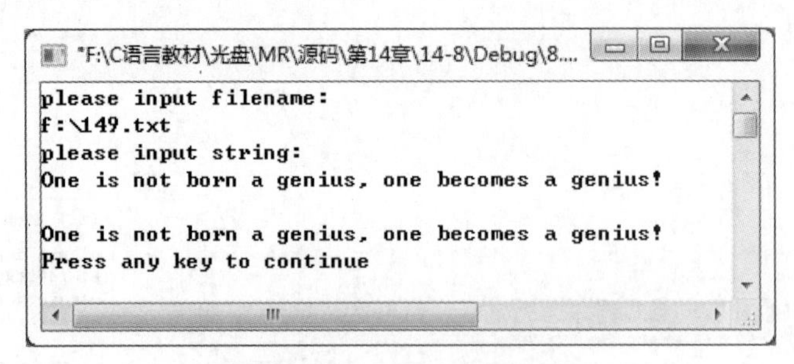

图14-14 rewind函数的应用

此实例使用Visual C++6.0编译运行。

程序中通过以下6行语句输出了第一个“One is not born a genius, one becomes a genius!”。

```
ch = fgetc(fp);
    while(ch != EOF)
    {
        putchar(ch);
        ch = fgetc(fp);
    }
```

在输出了第一个“One is not born a genius, one becomes a genius!”后文件类型指针已经移动到了该文件的尾部，使用rewind函数再次将文件类型指针移到文件的开始部分，因此当再次使用上面6行语句时就出现了第二个“One is not born a genius, one becomes a genius!”。

14.4.3 ftell函数

ftell 函数

ftell函数的一般形式如下：

```
long ftell(文件类型指针)
```

该函数的作用是得到流式文件中的当前位置，用相对于文件开头的位移量来表示。当ftell函数返回值为-1L时，表示出错。

【例14-10】求字符串长度。

```
#include<stdio.h>
#include<process.h>
main()
{
    FILE *fp;
```

```
    int n;
    char ch,filename[50];
    printf("please input filename:\n");
    scanf("%s",filename);                              /*输入文件名*/
    if((fp=fopen(filename,"r"))==NULL)                 /*以只读方式打开该文件*/
    {
        printf("cannot open this file.\n");
        exit(0);
    }
    ch = fgetc(fp);
    while(ch != EOF)
    {
        putchar(ch);                                   /*输出字符*/
        ch = fgetc(fp);                                /*获取fp指向文件中的字符*/
    }
    n=ftell(fp);
    printf("\nthe length of the string is:%d\n",n);
    fclose(fp);                                        /*关闭文件*/
}
```

运行程序，显示结果如图14-15所示。

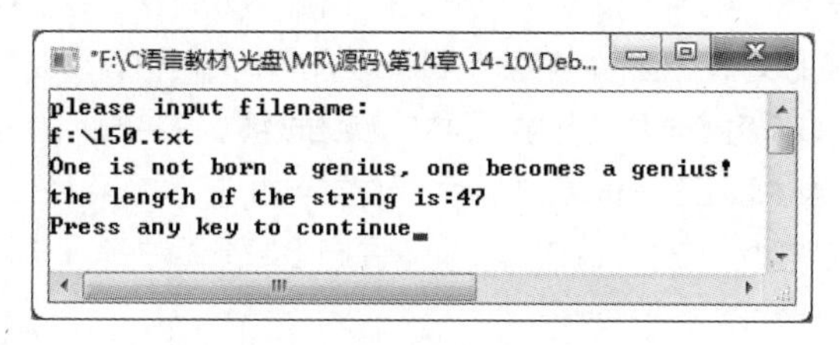

图14-15　求字符串长度

此实例使用Visual C++6.0编译运行。

小 结

本章主要介绍了对文件的一些基本操作，包括文件的打开、关闭、文件的读写及定位等。C文件按编码方式分为二进制文件和ASCII文件。C语言用文件类型指针标识文件，文件在读写操作之前必须打开，读写结束必须关闭。文件可以采用不同方式打开，同时必须指定文件的类型。文件的读写也分为多种方式，本章提到了单个字符的读写、字符串的读写、成块读写以及按指定的格式进行读写。文件内部的位置指针可指示当前的读写位置，同时也可以移动该指针从而实现对文件的随机读写。

上机指导

删除文件。

编程实现文件的删除，具体要求如下：从键盘中输入要删除的文件的路径及名称，无论删除是否成功都在屏幕中给出提示信息。运行结果如图14-16所示。

上机指导

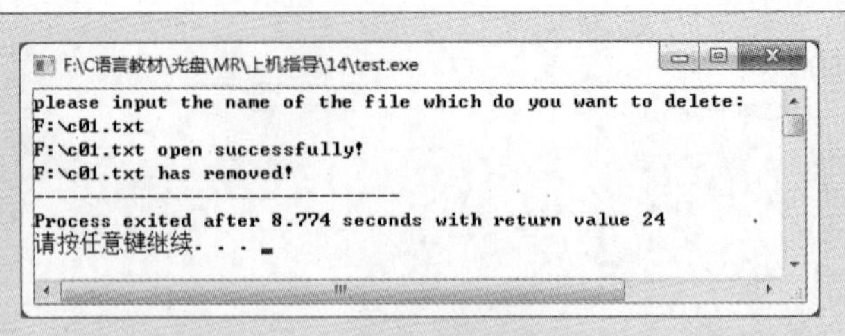

图14-16　删除文件

编程思路如下。

本实例使用了remove函数，具体使用说明如下：

```
int remove(char *filename)
```

该函数的作用是删除filename所指定的文件。删除成功返回0，出现错误返回-1，remove函数的原型在“stdio.h”中。

习 题

14-1 编程实现将一个文件2中的内容复制到文件1中。

14-2 将一个已存在的文本文档的内容复制到新建的文本文档中。

14-3 输入学生人数以及每个学生的数学、语文、英语成绩，并将输入的内容保存到磁盘文件中。

14-4 编程实现对记录中职工工资信息的删除，具体要求如下：输入路径及文件名打开一文件，录入员工姓名及工资，录入完毕显示文件中的内容，输入要删除的员工姓名，进行删除操作，最后将删除后的内容显示在屏幕上。

14-5 有两个文本文档，第一个文本文档的内容是：“书中自有黄金屋,书中自有颜如玉。”，第二个文本文档的内容是：“不登高山，不知天之高也；不临深谷，不知地之厚也。”编程实现合并两个文件的信息，即将文档二的内容合并到文档一内容的后面。

14-6 编程实现对指定文件中的内容进行统计。具体要求如下：输入要进行统计的文件的路径及名称，统计出该文件中字符、空格、数字及其他字符的个数，并将统计结果存到指定的磁盘文件中。

CHAPTER15

第15章 存储管理

本章要点

- 了解内存组织方式
- 区分堆与栈的不同
- 掌握动态管理所用函数
- 了解内存丢失情况

■ 程序在运行时，将需要的数据都组织、存放在内存空间，以备使用。在软件开发过程中，常常需要动态地分配和撤销内存空间。例如对动态链表中的节点进行插入和删除，就要对内存进行管理。

■ 本章致力于使读者了解内存的组织结构，了解堆和栈的区别，掌握使用动态管理内存的函数，了解内存在什么情况下会丢失。

15.1 内存组织方式

程序存储的概念是当代所有数字计算机的基础，程序的机器语言命令和数据都存储在同一个逻辑内存空间里。

在第11章讲述有关链表的内容时曾提及动态分配内存的有关函数。那么这些内存是按照怎样的方式组织的呢？下面将会进行具体的介绍。

15.1.1 内存的组织方式

内存的组织方式

开发人员将程序编写完成之后，程序要先装载到计算机的内核或者半导体内存中，再运行程序。程序根据操作平台和编译器的不同被组织成以下4种逻辑段。

- 可执行代码。
- 静态数据：可执行代码和静态数据存储在固定的内存位置。
- 动态数据（堆）：程序请求动态分配的内存来自内存池。
- 栈。局部数据对象、函数的参数以及调用函数和被调用函数的联系放在称为栈的内存池中。

其中，堆和栈既可以是被所有同时运行的程序共享的操作系统资源，也可以是程序独占的局部资源。

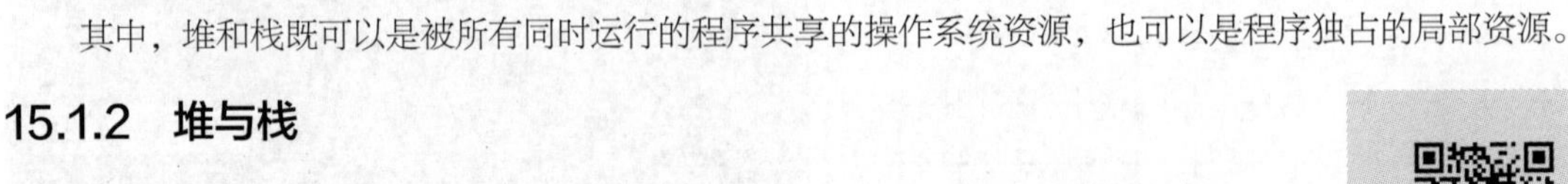

15.1.2 堆与栈

堆与栈

通过内存组织方式可以看到，堆用来存放动态分配内存空间，而栈用来存放局部数据对象、函数的参数以及调用函数和被调用函数的联系，下面对两者进行详细的说明。

1. 堆

在内存的全局存储空间中，用于程序动态分配和释放的内存块称为自由存储空间，通常也称之为堆。

在C程序中，是用malloc和free函数来从堆中动态地分配和释放内存。

【例15-1】在堆中分配内存并释放。

在本实例中，使用malloc函数分配一个整型变量的内存空间，在使用完该空间后，使用free函数进行释放。

```
#include<stdio.h>

int main()
{
    int *pInt;                                  /*定义整型指针*/
    pInt=(int*)malloc(sizeof(int));             /*分配内存*/

    *pInt=100;                                  /*使用指针分配内存*/
    printf("the number is:%d\n",*pInt);         /*输出显示数值*/
    free(pInt);                                 /*释放内存*/
    return 0;
}
```

在本程序中，使用malloc函数分配一个整型变量的内存空间。

运行程序，显示结果如图15-1所示。

2. 栈

程序不会像处理堆那样在堆中显式地分配内存。当程序调用函数和声明局部变量时，系统将自动分配内存。

栈是一个后进先出的压入弹出式的数据结构。在程序运行时，需要每次向栈中压入一个对象，然后栈指针向下移动一个位置。当系统从栈中弹出一个对象时，最晚进栈的对象将被弹出，然后栈指针向上移动一个位置。如果栈指针位于栈顶，则表示栈是空的；如果栈指针指向最下面的数据项的后一个位置，则表示栈为满的。栈的过程如图15-2所示。

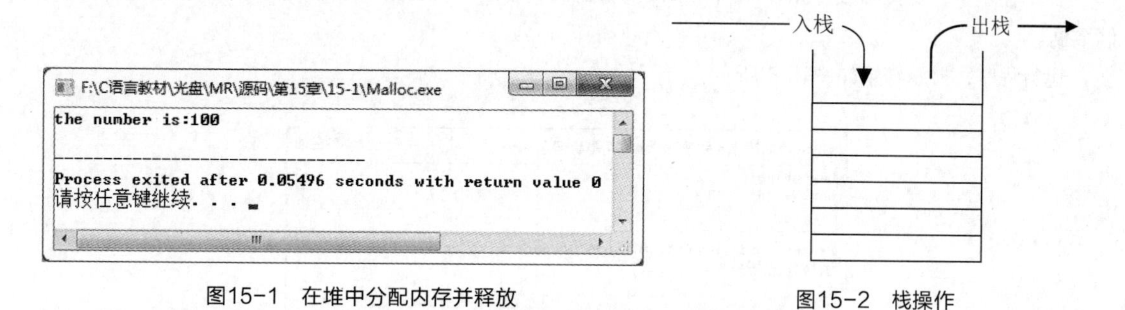

图15-1　在堆中分配内存并释放　　　　图15-2　栈操作

程序员经常会利用栈这种数据结构来处理那些最适用后进先出逻辑来描述的编程问题。这里讨论的栈在程序中都会存在，它不需要程序员编写代码去维护，而是运行时由系统自动处理。所谓的运行时系统维护，实际上就是编译器所产生的程序代码。尽管在源代码中看不到它们，但程序员应该对此有所了解。这个特性和后进先出的特性是栈明显区别于堆的标志。

那么栈是如何工作的呢？例如当一个函数A调用另一个函数B时，系统将会把函数A的所有实参和返回地址压入到栈中，栈指针将移到合适的位置来容纳这些数据。最后进栈的是函数A的返回地址。

当函数B开始执行后，系统把函数B的自变量压入到栈中，并把栈指针再向下移，以保证有足够的空间来存储函数B声明的所有自变量。

当函数A的实参压入栈后，函数B就在栈中以自变量的形式建立了形参。函数B内部的其他自变量也是存放在栈中的。由于这些进栈操作，栈指针已经移到所有局部变量之下。但是函数B记录了刚开始执行时的初始栈指针，以这个指针为参考，用正偏移量或负偏移量来访问栈中的变量。

当函数B正准备返回时，系统弹出栈中的所有自变量，这时栈指针移到了函数B刚开始执行时的位置。接着，函数B返回，系统从栈中弹出返回地址，函数A就可以继续执行了。

当函数A继续执行时，系统还能从栈中弹出调用者的实参，于是栈指针又回到了调用发生前的位置。

【例15-2】栈在函数调用时的操作。

在本实例中，对上面栈的操作过程使用实例进行说明。其中函数的名称根据上面描述所确定。该实例有助于更好地理解栈的操作过程。

```
#include<stdio.h>

void DisplayB(char* string)                              /*函数B*/
{
    printf("%s\n",string);
}

void DisplayA(char* string)                              /*函数A*/
{
    char String[20]="LoveWorld!";
    printf("%s\n",string);
    DisplayB(String);                                    /*调用函数B*/
}

int main()
{
```

```
    char String[20]="LoveChina!";
    DisplayA(String);                                    /*将参数传入函数A中*/
    return 0;
}
```

在本程序中，定义函数A和B，其中在函数A中再次调用函数B。根据栈的原理移动栈中的指针，进而存储数据。

运行程序，显示结果如图15-3所示。

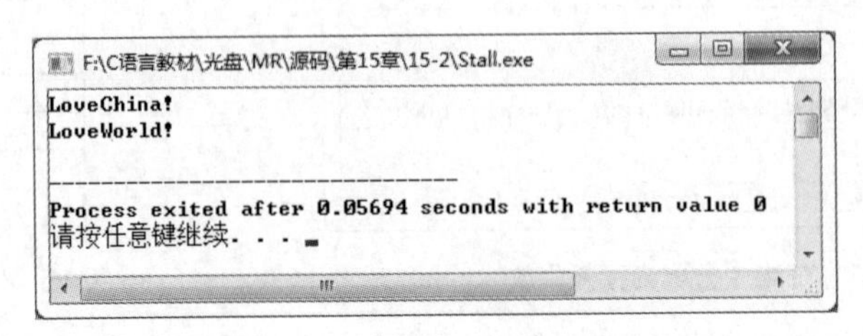

图15-3　栈在函数调用时的操作

15.2　动态管理

15.2.1　malloc函数

malloc 函数

malloc函数的原型如下：

```
void *malloc(unsigned int size);
```

在stdlib.h头文件中包含该函数，其作用是在内存中动态地分配一块size大小的内存空间。malloc函数会返回一个指针，该指针指向分配的内存空间，如果出现错误，则返回NULL。

使用malloc函数分配的内存空间是在堆中，而不是在栈中。因此在使用完这块内存空间之后一定要将其释放掉，释放内存空间使用的是free函数（下面将会进行介绍）。

例如使用malloc函数分配一个整型内存空间：

```
int *pInt;
pInt=(int*)malloc(sizeof(int));
```

首先定义指针pInt用来保存分配内存的地址。在使用malloc函数分配内存空间时，需要指定具体的内存空间的大小（size），这时调用sizeof函数就可以得到指定类型的大小。malloc函数成功分配内存空间后会返回一个指针，因为分配的是一个int型空间，所以在返回指针时也应该是相对应的int型指针，这样就要进行强制类型转换。最后将函数返回的指针赋值给指针pInt就可以保存动态分配的整型空间地址了。

【例15-3】使用malloc函数动态分配空间。

```
#include<stdio.h>
#include<stdlib.h>

int main()
{
    Int *iIntMalloc=(int*)malloc(sizeof(int));          /*分配空间*/
    *iIntMalloc=100;                                     /*使用该空间保存数据*/
    printf("%d\n",*iIntMalloc);                          /*输出数据*/
    return 0;
}
```

在程序中使用malloc函数分配了内存空间，通过指向该内存空间的指针，使用该空间保存数据，最后显示该数据表示保存数据成功。

运行程序，显示结果如图15-4所示。

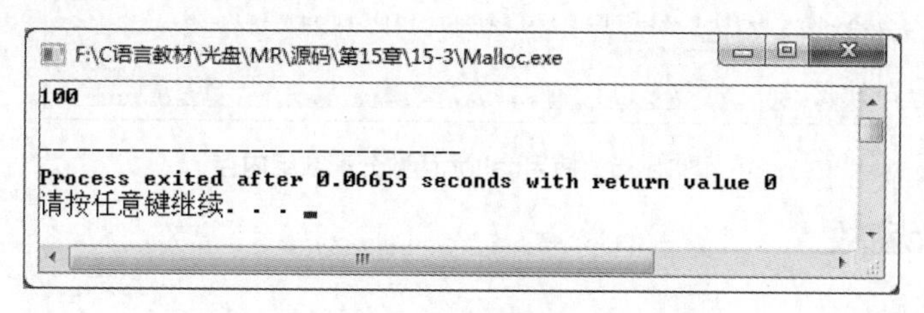

图15-4　使用malloc函数动态分配空间

15.2.2　calloc函数

calloc 函数

calloc函数的原型如下：

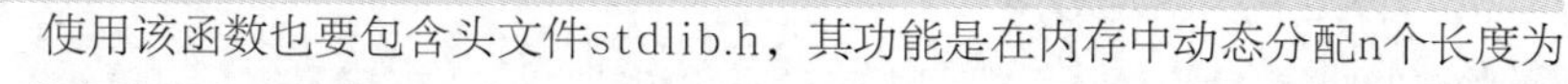

```
void * calloc(unsigned n, unsigned size);
```

使用该函数也要包含头文件stdlib.h，其功能是在内存中动态分配n个长度为size的连续内存空间数组。calloc函数会返回一个指针，该指针指向动态分配的连续内存空间地址。当分配空间错误时，返回NULL。

例如使用该函数分配一个整型数组内存空间：

```
int *pArray;                                    /*定义指针*/
pArray=(int*)calloc(3,sizeof(int));             /*分配内存数组*/
```

上面代码中的pArray为一个整型指针，使用calloc函数分配内存数组，在参数中第一个参数表示分配数组中元素的个数，而第二个参数表示元素的类型。最后将返回的指针赋给pArray指针变量，pArray指向的就是该数组的首地址。

【例15-4】使用calloc函数分配数组内存。

在本实例中，动态分配一个数组。使用循环为数组中的每一个元素进行赋值，再将数组中的元素值进行输出，验证分配内存正确保存数据。

```
#include<stdio.h>
#include<stdlib.h>

int main()
{
    int *pArray;                                /*定义指针*/
    int i;                                      /*循环控制变量*/
    pArray=(int*)calloc(3,sizeof(int));         /*数组内存*/

    for(i=1;i<4;i++)                            /*使用循环对数组进行赋值*/
    {
        *pArray=10*i;                           /*赋值*/
        printf("NO%d is: %d\n",i,*pArray);      /*显示结果*/
        pArray+=1;                              /*移动指针到数组的下一个元素*/
    }
    return 0;
}
```

在代码中可以看到使用calloc函数分配一个整型数组空间具有3个元素，使用pArray得到该空间的首地址，因为首地址即为第一个元素的地址，所以通过该指针可以直接输出第一个元素的数据。通过移动指针指向数组中其他的元素，然后将其显示输出。

运行程序，显示结果如图15-5所示。

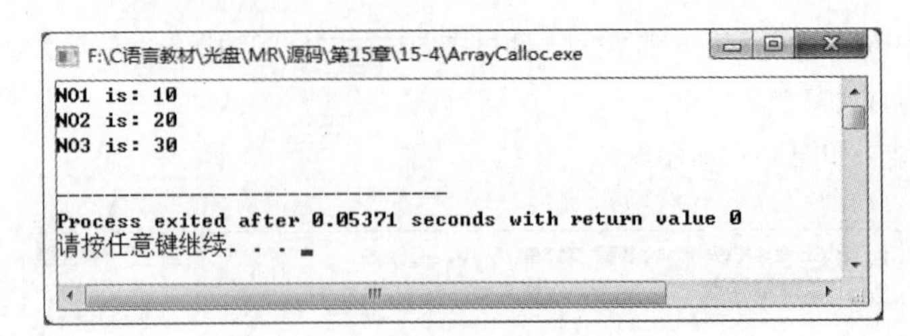

图15-5 使用calloc函数分配数组内存

15.2.3 realloc函数

realloc函数

realloc函数的原型如下：

```
void *realloc(void *ptr, size_t size);
```

首先使用该函数要包含头文件stdlib.h，其功能是改变ptr指针指向的空间大小为size大小。设定的size大小可以是任意的，也就是说既可以比原来的数值大，也可以比原来的数值小。返回值是一个指向新地址的指针，如果出现错误，则返回NULL。

例如改变一个分配的实型空间大小成为整型大小：

```
fDouble=(double*)malloc(sizeof(double));
iInt=realloc(fDouble,sizeof(int));
```

其中，fDouble是指向分配的实型空间，之后使用realloc函数改变fDouble指向的空间的大小，其大小设置为整型，然后将改变后的内存空间的地址返回赋值给iInt整型指针。

【例15-5】使用realloc函数重新分配内存。

```
#include<stdio.h>
#include<stdlib.h>

int main()
{

    double *fDouble;                                /*定义实型指针*/
    int *iInt;                                      /*定义整型指针*/
    fDouble=(double*)malloc(sizeof(double));        /*使用malloc函数分配实型空间*/
    printf("%d\n",sizeof(*fDouble));                /*输出空间的大小*/
    iInt=realloc(fDouble,sizeof(int));              /*使用realloc函数改变分配空间大小*/
    printf("%d\n",sizeof(*iInt));
    return 0;
}
```

本实例中，首先使用malloc函数分配了一个实型大小的内存空间，然后通过sizeof函数输出内存空间的大小，最后使用realloc函数得到新的内存空间大小。输出新空间的大小，比较两者的数值可以看出新空间与原来的空间大小不一样。

运行程序，显示结果如图15-6所示。

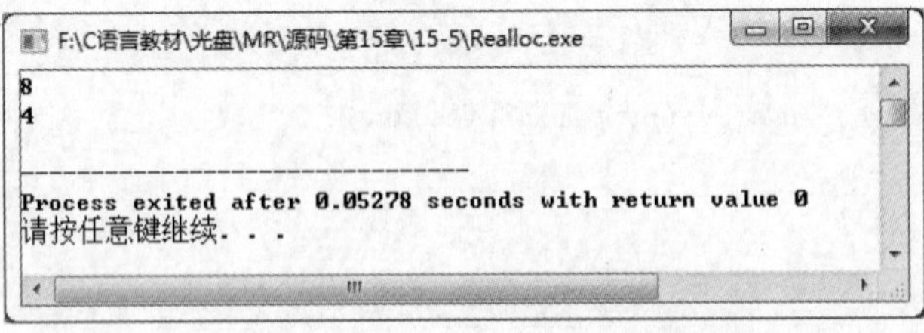

图15-6 使用realloc函数重新分配内存

15.2.4 free函数

free函数

free函数的原型如下：

```
void *free(void *ptr);
```

free函数的功能是使用由指针ptr指向的内存区，使部分内存区能被其他变量使用。ptr是最近一次调用calloc或malloc函数时返回的值。free函数无返回值。

例如释放一个分配整型变量的内存空间：

```
free(pInt);
```

代码中的pInt为一个指向一个整型大小的内存空间的指针，使用free函数将其进行释放。

【例15-6】使用free函数释放内存空间。

在本实例中，将分配的内存进行释放，并且释放前输出一次内存中保存的数据，释放后再利用指针输出一次。观察两次的结果，可以看出调用free函数之后内存被释放。

```
#include<stdio.h>
#include<stdlib.h>

int main()
{
    int *pInt;                                          /*定义整型指针*/
    pInt=(int*)malloc(sizeof(pInt));                    /*分配整型空间*/
    *pInt=100;                                          /*赋值*/
    printf("%d\n",*pInt);                               /*将值进行输出*/
    free(pInt);                                         /*释放该内存空间*/
    printf("%d\n",*pInt);                               /*将值进行输出*/
    return 0;
}
```

在程序中定义指针pInt用来指向动态分配的内存空间，使用新空间保存数据，之后利用指针进行输出。调用free函数将其空间释放，当再输出时因为保存数据的空间已经被释放，所以数据肯定就不存在了。

运行程序，显示结果如图15-7所示。

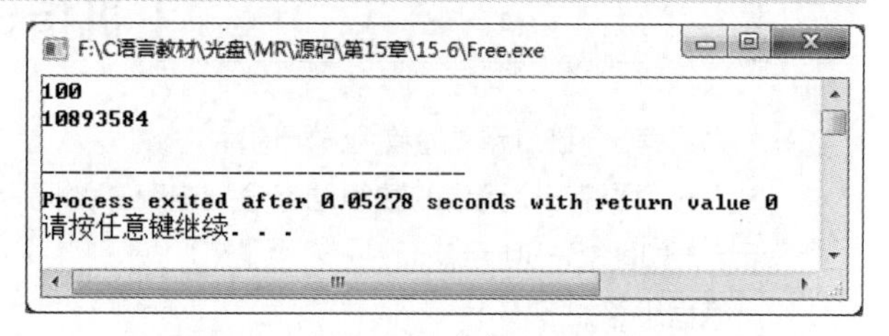

图15-7　使用free函数释放内存空间

15.3　内存丢失

内存丢失

预处理器提供了条件编译功能，一般情况下，源程序中所有的行都参加编译，但是有时希望只对其中一部分内容在满足一定条件时才进行编译，这时就需要使用到一些条件编译命令。使用条件编译可方便地处理程序的调试版本和正式版本，同时还会增强程序的可移植性。

在使用malloc等函数分配内存后，要对其使用free函数进行释放。因为内存不进行释放会造成内存遗漏，从而可能会导致系统崩溃。

因为free函数的用处在于实时地执行回收内存的操作，如果程序很简单，当程序结束之前也不会使用过多的内存，不会降低系统的性能，那么也可以不用写free函数去释放内存。当程序结束后，操作系统会完成释放的功能。

但是如果在开发大型程序时不写free函数去释放内存，后果是很严重的。这是因为很可能在程序中要重复一万次分配10MB的内存，如果每次进行分配内存后都使用free函数去释放用完的内存空间，那么这个程序只需要使用10MB内存就可以运行。但是如果不使用free函数，那么程序就要使用100GB的内存！这其中包括绝大部分的虚拟内存，而由于虚拟内存的操作需要读写磁盘，这样会极大地影响到系统的性能，系统因此可能崩溃。

综上，在程序中编写malloc函数分配内存时都对应地写出一个free函数进行释放是一个良好的编程习惯。这不但体现在处理大型程序时的必要性，也在一定程度上体现程序优美的风格和健壮性。

但是有时常常会有将内存丢失的情况，例如：

```
pOld=(int*)malloc(sizeof(int));
pNew=(int*)malloc(sizeof(int));
```

这两段代码分别表示创建了一块内存，并且将内存的地址传给了指针pOld和pNew，此时指针pOld和

pNew分别指向两块内存。如果进行这样的操作：

```
pOld=pNew;
```

pOld指针就指向了pNew指向的内存地址，这时再进行释放内存操作：

```
free(pOld);
```

此时释放pOld所指向的内存空间是原来pNew指向的，于是这块空间被释放了。但是pOld原来指向的那块内存空间还没有被释放，不过因为没有指针指向这块内存，所以就造成了这块内存的丢失。

小 结

本章主要对前文提及的内存分配问题进行整体的介绍。读者学习内存的组织方式，可在编写程序时知道这些内存空间都是如何进行分配的。

之后讲解有关堆和栈的概念，其中栈式数据结构的主要特性是后进入栈的元素先出，即后进先出。

动态管理包括malloc、calloc、realloc和free这4个函数，其中free函数是用来释放内存空间的。

本章的最后介绍了有关内存丢失的问题，其中要求在编写程序时使用malloc函数分配内存的同时要对应写出一个free函数来。

上机指导

为具有3个数组元素的数组分配内存。

为一个具有3个元素的数组动态分配内存，为元素赋值并将其输出。运行结果如图15-8所示。

上机指导

编程思路如下。

本例主要是使用malloc函数为具有3个数组元素的整型数组动态的分配存储空间，利用for循环为数组赋值，并使用printf函数将数组的值输出。

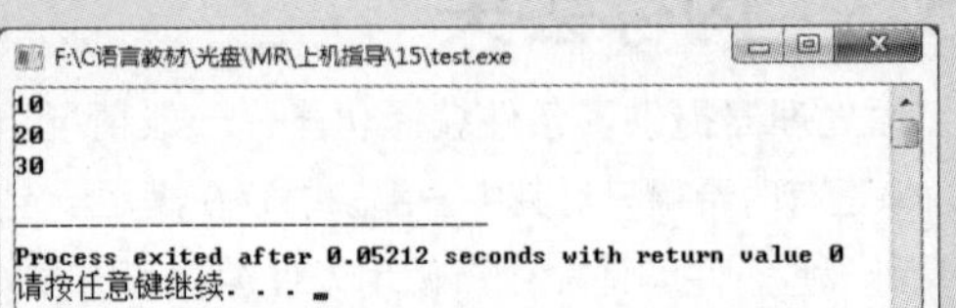

图15-8　为具有3个数组元素的数组分配内存

习 题

15-1　要求设计一个程序，为一个具有3个元素的数组动态分配内存，为元素赋值并将其输出。程序结束之前将内存空间释放。

15-2　要求设计一个程序，为二维数组进行动态分配并且释放内存空间。

15-3　编写程序，要求创建一个结构体类型的指针，其中包含两个成员，一个是整型，一个是结构体指针。使用malloc()函数分配一个结构体的内存空间，然后给这两个成员赋值，并显示出来。

15-4　调用calloc()函数动态分配内存存放若干个数据。该函数返回值为分配域的起始地址；如果分配不成功，则返回值为0。

CHAPTER16

第16章 网络套接字编程

本章要点

- 了解计算机网络的基本知识
- 了解套接字的概述
- 掌握套接字（socket）编程
- 掌握套接字函数的使用方法
- 使用套接字实践编写网络应用程序

■ 网络已经遍及生活的每一个角落，存在于人们生活的每一天，这说明网络越来越重要，而学习编写网络应用程序也是学习编程的一部分。网络程序的实现可以有多种方式，Windows Socket就是其中一种比较简单的实现方法。

■ 本章致力于使读者了解有关计算机网络的基础知识，其中包括IP地址、OSI七层参考模型、地址解析、域名系统、TCP/IP协议和端口，详细介绍套接字的有关内容，使读者了解使用套接字编写程序的过程，并且通过实践加深对套接字编写网络应用程序的印象。

16.1 内存组织方式

计算机网络是计算机和通信技术相结合的产物，它代表了计算机发展的重要方向。了解计算机的网络结构有助于用户开发网络应用程序。本节将介绍有关计算机网络的基础知识和基本概念。

16.1.1 IP地址

IP 地址

为了使网络上的计算机能够彼此识别对方，每台计算机都需要一个IP地址以标识自己。IP地址由IP协议规定的32位的二进制数表示，最新的IPv6协议将IP地址升为128位，这使得IP地址的应用更加广泛，能够很好地解决目前IP地址紧缺的问题，但是IPv6协议距离实际应用还有一段距离。目前，多数操作系统和应用软件都是以32位的IP地址为基准。

32位的IP地址主要分为前缀和后缀两部分。前缀表示计算机所属的物理网络，后缀确定该网络上的唯一一台计算机。在互联网上，每一个物理网络都有唯一的网络号，根据网络号的不同，可以将IP地址分为5类，即A类、B类、C类、D类和E类。其中，A类、B类和C类属于基本类；D类用于多播发送；E类是实验地址，保留给将来使用。表16-1描述了各类IP地址的范围。

表16-1 各类IP地址的范围

类型	
A类	0.0.0.0～127.255.255.255
B类	128.0.0.0～191.255.255.255
C类	192.0.0.0～223.255.255.255
D类	224.0.0.0～239.255.255.255
E类	240.0.0.0～247.255.255.255

在上述IP地址中，有几个IP地址是特殊的，有其单独的用途。

- 网络地址：在IP地址中主机地址为0的表示网络地址，如128.111.0.0。
- 广播地址：在网络号后跟所有位全是1的IP地址，表示广播地址。
- 回送地址：127.0.0.1表示回送地址，用于测试。

16.1.2 OSI七层参考模型

OSI 七层参考模型

开放系统互联（open system interconnection，OSI），是国际标准化组织（ISO）为了实现计算机网络的标准化而颁布的参考模型。OSI参考模型采用分层的划分原则，将网络中的数据传输划分为7层，每一层使用下层的服务，并向上层提供服务。表16-2描述了OSI参考模型的结构和功能。

表16-2 OSI参考模型

层次	名称	功能描述
第7层	应用层	负责网络中应用程序与网络操作系统之间的联系。例如，建立和结束使用者之间的连接，管理建立相互连接使用的应用资源
第6层	表示层	用于确定数据交换的格式，它能够解决应用程序之间在数据格式上的差异，并负责设备之间所需要的字符集和数据的转换
第5层	会话层	是用户应用程序与网络层的接口，它能够建立与其他设备的连接，即会话，并且它能够对会话进行有效地管理

续表

层次	名称	功能描述
第4层	传输层	提供会话层和网络层之间的传输服务，该服务从会话层获得数据（必要时对数据进行分割），然后将数据传递到网络层，并确保数据能正确、无误地传送到网络层
第3层	网络层	能够将传输的数据封包，然后通过路由选择、分段组合等控制，将信息从源设备传送到目标设备
第2层	数据链路层	主要是修正传输过程中的错误信号，它能够提供可靠的通过物理介质传输数据的方法
第1层	物理层	利用传输介质为数据链路层提供物理连接，它规范了网络硬件的特性、规格和传输速度

OSI参考模型的建立，不仅创建了通信设备之间的物理通道，还规划了各层之间的功能，为标准化组合和生产厂家制定协议提供了基本原则。这有助于用户了解复杂的协议，如TCP/IP、X.25协议等。用户可以将这些协议与OSI参考模型对比，从而了解这些协议的工作原理。

16.1.3 地址解析

地址解析

所谓地址解析是指将计算机的协议地址解析为物理地址，即MAC（medium access control）地址，又称为媒体访问控制地址。通常，在网络上由地址解析协议（ARP）来实现地址解析。下面以本地网络上的两台计算机通信为例介绍ARP协议解析地址的过程。

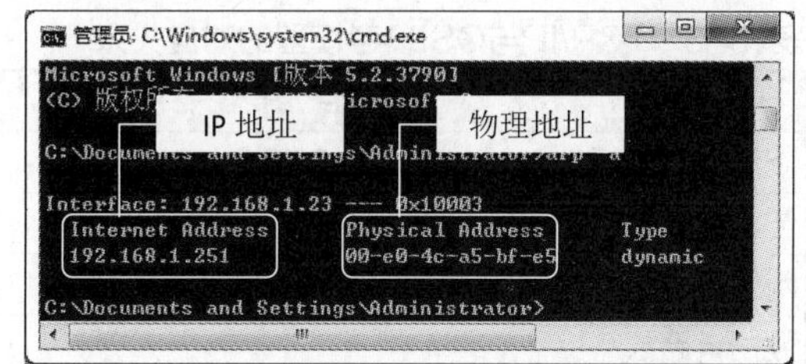

图16-1 本地ARP缓存

假设主机A和主机B处于同一个物理网络上，主机A的IP为192.168.1.21，主机B的IP为192.168.1.23，当主机A与主机B进行通信时，主机B的IP地址192.168.1.23将按如下步骤被解析为物理地址。

（1）主机A从本地ARP缓存中查找IP为192.168.1.23的对应的物理地址。用户可以在命令行窗口中输入“arp-a”命令查看本地ARP缓存，如图16-1所示。

（2）如果主机A在ARP缓存中没有发现192.168.1.23映射的物理地址，将发送ARP请求帧到本地网络上的所有主机，在ARP请求帧中包含了主机A的物理地址和IP地址。

（3）本地网络上的其他主机接收到ARP请求帧后，检查是否与自己的IP地址匹配，如果不匹配，则丢弃ARP请求帧。如果主机B发现与自己的IP地址匹配，则将主机A的物理地址和IP地址添加到自己的ARP缓存中，然后主机B将自己的物理地址和IP地址发送到主机A，当主机A接收到主机B发来的信息，将以这些信息更新ARP缓存。

（4）当主机B的物理地址确定后，主机A就可以与主机B进行通信了。

16.1.4 域名系统

虽然使用IP地址可以标识网络中的计算机，但是IP地址容易混淆，并且不容易记忆，人们更倾向于使用主机名来标识IP地址。由于在Internet上存在许多计算机，为了防止主机名相同，Internet管理机构采取了在主机名后加上后缀名的方法标识一台主机，其后缀名被称为域名。例如，www.mingrisoft.com，主机名为www，域名为mingrisoft.com。这里的域名为二级域名，其中com为一级域名，

域名系统

表示商业组织，mingrisoft为本地域名。为了能够利用域名进行不同主机间的通信，需要将域名解析为IP地址，称之为域名解析。域名解析是通过域名服务器来完成的。

假如主机A的本地域名服务器是dns.local.com，根域名服务器是dns.mr.com；所要访问的主机B的域名为www.mingribook.com，域名服务器为dns.mrbook.com。当主机A通过域名www.mingribook.com访问主机B时，将发送解析域名www.mingribook.com的报文，本地的域名服务器收到请求后，查询本地缓存，假设没有该记录，则本地域名服务器dns.local.com向根域名服务器dns.mr.com发出请求解析域名www.mingribook.com。根域名服务器dns.mr.com收到请求后查询本地记录，如果发现mingribook. com NS dns.mrbook.com信息，将给出dns.mrbook.com的IP地址，并将结果返回给主机A的本地域名服务器dns.local.com，当本地域名服务器dns.local.com收到信息后，会向主机B的域名服务器dns.mrbook. com发送解析域名www.mingribook.com的报文。当域名服务器dns.mrbook.com收到请求后，开始查询本地的记录，发现www.mingribook.com A 211.120.X.X类似的信息，将结果返回给主机A的本地域名服务器dns.local.com，其中211.120.X.X表示域名www.mingribook.com的IP地址。

16.1.5 TCP/IP

TCP/IP

TCP/IP（transmission control protocal/internet protocal，传输控制协议/网际协议）是互联网上最流行的协议之一，它能够实现互联网上不同类型操作系统的计算机相互通信。对于网络开发人员，必须了解TCP/IP的结构。TCP/IP将网络分为4层，分别对应于OSI参考模型的7层结构。表16-3列出了TCP/IP与OSI参考模型的对应关系。

表16-3 TCP/IP与OSI参考模型的对应关系

TCP/IP	OSI参考模型
应用层（包括Telnet、FTP、SNTP）	会话层、表示层和应用层
传输层（包括TCP、UDP）	传输层
网络层（包括ICMP、IP、ARP等）	网络层
数据链路层	物理层和数据链路层

从表16-3可以发现，TCP/IP不是单个协议，而是一个协议簇，它包含多种协议，其中主要的协议有网际协议（IP）和传输控制协议（TCP）等。下面给出TCP/IP主要协议的结构。

1. TCP

TCP是一种提供可靠数据传输的通用协议，它是TCP/IP体系结构中传输层上的协议。在发送数据时，应用层的数据传输到传输层，加上TCP的首部，数据就构成了报文。报文是网际层IP的数据，如果再加上IP首部，就构成了IP数据报。TCP的C语言数据描述如下：

```
typedef struct HeadTCP
{
    WORD   SourcePort;          /*16位源端口号*/
    WORD   DePort;              /*16位目的端口*/
    DWORD  SequenceNo;          /*32位序号*/
    DWORD  ConfirmNo;           /*32位确认序号*/
    BYTE   HeadLen;             /*与Flag为一个组成部分，首部长度，占4位，保留6位，6位标识，共16位*/
    BYTE   Flag;
    WORD   WndSize;             /*16位窗口大小*/
    WORD   CheckSum;            /*16位校验和*/
    WORD   UrgPtr;              /*16位紧急指针*/
} HEADTCP;
```

2. IP

IP工作在网络层，主要提供无链接数据报传输。IP不保证数据报的发送，但可以最大限度地发送数据。

IP的C语言数据描述如下：

```
typedef struct HeadIP
{
    unsigned char  headerlen:4;          /*首部长度，占4位*/
    unsigned char  version:4;            /*版本，占4位 */
    unsigned char  servertype;           /*服务类型，占8位，即1个字节*/
    unsigned short totallen;             /*总长度，占16位*/
    unsigned short id;                   /*与idoff构成标识，共占16位，前3位是标识，后13位是片偏移*/
    unsigned short idoff;
    unsigned char  ttl;                  /*生存时间，占8位*/
    unsigned char  proto;                /*协议，占8位*/
    unsigned short checksum;             /*首部校验和，占16位*/
    unsigned int   sourceIP;             /*源IP地址，占32位*/
    unsigned int   destIP;               /*目的IP地址，占32位*/
}HEADIP;
```

3. ICMP

互联网控制报文协议（internet control message protocol，ICMP）负责网络上设备状态的发送和报文检查，可以将某个设备的故障信息发送到其他设备上。ICMP的C语言数据描述如下：

```
typedef struct HeadICMP
{
    BYTE Type;                           /*8位类型*/
    BYTE Code;                           /*8位代码*/
    WORD ChkSum;                         /*16位校验和*/
} HEADICMP;
```

4. UDP协议

用户数据报协议（user datagram protocol，UDP）是一个面向无连接的协议，采用该协议，两个应用程序不需要先建立连接，它为应用程序提供一次性的数据传输服务。UDP不提供差错恢复，不能提供数据重传，因此该协议传输数据安全性略差。UDP的C语言数据描述如下：

```
typedef struct HeadUDP
{
    WORD SourcePort;                     /*16位源端口号*/
    WORD DePort;                         /*16位目的端口*/
    WORD Len;                            /*16为UDP长度*/
    WORD ChkSum;                         /*16位UDP校验和*/
} HEADUDP;
```

16.1.6 端口

在网络上，计算机是通过IP地址来标识自己的，但是当涉及两台计算机具体通信时，还会出现一个问题。假设主机A中的应用程序A1想与主机B中的应用程序B1通信，如果知道主机A中的是A1应用程序与主机B中的应用程序通信，而不是主机A中的其他应用程序与主机B中的应用程序通信，则当主机B接收到数据时，它如何知道数据是发往应用程序B1的呢？这是因为在主机B中可以同时运行多个应用程序。

端口

为了解决上述问题，TCP/IP提出了端口的概念，用于标识通信的应用程序。当应用程序（严格说应该是进程）与某个端口绑定后，系统会将收到的给该端口的数据送往该应用程序。端口是用一个16位的无符号整数值来表示的，范围为0～65535，低于256的端口被作为系统的保留端口，用于系统进程的通信；不在这一范围的端口号被称为自由端口，可以由进程自由使用。

16.1.7 套接字的引入

套接字的引入

套接字（socket）使程序员可以很方便地访问TCP/IP，从而开发各种网络应用的程序。后来，套接字被引进到Windows等操作系统，成为开发网络应用程序的有效工具。

套接字存在于通信区域中，通信区域也称为地址族，主要用于将通过套接字通信的进程的公有特性综合在一起。套接字通常只与同一区域的套接字交换数据。Windows Sockets只支持一个通信区域——AF_INET网际域，使用网际协议族通信的进程使用该域。

16.1.8 网络字节顺序

网络字节顺序

不同的计算机存放多字节值的顺序不同，有的机器在起始地址存放低位字节，有的机器在起始地址存放高位字节。基于Intel CPU的PC机采用低位先存的方式。为了保证数据的正确性，在网络协议中需要指定网络字节顺序，TCP/IP使用16位整数和32位整数的高位先存方式。由于不同的计算机存放数据字节的顺序不同，这样发送数据后当接收到该数据时，也有可能无法查看所接收到的数据。因此，在网络中不同主机间进行通信时，要统一采用网络字节顺序。

16.2 套接字概述

套接字是网络通信的基石，是网络通信的基本构件。为了在Windows操作系统上使用套接字，20世纪90年代初，微软和第三方厂商共同制定了一套标准，即Windows Socket规范，简称WinSock。本节将介绍有关Windows套接字的相关知识。

16.2.1 套接字概述

套接字概述

所谓套接字，实际上是一个指向传输提供者的句柄。在WinSock中，就是通过操作该句柄来实现网络通信和管理的。根据性质和作用的不同，套接字可以分为原始套接字、流式套接字和数据包套接字3种。

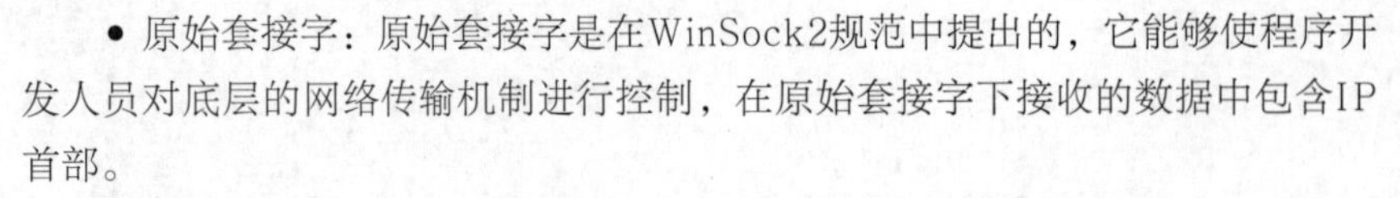

- 原始套接字：原始套接字是在WinSock2规范中提出的，它能够使程序开发人员对底层的网络传输机制进行控制，在原始套接字下接收的数据中包含IP首部。
- 流式套接字：流式套接字提供了双向、有序、可靠的数据传输服务，该类型套接字在通信前，需要双方建立连接。大家熟悉的TCP采用的就是流式套接字。
- 数据包套接字：与流式套接字对应的是数据包套接字，数据包套接字提供双向的数据流，但是它不能保证数据传输的可靠性、有序性和无重复性。UDP协议采用的就是数据包套接字。

16.2.2 TCP的套接字的socket编程

TCP 的套接字的
socket 编程

TCP是面向连接的、可靠的传输协议。利用TCP进行通信时，首先要建立通信双方的连接。一旦连接建立完成，就可以进行通信。TCP提供了数据确认和数据重传的机制，保证了发送的数据一定能到达通信的对方。

基于TCP面向连接的socket编程的服务器端程序流程如下。

（1）创建套接字socket。

（2）将创建的套接字绑定（bind）到本地的地址和端口上。

（3）设置套接字的状态为监听状态（listen），准备接受客户端的连接请求。

（4）接受请求（accpet），同时返回得到一个用于连接的新套接字。

（5）使用这个新套接字进行通信（通信函数使用send/recv）。

（6）通信完毕，释放套接字资源（closesocket）。

基于TCP面向连接的socket编程的客户端程序流程如下。

（1）创建套接字socket。

（2）向服务器发出连接请求（connect）。

（3）请求连接后与服务器进行通信操作（send/recv）。

（4）释放套接字资源（closesocket）。

在服务器端，当调用accept函数时（关于套接字函数后文将进行介绍），程序就会进行等待，直到有客户端调用connect函数发送连接请求，然后服务器接受该请求，这样服务器与客户端就建立了连接。当两者建立连接后就可以进行通信了。

注意

在服务器端要建立套接字绑定到指定的主机IP和端口上等待客户的请求，但是对于客户端来说，当发起连接请求并被接受后，在服务器端就保存了该客户端的IP地址和端口号的信息。对于服务器端来说，一旦建立连接之后，实际上它已经保存了客户端的IP地址和端口号的信息了，因此可以利用返回的套接字进行与客户端的通信。

16.2.3 UDP的套接字的socket编程

UDP 的套接字的
socket 编程

UDP是无连接的、不可靠的传输协议。采用UDP进行通信时，不需要建立连接，可以直接向一个IP地址发送数据，但是不能保证对方能收到。

对于基于UDP面向无连接的套接字编程来说，服务器端和客户端这种概念不是特别的严格。可以把服务器端看作接收数据的接收端，客户端就是发送数据的发送端。

基于UDP面向无连接的socket编程的发送端程序流程如下。

（1）创建套接字socket。

（2）将套接字绑定（bind）到一个本地地址和端口上。

（3）等待接收数据（recvfrom）。

（4）释放套接字资源（closesocket）。

基于UDP面向无连接的socket编程的接收端程序流程如下。

（1）创建套接字socket。

（2）向服务器发送数据（sendto）。

（3）释放套接字资源（closesocket）。

注意

在基于UDP的套接字编程中，还是需要使用bind进行绑定。因为虽然面向无连接的socket编程无须建立连接，但是为了完成通信，首先应该启动接收端来接收发送端发送的数据，这样接收端就必须告诉它的地址和端口，才能接收信息。因此，必须调用bind函数将套接字绑定到一个本地地址和端口上。

基于UDP的套接字编程时，利用的是sendto和recvfrom两个函数实现数据的发送和接收；而基于TCP的套接字编程时，发送数据是调用send函数，接收数据使用的是recv函数。

16.3 套接字函数

前面介绍了使用套接字编写程序的过程，本节介绍在利用套接字编程时所需要使用的函数。

16.3.1 套接字函数介绍

套接字函数介绍

1. WSAStartup函数

该函数的功能是初始化套接字库。其原型如下：

```
int WSAStartup(WORD wVersionRequested, LPWSADATA lpWSAData);
```

注意：WSAStartup函数用于初始化Ws2_32.dll动态链接库。在使用套接字函数之前，一定要初始化Ws2_32.dll动态链接库。

- wVersionRequested：表示调用者使用的Windows Socket的版本，高字节记录修订版本，低字节记录主版本。例如，如果Windows Socket的版本为2.1，则高字节记录1，低字节记录2。
- lpWSAData：是一个WSADATA结构指针，该结构详细记录了Windows套接字的相关信息。其定义如下：

```
typedef struct WSAData {
    WORD              wVersion;
    WORD              wHighVersion;
    char              szDescription[WSADESCRIPTION_LEN+1];
    char              szSystemStatus[WSASYS_STATUS_LEN+1];
    unsigned short  iMaxSockets;
    unsigned short  iMaxUdpDg;
    char FAR * lpVendorInfo;
} WSADATA, FAR *LPWSADATA;
```

- wVersion：表示调用者使用的Ws2_32.dll动态链接库的版本号。
- wHighVersion：表示Ws2_32.dll支持的最高版本，通常与wVersion相同。
- szDescription：表示套接字的描述信息，通常没有实际意义。
- szSystemStatus：表示系统的配置或状态信息，通常没有实际意义。
- iMaxSockets：表示最多可以打开多少个套接字。在套接字版本2或以后的版本中，该成员将被忽略。
- iMaxUdpDg：表示数据报的最大长度。在套接字版本2或以后的版本中，该成员将被忽略。
- lpVendorInfo：表示套接字的厂商信息。在套接字版本2或以后的版本中，该成员将被忽略。

例如使用WSAStartup初始化套接字，版本号为2.2：

```
WORD wVersionRequested;                                     /*WORD（字），类型为unsigned short*/
WSADATA wsaData;                                            /*库版本信息结构*/
/*定义版本类型。将两个字节组合成一个字，前面是低字节，后面是高字节*/
wVersionRequested = MAKEWORD(2, 2);                         /*表示版本号*/
/*加载套接字库，初始化Ws2_32.dll动态链接库*/
WSAStartup( wVersionRequested, &wsaData);
```

从上面的代码中可以看出MAKEWORD宏的作用是：根据给定的两个无符号字节，创建一个16位的无符号整型，将创建的值赋给wVersionRequested变量，表示套接字的版本号。

2. socket函数

该函数的功能是创建一个套接字。其原型如下：

```
SOCKET socket(int af,int type, int protocol);
```

- af：表示一个地址家族，通常为AF_INET。
- type：表示套接字类型：为SOCK_STREAM，表示创建面向连接的流式套接字；为SOCK_DGRAM，表示创建面向无连接的数据报套接字；为SOCK_RAW，表示创建原始套节字。对于这些值，用户可以在Winsock2.h头文件中找到。
- potocol：表示套接口所用的协议，如果用户不指定，可以设置为0。

- 返回值：创建的套接字句柄。

例如使用socket函数创建一个套接字socket_server：

```
/*创建套接字*/
/*AF_INET表示指定地址族，SOCK_STREAM表示流式套接字TCP，特定的地址家族相关的协议*/
socket_server=socket(AF_INET,SOCK_STREAM,0);
```

在代码中，如果socket函数调用成功，它就会返回一个新的SOCKET数据类型的套接字描述符。使用定义好的套接字socket_server进行保存。

3. bind函数

该函数的功能是将套接字绑定到指定的地址和端口上。其原型如下：

```
int bind(SOCKET s,const struct sockaddr FAR*  name,int namelen);
```

- s：表示一个套接字。
- name：是一个sockaddr结构指针，该结构中包含了要结合的地址和端口号。
- namelen：确定name缓冲区的长度。
- 返回值：如果函数执行成功，则返回值为0，否则为SOCKET_ERROR。

在创建了套接字之后，应该将该套接字绑定到本地的某个地址和端口上，这时就需要该函数了。例如使用bind函数绑定一个套接字：

```
SOCKADDR_IN Server_add;                    /*服务器地址信息结构*/
Server_add.sin_family=AF_INET;             /*地址家族，必须是AF_INET，注意只有它不是网络字节顺序*/
Server_add.sin_addr.S_un.S_addr=htonl(INADDR_ANY);          /*主机地址*/
Server_add.sin_port=htons(5000);                            /*端口号*/
bind(socket_server,(SOCKADDR*)&Server_add,sizeof(SOCKADDR) )/*使用bind函数进行绑定*/
```

4. listen函数

该函数的功能是将套接字设置为监听模式。对于流式套接字，必须处于监听模式才能够接收客户端套接字的连接。该函数的原型如下：

```
int listen(SOCKET s, int backlog);
```

- s：表示一个套接字。
- backlog：表示等待连接的最大队列长度。例如，如果backlog被设置为2，此时有3个客户端同时发出连接请求，那么前两个客户端连接会放置在等待队列中，第3个客户端会得到错误信息。

例如使用listen函数设置套接字为监听状态：

```
listen(socket_server,5);
```

设置套接字为监听状态，为连接作准备，最大等待的数目为5。

5. accept函数

该函数的功能是接受客户端的连接。在流式套接字中，只有在套接字处于监听状态时，才能接受客户端的连接。该函数的原型如下：

```
SOCKET accept(SOCKET s, struct sockaddr FAR* addr, int FAR* addrlen);
```

- s：是一个套接字，它应处于监听状态。
- addr：是一个sockaddr_in结构指针，包含一组客户端的端口号、IP地址等信息。
- addrlen：用于接收参数addr的长度。
- 返回值：一个新的套接字，它对应于已经接受的客户端连接，对于该客户端的所有后续操作，都应使用这个新的套接字。

例如使用accept函数接受客户端的连接请求：

```
/*接受客户端的发送请求，等待客户端发送connect请求*/
socket_receive=accept(socket_server,(SOCKADDR*)&Client_add,&Length);
```

其中，socket_receive保存接受请求后返回的新的套接字，socket_server为绑定在地址和端口上的套接字，而Client_add是有关客户端的IP地址和端口的信息结构，最后的Length是Client_add的大小。可以使用sizeof函数取得，然后用Length变量保存。

6. closesocket函数

该函数的功能是关闭套接字，并释放套接字资源。其原型如下：

```
int closesocket(SOCKET s);
```

其中，s表示一个套接字。如果参数s设置了SO_DONTLINGER选项，则调用该函数后会立即返回，但此时如果有数据尚未传送完毕，则会继续传递数据，然后才关闭套接字。

例如使用closesocket函数关闭套接字，释放客户端的套接字资源。

```
closesocket(socket_receive);                                    /*释放客户端的套接字资源*/
```

在代码中，socket_receive是一个套接字，当不使用时就可以利用closesocket函数将其套接字的资源进行释放。

7. connect函数

该函数的功能是发送一个连接请求。其原型如下：

```
int connect(SOCKET s,const struct sockaddr FAR* name,int namelen);
```

- s：表示一个套接字。
- name：表示套接字s要连接的主机地址和端口号。
- namelen：是name缓冲区的长度。
- 返回值：如果函数执行成功，则返回值为0，否则为SOCKET_ERROR。用户可以通过WSAGETLASTERROR得到其错误描述。

例如使用connect函数与一个套接字建立连接：

```
connect(socket_send,(SOCKADDR*)&Server_add,sizeof(SOCKADDR));
```

在代码中，socket_send表示要与服务器建立连接的套接字，而Server_add是要连接的服务器地址信息。

8. htons函数

该函数的功能是将一个16位的无符号短整型数据由主机排列方式转换为网络排列方式。其原型如下：

```
u_short htons(u_short hostshort);
```

- hostshort：是一个主机排列方式的无符号短整型数据。
- 返回值：函数返回值是16位的网络排列方式数据。

例如使用htons函数对一个无符号短整型数据进行转换：

```
Server_add.sin_port=htons(5000);
```

在代码中，Sever_add是有关主机地址和端口的结构，其中sin_port表示的是端口号。因为端口号要使用网络排列方式，所以使用htons函数进行转换，从而设定了端口号。

9. htonl函数

该函数的功能是将一个无符号长整型数据由主机排列方式转换为网络排列方式。其原型如下：

```
u_long htonl(u_long hostlong);
```

- hostlong：表示一个主机排列方式的无符号长整型数据。
- 返回值：32位的网络排列方式数据。

其使用方式与htons函数相似，不过是将一个32位数值转换为TCP/IP网络字节顺序。

10. inet_addr函数

该函数的功能是将一个由字符串表示的地址转换为32位的无符号长整型数据。其原型如下：

```
unsigned long inet_addr(const char FAR * cp);
```

- cp：表示一个IP地址的字符串。

- 返回值：32位无符号长整型数据。

例如使用inet_addr函数将一个字符串转换成一个以点分十进制格式表示的IP地址（如192.168.1.43）：

```
Server_add.sin_addr.S_un.S_addr = inet_addr("192.168.1.43");
```

在代码中设置服务器的IP地址为198.168.1.43。

11. recv函数

该函数的功能是从面向连接的套接字中接收数据。其原型如下：

```
int recv(SOCKET s,char FAR* buf,int len,int flags);
```

- s：表示一个套接字。
- buf：表示接收数据的缓冲区。
- len：表示buf的长度。
- flags：表示函数的调用方式。如果为MSG_PEEK，则表示查看传来的数据，在序列前端的数据会被复制一份到返回缓冲区中，但是这个数据不会从序列中移走；如果为MSG_OOB，则表示用来处理Out-Of-Band数据，也就是外带数据。

例如使用recv函数接收数据：

```
recv(socket_send,Receivebuf,100,0);
```

其中，socket_send是用于连接的套接字，而Receivebuf是用来接收保存数据的空间，而100是该空间的大小。

12. send函数

该函数的功能是在面向连接方式的套接字间发送数据。其原型如下：

```
int send(SOCKET s,const char FAR *buf, int len,int flags);
```

- s：表示一个套接字。
- buf：表示存放要发送数据的缓冲区。
- len：表示缓冲区长度。
- flags：表示函数的调用方式。

例如使用send函数发送数据：

```
send(socket_receive,Sendbuf,100,0);
```

在代码中，socket_receive用于连接的套接字，而Sendbuf保存要发送的数据，100为该数据的大小。

13. recvfrom函数

该函数用于接收一个数据报信息并保存源地址。其原型如下：

```
int recvfrom(SOCKET s, char FAR *buf, int len, int flags, struct sockaddr FAR *from, int FAR *fromlen);
```

- s：表示准备接收数据的套接字。
- buf：指向缓冲区的指针，用来接收数据。
- len：表示缓冲区的长度。
- flags：通过设置这个值可以影响函数调用的行为。
- from：是一个指向地址结构的指针，用来接收发送数据方的地址信息。
- fromlen：表示缓冲区的长度。

14. sendto函数

该函数的功能是向一个特定的目的方发送数据。其原型如下：

```
int sendto(SOCKET s,const char FAR *buf,int len,int flags,const struct sockaddr FAR *to,int tolen);
```

- s：表示一个（可能已经建立连接的）套接字的标识符。
- buf：指向缓冲区的指针，该缓冲区包含将要发送的数据。
- len：表示缓冲区的长度。

- flags：通过设置这个值可以影响函数调用的行为。
- to：指定目标套接字的地址。
- tolen：表示缓冲区的长度。

15. WSACleanup函数

该函数的功能是释放为Ws2_32.dll动态链接库初始化时分配的资源。其原型如下：

```
int WSACleanup(void);
```

使用该函数关闭动态链接库：

```
WSACleanup();                                                   /*关闭动态链接库*/
```

16.3.2 基于TCP的网络聊天程序

基于 TCP 的网络聊天程序

根据上面对于网络的学习，本节将编写一个基于TCP网络通信的程序，希望读者可以通过这个程序对前面的学习内容有更好的理解。

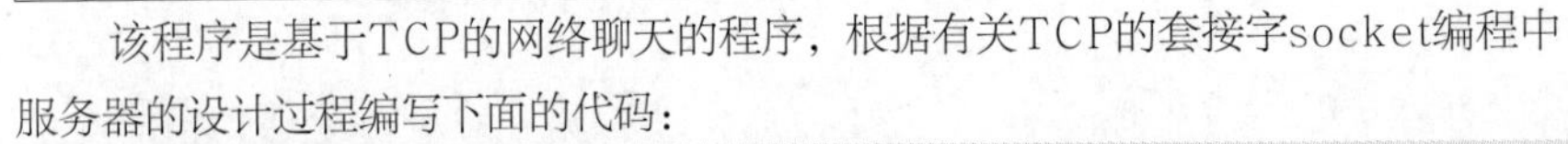

【例16-1】网络聊天服务器端的程序。

该程序是基于TCP的网络聊天的程序，根据有关TCP的套接字socket编程中服务器的设计过程编写下面的代码：

```
#include<stdio.h>
#include<winsock.h>                                     /*引入winsock.h头文件*/

int main()
{
    /*-------------------------------------------------------------------*/
    /*----------------------定义变量--------------------------------------*/
    /*-------------------------------------------------------------------*/
    char Sendbuf[100];                                  /*发送数据的缓冲区*/
    char Receivebuf[100];                               /*接收数据的缓冲区*/
    int SendLen;                                        /*发送数据的长度*/
    int ReceiveLen;                                     /*接收数据的长度*/
    int Length;                                         /*表示SOCKADDR的大小*/

    SOCKET socket_server;                               /*定义服务器套接字*/
    SOCKET socket_receive;                              /*定义用于连接套接字*/

    SOCKADDR_IN Server_add;                             /*服务器地址信息结构*/
    SOCKADDR_IN Client_add;                             /*客户端地址信息结构*/

    WORD wVersionRequested;                             /*字（word）：unsigned short*/
    WSADATA wsaData;                                    /*库版本信息结构*/
    int error;                                          /*表示错误*/

    /*-------------------------------------------------------------------*/
    /*---------------------初始化套接字库---------------------------*/
    /*-------------------------------------------------------------------*/
    /*定义版本类型。将两个字节组合成一个字，前面是低字节，后面是高字节*/
    wVersionRequested = MAKEWORD(2, 2);
    /*加载套接字库，初始化Ws2_32.dll动态链接库*/
    error = WSAStartup(wVersionRequested, &wsaData);
    if(error!=0)
    {
        printf("加载套接字失败！");
        return 0;                                       /*程序结束*/
    }
    /*判断请求加载的版本号是否符合要求*/.
    if(LOBYTE(wsaData.wVersion) != 2 ||
        HIBYTE(wsaData.wVersion) != 2)
    {
```

```
    WSACleanup();                                          /*不符合，关闭套接字库*/
    return 0;                                                     /*程序结束*/
}

/*-------------------------------------------------------------------*/
/*--------------------设置连接地址----------------------------------------*/
/*-------------------------------------------------------------------*/
Server_add.sin_family=AF_INET;/*地址族，必须是AF_INET，注意只有它不是网络字节顺序*/
Server_add.sin_addr.S_un.S_addr=htonl(INADDR_ANY);/*主机地址*/
Server_add.sin_port=htons(5000);/*端口号*/

/*--------------------创建套接字-------------------------------------*/
/*AF_INET表示指定地址族，SOCK_STREAM表示流式套接字TCP，特定的地址家族相关的协议*/
socket_server=socket(AF_INET,SOCK_STREAM,0);

/*-------------------------------------------------------------------*/
/*---绑定套接字到本地的某个地址和端口上----*/
/*-------------------------------------------------------------------*/
/*socket_server为套接字，(SOCKADDR*)&Server_add为服务器地址*/
if(bind(socket_server,(SOCKADDR*)&Server_add,sizeof(SOCKADDR) )==SOCKET_ERROR)
{
    printf("绑定失败\n");
}

/*-------------------------------------------------------------------*/
/*---------------------设置套接字为监听状态--------------------------------*/
/*-------------------------------------------------------------------*/
/*监听状态，为连接作准备，最大等待的数目为5*/
if(listen(socket_server,5)<0)
{
    printf("监听失败\n");
}

/*-------------------------------------------------------------------*/
/*----------------------接受连接-----------------------------------------*/
/*-------------------------------------------------------------------*/
Length=sizeof(SOCKADDR);
/*接受客户端的发送请求，等待客户端发送connect请求*/
socket_receive=accept(socket_server,(SOCKADDR*)&Client_add,&Length);
if(socket_receive==SOCKET_ERROR)
{
    printf("接受连接失败");
}

/*-------------------------------------------------------------------*/
/*--------------------进行聊天-------------------------------------------*/
/*-------------------------------------------------------------------*/
while(1)                                                          /*无限循环*/
{
    /*--------------------接收数据------------------------------------*/
    ReceiveLen =recv(socket_receive,Receivebuf,100,0);
    if(ReceiveLen<0)
    {
            printf("接收失败\n");
            printf("程序退出\n");
            break;
    }
    else
    {
            printf("client say: %s\n",Receivebuf);
    }
```

```
        /*--------------------发送数据--------------------------------------*/
        printf("please enter message:");
        scanf("%s",Sendbuf);
        SendLen=send(socket_receive,Sendbuf,100,0);
        if(SendLen<0)
        {
            printf("发送失败\n");
        }
    }

    /*------------------------------------------------------------------*/
    /*--------------------释放套接字，关闭动态库--------------------------*/
    /*------------------------------------------------------------------*/
    closesocket(socket_receive);                /*释放客户端的套接字资源*/
    closesocket(socket_server);                 /*释放套接字资源*/
    WSACleanup();                               /*关闭动态链接库*/
    return 0;
}
```

注意：本章实例使用Visual C++6.0编译运行。

在运行程序之前要添加程序中连接相应的库文件ws2_32.lib，在Visual C++6.0的菜单栏中选择“工程”/“设置”进入到“Project Settings”对话框中，选择“连接”选项卡，在“对象/库模块”下的文本框中加入“ws2_32.lib ”，如图16-2所示。

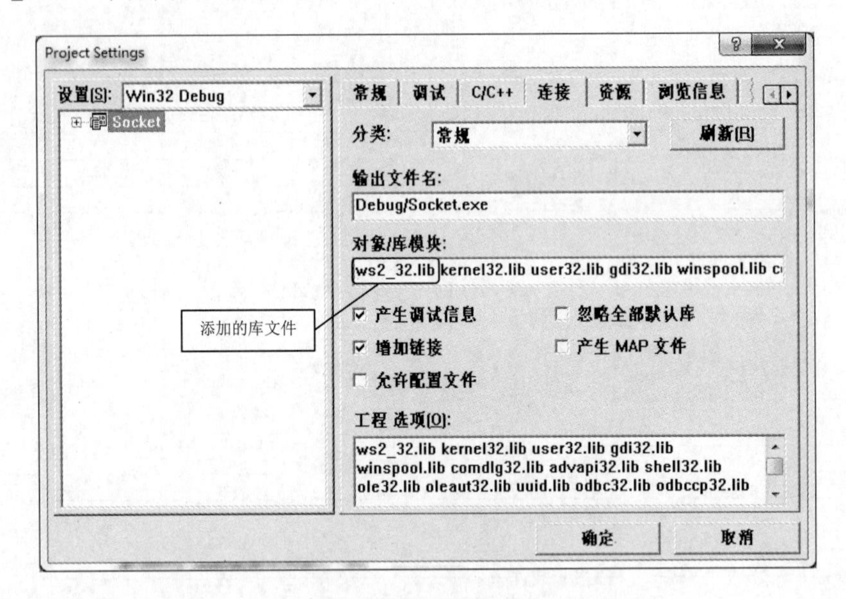

图16-2 添加的库文件

以上就是有关服务器端的代码。整个程序流程按照以下顺序编写。

（1）创建套接字。

（2）绑定套接字到本地的地址和端口上。

（3）设置套接字为监听状态。

（4）接受请求连接的请求。

（5）进行通信。

（6）通信完毕，释放套接字资源。

【例16-2】网络聊天客户端的程序。

根据有关TCP的套接字socket编程，客户端设计过程编写下面的代码：

```
#include<stdio.h>
#include<winsock.h>                                      /*引入winsock.h头文件*/

int main()
{
   /*-----------------------------------------------------------------*/
   /*----------------------定义变量-------------------------------------*/
   /*-----------------------------------------------------------------*/
   char Sendbuf[100];                                    /*发送数据的缓冲区*/
   char Receivebuf[100];                                 /*接收数据的缓冲区*/
   int SendLen;                                          /*发送数据的长度*/
   int ReceiveLen;                                       /*接收数据的长度*/

   SOCKET socket_send;                                   /*定义套接字*/
   SOCKADDR_IN Server_add;                               /*服务器地址信息结构*/

   WORD wVersionRequested;                               /*字（word）：unsigned short*/
   WSADATA wsaData;                                      /*库版本信息结构*/
   int error;                                            /*表示错误*/

   /*-----------------------------------------------------------------*/
   /*----------------------初始化套接字库-------------------------------*/
   /*-----------------------------------------------------------------*/
   /*定义版本类型。将两个字节组合成一个字，前面是低字节，后面是高字节*/
   wVersionRequested = MAKEWORD(2, 2);
   /*加载套接字库，初始化Ws2_32.dll动态链接库*/
   error = WSAStartup(wVersionRequested, &wsaData);
   if(error!=0)
   {
      printf("加载套接字失败！");
      return 0;                                          /*程序结束*/
   }
   /*判断请求加载的版本号是否符合要求*/
   if(LOBYTE(wsaData.wVersion) != 2 || HIBYTE(wsaData.wVersion) != 2)
   {
      WSACleanup();                                      /*不符合，关闭套接字库*/
      return 0;                                          /*程序结束*/
   }

   /*-----------------------------------------------------------------*/
   /*----------------------设置服务器地址-------------------------------*/
   /*-----------------------------------------------------------------*/
   Server_add.sin_family=AF_INET;/*地址族，必须是AF_INET，注意只有它不是网络字节顺序*/
   /*服务器的地址，将一个点分十进制表示为IP地址，inet_ntoa是将地址转换成字符串*/
   Server_add.sin_addr.S_un.S_addr = inet_addr("192.168.1.43");
   Server_add.sin_port=htons(5000);                      /*端口号*/

   /*-----------------------------------------------------------------*/
   /*----------------------进行连接服务器-------------------------------*/
   /*-----------------------------------------------------------------*/
   /*客户端创建套接字，但是不需要绑定，只需要和服务器建立起连接就可以了*/
   /*socket_sendr表示的是套接字，Server_add是服务器的地址结构*/
   socket_send=socket(AF_INET,SOCK_STREAM,0);

   /*-----------------------------------------------------------------*/
   /*----------------------创建用于连接的套接字-------------------------*/
   /*-----------------------------------------------------------------*/
   /*AF_INET表示指定地址族，SOCK_STREAM表示流式套接字TCP，特定的地址家族相关的协议*/
```

```
    if(connect(socket_send,(SOCKADDR*)&Server_add,sizeof(SOCKADDR)) == SOCKET_ERROR)
    {
        printf("连接失败!\n");
    }

    /*---------------------------------------------------------------------*/
    /*-----------------------进行聊天--------------------------------------*/
    /*---------------------------------------------------------------------*/
    while(1)                                                    /*无限循环*/
    {
        /*----------------发送数据过程------------------------------------*/
        printf("please enter message:");
        scanf("%s",Sendbuf);
        SendLen = send(socket_send,Sendbuf,100,0);              /*发送数据*/
        if(SendLen < 0)
        {
                printf("发送失败!\n");
        }

        /*---------------接收数据过程-------------------------------------*/
        ReceiveLen =recv(socket_send,Receivebuf,100,0);         /*接收数据*/
        if(ReceiveLen<0)
        {
            printf("接收失败\n");
            printf("程序退出\n");
            break;                                              /*跳出循环*/
        }
        else
        {
            printf("Server say: %s\n",Receivebuf);
        }
    }

    /*---------------------------------------------------------------------*/
    /*------------------------释放套接字，关闭动态库--------------------------*/
    /*---------------------------------------------------------------------*/
    closesocket(socket_send);                                   /*释放套接字资源*/
    WSACleanup();                                               /*关闭动态链接库*/
    return 0;
}
```

读者运行此程序时，需要修改下面的代码，将IP地址修改为各自计算机中的IP地址。

```
Server_add.sin_addr.S_un.S_addr = inet_addr("192.168.1.43");
```

以上就是有关客户端的代码。整个程序流程按照以下顺序编写。

（1）创建套接字。

（2）发出连接请求。

（3）请求连接后进行通信操作。

（4）释放套接字资源。

先运行实例16-1，然后运行实例16-2。首先在客户端输入数据，当按Enter键后，即可以在服务器端看到输入的信息。当客户端输入完后，服务器端就可以对其进行回复，输入数据后按Enter键发送消息，将数据发送到客户端。

客户端程序运行效果如图16-3所示。服务器端程序运行效果如图16-4所示。

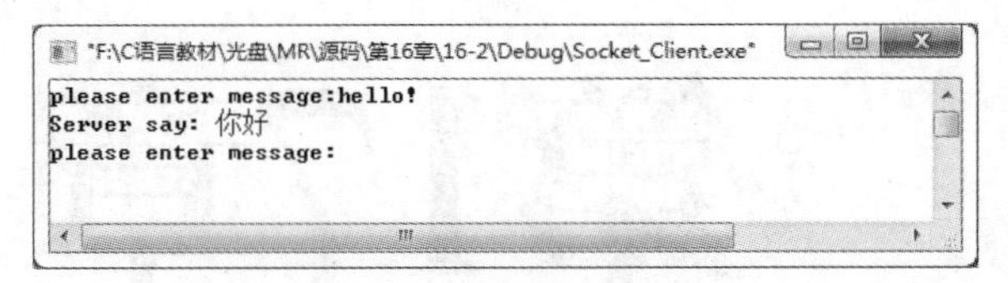

图16-3　客户端

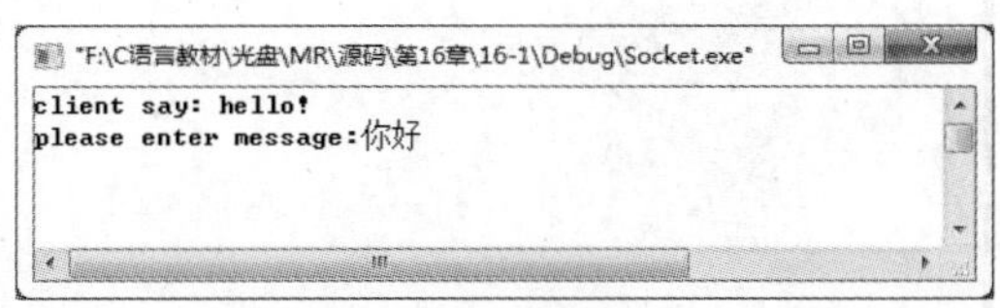

图16-4　服务器端

小　结

本章主要介绍了使用Windows Sockets编写网络应用程序方面的内容。首先讲解了计算机网络的基本知识，并引出了Socket套接字被引入到编写网络程序中的过程。然后讲解了套接字，其中包含两种基于TCP和UDP使用套接字编写网络应用程序的简单流程；另外讲解了编写网络应用程序要使用的一些基本函数；最后通过一个基于TCP网络聊天程序对本章所讲解的知识进行整体的应用。希望读者仿照这个实例自己动手编写一个程序，这样对网络程序会有更好的理解。

上机指导

获取本机用户名和IP地址。

使用Visual C++6.0创建一个MFC程序，实现获取本机的用户名和IP地址。程序运行之后，单击“获取”按钮，即可获取本机的用户名和IP地址，如图16-5所示。

上机指导

编程思路如下。

（1）新建一个基于对话框的应用程序。

（2）在对话框中添加编辑框控件和按钮控件。

（3）在对话框通过单击“获取”按钮获取本机的用户名和IP地址，编写“获取”按钮的实现代码。

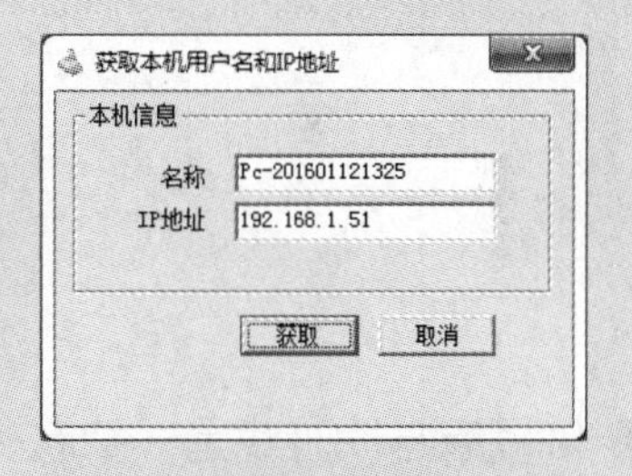

图16-5　获取本机用户名和IP地址

习　题

16-1　设计程序，要求当客户端连接到服务器一端时，服务器会显示连接的提示信息，并反馈信息给客户。

16-2　要求修改实例16-1和实例16-2，使其程序是基于UCP的网络聊天程序。

CHAPTER17

第17章 综合开发实例——趣味俄罗斯方块

本章要点

- 基本的控制台输入、输出
- 函数的声明、定义和调用
- switch选择结构
- goto无条件跳转语句的使用
- 控制台字体颜色的设置
- 控制台上文字显示位置的设置
- 随机数rand()函数的使用
- 获取键盘按键并进行相应操作

■ 俄罗斯方块游戏是一款老少皆宜的经典益智类游戏，该游戏的趣味性是很多游戏都无法比拟的。该游戏的规则很简单，堆积各种形状的方块，满行即消除该行，当方块堆积到屏幕最上方时游戏结束。

17.1 开发背景

俄罗斯方块是一款风靡全球的掌上游戏机和PC机游戏，它造成的轰动与创造的经济价值可以说是游戏史上一个奇迹。它由俄罗斯人阿列克谢·帕基特诺夫发明，故此得名。俄罗斯方块的基本规则是移动、旋转和摆放游戏自动输出的各种方块，使之排列成完整的一行或多行并且消除得分。它看似简单却变化无穷。

在本次设计中，要求支持键盘操作和若干种不同类型方块的旋转变换，并且在界面上显示下一个方块的提示以及当前玩家的得分。随着游戏的进行，等级越来越高，游戏的难度也越来越大，即方块的下落速度会越来越快；玩家也可以自己选择游戏难度。

本章将使用Dev C++开发一个趣味俄罗斯方块的游戏，并详细介绍开发游戏时需要了解和掌握的相关开发细节，本游戏开发细节设计如图17-1所示。

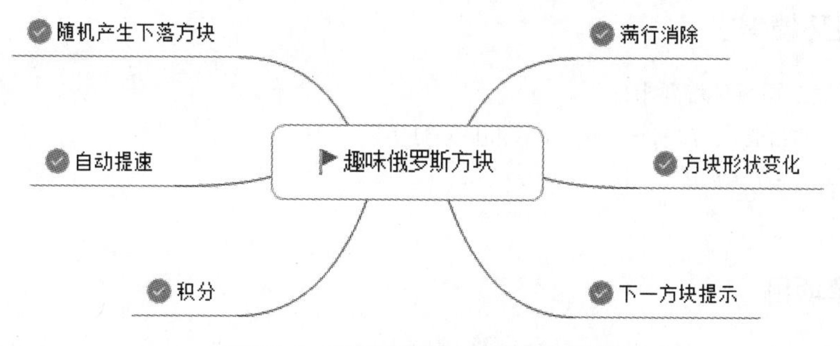

图17-1　趣味俄罗斯方块的开发细节

17.2 系统功能设计

17.2.1 系统功能结构

趣味俄罗斯方块共分为5个界面，分别是游戏欢迎界面、游戏主窗体、游戏规则界面、按键说明界面，游戏结束界面。具体功能如图17-2所示。

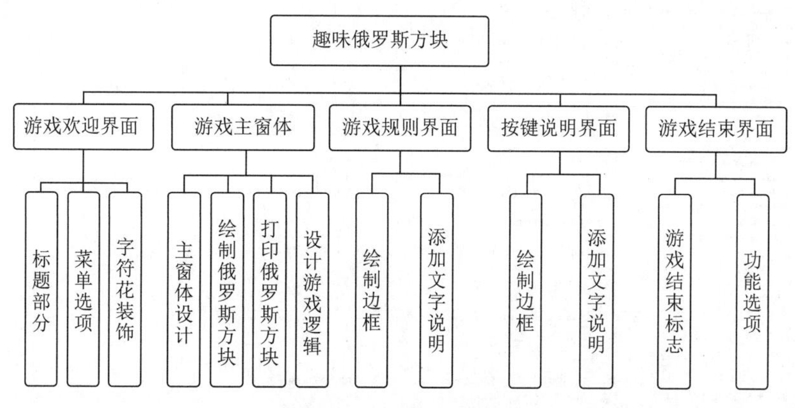

图17-2　系统功能结构

17.2.2 业务流程图

趣味俄罗斯方块游戏的业务流程如图17-3所示。

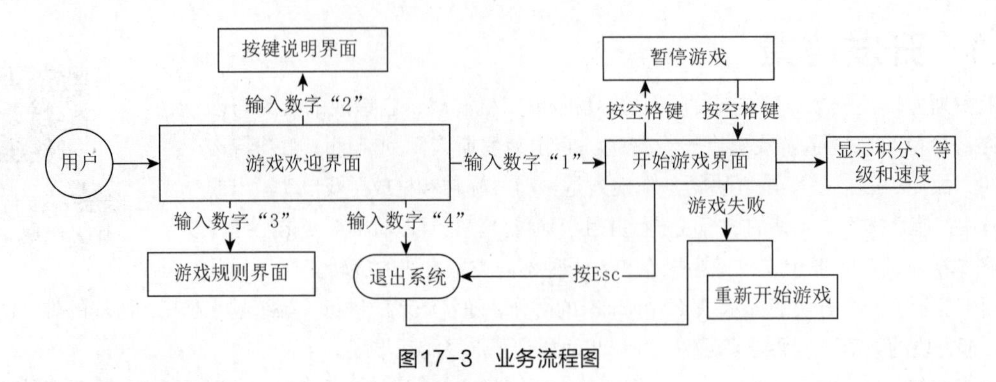

图17-3　业务流程图

17.3　使用Dev C++项目创建

17.3.1　开发环境需求

本项目的开发及运行环境要求如下。

- 操作系统：Windows 7/ Windows 8/Windows 10。
- 开发工具：Dev C++。
- 开发语言：C语言。

17.3.2　创建项目

本章中使用Dev C++编译器来编写此俄罗斯方块游戏。Dev C++是一个Windows环境下C/C++的继承开发环境。开发环境包括多页面窗口、工程编辑器以及调试器等，在工程编辑器中集合了编辑器、编译器、链接程序和执行程序，提供高亮语法显示，以减少编辑错误，满足初学者与编程高手的不同需求，是学习C或C++的重要开发工具。图17-4为本游戏项目的Dev C++代码界面。

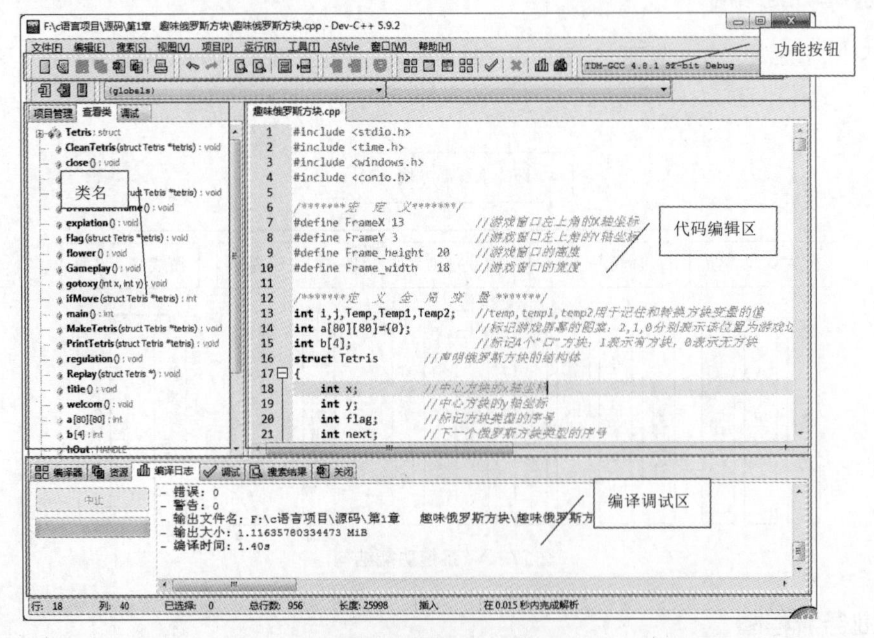

图17-4　Dev C++窗口

Dev C++分为两个版本，分别为32位和64位。需要注意的是，如果当前计算机的系统类型是32位操作系统，那就只安装32位的Dev C++；如果当前计算机的系统类型是64位操作系统，那就只安装64位的Dev C++。

下面详细介绍如何使用Dev C++创建项目，以创建俄罗斯方块游戏为例。

（1）打开Dev C++，在菜单栏中依次选择“文件”/“新建”/“项目”选项，弹出“新项目”对话框，如图17-5所示，在该对话框中选择Basic选项卡中的“Console Application”控制台应用程序；因为要创建的是C语言项目，所以选中“C项目”；输入本次要创建的项目名称，比如“趣味俄罗斯方块”。

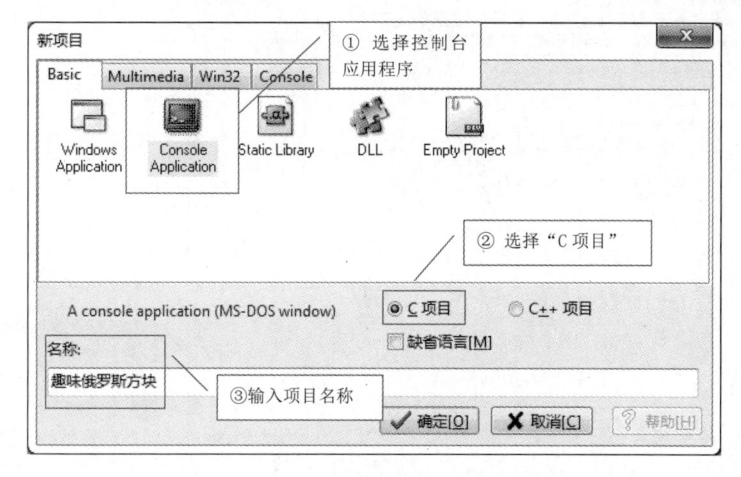

图17-5　选择控制台应用程序

（2）单击“确定”按钮后，弹出“另存为”对话框，选择项目的存放位置，如图17-6所示。

图17-6　“另存为”对话框

（3）选择好项目的存放位置之后，单击“保存”按钮，完成项目的创建，显示如图17-7所示界面，接下来就可以在main.c中编写代码了。

注意：需要注意的是，创建项目之后，在main.c文件中存在一些自动生成的代码，需要删除这些代码，然后根据本章的代码讲解，一步步按要求编写代码，即可编译出趣味俄罗斯方块游戏。

说明：Dev C++安装之后是英文版本，如果看着不习惯，可以将界面的显示语言改为中文。

将界面的显示语言改为中文的方法如下：

（1）在菜单栏中选择“tools”/“Environment Options”选项，如图17-8所示。

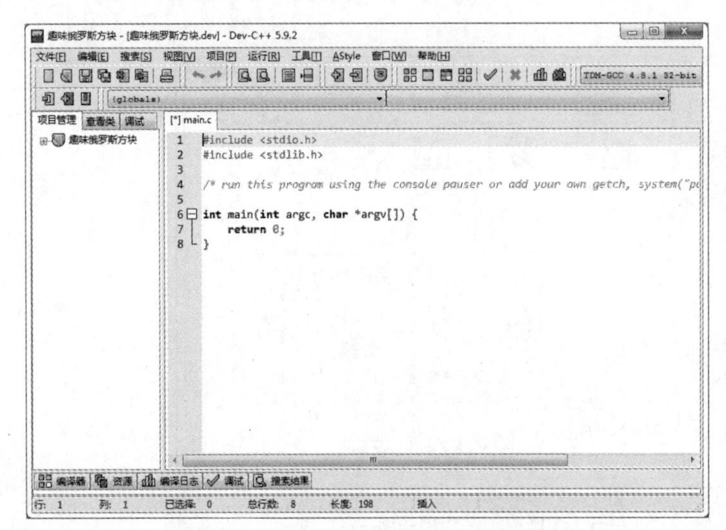

图17-7　项目创建完成后显示的界面

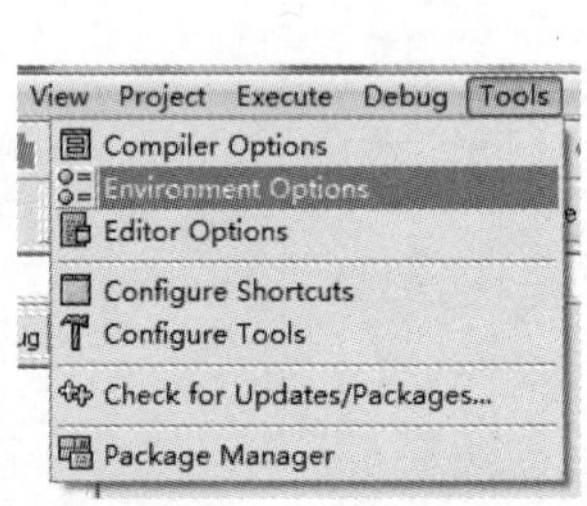

图17-8　打开Environment Options

（2）在弹出的“Environment Options”对话框中选择“Interface”选项卡，在“language”下拉框中选择“Chinese”，单击“OK”按钮，如图17-9所示。

还有的版本打开“Environment Options”对话框后，显示如图17-10所示，在“Language”下拉框中选择“简体中文/Chinese”即可。

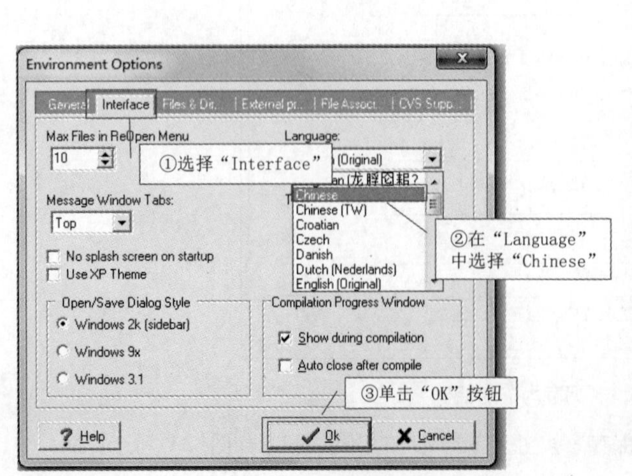

图17-9　设置语言

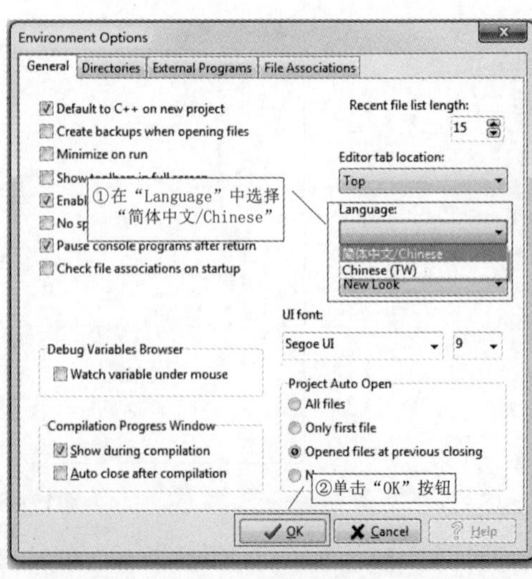

图17-10　不同版本下的语言设置

17.4 预处理模块设计

C语言中规定程序翻译源代码分为若干有序的阶段，通常前几个阶段由预处理器实现。预处理中以#起始的行，被称为预处理指定。预处理指定包括#if、#ifdef、#ifndef、#else、#endif（5种条件编译），#define（宏定义），#include（文件引用），#line（行控制），#error（错误指定），#pragma（和实现相关的杂注）以及单独的#（空指令）。预处理指定一般用来使源代码便于在不同的执行环境中修改或者编译。

17.4.1 文件引用

为了使程序更好地运行，程序中需要引入一些库文件，对程序的一些基本函数进行支持，在引用库文件时需要使用#include命令。

在main.c文件中编写本程序引用的一些外部文件和应用的代码，具体代码如下：

```
/*******头 文 件*******/
#include <stdio.h>              /*标准输入输出函数库（printf、scanf）*/
#include <windows.h>            /*控制DOS界面（获取控制台上坐标位置、设置字体颜色）struct Student*/
#include <conio.h>              /*接收键盘输入输出（kbhit()、getch()）*/
#include <time.h>               /*用于获得随机数  char cName[20]; */
```

17.4.2 宏定义

宏定义也是预处理命令的一种，以#define开头，提供了一种可以替换源代码中字符串的机制。

宏定义不是C语句，不必在行末加分号。如果加了分号，在编译时，会连分号一起进行置换，将会出现语法错误。另外，在代码中出现的标点符号都是英文标点。

顺序添加宏定义的代码，具体代码如下：

```
/*******宏 定 义*******/
#define FrameX 13               /*游戏窗口左上角的X轴坐标为13*/
#define FrameY 3                /*游戏窗口左上角的Y轴坐标为3*/
#define Frame_height  20        /*游戏窗口的高度为20*/
#define Frame_width  18         /*游戏窗口的宽度为18*/
```

17.4.3 定义全局变量

变量可以分为局部变量和全局变量。在一个函数内部定义的变量是局部变量，也叫内部变量。它只在本函数范围内有效，也就是在本函数内才能使用它们，在此函数以外是不能使用这些变量的。

而在函数之外定义的变量称为全局变量，也叫外部变量。全局变量可以为此文件中其他函数所共用。它的有效范围从定义变量的位置开始，到本源文件结束。

定义本程序中使用到的全局变量，顺序添加代码，具体代码如下：

```
/*******定 义 全 局 变 量*******/
int i,j,Temp,Temp1,Temp2;     //temp,temp1,temp2用于记住和转换方块变量的值
//标记游戏屏幕的图案：2,1,0分别表示该位置为游戏边框、方块、无图案;初始化为无图案
int a[80][80]={0};
int b[4];                               /*标记4个"口"方块：1表示有方块，0表示无方块*/
struct Tetris                           /*声明俄罗斯方块的结构体*/
{
```

```
    int x;                          /*中心方块的x轴坐标*/
    int y;                          /*中心方块的y轴坐标*/
    int flag;                       /*标记方块类型的序号*/
    int next;                       /*下一个俄罗斯方块类型的序号*/
    int speed;                      /*俄罗斯方块移动的速度*/
    int number;                     /*产生俄罗斯方块的个数*/
    int score;                      /*游戏的分数*/
    int level;                      /*游戏的等级*/
};
HANDLE hOut;                        /*控制台句柄*/
```

17.4.4 函数声明

一个较大的程序一般应分为若干个程序模块，每一个模块用来实现一个特定的功能。在C语言中，子程序的作用是由函数来完成的。一个C程序可由一个主函数和若干个其他函数构成。同一个函数可以被一个或多个函数调用任意多次。

在本程序中，函数声明的具体代码如下：

```
/*******函 数 声 明 *******/
void gotoxy(int x, int y);              /*光标移到指定位置*/
void DrwaGameframe();                   /*绘制游戏边框*/
void Flag(struct Tetris *);             /*随机产生方块类型的序号*/
void MakeTetris(struct Tetris *);       /*制作俄罗斯方块*/
void PrintTetris(struct Tetris *);      /*打印俄罗斯方块*/
void CleanTetris(struct Tetris *);      /*清除俄罗斯方块的痕迹*/
int  ifMove(struct Tetris *);           /*判断是否能移动，返回值为1，能移动；否则，不能移动*/
void Del_Fullline(struct Tetris *);     /*判断是否满行，并删除满行的俄罗斯方块*/
void Gameplay();                        /*开始游戏*/
void regulation();                      /*游戏规则*/
void explation();                       /*按键说明*/
void welcom();                          /*欢迎界面*/
void Replay(struct Tetris *);           /*重新开始游戏*/
void title();                           /*欢迎界面上方的标题*/
void flower();                          /*欢迎界面上的字符装饰花*/
void close();                           /*关闭游戏*/
```

17.5 游戏欢迎界面设计

一个指向变量的指针表示的是变量所占内存中的起始地址。如果一个指针指向结构体变量，那么该指针指向的是结构体变量的起始地址。同样指针变量也可以指向结构体数组中的元素。

17.5.1 游戏欢迎界面概述

游戏欢迎界面为用户提供了一个了解和运行游戏的平台。在这里不仅实现了游戏的开始运行、键盘按键的说明、游戏的规则介绍、退出游戏等操作，还对游戏界面进行适当地美化。单击键盘数字 “1”，即可开始游戏；单击键盘数字“2”，即可查看游戏过程中的各种功能按键说明；单击键盘数字 “3”，即可查看本游戏的规则；单击键盘数字 “4”，退出游戏。欢迎界面运行效果如图17-11所示。

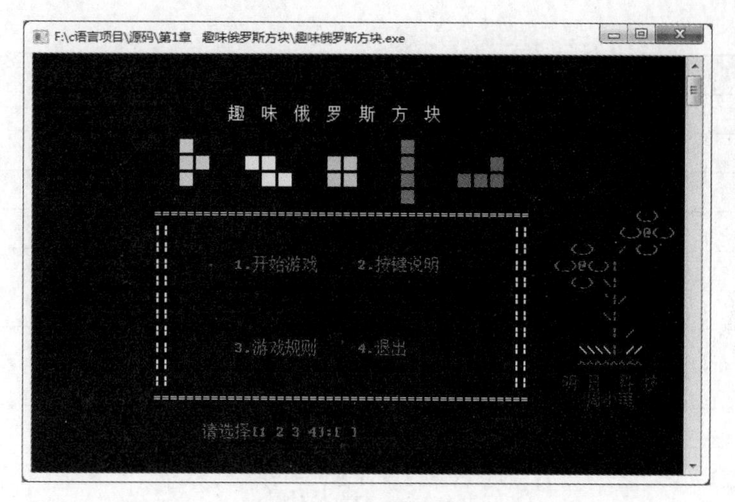

图17-11 游戏欢迎界面

17.5.2 设置文字颜色

从图17-11中可以看到界面上的文字和图案是彩色的，而系统默认的文字颜色为白色，要使界面文字和图案变为彩色的，首先要设置文字颜色，编写文字颜色函数，具体代码如下：

```
/**
 * 文字颜色函数    此函数的局限性：1、只能Windows系统下使用  2、不能改变背景颜色
 */
int color(int c)
{
    SetConsoleTextAttribute(GetStdHandle(STD_OUTPUT_HANDLE), c);        //更改文字颜色
    return 0;
}
```

C语言中，SetConsoleTextAttribute是设置控制台窗口字体颜色和背景色的函数。它的函数原型为：

```
BOOL SetConsoleTextAttribute(HANDLE consolehwnd, WORD wAttributes);
consolehwnd = GetStdHandle(STD_OUTPUT_HANDLE);
```

GetStdHandle是获得输入、输出或错误的屏幕缓冲区的句柄，它的参数值如表17-1所示。

表17-1 GetStdHandle的参数列表

参数值	含义
STD_INPUT_HANDLE	标准输入的句柄
STD_OUTPUT_HANDLE	标准输出的句柄
STD_ERROR_HANDLE	标准错误的句柄

wAttributes是设置颜色的参数，对应颜色值如表17-2所示。

表17-2 wAttributes的数值列表

数值	颜色
0	黑色
1	深蓝色
2	深绿色
3	深蓝绿色
4	深红色

续表

数值	颜色
5	紫色
6	暗黄色
7	白色
8	灰色
9	亮蓝色
10	亮绿色
11	亮蓝绿色
12	红色
13	粉色
14	黄色
15	亮白色

对应颜色显示在控制台如图17-12所示。

可以把0～15这些值当作常量，如果想要输出粉色的文字，只要在输出语句前面写上color(13)就可以了。需要注意的是，只要上面设置了颜色代码，那么改变的是下面所有输出文字的颜色。如果想要把输出的文字设置成不同的颜色，只需要在要改变颜色的输出语句前面，单独加上颜色代码即可。

0～15的颜色就是控制台能够显示的所有颜色，那么超过15之后就不是改变文本的颜色值了，而是改变文本的背景色。

图17-12　控制台上能显示的所有颜色

使用这种方式设置控制台的文字颜色，有两点局限性：

（1）仅限Windows系统使用。

（2）不能改变控制台的背景色，控制台的背景色只能是黑色。

17.5.3　设置文字显示位置

文字的显示位置可以通过设置坐标来控制，在C语言中，使用SetConsoleCursorPosition()函数获取控制台光标位置。定义gotoxy()函数的具体代码如下：

```
/**
 * 获取屏幕光标位置
 */
void gotoxy(int x, int y)
{
    COORD pos;
    pos.X = x;  /*横坐标*/
    pos.Y = y;  /*纵坐标*/
    SetConsoleCursorPosition(GetStdHandle(STD_OUTPUT_HANDLE), pos);
}
```

C语言中，使用SetConsoleCursorPosition来定位光标位置。COORD pos是一个结构体变量，其中x，y是它的成员，可以通过修改pos.X 和pos.Y 的值，来达到控制光标位置的目的。

17.5.4　设计标题部分

欢迎界面主要由三部分组成，第一部分是标题部分，效果如图17-13所示，包括游戏的名称和5种俄罗斯方块的图形；第二部分是右侧的字符花装饰；第三部分是菜单选项。下面首先介绍标题部分的制作。

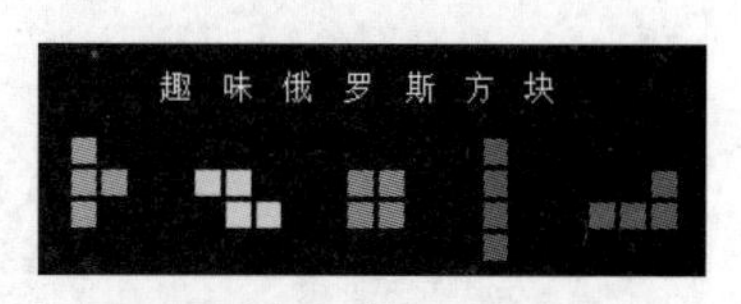

图17-13　标题部分的界面

想要实现标题的绘制，需要使用color()函数设置文字颜色和gotoxy()函数获得屏幕位置。添加绘制标题的代码（程序中用到的特殊符号■，可以在搜狗输入法中的符号大全中找到），具体代码如下：

```
/**
 * 主界面上方的标题
 */
void title()
{
    color(15);
    gotoxy(24,3);
    printf("趣 味 俄 罗 斯 方 块\n");
color(11);
gotoxy(18,5);
   printf("■");
   gotoxy(18,6);
   printf("■■");
   gotoxy(18,7);
   printf("■");

   color(14);
gotoxy(26,6);
   printf("■■");
   gotoxy(28,7);
   printf("■■");//

   color(10);
gotoxy(36,6);
   printf("■■");
   gotoxy(36,7);
   printf("■■");

   color(13);
gotoxy(45,5);
   printf("■");
   gotoxy(45,6);
printf("■");
gotoxy(45,7);
printf("■");
gotoxy(45,8);
printf("■");

color(12);
gotoxy(56,6);
   printf("■");
   gotoxy(52,7);
printf("■■■");
}
```

在绘制标题的这段代码中，引用了color()和gotoxy()这两个函数，分别用来设置输出的文字颜色和位置。

接下来输入主函数main，具体代码如下：

```
/**
 *主 函 数
```

```
 */
int main()
{
    title();            /*欢迎界面上的标题*/
}
```

17.5.5 设计字符花装饰界面

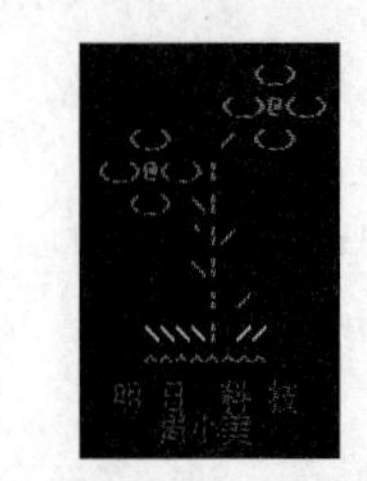

图17-14 字符花

为了避免主界面过于死板，程序中可以适当加入一些小的装饰，使界面更加生动。在本程序中绘制了一个字符构成的花朵的图案，如图17-14所示。

在打印输出一个字符花图案时，是有绘制技巧的，那就是打印时从上至下，从左至右，算好空行和空格的数量。读者可根据喜好，自行搭配颜色，也可换成其他自己感兴趣的图案。在字符花的下方，打印开发者的公司和姓名，读者练习时，可以换成自己的名字。具体代码如下：

```
void flower()
{
    gotoxy(66,11);                  /*确定屏幕上要输出的位置*/
    color(12);                      /*设置红色*/
    printf("(_)");                  /*红花上边花瓣*/

    gotoxy(64,12);
    printf("(_)");                  /*红花左边花瓣*/

    gotoxy(68,12);
    printf("(_)");                  /*红花右边花瓣*/

    gotoxy(66,13);
    printf("(_)");                  /*红花下边花瓣*/

    gotoxy(67,12);                  /*红花花蕊*/
    color(6);
    printf("@");

    gotoxy(72,10);
    color(13);                      /*设置粉色*/
    printf("(_)");                  /*粉花左边花瓣*/

    gotoxy(76,10);
    printf("(_)");                  /*粉花右边花瓣*/

    gotoxy(74,9);
    printf("(_)");                  /*粉花上边花瓣*/

    gotoxy(74,11);
    printf("(_)");                  /*粉花下边花瓣*/

    gotoxy(75,10);
    color(6);
    printf("@");                    /*粉花花蕊*/

    gotoxy(71,12);
    printf("|");                    /*两朵花之间的连接*/

    gotoxy(72,11);
    printf("/");                    /*两朵花之间的连接*/
```

```
    gotoxy(70,13);
    printf("\\|");          /*注意、\为转义字符。想要输入\，必须在前面添加转义*/

    gotoxy(70,14);
    printf("`|/");

    gotoxy(70,15);
    printf("\\|");

    gotoxy(71,16);
    printf("| /");

    gotoxy(71,17);
    printf("|");

    gotoxy(67,17);
    color(10);
    printf("\\\\\\\\");      /*草地*/

    gotoxy(73,17);
    printf("//");

    gotoxy(67,18);
    color(2);
    printf("^^^^^^^^");

    gotoxy(65,19);
    color(5);
    printf("明 日 科 技");

    gotoxy(68,20);
    printf("周小美");
}
```

向主函数main()中添加调用flower()方法的语句，在对应位置添加有底色的代码，具体代码如下：

```
/**
 * 主 函 数
 */
int main()
{
    title();                /*欢迎界面上的标题*/
    flower();               /*新添加的代码*/
}
```

17.5.6 设计菜单选项的边框

欢迎界面中的菜单选项在屏幕的下方，如图17-15所示。

对于菜单选项这部分，如果再分得细致一些，可以把这部分分为边框和里面的文字两部分。本节主要介绍如何绘制边框。

通过两个循环嵌套即可实现边框的打印，具体代码如下：

```
/**
 * 欢迎界面
 */
void welcom()
{
```

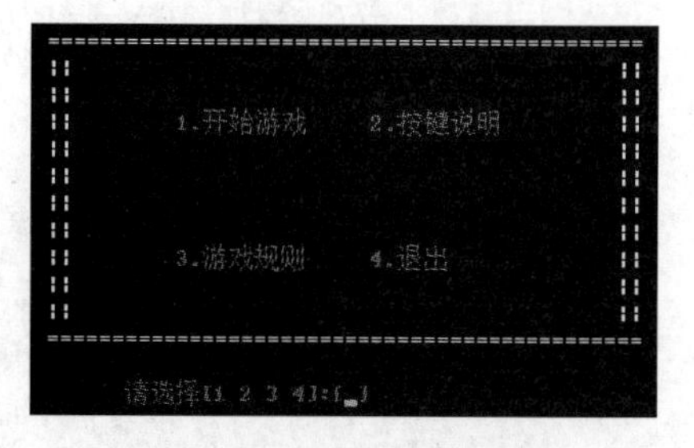

图17-15 菜单选项的界面

```
    int n;
    int i,j = 1;
    color(14);                                        /*设置黄色边框*/
    for (i = 9; i <= 20; i++)                         /*设置输出上下边框===*/
    {
        for (j = 15; j <= 60; j++)                    /*设置输出左右边框||*/
        {
            gotoxy(j, i);
            if (i == 9 || i == 20) printf("=");
            else if (j == 15 || j == 59) printf("||");
        }
    }
```

17.5.7 设计菜单选项的文字

在边框里面的内容就是菜单选项，只要找准光标位置，进行打印输出即可。具体代码如下：

```
/**
 * 菜单选项的文字
 */
    color(12);                                        /*设置字体为红色*/
    gotoxy(25, 12);                                   /*设置显示位置*/
    printf("1.开始游戏");                             /*输出文字"1.开始游戏"*/
    gotoxy(40, 12);
    printf("2.按键说明");
    gotoxy(25, 17);
    printf("3.游戏规则");
    gotoxy(40, 17);
    printf("4.退出");
    gotoxy(21,22);
    color(3);
    printf("请选择[1 2 3 4]:[ ]\b\b");
    color(14);
    scanf("%d", &n);                                  /*输入选项*/
    switch (n)
    {
    case 1:                                           /*输入"1"*/
        system("cls");                                /*清屏*/
        break;
    case 2:                                           /*输入"2"*/
        break;
    case 3:                                           /*输入"3"*/
        break;
    case 4:                                           /*输入"4"*/
        break;
    }
}
```

向主函数main()中添加调用welcom()方法的语句，在对应位置添加有底色的代码，具体代码如下：

```
/**
 * 主 函 数
 */
int main()
{
    title();                         /*欢迎界面上的标题*/
    flower();                        /*打印字符花*/
    welcom();                        /*新添加的代码*/
}
```

17.6 游戏主窗体设计

17.6.1 游戏主窗体设计概述

在欢迎界面输入数字“1”之后，就会进入游戏主窗体界面，在此窗体中可以玩俄罗斯方块的游戏。在界面绘制方面，此界面大致可以分为两部分，左侧部分是方块下落界面，右侧部分是得分统计、下一出现方块展示和主要按键说明。那么要制作这样的一个窗体，它的设计思路是：首先应该把这个界面画出来，然后绘制俄罗斯方块，最后添加逻辑，使界面生动起来。游戏主窗体界面如图17-16所示。

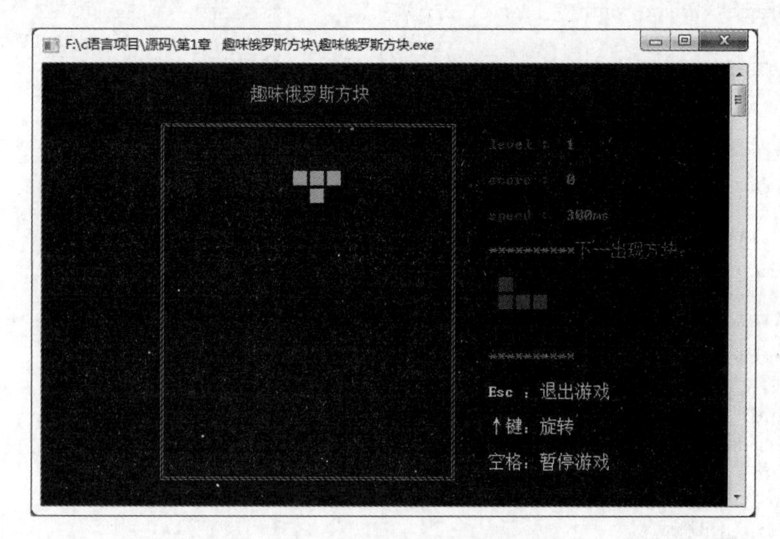

图17-16 游戏主窗体界面

制作游戏的主窗体，可以分成3个步骤来实现：打印输出游戏界面；绘制俄罗斯方块；打印俄罗斯方块。下面分别进行详细介绍。

17.6.2 打印输出游戏界面

要打印输出游戏界面，首先确定需要输出哪些内容，如图17-17所示。

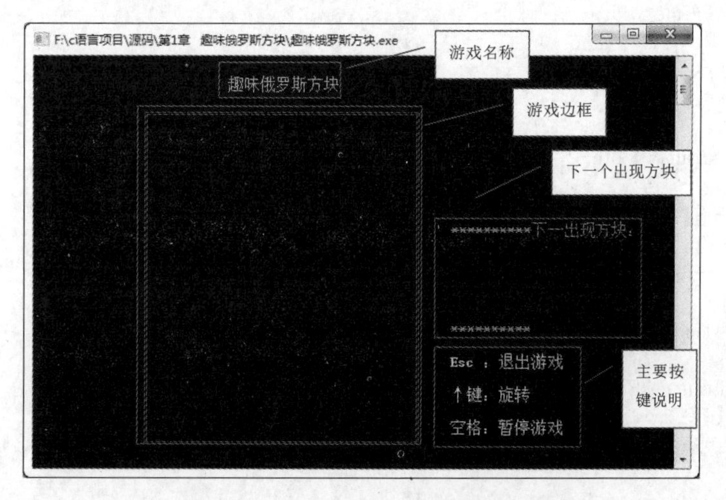

图17-17 游戏主窗体界面打印输出的内容

从图17-17中，可以看出需要输出的内容有：游戏名称、游戏边框、下一个出现方块和主要按键说明。这时读者可能会有一个疑问，为什么没有输出右上角的得分记录呢？因为得分score是变量，需要用到结构体Tetris，在打印输出游戏界面的函数中，并没有设置参数，所以把打印得分记录放到后面的方法中。具体代码如下：

```
/**
 * 制作游戏窗口
 */
void DrwaGameframe()
{
    gotoxy(FrameX+Frame_width-7,FrameY-2);               /*设置游戏名称的显示位置*/
    color(11);                                           /*将字体颜色设置为亮蓝绿色*/
    printf("趣味俄罗斯方块");                              /*打印游戏名称*/
    gotoxy(FrameX+2*Frame_width+3,FrameY+7);             /*设置上边框的显示位置*/
    color(2);                                            /*将字体颜色设置为深绿色*/
    printf("**********");                                /*打印下一个出现方块的上边框*/
    gotoxy(FrameX+2*Frame_width+13,FrameY+7);
    color(3);                                            /*将字体颜色设置为深蓝绿色*/
    printf("下一出现方块：");
    gotoxy(FrameX+2*Frame_width+3,FrameY+13);
    color(2);
    printf("**********");                                /*打印下一个出现方块的下边框*/
    gotoxy(FrameX+2*Frame_width+3,FrameY+17);
    color(14);                                           /*将字体颜色设置为黄色*/
    printf("↑键：旋转");
    gotoxy(FrameX+2*Frame_width+3,FrameY+19);
    printf("空格：暂停游戏");
    gotoxy(FrameX+2*Frame_width+3,FrameY+15);
    printf("Esc：退出游戏");
    gotoxy(FrameX,FrameY);
    color(12);                                           /*将字体颜色设置为红色*/
    printf(" ┏");                                        /*打印框角*/
    gotoxy(FrameX+2*Frame_width-2,FrameY);
    printf("┓ ");
    gotoxy(FrameX,FrameY+Frame_height);
    printf(" ┗");
    gotoxy(FrameX+2*Frame_width-2,FrameY+Frame_height);
    printf("┛ ");
    for(i=2;i<2*Frame_width-2;i+=2)
    {
        gotoxy(FrameX+i,FrameY);
        printf("━");                                     /*打印上横框*/
    }
    for(i=2;i<2*Frame_width-2;i+=2)
    {
        gotoxy(FrameX+i,FrameY+Frame_height);
        printf("━");                                     /*打印下横框*/
        a[FrameX+i][FrameY+Frame_height]=2;              /*标记下横框为游戏边框，防止方块出界*/
    }
    for(i=1;i<Frame_height;i++)
    {
        gotoxy(FrameX,FrameY+i);
        printf(" ┃");                                    /*打印左竖框*/
        a[FrameX][FrameY+i]=2;                           /*标记左竖框为游戏边框，防止方块出界*/
    }
    for(i=1;i<Frame_height;i++)
```

```
        {
            gotoxy(FrameX+2*Frame_width-2,FrameY+i);
            printf("┃");                                     /*打印右竖框*/
            a[FrameX+2*Frame_width-2][FrameY+i]=2;    /*标记右竖框为游戏边框，防止方块出界*/
        }
    }
```

以上代码编写完之后，修改welcom()方法中的代码，在switch语句中加入DrwaGameframe()方法的调用，添加有底色代码，具体代码如下：

```
//加入调用DrwaGameframe()方法的语句
    switch (n)
    {
     case 1:
          system("cls");
          DrwaGameframe();          /*新添加的代码*/
          break;
     case 2:
          break;
     case 3:
          break;
     case 4:
          break;
    }
```

17.6.3 绘制俄罗斯方块

想要绘制俄罗斯方块，那就首先要知道俄罗斯方块是什么样子的。俄罗斯方块分为5种基本形状，如图17-18所示。

除了这5种基本形状之外，还有两种是由“z字方块”和“7字方块”反转得来的形状，如图17-19所示。

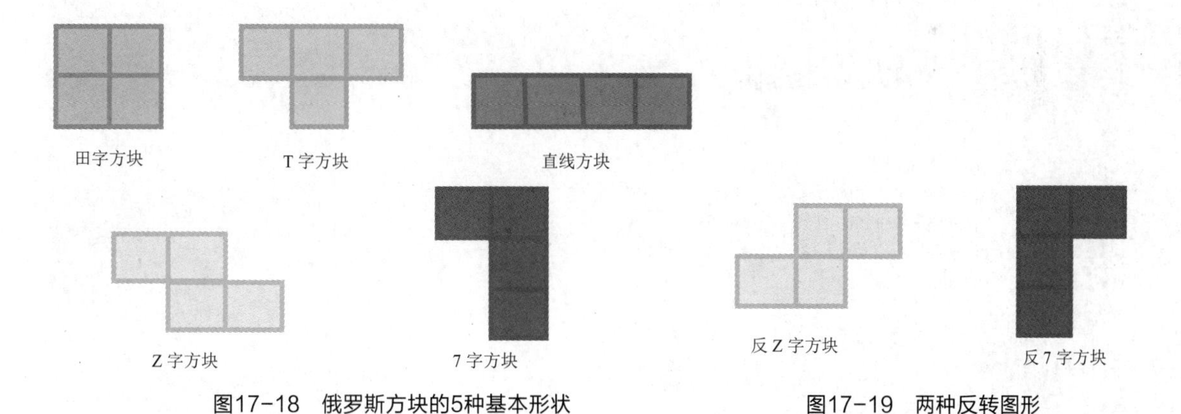

图17-18 俄罗斯方块的5种基本形状　　图17-19 两种反转图形

加上这两种反转图形，俄罗斯方块一共有7种基本图形，而不同基本图形旋转后又可以得到不同的旋转类型。其中，“田字方块”旋转没有变化；“T字方块”算上本体，一共有4种旋转图形，分别为本体“T字”、顺时针90°的“T字”、顺时针180°的“T字”和顺时针270°的“T字”；“直线方块”有横、竖两种旋转图形；“Z字方块”和“反Z字方块”各自都有两种旋转图形；“7字方块”和“反7字方块”各自都有4种旋转图形。因此，俄罗斯方块的7种基本图形旋转后共有19种旋转图形。编写代码时，这19种旋转类型都要考虑，具体代码如下：

```
/**
 * 制作俄罗斯方块
```

```
*/
void MakeTetris(struct Tetris *tetris)
{
    a[tetris->x][tetris->y]=b[0];                        /*中心方块位置的图形状态*/
    switch(tetris->flag)                                 /*共7大类，19种旋转类型*/
    {
        case 1:      /*田字方块      ■■
                                     ■■ */
        {
            color(10);
            a[tetris->x][tetris->y-1]=b[1];
            a[tetris->x+2][tetris->y-1]=b[2];
            a[tetris->x+2][tetris->y]=b[3];
            break;
        }
        case 2:      /*直线方块 ■■■■*/
        {
            color(13);
            a[tetris->x-2][tetris->y]=b[1];
            a[tetris->x+2][tetris->y]=b[2];
            a[tetris->x+4][tetris->y]=b[3];
            break;
        }
        case 3:      /*直线方块      ■
                                     ■
                                     ■
                                     ■ */
        {
            color(13);
            a[tetris->x][tetris->y-1]=b[1];
            a[tetris->x][tetris->y-2]=b[2];
            a[tetris->x][tetris->y+1]=b[3];
            break;
        }
        case 4:      /*T字方块 ■■■
                                ■ */
        {
            color(11);
            a[tetris->x-2][tetris->y]=b[1];
            a[tetris->x+2][tetris->y]=b[2];
            a[tetris->x][tetris->y+1]=b[3];
            break;
        }
        case 5:      /* 顺时针90° T字方块  ■
                                         ■■
                                           ■*/
        {
            color(11);
            a[tetris->x][tetris->y-1]=b[1];
            a[tetris->x][tetris->y+1]=b[2];
            a[tetris->x-2][tetris->y]=b[3];
            break;
        }
        case 6:      /* 顺时针180° T字方块  ■
                                          ■■■*/
        {
            color(11);
            a[tetris->x][tetris->y-1]=b[1];
```

```
        a[tetris->x-2][tetris->y]=b[2];
        a[tetris->x+2][tetris->y]=b[3];
        break;
    }
    case 7:        /* 顺时针270° T字方块  ■
                                         ■■
                                         ■  */
    {
        color(11);
        a[tetris->x][tetris->y-1]=b[1];
        a[tetris->x][tetris->y+1]=b[2];
        a[tetris->x+2][tetris->y]=b[3];
        break;
    }
    case 8:        /* Z字方块  ■■
                                 ■■*/
    {
        color(14);
        a[tetris->x][tetris->y+1]=b[1];
        a[tetris->x-2][tetris->y]=b[2];
        a[tetris->x+2][tetris->y+1]=b[3];
        break;
    }
    case 9:        /* 顺时针Z字方块    ■
                                     ■■
                                     ■  */
    {
        color(14);
        a[tetris->x][tetris->y-1]=b[1];
        a[tetris->x-2][tetris->y]=b[2];
        a[tetris->x-2][tetris->y+1]=b[3];
        break;
    }
    case 10:       /* 反Z字方块    ■■
                                 ■■  */
    {
        color(14);
        a[tetris->x][tetris->y-1]=b[1];
        a[tetris->x-2][tetris->y-1]=b[2];
        a[tetris->x+2][tetris->y]=b[3];
        break;
    }
    case 11:       /* 顺时针反Z字方块  ■
                                     ■■
                                       ■  */
    {
        color(14);
        a[tetris->x][tetris->y+1]=b[1];
        a[tetris->x-2][tetris->y-1]=b[2];
        a[tetris->x-2][tetris->y]=b[3];
        break;
    }
    case 12:       /* 7字方块    ■■
                                   ■
                                   ■  */
    {
        color(12);
        a[tetris->x][tetris->y-1]=b[1];
```

```
            a[tetris->x][tetris->y+1]=b[2];
            a[tetris->x-2][tetris->y-1]=b[3];
            break;
        }
        case 13:        /* 顺时针90° 7字方块       ■
                                                ■■■*/
        {
            color(12);
            a[tetris->x-2][tetris->y]=b[1];
            a[tetris->x+2][tetris->y-1]=b[2];
            a[tetris->x+2][tetris->y]=b[3];
            break;
        }
        case 14:        /* 顺时针180° 7字方块      ■
                                                  ■
                                                  ■■  */
        {
            color(12);
            a[tetris->x][tetris->y-1]=b[1];
            a[tetris->x][tetris->y+1]=b[2];
            a[tetris->x+2][tetris->y+1]=b[3];
            break;
        }
        case 15:        /* 顺时针270° 7字方块    ■■■
                                                 ■   */
        {
            color(12);
            a[tetris->x-2][tetris->y]=b[1];
            a[tetris->x-2][tetris->y+1]=b[2];
            a[tetris->x+2][tetris->y]=b[3];
            break;
        }
        case 16:        /* 反7字方块    ■■
                                        ■
                                        ■   */
      {
            color(12);
            a[tetris->x][tetris->y+1]=b[1];
            a[tetris->x][tetris->y-1]=b[2];
            a[tetris->x+2][tetris->y-1]=b[3];
            break;
        }
        case 17:        /* 顺时针90° 反7字方块    ■■■
                                                      ■*/
        {
            color(12);
            a[tetris->x-2][tetris->y]=b[1];
            a[tetris->x+2][tetris->y+1]=b[2];
            a[tetris->x+2][tetris->y]=b[3];
            break;
        }
        case 18:        /* 顺时针180° 反7字方块          ■
                                                        ■
                                                        ■■   */
        {
            color(12);
            a[tetris->x][tetris->y-1]=b[1];
            a[tetris->x][tetris->y+1]=b[2];
```

```
            a[tetris->x-2][tetris->y+1]=b[3];
            break;
        }
        case 19:      /* 顺指针270° 反7字方块          ■
                                                     ■■■*/
        {
            color(12);
            a[tetris->x-2][tetris->y]=b[1];
            a[tetris->x-2][tetris->y-1]=b[2];
            a[tetris->x+2][tetris->y]=b[3];
            break;
        }
    }
}
```

17.6.4 打印俄罗斯方块

在17.6.3节中，已经绘制好了俄罗斯方块的形状，那么它们就可以直接显示到界面上了吗？当然不是，到现在为止，只是定义好了方块的形状，但是方块本身用什么符号打印出来还没有定义，也就是说，组成方块的是“■”“※”还是“□”，还没有定义，所以此时还不能显示出方块。

接下来要做的就是使用“■”组成俄罗斯方块，并打印出来。具体代码如下：

```
/**
 * 打印俄罗斯方块
 */
void PrintTetris(struct Tetris *tetris)
{
    for(i=0;i<4;i++)
    {
        b[i]=1;                                    /*数组b[4]的每个元素的值都为1*/
    }
    MakeTetris(tetris);                            /*制作游戏窗口*/
    for( i=tetris->x-2; i<=tetris->x+4; i+=2 )
    {
        for(j=tetris->y-2;j<=tetris->y+1;j++)
        {
            if( a[i][j]==1 && j>FrameY )
            {
            gotoxy(i,j);
                printf("■");                       /*打印边框内的方块*/
            }
        }
    }
    //打印菜单信息
    gotoxy(FrameX+2*Frame_width+3,FrameY+1);
    color(4);
    printf("level : ");
    color(12);
    printf(" %d",tetris->level);
    gotoxy(FrameX+2*Frame_width+3,FrameY+3);
    color(4);
    printf("score : ");
    color(12);
    printf(" %d",tetris->score);
    gotoxy(FrameX+2*Frame_width+3,FrameY+5);
    color(4);
    printf("speed : ");
```

```
        color(12);
        printf(" %dms",tetris->speed);
    }
```

在上面的代码中，不仅打印了方块，而且还打印了得分信息，如图17-20所示。

图17-20　打印得分信息

17.7　游戏逻辑设计

17.7.1　游戏逻辑概述

在设计游戏逻辑时，应该考虑到以下4个问题。

（1）方块下落时，判断下面的位置能否放下此方块，或者左右移动时，方块能否移动。

（2）制造出方块不断下落的现象，也就是擦除上一秒方块所在位置的痕迹。

（3）判断满行，并且删除满行的方块。

（4）俄罗斯方块是随机落下的，需要随机产生不同的方块类型。

解决以上4个问题，就能实现俄罗斯方块的游戏逻辑。

17.7.2　判断俄罗斯方块是否可移动

本节主要介绍如何判断俄罗斯方块是否可以移动。要判断是否可移动，就要首先知道要移动到的位置是不是空位置，如果能放下此形状的俄罗斯方块，那么就说明此方块可移动，以田字方块为例，如图17-21所示。

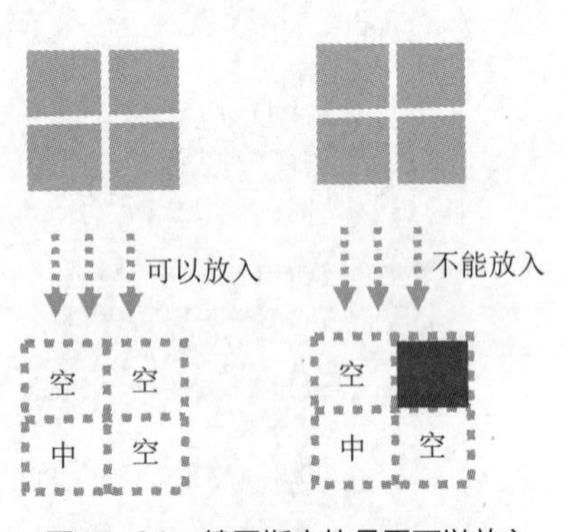

图17-21　俄罗斯方块是否可以放入

要判断移动到的位置是不是空位置，只要知道此位置中心方块a[tetris->x][tetris->y]是否是方块或者墙壁：如果是方块或者边框，则不可移动；如果不是方块或者边框，是无图案的，则继续进行判断。在中心方块的位置是空，就是无图案的情况下，如果19种不同形状的俄罗斯方块的各自“■”位置上也无图案，那么表示可以移动。因为只有都无图案，要移动到这个位置的俄罗斯方块才能够放下。

比如田字方块，它的中心方块是左下角的■。从图17-21中可以看出，如果中心方块的上、右上、右的位置均为空，无图案，那么这个位置就可以放一个田字方块；只要有一个位置上有图案，就放不下一个田字方块。

判断俄罗斯方块是否可移动，具体代码如下：

```
/**
 * 判断是否可移动
 */
int ifMove(struct Tetris *tetris)
{
    if(a[tetris->x][tetris->y]!=0)/*当中心方块位置上有图案时，返回值为0，即不可移动*/
    {
        return 0;
    }
    else
```

```
    {
        if( /*当为田字方块且除中心方块位置外，其他"■"字方块位置上无图案时，说明这个位置能够放下田字方块，可以移动到这个位置，返回值为1，即可移动*/
           /*比如田字方块，它的中心方块是左下角的■，如果它的上，右，右上的位置为空，则这个位置就可以放一个田字方块；如果有一个位置上不为空，都放不下一个田字方块*/
        ( tetris->flag==1  && ( a[tetris->x][tetris->y-1]==0  &&
    a[tetris->x+2][tetris->y-1]==0 && a[tetris->x+2][tetris->y]==0 ) ) ||
        /*或为直线方块且除中心方块位置外，其他"■"字方块位置上无图案时，返回值为1，即可移动*/
        ( tetris->flag==2  && ( a[tetris->x-2][tetris->y]==0  &&
    a[tetris->x+2][tetris->y]==0 && a[tetris->x+4][tetris->y]==0 ) )  ||
        ( tetris->flag==3  && ( a[tetris->x][tetris->y-1]==0  &&
    a[tetris->x][tetris->y-2]==0 && a[tetris->x][tetris->y+1]==0 ) )  ||
        ( tetris->flag==4  && ( a[tetris->x-2][tetris->y]==0  &&
    a[tetris->x+2][tetris->y]==0 && a[tetris->x][tetris->y+1]==0 ) )  ||
        ( tetris->flag==5  && ( a[tetris->x][tetris->y-1]==0  &&
        a[tetris->x][tetris->y+1]==0 && a[tetris->x-2][tetris->y]==0 ) )  ||
        ( tetris->flag==6  && ( a[tetris->x][tetris->y-1]==0  &&
    a[tetris->x-2][tetris->y]==0 && a[tetris->x+2][tetris->y]==0 ) )  ||
        ( tetris->flag==7  && ( a[tetris->x][tetris->y-1]==0  &&
    a[tetris->x][tetris->y+1]==0 && a[tetris->x+2][tetris->y]==0 ) )  ||
        ( tetris->flag==8  && ( a[tetris->x][tetris->y+1]==0  &&
    a[tetris->x-2][tetris->y]==0 && a[tetris->x+2][tetris->y+1]==0 ) ) ||
        ( tetris->flag==9  && ( a[tetris->x][tetris->y-1]==0  &&
    a[tetris->x-2][tetris->y]==0 && a[tetris->x-2][tetris->y+1]==0 ) ) ||
        ( tetris->flag==10 && ( a[tetris->x][tetris->y-1]==0  &&
    a[tetris->x-2][tetris->y-1]==0 && a[tetris->x+2][tetris->y]==0 ) ) ||
        ( tetris->flag==11 && ( a[tetris->x][tetris->y+1]==0  &&
    a[tetris->x-2][tetris->y-1]==0 && a[tetris->x-2][tetris->y]==0 ) ) ||
        ( tetris->flag==12 && ( a[tetris->x][tetris->y-1]==0  &&
    a[tetris->x][tetris->y+1]==0 && a[tetris->x-2][tetris->y-1]==0 ) ) ||
        ( tetris->flag==15 && ( a[tetris->x-2][tetris->y]==0  &&
    a[tetris->x-2][tetris->y+1]==0 && a[tetris->x+2][tetris->y]==0 ) ) ||
        ( tetris->flag==14 && ( a[tetris->x][tetris->y-1]==0  &&
    a[tetris->x][tetris->y+1]==0 && a[tetris->x+2][tetris->y+1]==0 ) ) ||
        ( tetris->flag==13 && ( a[tetris->x-2][tetris->y]==0  &&
    a[tetris->x+2][tetris->y-1]==0 && a[tetris->x+2][tetris->y]==0 ) ) ||
        ( tetris->flag==16 && ( a[tetris->x][tetris->y+1]==0  &&
    a[tetris->x][tetris->y-1]==0 && a[tetris->x+2][tetris->y-1]==0 ) ) ||
        ( tetris->flag==19 && ( a[tetris->x-2][tetris->y]==0  &&
    a[tetris->x-2][tetris->y-1]==0 && a[tetris->x+2][tetris->y]==0 ) ) ||
        ( tetris->flag==18 && ( a[tetris->x][tetris->y-1]==0  &&
    a[tetris->x][tetris->y+1]==0 && a[tetris->x-2][tetris->y+1]==0 ) ) ||
        ( tetris->flag==17 && ( a[tetris->x-2][tetris->y]==0  &&
    a[tetris->x+2][tetris->y+1]==0 && a[tetris->x+2][tetris->y]==0 ) ) )
        {
     return 1;
        }
    }
    return 0;
}
```

17.7.3 清除俄罗斯方块下落的痕迹

在玩游戏时，这些俄罗斯方块给我们的感觉，就是会移动的。刚刚还在这个位置的方块，显示之后就消失了，随即出现在下一个位置，不断循环，营造出了一个方块会移动的现象，那么要如何擦除方块之前位置上的痕迹呢？只要在输出之前位置上输出" "就可以了。具体代码如下：

```
/**
 * 清除俄罗斯方块的痕迹
 */
void CleanTetris(struct Tetris *tetris)
{
    for(i=0;i<4;i++)
    {
        b[i]=0;        /*数组b[4]的每个元素的值都为0*/
    }
    MakeTetris(tetris);      /*制作俄罗斯方块*/
    for( i = tetris->x - 2;i <= tetris->x + 4; i+=2 )      /*■X ■■  X为中心方块*/
    {
        for(j = tetris->y-2;j <= tetris->y + 1;j++)       /* ■
                                                              ■
                                                              X
                                                              ■    */
        {
            if( a[i][j] == 0 && j > FrameY )
            {
            gotoxy(i,j);
            printf("  ");   //清除方块
            }
        }
    }
}
```

17.7.4 判断方块是否满行

游戏的规则是当俄罗斯方块满行时，该行自动消除，并且累计分数，如图17-22和图17-23所示，图17-22为最下面一行方块没有满行前，图17-23为最下面一行的方块达到满行自动消除后的效果。

图17-22　方块满行消除前

图17-23　方块满行消除后

要如何判断方块是否满行，并且同时整行删除满行的俄罗斯方块呢？

因为游戏界面的宽度是Frame_width，除去两个竖边框，所以满行时，方块所占的宽度为Frame_width-2。具体代码如下：

```
/**
 * 判断是否满行并删除满行的俄罗斯方块
 */
void Del_Fullline(struct Tetris *tetris)/*当某行有Frame_width-2个方块时，则满行消除*/
{
    int k,del_rows=0; /*分别用于记录某行方块的个数和删除方块的行数的变量*/
    for(j=FrameY+Frame_height-1;j>=FrameY+1;j--)
    {
        k=0;
```

```
        for(i=FrameX+2;i<FrameX+2*Frame_width-2;i+=2)
        {
          if(a[i][j]==1) /*竖坐标依次从下往上，横坐标依次由左至右判断是否满行*/
          {
          k++;  /*记录此行方块的个数*/
          if(k==Frame_width-2)  /*如果满行*/
          {
            for(k=FrameX+2;k<FrameX+2*Frame_width-2;k+=2)/*删除满行的方块*/
            {
                  a[k][j]=0;
                  gotoxy(k,j);
                  printf("  ");
            }
            /*如果删除行以上的位置有方块，则先清除，再将方块下移一个位置*/
            for(k=j-1;k>FrameY;k--)
            {
                  for(i=FrameX+2;i<FrameX+2*Frame_width-2;i+=2)
                  {
                    if(a[i][k]==1)
                    {
                    a[i][k]=0;
                    gotoxy(i,k);
                    printf("  ");
                    a[i][k+1]=1;
                    gotoxy(i,k+1);
                    printf("■");
                    }
                  }
            }
            j++;                              /*方块下移后，重新判断删除行是否满行*/
            del_rows++;                       /*记录删除方块的行数*/
          }
          }
        }
      }
      tetris->score+=100*del_rows; /*每删除一行，得100分*/
      if( del_rows>0 && ( tetris->score%1000==0 || tetris->score/1000>tetris->level-1 ) )
      {   /*如果得1000分即累计删除10行，速度加快20ms并升一级*/
        tetris->speed-=20;
        tetris->level++;
      }
    }
```

17.7.5 随机产生俄罗斯方块类型的序号

在进行游戏时，每次下落的方块都是随机产生的，如图17-24和图17-25所示。

图17-24　下落直线方块

图17-25　下落Z形方块

下落的俄罗斯方块是随机产生的，需要使用随机数函数rand()来获得随机的方块类型序号。

在前面的代码中，已经定义好每种类型的方块都有各自的flag，也就是序号1～19。现在需要做的，就是要获得1～19的一个随机数。具体代码如下：

```
/**
 * 随机产生俄罗斯方块类型的序号
 */
void Flag(struct Tetris *tetris)
{
    tetris->number++;                              /*记住产生方块的个数*/
    srand(time(NULL));                             /*初始化随机数*/
    if(tetris->number==1)
    {
        tetris->flag = rand()%19+1;                /*记住第一个方块的序号*/
    }
    tetris->next = rand()%19+1;                            /*记住下一个方块的序号*/
}
```

在上面的代码中，获得随机数使用的是rand()函数，下面详细介绍一下rand()函数。

rand()函数没有输入参数，直接通过表达式rand()来引用，生成0 ～ RAND_MAX之间的一个随机数，其中RAND_MAX的值与编译系统有关，一般为32767。

虽然说它是一个随机数函数，但是严格来说，它返回的是一个伪随机数。之所以说是伪随机数，是因为在没有其他操作情况下，每次执行同一个程序时，调用rand()函数所得的随机数序列是固定的。第一次运行程序，就决定了此后每次运行程序时，方块出现的顺序，比如T字方块→顺时针270°的7字方块→Z字方块……每次运行方块都是以这个顺序下落。

为了真正达到随机的效果，令rand()的返回值更具有随机性，通常需要为随机数生成器提供一粒新的随机种子。C语言提供了srand()函数，srand函数可以为随机数生成器播散种子，只要种子不同，rand()函数就会产生不同的随机数序列。srand()被称为随机数生成器的初始化器。

srand()函数位于time.h头文件当中，所以要使用srand()函数，必须引用time.h。

使用rand函数获得随机数的步骤可以总结为：

（1）调用srand(time(NULL))设置随机数种子，初始化随机数。

（2）调用rand()函数获得一个或一系列的随机数。

例如，本段代码是要获取1～19的随机数，代码详解如下。

srand(time(NULL))，用于设置随机数种子，初始化随机数。

tetris->flag = rand()%19+1，用于记住第一个方块的序号。

其中，%是取余运算符，rand()函数生成的随机数对19取余，得到的是一个0～18的随机数。因为flag的范围是从1～19，所以要获得1～19的随机数，需要在rand()%19的值后面加1。

tetris->flag = rand()%19+1，表示得到的是当前游戏窗口中下落的方块类型。

tetris->next = rand()%19+1，表示得到的是右边“下一出现方块”预览界面中显示的下一方块的类型。

17.8 开始游戏

17.8.1 开始游戏模块概述

在此模块中，设计了游戏的各种键盘操作和俄罗斯方块的显示。开始游戏后的游戏主窗体界面如图17-26所示。

本模块主要实现4个功能，分别为：

（1）显示俄罗斯方块。开始游戏之后，游戏窗口中会从上至下落下随机的俄罗斯方块，而且在右边的“下一出现方块”的预览界面中，显示下一个出现的俄罗斯方块。

（2）各种按键操作。包括上、下、左、右4个方向键，空格键以及Esc键。

（3）游戏结束界面。一旦方块达到屏幕顶端，即游戏失败，进入游戏结束界面，在此界面中可以选择重新开始游戏，或者直接退出游戏。

（4）重新开始游戏。游戏失败后，可以选择是否要重新开始游戏。

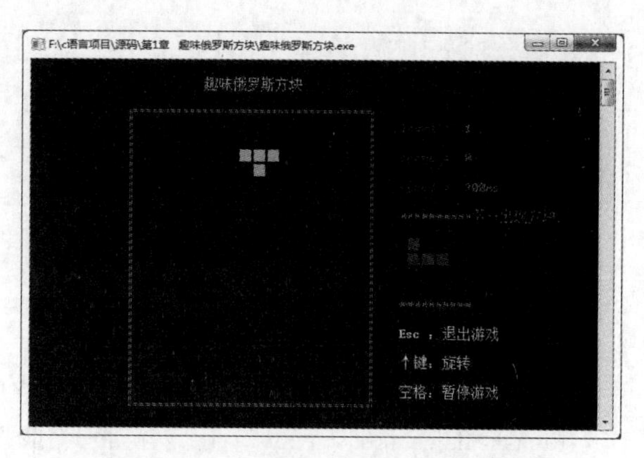

图17-26　开始游戏后的游戏主窗体界面

17.8.2　显示俄罗斯方块

开始游戏之后，俄罗斯方块会显示在游戏窗口和右边“下一出现方块”预览界面中，如图17-27所示。这两个位置上的方块是有联系的，在“下一出现方块”预览界面中显示的方块类型，就是在游戏窗口中下一个会出现的方块类型。

图17-27　显示俄罗斯方块

显示俄罗斯方块的代码如下：

```
/**
 * 开始游戏
 */
void Gameplay()
{
    int n;
    struct Tetris t,*tetris=&t;                    /*定义结构体的指针并指向结构体变量*/
    char ch;                                       /*定义接收键盘输入的变量*/
    tetris->number=0;                              /*初始化俄罗斯方块数为0个*/
    tetris->speed=300;                             /*初始移动速度为300ms*/
    tetris->score=0;                               /*初始游戏的分数为0分*/
    tetris->level=1;                               /*初始游戏为第1关*/
    while(1)                                       /*循环产生方块，直至游戏结束*/
    {
        Flag(tetris);                              /*得到产生俄罗斯方块类型的序号*/
```

```
    Temp=tetris->flag;                          /*记住当前俄罗斯方块序号*/
    tetris->x=FrameX+2*Frame_width+6;           /*获得预览界面方块的x坐标*/
    tetris->y=FrameY+10;                        /*获得预览界面方块的y坐标*/
    tetris->flag = tetris->next;                /*获得下一个俄罗斯方块的序号*/
    PrintTetris(tetris);                        /*调用打印俄罗斯方块方法*/
    tetris->x=FrameX+Frame_width;               /*获得游戏窗口中心方块x坐标*/
    tetris->y=FrameY-1;                         /*获得游戏窗口中心方块y坐标*/
    tetris->flag=Temp;                          /*取出当前的俄罗斯方块序号*/
```

其中，“下一出现方块”预览界面中显示的方块类型，就是在游戏窗口中下一个会出现的方块类型，代码详解如下：

Temp=tetris->flag，用于记住当前俄罗斯方块序号。

tetris->flag = tetris->next，用于获得下一个俄罗斯方块的序号。

tetris->flag=Temp，用于取出当前的俄罗斯方块序号。

Temp为中间变量，借助Temp实现交换“tetris->flag”当前方块和“tetris->next”下一个方块的序号。不能直接“tetris->flag = tetris->next”，必须要借助中间变量。

17.8.3 实现各种按键操作

键盘中很多按键，如图17-28所示。在编写程序时，要如何根据键盘按键来控制操作呢？

图17-28 键盘按键

游戏中俄罗斯方块的左右移动、变形等都需要通过敲击键盘按键来实现。本程序中，使用kbhit()函数和getch()函数来接收键盘按键。

（1）通过kbhit()函数来检测当前是否有键盘输入，如果有，则返回对应键值，否则返回0。

函数名：kbhit()

函数原型：int kbhit(void)

返回值：如果有键盘输入，返回对应键盘值，否则返回0。

所在头文件： conio.h

（2）getch()函数用来从控制台读取一个字符。

函数名：getch()

函数原型：int getch(void)

返回值：读取的字符。

所在头文件：conio.h

先判断是否有键盘输入，有则用getch()接收。代码如下：

```
if(kbhit())                     /*判断是否有键盘输入*/
{
  ch=getch();                   /*ch接收键盘的按键*/
  …
}
```

ch=getch()，用于实现按键之后，把该键字符所对应的ASCII码赋给ch，然后ch的值分别和键盘字符的ASCII码值进行对比，比如按下键盘的“↑”向上键时，会使方块发生旋转；按下键盘的“空格键”时，会暂停游戏等等。下面介绍一下什么是ASCII码。

ASCII码是基于拉丁字母的一套计算机编码，可以用来表示所有的大写和小写字母、数字0～9、标点符号，以及在美式英语中使用的特殊控制字符。

0～31及127（共33个）是控制字符或通信专用字符（其余为可显示字符），如：

（1）控制符：LF（换行）、CR（回车）、FF（换页）、DEL（删除）、BS（退格）、BEL（响铃）等；

（2）通信专用字符：SOH（文头）、EOT（文尾）、ACK（确认）等；

（3）ASCII值为8、9、10和13分别转换为退格、制表、换行和回车字符。

它们并没有固定的图形显示，但会根据不同的应用程序，而对文本显示有不同的影响。

32～126（共95个）是字符（32是空格），其中，48～57为0～9这10个阿拉伯数字。65～90为26个大写英文字母，97～122为小写英文字母，其余为一些标点符号、运算符号等。

表17-3为ASCII字符十进制对应表。

表17-3 ASCII字符十进制对应表

十进制	字符	十进制	字符	十进制	字符
0	NUL 空字符	44	，逗号	88	大写字母X
1	SOH 标题开始	45	减号/破折号	89	大写字母Y
2	STX 正文开始	46	. 句号	90	大写字母Z
3	ETX 正文介绍	47	/ 斜杠	91	[开方括号
4	EOT 传输结束	48	数字0	92	\ 反斜杠
5	ENQ 请求	49	数字1	93	] 闭方括号
6	ACK 收到通知	50	数字2	94	^ 脱字符
7	BEL 响铃	51	数字3	95	_ 下画线
8	BS 退格	52	数字4	96	` 开单引号
9	HT 水平制表符	53	数字5	97	小写字母a
10	LF 换行键	54	数字6	98	小写字母b
11	VT 垂直制表符	55	数字7	99	小写字母c
12	FF 换页键	56	数字8	100	小写字母d
13	CR 回车键	57	数字9	101	小写字母e
14	SO 不用切换	58	: 冒号	102	小写字母f
15	SI 启用切换	59	; 分号	103	小写字母g
16	DLE 数据链路转义	60	< 小于	104	小写字母h
17	DC1 设备控制1	61	= 等号	105	小写字母i
18	DC2 设备控制2	62	> 大于	106	小写字母j
19	DC3 设备控制3	63	? 问号	107	小写字母k
20	DC4 设备控制4	64	@ 电子邮件符号	108	小写字母l
21	NAK 拒绝接收	65	大写字母A	109	小写字母m
22	SYN 同步空闲	66	大写字母B	110	小写字母n
23	ETB 结束传输块	67	大写字母C	111	小写字母o
24	CAN 取消	68	大写字母D	112	小写字母p
25	EM 媒介结束	69	大写字母E	113	小写字母q
26	SUB 代替	70	大写字母F	114	小写字母r
27	ESC 换码（溢出）	71	大写字母G	115	小写字母s
28	FS 文件分隔符	72	大写字母H	116	小写字母t
29	GS 分组符	73	大写字母I	117	小写字母u
30	RS 记录分隔符	74	大写字母J	118	小写字母v

续表

十进制	字符	十进制	字符	十进制	字符
31	US 单元分隔符	75	大写字母K	119	小写字母w
32	（space）空格	76	大写字母L	120	小写字母x
33	! 叹号	77	大写字母M	121	小写字母y
34	" 双引号	78	大写字母N	122	小写字母z
35	# 井号	79	大写字母O	123	{ 开花括号
36	$ 美元符	80	大写字母P	124	| 垂线
37	% 百分号	81	大写字母Q	125	} 闭花括号
38	& 和号	82	大写字母R	126	~ 波浪号
39	' 闭单引号	83	大写字母S	127	DEL 删除
40	(开括号	84	大写字母T		
41	) 闭括号	85	大写字母U		
42	* 星号	86	大写字母V		
43	+ 加号	87	大写字母W		

设计按键操作的具体代码如下：

```
while(1)                                          /*控制方块方向，直至方块不再下移*/
{
    label:PrintTetris(tetris);                    /*打印俄罗斯方块*/
    Sleep(tetris->speed);                         /*延缓时间*/
    CleanTetris(tetris);                          /*清除痕迹*/
    Temp1=tetris->x;                              /*记住中心方块横坐标的值*/
    Temp2=tetris->flag;                           /*记住当前俄罗斯方块序号*/
    if(kbhit())                                   /*判断是否有键盘输入，有则用ch↓接收*/
    {
    ch=getch();
    if(ch==75)                                    /*按←键则向左动，中心横坐标减2*/
    {
        tetris->x-=2;
    }
    if(ch==77)                                    /*按→键则向右动，中心横坐标加2*/
    {
        tetris->x+=2;
    }
    if(ch==80)                                    /*按↓键则加速下落*/
    {
            if(ifMove(tetris)!=0)
            {
                tetris->y+=2;
            }
            if(ifMove(tetris)==0)
                {
                        tetris->y=FrameY+Frame_height-2;
            }
    }
    if(ch==72)                                    /*按↑键则变体,即当前方块顺时针转90度*/
    {
        if( tetris->flag>=2 && tetris->flag<=3 )
        {
                tetris->flag++;
```

```
            tetris->flag%=2;
            tetris->flag+=2;
        }
        if( tetris->flag>=4 && tetris->flag<=7 )
        {
            tetris->flag++;
            tetris->flag%=4;
            tetris->flag+=4;
        }
        if( tetris->flag>=8 && tetris->flag<=11 )
        {
            tetris->flag++;
            tetris->flag%=4;
            tetris->flag+=8;
        }
        if( tetris->flag>=12 && tetris->flag<=15 )
        {
            tetris->flag++;
            tetris->flag%=4;
            tetris->flag+=12;
        }
        if( tetris->flag>=16 && tetris->flag<=19 )
        {
            tetris->flag++;
            tetris->flag%=4;
            tetris->flag+=16;
        }
    }
    if(ch == 32)                                        /*按空格键，暂停*/
    {
        PrintTetris(tetris);
        while(1)
        {
            if(kbhit())                                 /*再按空格键，继续游戏*/
            {
                ch=getch();
                if(ch == 32)
                {
                goto label;
                }
            }
        }
    }
        if(ch == 27)
        {
            system("cls");
            memset(a,0,6400*sizeof(int));               /*初始化BOX数组*/
            welcom();
        }
    if(ifMove(tetris)==0)                               /*如果不可动，上面操作无效*/
    {
        tetris->x=Temp1;
        tetris->flag=Temp2;
    }
    else                                                /*如果可动，执行操作*/
    {
```

```
        goto label;
    }
    }
    tetris->y++;                                    /*如果没有操作指令，方块向下移动*/
    if(ifMove(tetris)==0)                           /*如果向下移动且不可动，方块放在此处*/
    {
    tetris->y--;
    PrintTetris(tetris);
    Del_Fullline(tetris);
    break;
    }
}
```

上面代码还用到了goto无条件跳转语句，其格式为：

```
goto语句标号;
```

其中，语句标号放在某一行语句的前面，标号后面加冒号“:”。语句标号起标识语句的作用，与goto语句配合使用，goto语句可以改变程序流向，转去执行语句标号所标识的语句。

goto语句通常与条件语句配合使用，可用来实现条件转移、构成循环、跳出循环体等功能。如在本程序中，使用到的goto语句如下所示：

```
label:PrintTetris(tetris);                          /*设置goto语句标号label*/
…
goto label;                                         /*跳转到label所在代码行*/
```

只要方块可动，就可一直进行按键操作，goto语句构成循环。

17.8.4 游戏结束界面

当方块达到屏幕顶端时，游戏结束，弹出游戏结束界面，如图17-29所示。在此界面中，可以选择重新玩一局游戏或者直接退出。

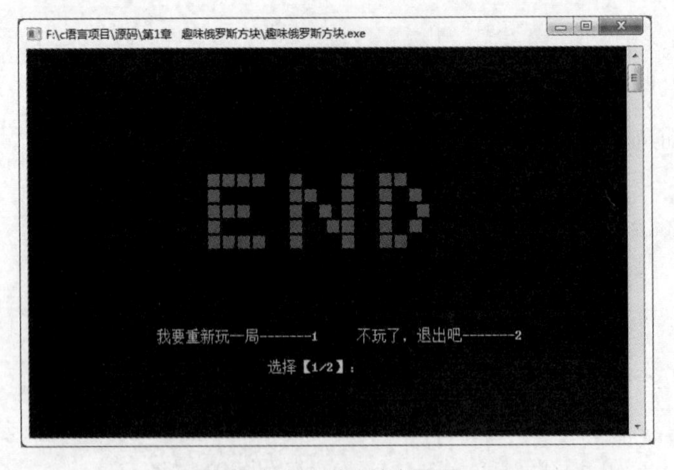

图17-29 游戏结束界面

设置游戏结束界面的具体代码如下：

```
for(i=tetris->y-2;i<tetris->y+2;i++)   /*游戏结束条件：方块触到框顶位置*/
{
    if(i==FrameY)
    {
        system("cls");
        gotoxy(29,7);
```

```
            printf("  \n");
            color(12);
            printf("\t\t\t■■■■  ■    ■  ■■   \n");
            printf("\t\t\t■      ■■  ■  ■  ■ \n");
            printf("\t\t\t■■■    ■ ■■  ■  ■ \n");
            printf("\t\t\t■      ■  ■■  ■  ■ \n");
            printf("\t\t\t■■■■  ■    ■  ■■   \n");
            gotoxy(17,18);
            color(14);
            printf("我要重新玩一局-------1");
            gotoxy(44,18);
            printf("不玩了，退出吧-------2\n");
            int n;
            gotoxy(32,20);
            printf("选择【1/2】：");
            color(11);
            scanf("%d", &n);
            switch (n)
        {
            case 1:
                system("cls");
                Replay(tetris);                         /*重新开始游戏*/
                break;
            case 2:
                exit(0);
                break;
            }
            }
        }
        tetris->flag = tetris->next;                    /*清除下一个俄罗斯方块的图形(右边窗口)*/
        tetris->x=FrameX+2*Frame_width+6;
        tetris->y=FrameY+10;
        CleanTetris(tetris);
    }
}
```

17.8.5 重新开始游戏

在游戏结束界面中，如果选择第一个选项“我要重新玩一局”，就会重新开始游戏。重新开始游戏代码为：

```
/**
 * 重新游戏
 */
void Replay(struct Tetris *)
{
    system("cls");                          /*清屏*/
    memset(a,0,6400*sizeof(int));           /*初始化BOX数组，否则不会正常显示方块，导致游戏直接结束*/
    DrwaGameframe();                        /*制作游戏窗口*/
    Gameplay();                             /*开始游戏*/
}
```

同时修改welcom()方法中的代码，在switch语句中加入Gameplay()方法的调用，在相应位置添加有底色代码，代码如下：

```
/*加入调用Gameplay ()方法的语句*/
switch (n)
    {
    case 1:
```

```
    system("cls");
    DrwaGameframe();                          /*制作游戏窗口*/
        Gameplay();                           /*新添加的代码*/
    break;
  case 2:
    break;
  case 3:
    break;
  case 4:
    break;
  }
```

17.9 游戏按键说明模块

17.9.1 游戏按键说明简介

在游戏欢迎界面中输入“2”，即可进入游戏按键说明界面，在此界面中显示了游戏中用到的全部按键及其功能。游戏按键说明界面如图17-30所示。

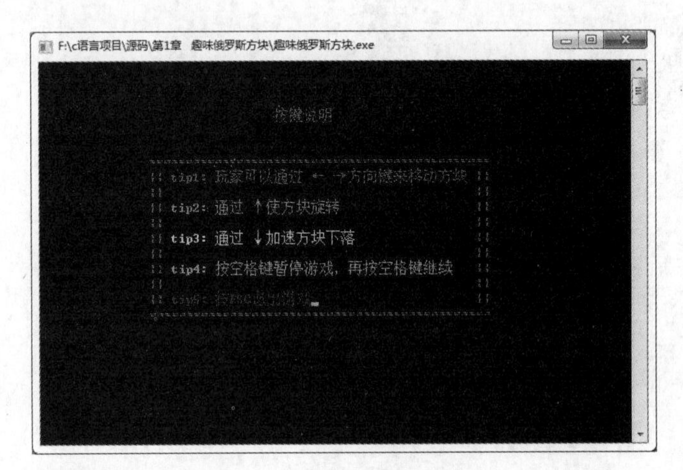

图17-30 游戏按键说明界面

17.9.2 按键说明界面的实现

本模块的代码由两部分组成，即：绘制边框和显示中间的文字说明。代码中首先使用for循环嵌套来绘制边框，然后通过gotoxy()和color()函数来设置其中的文字。程序代码如下：

```
/**
 * 按键说明
 */
void explation()
{
  int i,j = 1;
  system("cls");
  color(13);
  gotoxy(32,3);
  printf("按键说明");
  color(2);
  for (i = 6; i <= 16; i++)                /*输出上下边框===*/
   {
```

```
        for (j = 15; j <= 60; j++)    /*输出左右边框||*/
        {
            gotoxy(j, i);
            if (i == 6 || i == 16) printf("=");
            else if (j == 15 || j == 59) printf("||");
        }
    }
    color(3);
    gotoxy(18,7);
    printf("tip1: 玩家可以通过←→方向键来移动方块");
    color(10);
    gotoxy(18,9);
    printf("tip2: 通过 ↑使方块旋转");
    color(14);
    gotoxy(18,11);
    printf("tip3: 通过 ↓加速方块下落");
    color(11);
    gotoxy(18,13);
    printf("tip4: 按空格键暂停游戏，再按空格键继续");
    color(4);
    gotoxy(18,15);
    printf("tip5: 按ESC退出游戏");
    getch();                                    /*按任意键返回主界面*/
    system("cls");
    main();
}
```

同时修改welcom()方法中的代码，在switch语句中加入explation()方法的调用，在相应位置添加有底色的代码，代码如下：

```
//加入调用explation()方法的语句
    switch (n)
    {
    case 1:
        system("cls");
        DrwaGameframe();                        /*制作游戏窗口*/
        Gameplay();                             /*开始游戏*/
        break;
    case 2:
        explation();                            /*新添加的代码*/
        break;
    case 3:
        break;
    case 4:
        break;
    }
```

17.10 游戏规则介绍模块

17.10.1 游戏规则介绍

在游戏欢迎界面中输入“3”，即可进入游戏规则介绍界面，如图17-31所示，在此界面中显示了游戏规则。

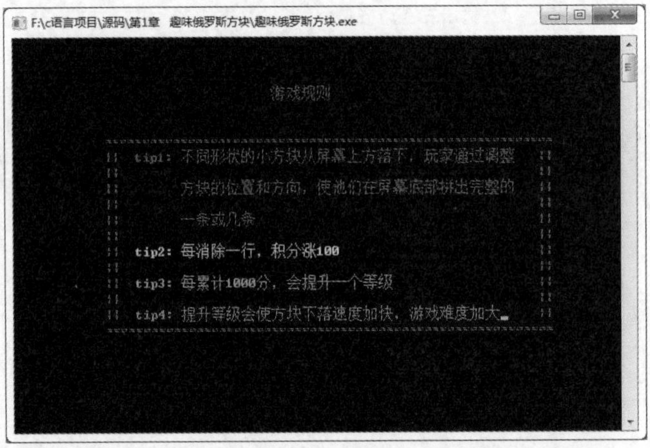

图17-31 游戏规则介绍界面

17.10.2 游戏规则介绍的实现

本模块和按键说明界面的代码一样，由两部分组成，即：绘制边框和显示中间的文字内容。程序代码如下：

```
/**
 * 游戏规则
 */
void regulation()
{
    int i,j = 1;
    system("cls");
    color(13);
    gotoxy(34,3);
    printf("游戏规则");
    color(2);
    for (i = 6; i <= 18; i++)                   /*输出上下边框===*/
    {
        for (j = 12; j <= 70; j++)              /*输出左右边框||*/
        {
            gotoxy(j, i);
            if (i == 6 || i == 18) printf("=");
            else if (j == 12 || j == 69) printf("||");
        }
    }
    color(12);
    gotoxy(16,7);
    printf("tip1: 不同形状的小方块从屏幕上方落下，玩家通过调整");
    gotoxy(22,9);
    printf("方块的位置和方向，使他们在屏幕底部拼出完整的");
    gotoxy(22,11);
    printf("一条或几条");
    color(14);
    gotoxy(16,13);
    printf("tip2: 每消除一行，积分涨100");
    color(11);
    gotoxy(16,15);
    printf("tip3: 每累计1000分，会提升一个等级");
```

```
    color(10);
    gotoxy(16,17);
    printf("tip4: 提升等级会使方块下落速度加快，游戏难度加大");
  getch();                                          /*按任意键返回主界面*/
  system("cls");
  welcom();
  }
```

同时修改welcom()方法中的代码，在switch语句中加入regulation()方法的调用，在相应位置添加有底色的代码，代码如下：

```
    /*加入调用regulation()方法的语句*/
    switch (n)
    {
     case 1:
        system("cls");
        DrwaGameframe();                           /*制作游戏窗口*/
        Gameplay();                                /*开始游戏*/
        break;
     case 2:
        explation();                               /*按键说明函数*/
        break;
     case 3:
        regulation();                              /*新添加的代码*/
        break;
     case 4:
        break;
    }
```

17.11 退出游戏

在游戏欢迎界面中输入数字“4”，即可退出游戏。

具体代码如下：

```
  /**
   * 退出
   */
  void close()
  {
    exit(0);
  }
```

同时修改welcom()方法中的代码，在switch语句中加入close()方法的调用，在相应位置添加有底色的代码，代码如下：

```
  //加入调用close()方法的语句
    switch (n)
    {
     case 1:
        system("cls");
        DrwaGameframe();                           /*制作游戏窗口*/
        Gameplay();                                /*开始游戏*/
        break;
     case 2:
        explation();                               /*按键说明函数*/
        break;
     case 3:
        regulation();                              /*游戏规则函数*/
```

```
        break;
    case 4:
        close();                                    /*新添加的代码*/
        break;
    }
```

至此，趣味俄罗斯方块游戏的全部代码已经编写完毕。

小 结

本章通过开发一个完整的游戏程序，帮助用户逐步了解了程序的输入输出、循环控制，熟悉了函数的声明、定义和调用，掌握了能开发应用程序的基本思路和技巧。对读者来说，这是一次全方位的学习体验。通过本章的学习，读者能在下面4个方面获得巨大提升。

（1）掌握严谨的项目命名规范和代码书写规范。

（2）学会开发项目程序必须掌握的选择结构和循环控制。

（3）掌握常用方法的定义和所在文件包，以及灵活运用它们的技巧。

（4）提升解决编程中常见错误的能力。

下面通过一个思维导图对本章所讲模块及主要知识点进行总结，如图17-32所示。

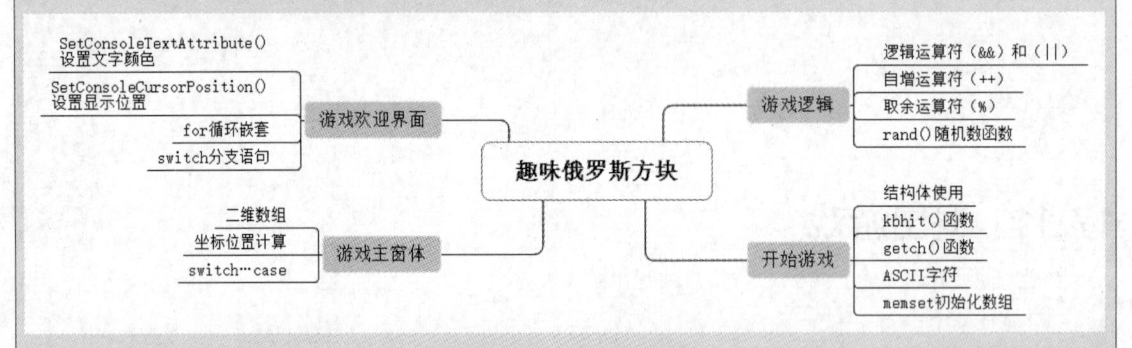

图17-32　本章思维导图

俗话说：“良好的开端是成功的一半”。完成这个游戏，对于读者来说，是一个良好的开端，希望广大读者能够坚持不懈，更加努力地完成后面的开发项目。

学习编程最好的方法就是实践，希望大家也能从生活、工作中寻找机会，用编程来编织未来恢宏的梦想。

CHAPTER18

第18章 学生信息管理系统

本章要点

- 如何插入学生信息
- 如何查找学生信息
- 如何删除学生信息
- 如何从文件中读写数据块
- 如何将学生信息进行排序

■ 学生信息管理系统是一个信息化管理软件，可以帮助学校快速录入学生的信息，并且对学生的信息进行基本的增删改操作；还可以根据排序功能，宏观地看到学生成绩从高到低的排列，随时掌握学生近期的学习状态，实时地将学生的信息保存到磁盘文件中，方便查看。

18.1 开发背景

在科技日益发展的今天，学生成为国家关注培养的重点，衡量一个学生在校状态的指标就是学生的成绩。现如今学生数量多，信息更新快，手工记录的学生信息已经跟不上时代的发展，容易出错，不能及时反映给家长、老师和同学关于学生成绩的更新，对学生最近的状态不能很快地定位，管理学生工作前进也就相对迟缓。而智能化、信息化的学生信息管理系统更方便、快捷地统计学生的信息，记录学生的信息，对学生信息的变化及时更新，同样也可以使人们实时地了解学生成绩的动态，更好地管理学生，更准确地指引学生方向。

18.2 开发环境需求

学生信息管理系统

本项目的开发及运行环境要求如下。

- 操作系统：Windows 7/Windows 8/Windows 10。
- 开发工具：Dev C++。
- 开发语言：C语言。

18.3 系统功能设计

根据上述系统的分析，可以将学生信息管理系统分为八大功能模块，主要包括录入学生信息模块、查找学生信息模块、删除学生信息模块、修改学生信息模块、插入学生信息模块、学生成绩排名模块、学生人数统计模块和显示学生信息模块。学生信息管理系统功能结构如图18-1所示。

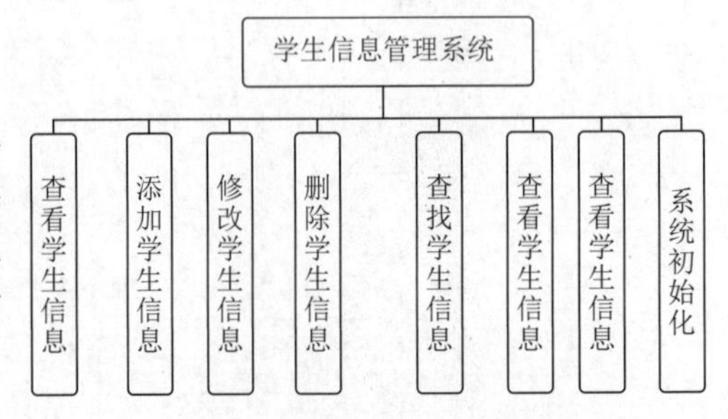

图18-1 学生信息管理系统功能结构

18.4 预处理模块设计

1. 模块概述

学生信息管理系统在预处理模块中宏定义了在整个系统程序中常用到的结构体类型的长度，以及输入输出的格式说明，由于在学生信息的结构体中成员太多，对所有的成员进行引用时，代码太长，容易输入错误，因此在预处理模块中将其宏定义为DATA。该模块中还对系统中的各个功能模块的函数做了声明，同时为了提高程序的理解性将学生的信息封装在一个结构体里。

2. 控制输出格式

由于学生信息的数据多，信息数据类型各不相同，显示学生成员信息时会比较凌乱，为了使界面简洁美观，我们应用了format语句对输出的格式说明进行规划。可以用如下代码解决：

```
#define FORMAT "%-8d%-15s%-12.1lf%-12.1lf%-12.1lf%-12.1lf\n"
```

以上代码对输出的格式控制部分进行宏定义，每一个格式说明中间都插有附加字符。格式说明由“%”和格式字符组成，如“%d”“%lf”等。它的作用是将输出的数据转换为指定的格式输出。格式说明总是由“%”字符开始，以一个格式字符结束，中间可以插入附加的字符。以“%s”为例，说明中间插入的附加字符的含义，如表18-1所示。

表18-1 格式说明含义

格式说明	含义
%s	输出一个实际长度的字符串
%ms	输出的字符占m列，若字符本身长度小于m，则左补空格；若大于m，则全部输出

续表

格式说明	含义
%-ms	若字符串长度小于m，则在m列范围内向左靠，右补空格
%m.ns	输出占m列，但只取字符串中左端n个字符。这n个字符输出在m列的右侧，左补空格
%-m.ns	其中m、n含义同上，n个字符输出在m列范围的左侧，右补空格，如果n>m，则m自动取n值，即保证n个字符正常输出

3．文件引用

文件引用实现了在系统程序中的文件包含处理，节省程序员的重复劳动。关键代码如下：

```
#include<stdio.h>
#include<stdlib.h>
#include<conio.h>
#include<dos.h>
#include<string.h>
```

4．宏定义

通过宏定义实现了自定义结构体类型的长度、输出的格式控制部分和结构体类型的数组引用成员的输出列表。关键代码如下：

```
#define LEN sizeof(struct student)
#define FORMAT "%-8d%-15s%-12.1lf%-12.1lf%-12.1lf%-12.1lf\n"
#define DATA stu[i].num,stu[i].name,stu[i].elec,stu[i].expe,stu[i].requ,stu[i].sum
```

5．函数声明

在本程序中使用了几个自定义的函数，这些函数的功能及声明形式代码如下：

```
/**
* 函数声明
*/
void in();                                /*录入学生成绩信息*/
void show();                              /*显示学生信息*/
void order();                             /*按总成绩排序*/
void del();                               /*删除学生成绩信息*/
void modify();                            /*修改学生成绩信息*/
void menu();                              /*主菜单*/
void insert();                            /*插入学生信息*/
void total();                             /*计算总人数*/
void search();                            /*查找学生信息*/

/**
* 结 构 体
*/
struct student stu[50];                   /*定义结构体数组*/
struct student                            /*定义学生成绩结构体*/
{
    int num;                              /*学号*/
    char name[15];                        /*姓名*/
    double elec;                          /*选修课*/
    double expe;                          /*实验课*/
    double requ;                          /*必修课*/
    double sum;                           /*总分*/
};
```

18.5 主函数设计

18.5.1 功能概述

在学生信息管理系统的主函数main()中主要实现了调用menu()函数显示主功能选择菜单，并且在switch分支选择结构中调用各个子函数实现对学生信息的输入、查询、显示、保存以及增删改等功能。主功能选择菜单界面如图18-2所示。

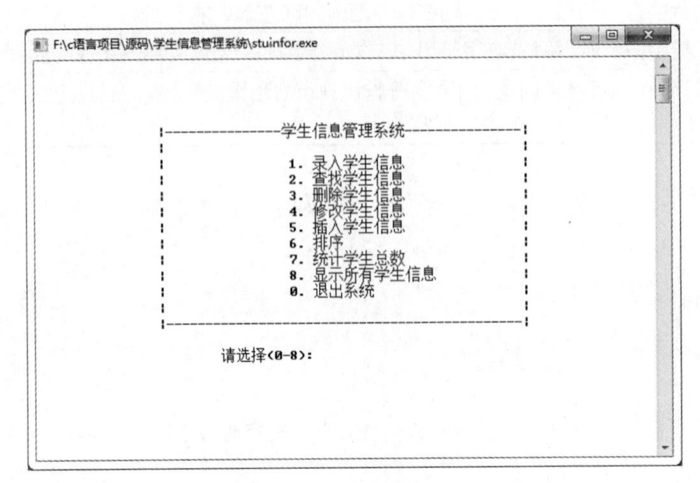

图18-2 主功能选择菜单

18.5.2 实现主函数

运行学生信息管理系统，首先会进入到主功能菜单的选择界面，在这里列出了程序中的所有功能，以及如何调用相应的功能，用户可以根据需要输入想要执行功能对应的数字编号，进入到该功能中去。在menu显示主功能菜单的函数中主要使用了printf()函数在控制台输出文字或特殊字符。当输入相应数字后，程序会根据用户输入的数字调用不同的函数，具体数字表示的功能如表18-2所示。

表18-2 菜单中的数字所表示的功能

编号	功能
1	录入学生信息，调用in()函数
2	查找学生信息，调用search()函数
3	删除学生信息，调用del()函数
4	修改学生信息，调用modify()函数
5	插入学生信息，调用insert()函数
6	对学生的成绩从高到低排序，调用order()函数
7	统计学生总数，调用total()函数
8	显示所有学生信息，调用show()函数
0	退出系统

主函数main()的实现代码如下：

```
/**
* 主函数
*/
void main()
{
    system("color f0\n");                /*白底黑字*/
    int n;
    menu();
    scanf("%d",&n);                      /*输入选择功能的编号*/
    while(n)
```

```
    {
        switch(n)
    {
            case 1:
                in();
                break;
            case 2:
                search();
                break;
            case 3:
                del();
                break;
            case 4:
                modify();
                break;
            case 5:
                insert();
                break;
            case 6:
                order();
                break;
            case 7:
                total();
                break;
            case 8:
                show();
                break;
            default:
                break;
        }
    getch();
    menu();                                          /*执行完功能再次显示菜单界面*/
    scanf("%d",&n);
    }
}
```

18.5.3 显示主菜单

在主函数main()中，首先调用了menu()函数用来显示主菜单。函数menu()的实现代码如下：

```
/**
* 自定义函数实现菜单功能
*/
void menu(){
    system("cls");
    printf("\n\n\n\n");
    printf("\t\t|----------------学生信息管理系统----------------|\n");
    printf("\t\t|\t\t\t\t       |\n");
    printf("\t\t|\t\t 1. 录入学生信息\t        |\n");
    printf("\t\t|\t\t 2. 查找学生信息\t        |\n");
    printf("\t\t|\t\t 3. 删除学生信息\t        |\n");
    printf("\t\t|\t\t 4. 修改学生信息\t        |\n");
    printf("\t\t|\t\t 5. 插入学生信息\t        |\n");
    printf("\t\t|\t\t 6. 排序\t\t       |\n");
    printf("\t\t|\t\t 7. 统计学生总数\t        |\n");
    printf("\t\t|\t\t 8. 显示所有学生信息\t       |\n");
    printf("\t\t|\t\t 0. 退出系统\t\t       |\n");
    printf("\t\t|\t\t\t\t       |\n");
    printf("\t\t|------------------------------------------------|\n\n");
```

```
        printf("\t\t\t请选择(0-8):");
    }
```

18.6 录入学生信息

18.6.1 模块概述

在学生信息管理系统中录入学生信息模块主要用于根据提示信息将学生的学号、姓名、选修课成绩、实验课成绩和必修课成绩依次输入，录入结束后系统会自动将学生信息保存到磁盘文件中，并计算出学生的总成绩。

当用户在功能选择界面中输入数字“1”，即可进入到录入学生信息状态。当磁盘文件有存储记录时，可以向文件中添加学生信息，运行结果如图18-3所示。

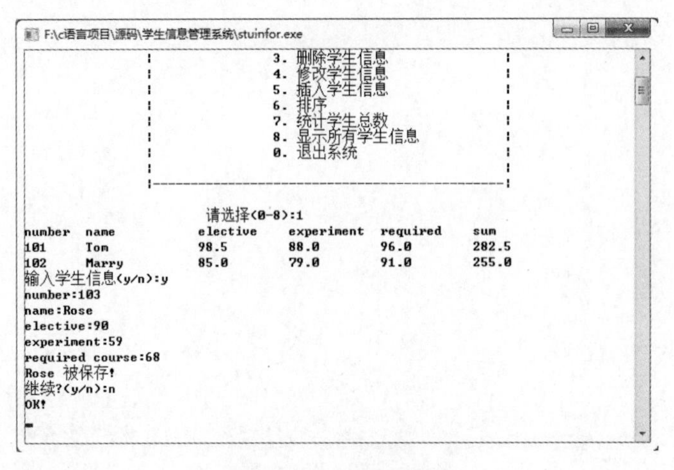

图18-3 录入学生信息

当磁盘文件中没有学生信息记录时，系统界面会提示没有记录，用户可以根据提示决定是否输入学生信息，运行结果如图18-4所示。

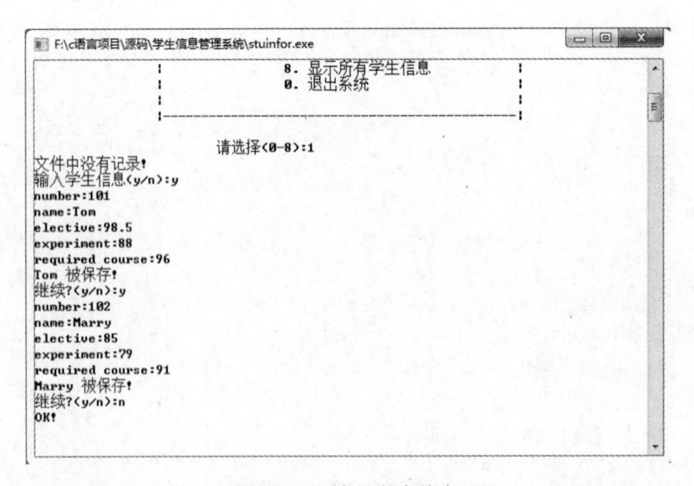

图18-4 输入学生信息

18.6.2 实现文件的打开和关闭功能

通常情况下，无论是从键盘上输入数据，还是程序运行产生的结果，都会随着运行结果的结束而丢失。

在学生信息管理系统中，我们需要保留学生的数据，当程序运行结束、关闭程序，学生数据不丢失。在该系统中我们采用文件来实现数据的保存。以下为在录入学生信息模块中对文件的操作。

（1）对磁盘文件进行处理操作需要首先打开文件。

```
FILE *fp;                                          /*定义文件类型指针*/
if((fp=fopen("data.txt","a+"))==NULL)              /*打开指定文件*/
{
    printf("can not open\n");
    return;
}
```

（2）当文件成功打开，需要测试文件类型指针是否在文件尾部，若不在文件尾部，需要读取文件中的数据。

```
while(!feof(fp))
{
    if(fread(&stu[m] ,LEN,1,fp)==1)                /*读取文件数据*/
        m++;                                       /*统计当前记录条数*/
}
```

（3）对文件操作结束后需要关闭文件。

```
fclose(fp);
```

对指定的磁盘文件进行写操作与读操作相同，实现代码如下：

```
fwrite(&stu[m],LEN,1,fp);
```

18.6.3 实现录入学生信息

1. 录入时文件中无内容

在录入学生信息模块中，当程序运行结束并关闭程序后，需要将学生的信息进行保存，用户下次运行程序时录入的信息仍然保留。在该模块中我们应用文件读写操作，将用户录入的信息保存到磁盘文件中，下次运行程序时，可以从磁盘文件中将存储数据读出并显示在界面中。

录入信息时，首先查询data文件是否存在，如果存在则判断文件是否有内容，根据结果，给用户作出提示。如果文件中没有内容，提示“文件中没有内容”。关键代码如下：

```
/**
* 录入学生信息
*/
void in()
{
   int i,m=0;                                      /*m是记录的条数*/
   char ch[2];
   FILE *fp;                                       /*定义文件类型指针*/
   if((fp=fopen("data.txt","a+"))==NULL)           /*打开指定文件*/
   {
     printf("文件不存在！\n");
     return;
   }
   while(!feof(fp))
   {
     if(fread(&stu[m] ,LEN,1,fp)==1)
     {
        m++;                                       /*统计当前记录条数*/
     }
   }
   fclose(fp);
   if(m==0)
   {
```

```
    printf("文件中没有内容!\n");
  }
```

2. 录入时文件中有内容

如果录入信息时，查询到文件data中有数据，首先显示文件中内容，再询问用户是否插入数据，如图18-5所示。

```
number  name          elective    experiment   required    sum
101     Tom           98.5        88.0         96.0        282.5
102     Marry         85.0        79.0         91.0        255.0
输入学生信息(y/n):
```

图18-5 data文件有数据时的显示界面

如果用户选择插入数据，系统首先对输入的学号进行检查，只有在输入的学号与已经存在的学号不重复的情况下，才能够继续输入其他学生信息。关键代码如下：

```
else
{
  show();                                             /*调用show函数，显示原有信息*/
}
if((fp=fopen("data.txt","wb"))==NULL)
{
    printf("文件不存在！ \n");
    return;
 }
printf("输入学生信息(y/n):");
scanf("%s",ch);
while(strcmp(ch,"Y")==0||strcmp(ch,"y")==0)           /*判断是否要录入新信息*/
{
printf("number:");
    scanf("%d",&stu[m].num);                          /*输入学生学号*/
for(i=0;i<m;i++)
   if(stu[i].num==stu[m].num)
   {
          printf("number已经存在了，按任意键继续!");
       getch();
       fclose(fp);
       return;
   }
printf("name:");
     scanf("%s",stu[m].name);                         /*输入学生姓名*/
printf("elective:");
scanf("%lf",&stu[m].elec);                            /*输入选修课成绩*/
printf("experiment:");
     scanf("%lf",&stu[m].expe);                       /*输入实验课成绩*/
printf("required course:");
     scanf("%lf",&stu[m].requ);                       /*输入必修课成绩*/
stu[m].sum=stu[m].elec+stu[m].expe+stu[m].requ;       /*计算出总成绩*/
if(fwrite(&stu[m],LEN,1,fp)!=1)                       /*将新录入的信息写入指定的磁盘文件*/
{
       printf("不能保存!");
       getch();
   }
else
     {
```

```
            printf("%s 被保存!\n",stu[m].name);
            m++;
        }
    printf("继续?(y/n):");                                          /*询问是否继续*/
    scanf("%s",ch);
    }
    fclose(fp);
    printf("OK!\n");
}
```

18.7 查询学生信息

18.7.1 模块概述

查询学生信息模块的主要功能是根据用户输入的学生学号对学生信息进行搜索。在主功能选择菜单中输入“2”时，进入查询状态，若查找到与输入学号匹配的学生信息，则显示该学生信息，运行结果如图18-6所示。

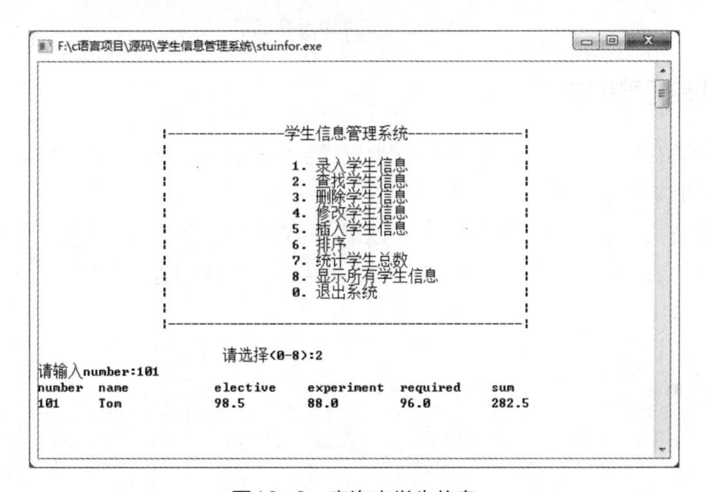

图18-6　查询出学生信息

如果查询的学号与文件中所有的学号都不匹配，系统会给出提示“没有找到这名学生”，如图18-7所示。

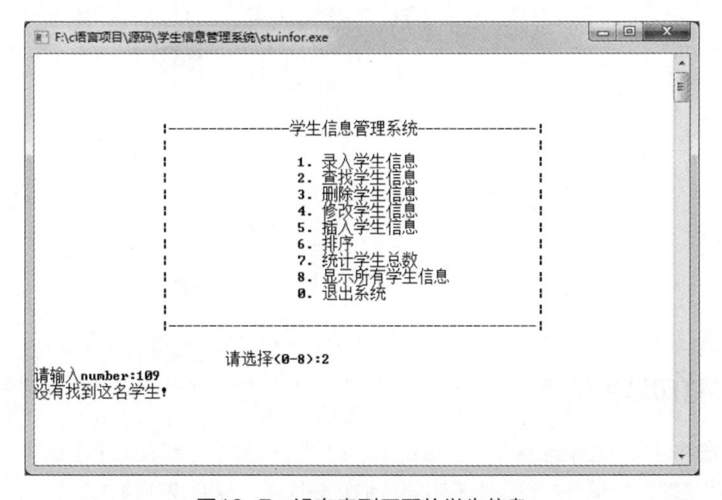

图18-7　没有查到匹配的学生信息

如果文件中没有任何记录，用户在进行查询时，会显示“文件中没有记录”，如图18-8所示。

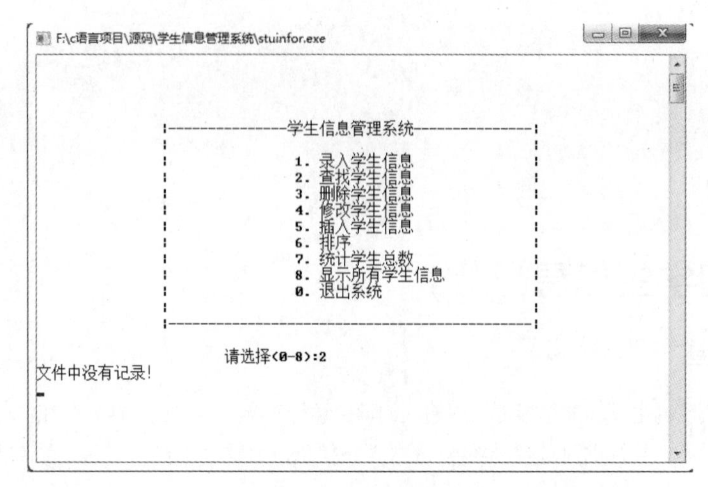

图18-8 文件中没有记录

18.7.2 查询没有记录的文件

由于学生的信息都存储到磁盘文件中，因此想要查找学生的信息需要对文件进行操作，即打开文件、读取文件中的数据和关闭文件。

根据输入的想要查找的学生的学号，进行信息匹配，当查找到学生的信息将其显示出来。如果查询时，data文件还没有创建，那么会提示“文件不存在！”；如果data文件创建了，但是里面没有记录，查询时提示“文件中没有记录！”。关键代码如下：

```
/**
* 自定义查找函数
*/
void search()
{
    FILE *fp;
    int snum,i,m=0;
    if((fp=fopen("data.txt","rb"))==NULL)
    {
        printf("文件不存在！\n");
        return;
    }
    while(!feof(fp))
      if(fread(&stu[m],LEN,1,fp)==1)
      m++;
    fclose(fp);
    if(m==0)
    {
        printf("文件中没有记录！\n");
        return;
    }
```

18.7.3 查找并打印学生信息

在data文件存在并且文件中有学生记录的情况下，如果输入的学号能在记录中找到，那么会打印输出此学号的学生信息；如果输入的学号在记录中找不到，那么会提示“没有找到这名学生！”。关键代码如下：

```
    printf("请输入number:");
    scanf("%d",&snum);
    for(i=0;i<m;i++)
    if(snum==stu[i].num)                          /*查找输入的学号是否在记录中*/
    {
        printf("number  name        elective   experiment  required    sum\t\n");
        printf(FORMAT,DATA);                      /*将查找出的结果按指定格式输出*/
        break;
    }
    if(i==m) printf("没有找到这名学生!\n");          /*未找到要查找的信息*/
}
```

18.8 删除学生信息

18.8.1 模块概述

删除学生信息模块主要的功能是从磁盘文件中将学生信息读取出来，从读出的信息中将要删除的学生信息查找到，然后将该学生信息的节点与链表断开（即将其所有信息删除），将更改后的信息再写入磁盘文件。在主功能菜单界面输入数字“3”，调用删除功能函数，运行结果如图18-9所示。

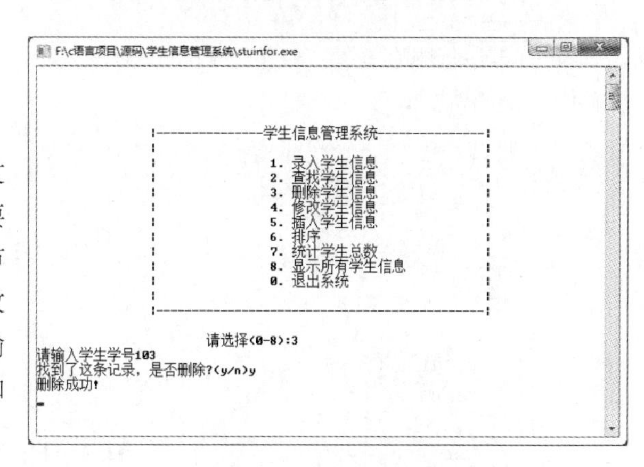

图18-9　删除学生信息

18.8.2 实现删除学生信息

首先判断data文件是否存在：如果文件存在，则继续操作；如果文件不存在，则返回“文件不存在”。再判断文件是否为空，如果文件不为空，则输入要删除的学生学号；如果文件内容为空，则返回“文件中没有记录”。

输入学号后，程序会判断文件中是否存在该学号：如果存在，会根据用户提示，选择是否删除该学生信息；如果不存在，则返回“没有找到这名学生！”。

删除学生信息的实现步骤如下。

（1）将磁盘文件中的学生信息读取出来，方便对其进行查找删除等操作。关键代码如下：

```
/**
* 自定义删除函数
*/
void del()
{
    FILE *fp;
    int snum,i,j,m=0;
    char ch[2];
    if((fp=fopen("data.txt","r+"))==NULL)            /*data.txt文件不存在*/
    {
        printf("文件不存在! \n");
        return;
    }
    while(!feof(fp))  if(fread(&stu[m],LEN,1,fp)==1) m++;
    fclose(fp);
```

（2）根据输入的想要删除的学生学号与读取出来的学生信息进行匹配查找。当查找到与该学号匹配的学生信息时，根据提示，输入是否对该学生进行删除操作。关键代码如下：

```
        if(m==0)
        {
            printf("文件中没有记录！ \n");                    /*data.txt文件存在，但里面没有内容*/
            return;
        }

        printf("请输入学生学号:");
        scanf("%d",&snum);
       for(i=0;i<m;i++)
         if(snum==stu[i].num)
            {
         printf("找到了这条记录，是否删除?(y/n)");
         scanf("%s",ch);
```

（3）若进行删除操作，则使用如下代码对该学生信息进行删除，并将删除后的学生信息重新写入磁盘文件中。关键代码如下：

```
    if(strcmp(ch,"Y")==0||strcmp(ch,"y")==0)//判断是否要进行删除
        {
            for(j=i;j<m;j++)
            stu[j]=stu[j+1];                    /*将后一个记录移到前一个记录的位置*/
            m--;                                /*记录的总个数减1*/
            if((fp=fopen("data.txt","wb"))==NULL)
        {
                printf("文件不存在\n");
                return;
        }
            for(j=0;j<m;j++)                    /*将更改后的记录重新写入指定的磁盘文件中*/
            if(fwrite(&stu[j] ,LEN,1,fp)!=1)
            {
                printf("can not save!\n");
                getch();
            }
            fclose(fp);
            printf("删除成功!\n");
        }else{
            printf("找到了记录，选择不删除！ ");
        }
            break;
        }
        else
        {
            printf("没有找到这名学生!\n");                /*未找到要查找的信息*/
          }
    }
```

18.9　修改学生信息

18.9.1　模块概述

在主功能菜单界面输入数字“4”，进入到修改学生信息界面，可以对学生信息进行修改。程序首先列出已存在的所有信息，然后提示用户输入要修改的学生学号，如果存在该记录，提示用户重新输入“name”“elective”“experiment”“required”等字段的数值，如图18-10所示。

如果输入的学号在文件中不存在，系统提示“没有找到这名学生！”，运行结果如图18-11所示。

```
F:\c语言项目\源码\学生信息管理系统\stuinfor.exe
                    1. 录入学生信息
                    2. 查找学生信息
                    3. 删除学生信息
                    4. 修改学生信息
                    5. 插入学生信息
                    6. 排序
                    7. 统计学生总数
                    8. 显示所有学生信息
                    0. 退出系统

              请选择(0-8):4
number  name          elective    experiment  required    sum
101     Tom           98.5        88.0        96.0        282.5
102     Marry         85.0        79.0        91.0        255.0
请输入要修改的学生number:  102
找到了这名学生,可以修改他的信息!
name:Marry
elective:73
experiment:80.5
required course:91
修改成功!
```

图18-10　修改学生信息

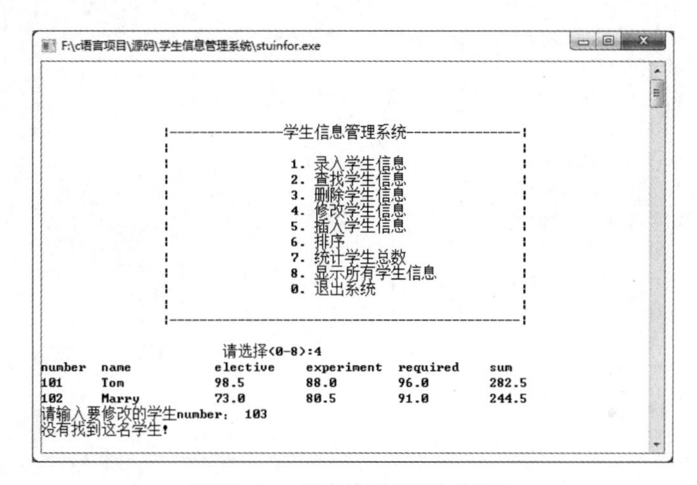

图18-11　没有找到要修改的记录

18.9.2　实现修改学生信息

在系统的功能菜单中选择修改学生信息选项后，系统首先显示已存在的学生信息，供用户选择，并提示输入需要修改信息的学生学号。如果系统在数据文件中发现对应学号，接下来会一一修改字段；如果找不到对应学号，系统将会提示“没有找到这名学生！”。关键代码如下：

```
/**
* 自定义修改函数
*/
void modify()
{
    FILE *fp;
    struct student t;
    int i=0,j=0,m=0,snum;
    if((fp=fopen("data.txt","r+"))==NULL)
    {
        printf("文件不存在! \n");
      return;
    }
```

```
    while(!feof(fp))
     if(fread(&stu[m] ,LEN,1,fp)==1)
          m++;
    if(m==0)
    {
        printf("文件中没有记录! \n");
       fclose(fp);
        return;
    }
    show();
    printf("请输入要修改的学生number： ");
    scanf("%d",&snum);
    for(i=0;i<m;i++)
        if(snum==stu[i].num)                      /*检索记录中是否有要修改的信息*/
        {
            printf("找到了这名学生,可以修改他的信息!\n");
            printf("name:");
            scanf("%s",stu[i].name);              /*输入名字*/
            printf("elective:");
            scanf("%lf",&stu[i].elec);            /*输入选修课成绩*/
            printf("experiment:");
            scanf("%lf",&stu[i].expe);            /*输入实验课成绩*/
            printf("required course:");
            scanf("%lf",&stu[i].requ);            /*输入必修课成绩*/
            printf("修改成功!");
            stu[i].sum=stu[i].elec+stu[i].expe+stu[i].requ;
            if((fp=fopen("data.txt","wb"))==NULL)
        {
                printf("不能打开文件\n");
                return;
        }
        for(j=0;j<m;j++)                          /*将新修改的信息写入指定的磁盘文件中*/
        if(fwrite(&stu[j] ,LEN,1,fp)!=1)
        {
                printf("不能保存文件!");
                getch();
        }
        fclose(fp);
        break;
    }
    if(i==m)
    {
        printf("没有找到这名学生!\n");            /*未找到要查找的信息*/
    }
}
```

18.10 插入学生信息

18.10.1 模块概述

插入学生信息模块主要功能是在需要的位置插入新的学生信息。在主功能菜单界面中输入数字“5”，进入插入学生信息模块，运行结果如图18-12所示。

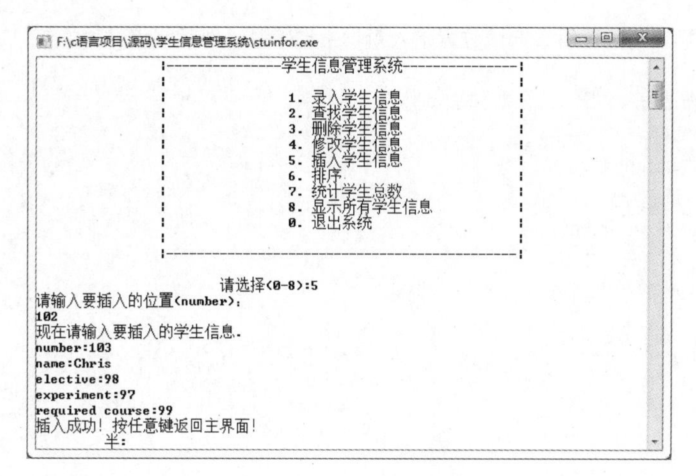

图18-12 插入学生信息

18.10.2 实现插入学生信息

插入学生信息模块的实现过程如下。

（1）因为该系统的学生信息都已经存储在磁盘文件中，所以每次操作都要先将数据从文件中读取出来，关键代码如下：

```
/**
* 自定义插入函数
*/
void insert()
{
    FILE *fp;
    int i,j,k,m=0,snum;
    if((fp=fopen("data.txt","r+"))==NULL)
    {
        printf("文件不存在！ \n");
        return;
    }
    while(!feof(fp))
        if(fread(&stu[m],LEN,1,fp)==1)
         m++;
    if(m==0)
    {
        printf("文件中没有记录!\n");
        fclose(fp);
        return;
    }
```

（2）输入需要插入信息的位置，即需要插在哪个学生的学号后面，然后查找该学号，从最后一条信息开始到插入位置的后一条信息均向后移一位，为新插入的信息提供位置。关键代码如下：

```
    printf("请输入要插入的位置(number): \n");
    scanf("%d",&snum);                          /*输入要插入的位置*/
    for(i=0;i<m;i++)
        if(snum==stu[i].num)
           break;
        for(j=m-1;j>i;j--)
           stu[j+1]=stu[j]; /*从最后一条记录开始均向后移一位*/
```

（3）设置好要插入的位置后，向该位置录入新学生的信息，然后将该学生的信息写入到磁盘文件中。关键代码如下：

```
        printf("现在请输入要插入的学生信息.\n");
        printf("number:");
        scanf("%d",&stu[i+1].num);
        for(k=0;k<m;k++)
        if(stu[k].num==stu[m].num)
        {
            printf("number已经存在，按任意键继续!");
            getch();
            fclose(fp);                                 /*关闭文件*/
            return;
        }
        printf("name:");
        scanf("%s",stu[i+1].name);
        printf("elective:");
        scanf("%lf",&stu[i+1].elec);
        printf("experiment:");
        scanf("%lf",&stu[i+1].expe);
        printf("required course:");
        scanf("%lf",&stu[i+1].requ);
        stu[i+1].sum=stu[i+1].elec+stu[i+1].expe+stu[i+1].requ;
        printf("插入成功！按任意键返回主界面！");
        if((fp=fopen("data.txt","wb"))==NULL)  /*如果文件不存在，则给出提示*/

            printf("不能打开！\n");
            return;
        }
        for(k=0;k<=m;k++)
        if(fwrite(&stu[k] ,LEN,1,fp)!=1)            /*将修改后的记录写入磁盘文件中*/
        {
           printf("不能保存!");
           getch();
        }
    fclose(fp);
}
```

18.11　学生成绩排名

18.11.1　模块概述

在主功能菜单界面中输入数字“6”，将所有学生的信息按照学生的总成绩从高到低进行排序，将排序后的信息写入到磁盘文件中保存。排序成功显示结果如图18-13所示。

在没有进行排序之前，在主功能菜单界面输入数字“8”，显示所有学生信息，这里有3条数据，如图18-14所示，因为这三条数据是按照number从101、102、103的顺序来输入的，这时总成绩并没有进行排序。

下面来检验系统是否真的对总成绩进行排序了。在主功能菜单界面中输入数字“6”，对学生成绩进行排序，然后在主功能菜单界面输入“8”，显示所有学生信息，这时显示的这3条数据是按照总成绩从高到低的顺序排列，如图18-15所示。

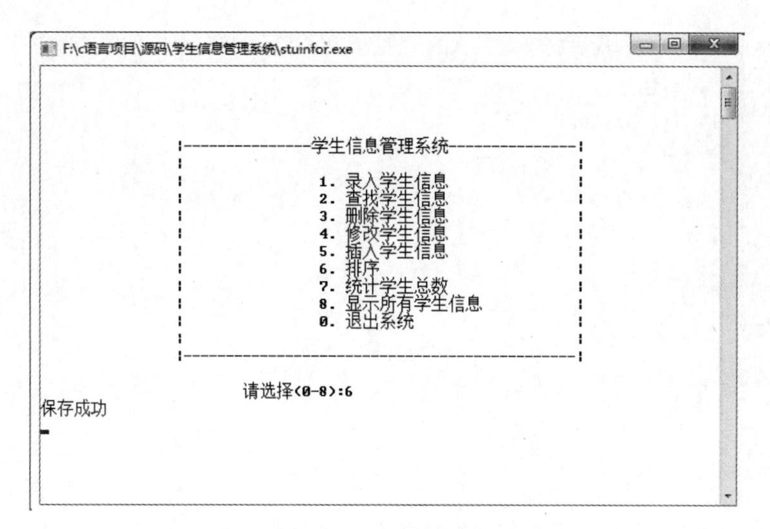

图18-13　显示排序效果图

请选择(0-8):8

number	name	elective	experiment	required	sum
101	Tom	98.5	88.0	96.0	282.5
102	Marry	73.0	80.5	91.0	244.5
103	Chris	98.0	97.0	99.0	294.0

图18-14　排序前

请选择(0-8):8

number	name	elective	experime		sum
103	Chris	98.0	97.0	99.0	294.0
101	Tom	98.5	88.0	96.0	282.5
102	Marry	73.0	80.5	91.0	244.5

总成绩从高到低

图18-15　排序后

18.11.2　使用交换排序法实现排序功能

对学生成绩从高到低进行排序，主要运用数组进行排序算法。前文中提到过，排序算法有很多种，有选择法排序、冒泡法排序、交换法排序、插入法排序、折半法排序。交换法排序与冒泡法排序都为正序时快，逆序时慢，排列有序数据时效果最好。在这里应用比较稳定简单的交换法排序对学生的成绩进行比较交换。在该模块中使用如下代码解决排序问题。

```
for(i=0;i<m-1;i++)
{
    for(j=i+1;j<m;j++)                          /*嵌套循环实现成绩比较交换*/
    {
        if(stu[i].sum<stu[j].sum)
        {
            t=stu[i];
            stu[i]=stu[j];
            stu[j]=t;
        }
    }
}
```

18.11.3　实现学生成绩排名

实现学生成绩的排名，首先需要将录入的学生信息从磁盘文件中读出，然后将读出的学生信息按照成绩进行比较交换，从高到低排列，最后将排好名次的学生信息保存写入到磁盘文件中。关键代码如下：

```
/**
* 自定义排序函数
*/
void order()
{
    FILE *fp;
    struct student t;
    int i=0,j=0,m=0;
    if((fp=fopen("data.txt","r+"))==NULL)
    {
        printf("文件不存在！ \n");
        return;
    }
    while(!feof(fp))
    if(fread(&stu[m] ,LEN,1,fp)==1)
        m++;
    fclose(fp);
    if(m==0)
    {
        printf("文件中没有记录!\n");
        return;
    }
    if((fp=fopen("data.txt","wb"))==NULL)
    {
        printf("文件不存在！ \n");
        return;
    }
    for(i=0;i<m-1;i++)
     for(j=i+1;j<m;j++)                                    /*嵌套循环实现成绩比较交换*/
       if(stu[i].sum<stu[j].sum)
       {
           t=stu[i];stu[i]=stu[j];stu[j]=t;
       }
    if((fp=fopen("data.txt","wb"))==NULL)
    {
        printf("文件不存在！ \n");
        return;
    }
    for(i=0;i<m;i++)                                       /*将重新排好序的内容写入指定的磁盘文件中*/
        if(fwrite(&stu[i] ,LEN,1,fp)!=1)
        {
        printf("%s 不能保存文件!\n");
        getch();
      }
    fclose(fp);
    printf("保存成功\n");
}
```

18.12 统计学生总数

18.12.1 模块概述

在主功能菜单界面中输入“7”，可统计data文件中一共保存了多少条学生信息，运行结果如图18-16所示。

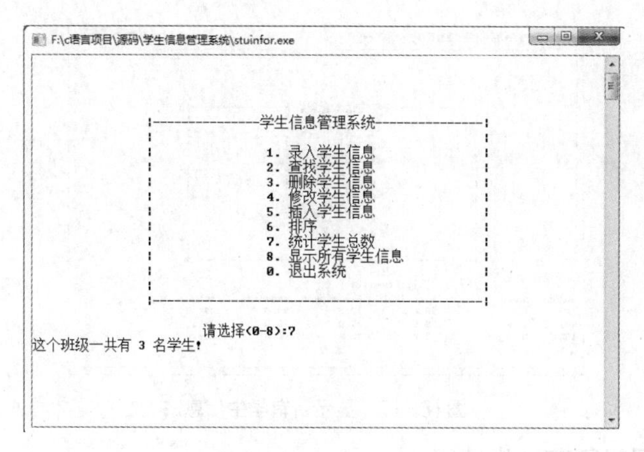

图18-16 统计学生总数

18.12.2 实现统计学生总数

要实现统计学生总人数的功能，首先要判断data文件是否存在，如果存在，再通过指针来计算其中的记录条数。具体关键代码如下：

```
/**
* 学生总数统计
*/
void total()
{
    FILE *fp;
    int m=0;
    if((fp=fopen("data.txt","r+"))==NULL)
    {
        printf("文件不存在！ \n");
        return;
    }
    while(!feof(fp))
        if(fread(&stu[m],LEN,1,fp)==1)
        {
            m++;                                      /*统计记录条数，即学生总人数*/
        }
    if(m==0)
    {
        printf("文件无内容!\n");
        fclose(fp);
        return;
    }
    printf("这个班级一共有 %d 名学生!\n",m);          /*将统计的数量输出*/
    fclose(fp);
}
```

18.13 显示所有学生信息

18.13.1 模块概述

在主功能菜单界面输入数字“8”，显示所有学生的信息，运行结果如图18-17所示。

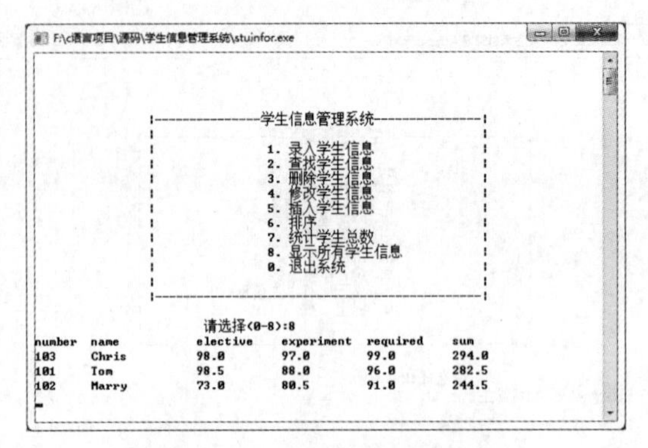

图18-17 显示所有学生信息

18.13.2 读取并显示所有学生信息

要实现读取并显示所有学生信息的功能，首先需要读取data文件中的内容，然后把这些内容按照指定格式打印出来。关键代码如下：

```
/**
* 显示所有学生信息
*/
void show()
{
    FILE *fp;
    int i,m=0;
    fp=fopen("data.txt","rb");
    while(!feof(fp))
    {
        if(fread(&stu[m] ,LEN,1,fp)==1)
        m++;
    }
    fclose(fp);
    printf("number  name elective experiment required sum\t\n");
    for(i=0;i<m;i++)
   {
        printf(FORMAT,DATA);                  /*将信息按指定格式打印*/
   }
}
```

小 结

开发人员是根据学生信息管理系统的需求分析对项目整体进行结构分析，并对各个功能进行编程实现，最终完成该系统。在该系统中由于学生的信息类型较多，且复杂，因此在对学生信息进行处理时需要对学生数据整体进行处理，例如录入学生信息时，需要向磁盘文件中写入信息，开发人员鉴于项目简洁、不容易出错的原因，对学生信息进行数据块形式的读写操作。

下面通过一个思维导图对本章所讲模块及主要知识点进行总结，如图18-18所示。

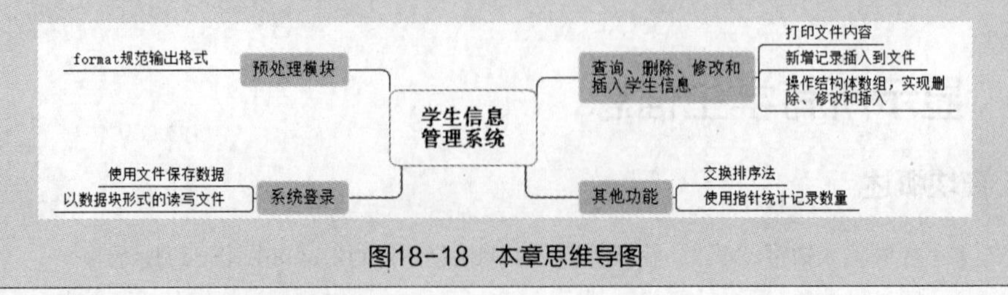

图18-18 本章思维导图

附录 上机实验

实验1：Visual C++6.0的下载和安装

实验目的

（1）了解Visual C++6.0的下载。

（2）掌握Visual C++6.0的安装。

实验内容

如何下载Visual C++6.0，并正确安装在计算机中。

实验步骤

1. Visual C++6.0的下载

微软公司已经停止了对Visual C++6.0的技术支持，并且也不提供下载，本书中使用的Visual C++6.0的中文版，读者可以在网上搜索，下载合适的安装包。

2. Visual C++6.0的安装

Visual C++6.0的具体安装步骤如下：

（1）双击打开Visual C++ 6.0的安装文件夹中的“SETUP.EXE”文件，如图1所示。打开的界面如图2所示，单击“运行程序”按钮，继续安装。

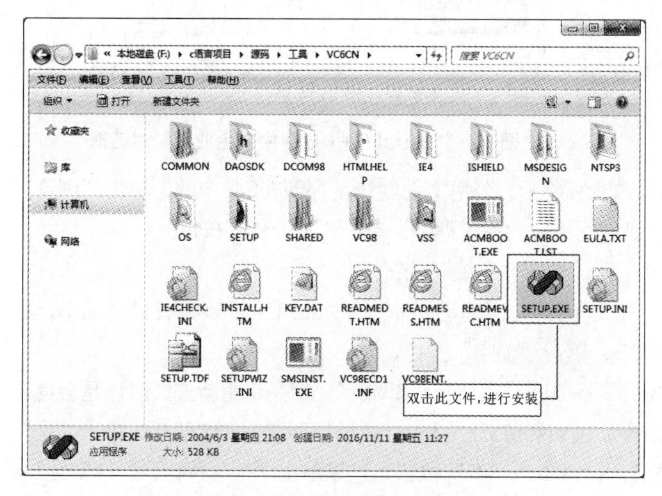

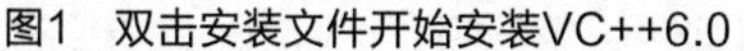
图1 双击安装文件开始安装VC++6.0

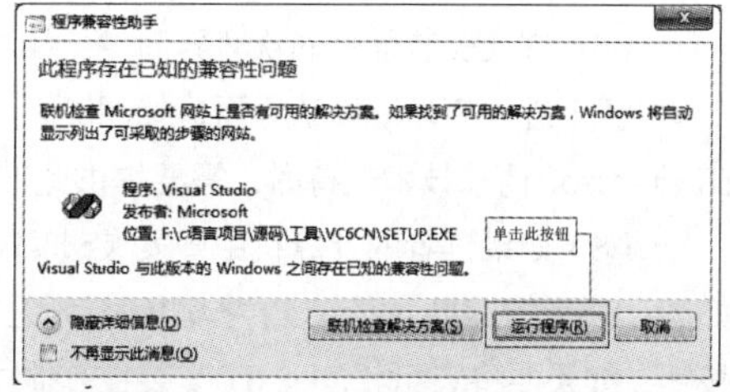

图2 单击“运行程序”按钮

（2）进入“Visual C++ 6.0中文企业版安装向导”界面，如图3所示，单击“下一步”按钮。进入“最终用户许可协议”界面，如图4所示，首先选择“接受协议”选项，然后单击“下一步”按钮。

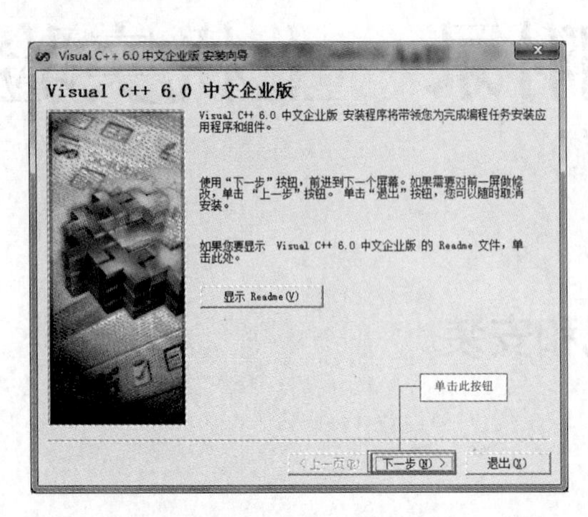

图3 安装向导对话框

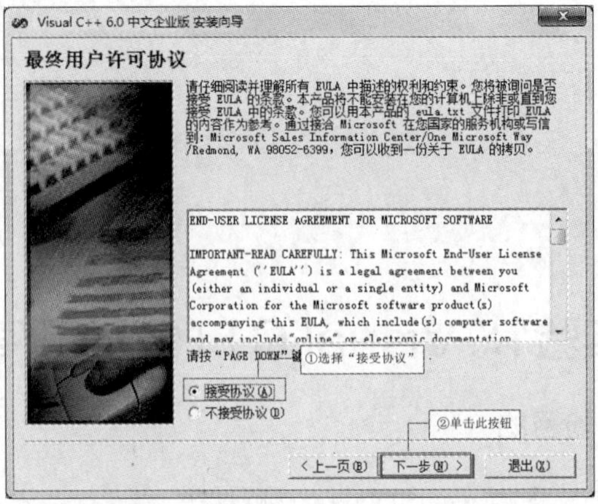

图4 “最终用户许可协议”对话框

（3）进入“产品号和用户ID”界面，如图5所示。在安装包内找到“CDKEY.txt”文件，填写产品ID号。根据情况填写姓名和公司名称，也可以采用默认设置，不对其修改，单击“下一步”按钮。

（4）进入“Visual C++ 6.0 中文企业版安装向导”界面，如图6所示。在该界面选择第一项“安装Visual C++ 6.0 中文企业版”，然后单击“下一步”按钮。

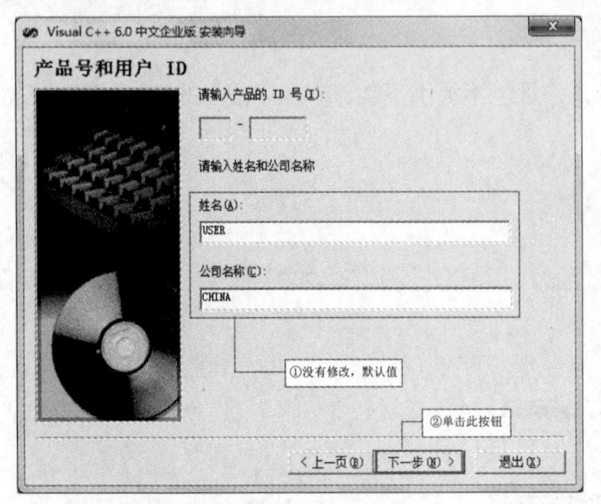

图5 “产品号和用户ID”对话框

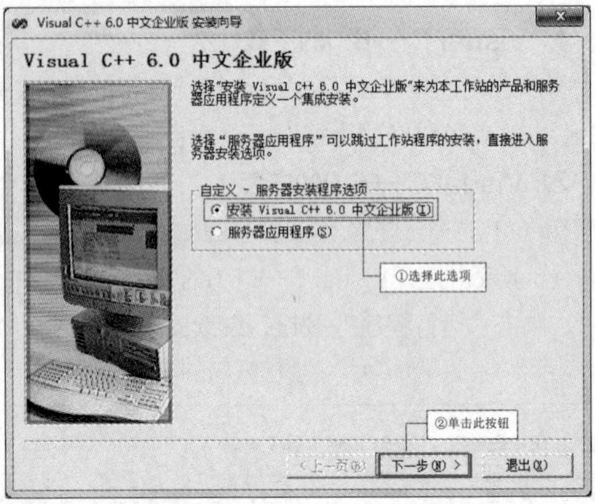

图6 “Visual C++ 6.0 中文企业版”对话框

（5）进入“选择公用安装文件夹”界面，如图7所示。公用文件默认是存储在C盘中的，单击“浏览”按钮，选择安装路径，这里建议安装在剩余磁盘空间比较大的磁盘中，单击“下一步”按钮。

（6）进入安装程序的欢迎界面中，如图8所示，单击“继续”按钮。

（7）进入产品ID确认界面，如图9所示，在此界面中，显示要安装的Visual C++ 6.0软件的产品ID，在向Microsoft请求技术支持时，需要提供此产品ID，单击“确定”按钮。

（8）如果读者的计算机中曾安装过Visual C++ 6.0，尽管已经卸载了，但是在重新安装时还是会提示如图10所示的信息。安装软件检测到系统之前安装过Visual C++ 6.0，如果想要覆盖安装的话，单击“是”按钮；如果要将Visual C++ 6.0安装在其他位置的话，单击“否”按钮。这里单击“是”按钮，继续安装。

（9）进入选择安装类型界面，如图11所示。在此界面中，第一项“Typical”传统安装，第二项“Custom”为自定义安装，这里选择“Typical”传统安装类型。

（10）进入注册环境变量界面，如图12所示，在此界面中，勾选“Register Environment Variables”选项，注册环境变量，单击“OK”按钮。

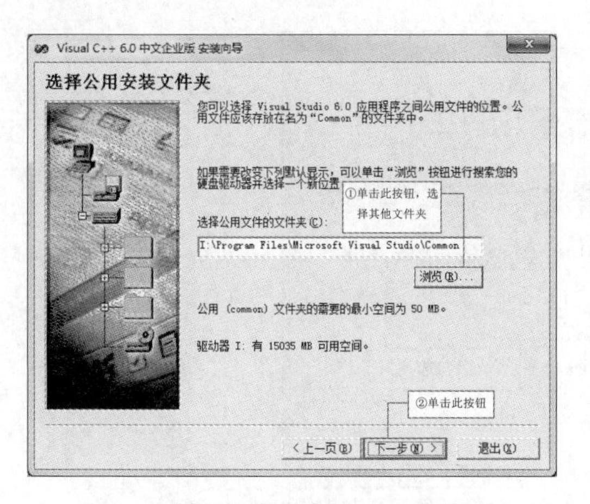

图7 “选择公用安装文件夹”对话框

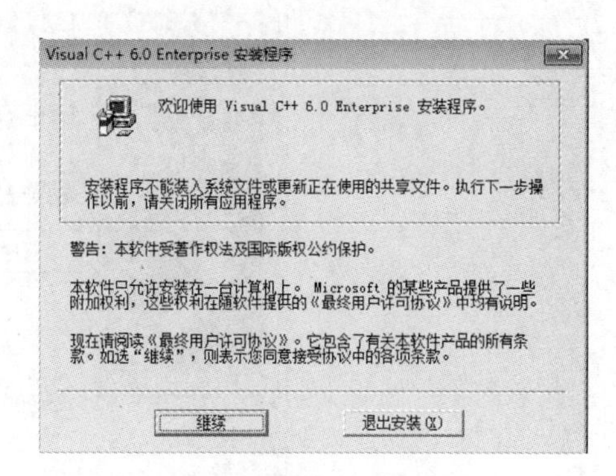

图8 安装程序的欢迎界面

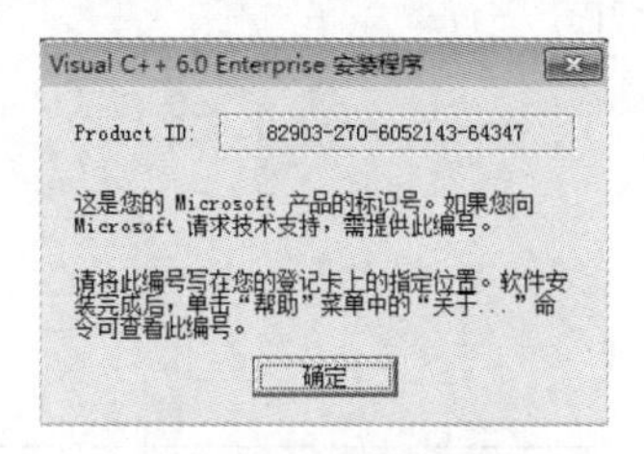

图9 产品ID确认界面

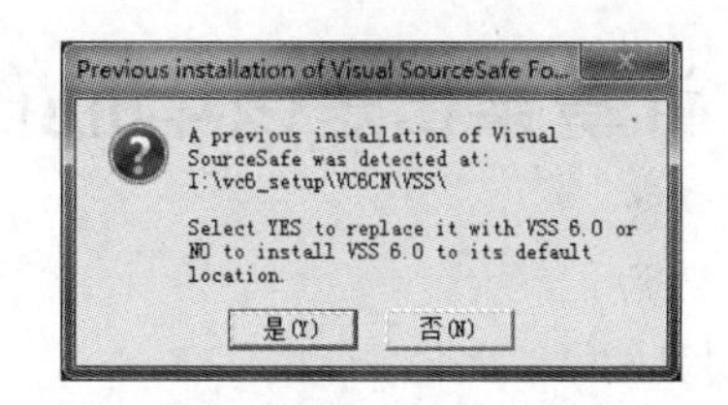

图10 覆盖以前的安装

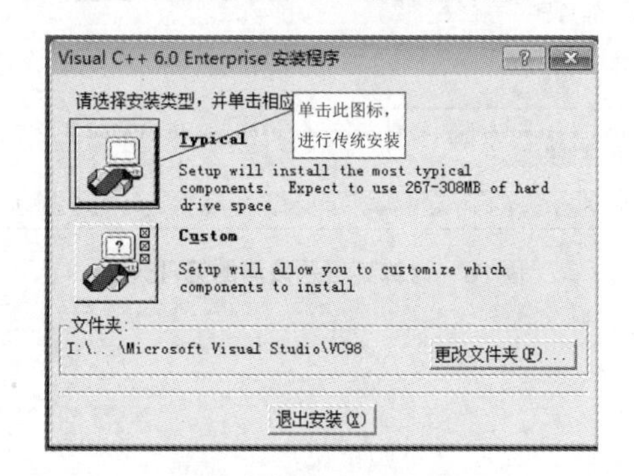

图11 选择安装类型界面

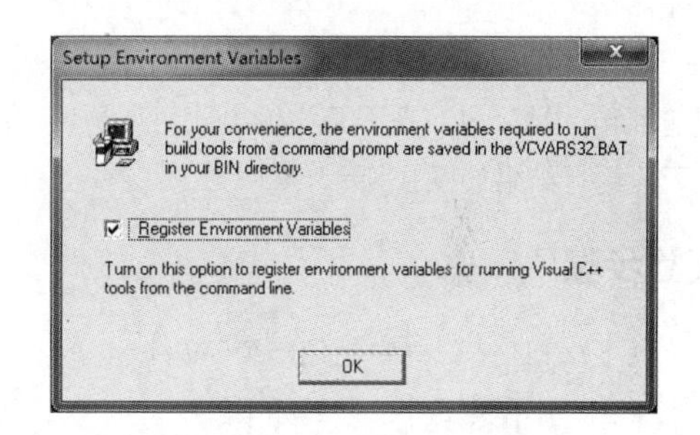

图12 注册环境变量界面

（11）前面的安装选项都设置后，下面就开始安装Visual C++ 6.0了，如图13所示，显示安装进度，当进度条达到100%时，则安装成功，如图14所示。

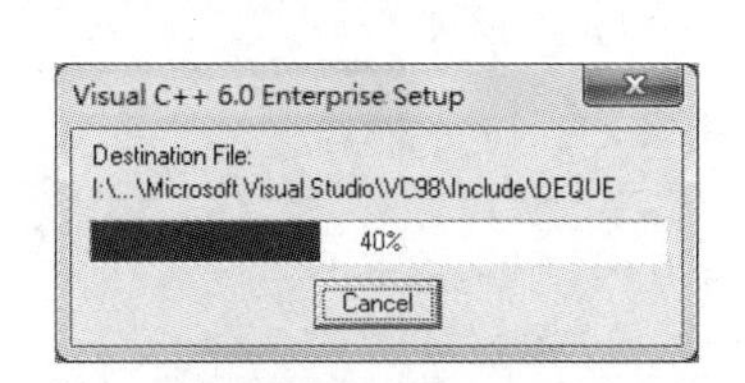

图13 安装进度条

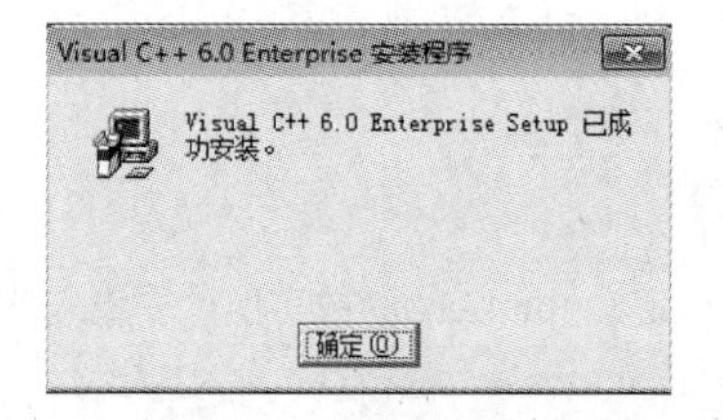

图14 安装成功界面

（12）Visual C++ 6.0安装成功后，进入到MSDN安装界面，如图15所示。取消勾选“安装MSDN”即不安装MSDN，单击“下一步”按钮。在其他客户工具和服务器安装界面不进行选择，直接单击“下一步”按钮，则可完成Visual C++ 6.0的全部安装。

图15　MSDN安装界面

实验2：计算某日是该年的第几天

实验目的

（1）设计判断闰年算法。

（2）常用的输入输出语句。

实验内容

本实例要求编写一个计算天数的程序，即从键盘中输入年、月、日，在屏幕中输出此日期是该年的第几天。运行结果如图16所示。

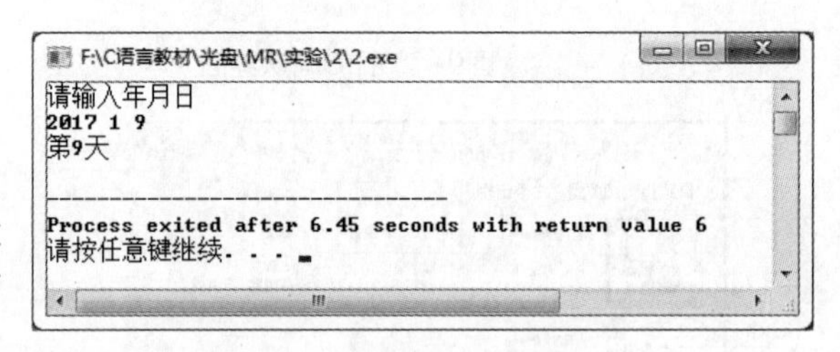

图16　计算某日是该年的第几天

实验步骤

（1）在Dev C++中创建一个C文件。

（2）引用头文件，代码如下：

```
#include<stdio.h>
```

（3）自定义leap()函数实现判断输入的年份是否为闰年，代码如下：

```
int leap(int a)                                              /*自定义函数leap用来指定年份是否为闰年*/
{
    if (a % 4 == 0 && a % 100 != 0 || a % 400 == 0)          /*闰年判定条件*/
        return 1;                                            /*是闰年返回1*/
    else
        return 0;                                            /*不是闰年返回0*/
}
```

（4）自定义number()函数实现计算输入的日期为该年的第几天，代码如下：

```
int number(int year, int m, int d) /*自定义函数number计算输入日期为该年第几天*/
{
    int sum = 0, i, j, k, a[12] =
    {
        31, 28, 31, 30, 31, 30, 31, 31, 30, 31, 30, 31
    };                                                       /*数组a存放平年每月的天数*/
    int b[12] =
```

```
    {
        31, 29, 31, 30, 31, 30, 31, 31, 30, 31, 30, 31
    };                                                 /*数组b存放闰年每月的天数*/
    if (leap(year) == 1)                               /*判断是否为闰年*/
        for (i = 0; i < m - 1; i++)
            sum += b[i];                               /*是闰年，累加数组b前m-1个月份天数*/
        else
            for (i = 0; i < m - 1; i++)
                sum += a[i];                           /*不是闰年，累加数组a前m-1个月份天数*/
            sum += d;                                  /*将前面累加的结果加上日期，求出总天数*/
            return sum;                                /*将计算的天数返回*/
}
```

（5）main()函数作为程序的入口函数，代码如下：

```
void main()
{
    int year, month, day, n;                           /*定义变量为基本整型*/
    printf("请输入年月日\n");
    scanf("%d%d%d", &year, &month, &day);              /*输入年月日*/
    n = number(year, month, day);                      /*调用函数number*/
    printf("第%d天\n", n);
}
```

实验3：老师分糖果问题

实验目的

（1）应用穷举法分析问题。

（2）定义整型和实型变量。

（3）数据类型转换。

实验内容

幼儿园老师将糖果分成了若干等份，让学生按任意次序上来领，第1个来领的，得到1份加上剩余糖果的十分之一；第2个来领的，得到2份加上剩余糖果的十分之一；第3个来领的，得到3份加上剩余糖果的十分之一，……依次类推。问共有多少个学生，老师共将糖果分成了多少等份？运行结果如图17所示。

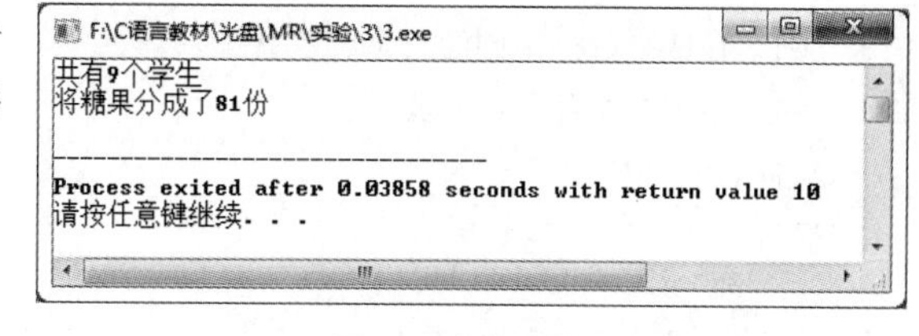

图17　老师分糖果

实验步骤

（1）在Dev C++中创建一个C文件。

（2）引用头文件，代码如下：

```
#include <stdio.h>
```

（3）定义n为基本整型，sum1和sum2为单精度型。

（4）使用穷举法，这里用for语句对n逐个判断，直到满足条件sum1=sum2，结束结束for循环。这里有一个问题值得大家注意，因为将糖果分成了n等份，所以最终求出的结果必须是整数。

（5）将最终求出的结构输出，这里注意一下学生数量是用总份数除以每个人得到的份数，程序里是除以第一个人得到的份数。

（6）程序主要代码如下：

```
void main()
{
    int n;
    float sum1,sum2;                          /*sum1和sum2应为单精度型，否则结果将不准确*/
    for(n=11;;n++)
    {
        sum1=(n+9)/10.0;
        sum2=(9*n+171)/100.0;
        if(sum1!=(int)sum1)continue;/*sum1和sum2应为整数，否则结束本次循环继续下次判断*/
        if(sum2!=(int)sum2)continue;
        if(sum1==sum2) break;                 /*当sum1等于sum2时，跳出循环*/
    }
    printf("共有%d个学生\n将糖果分成了%d份",(int)(n/sum1),n);
    /*输出学生数及分成的份数*/
    printf("\n");
}
```

实验4：求一元二次方程的根

实验目的

（1）应用算术运算符与算数表达式。

（2）注意运算符的优先级。

实验内容

求解一元二次方程$ax^2+bx+c=0$的根，由键盘输入系数，输出方程的根。

提示：这种问题类似于给出公式计算，可以按照输入数据、计算、输出三步方案来设计运行程序。运行效果如图18所示。

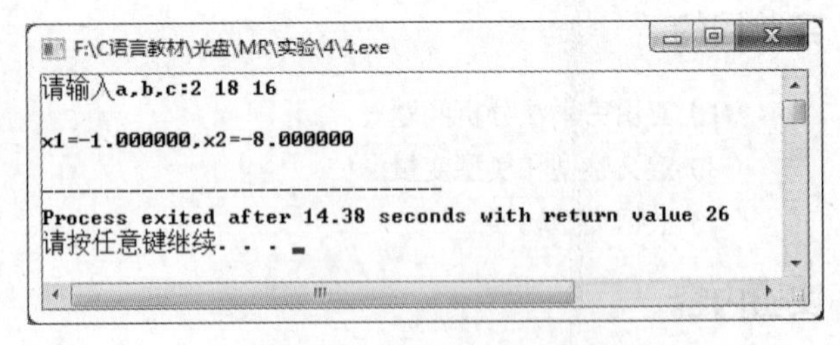

图18　求一元二次方程的根

实验步骤

（1）在Dev C++中创建一个C文件。

（2）引用头文件，代码如下：

```
#include <stdio.h>
#include <math.h>
```

（3）程序主要代码如下：

```
void main()
{
    double a,b,c;                             /*定义系数变量*/
    double x1,x2,p;                           /*定义根变量和判别式的变量*/
    printf("请输入a,b,c:");                    /*提示用户输入3个系数*/
    scanf("%lf%lf%lf",&a,&b,&c);              /*接收用户输入的系数*/
    printf("\n");                             /*输出回行*/
    p=b*b-4*a*c;                              /*给判别式赋值*/
    x1=(-b+sqrt(p))/(2*a);                    /*根1的值*/
    x2=(-b-sqrt(p))/(2*a);                    /*跟2的值*/
    printf("x1=%f,x2=%f\n",x1,x2);            /*输出两个根的值*/
}
```

实验5：求学生总成绩和平均成绩

实验目的

（1）设计顺序程序。

（2）应用格式输入和格式输出函数。

（3）强制类型转换。

实验内容

输入3个学生成绩，求这3个学生的总成绩和平均成绩。编写此程序，运行结果如图19所示。

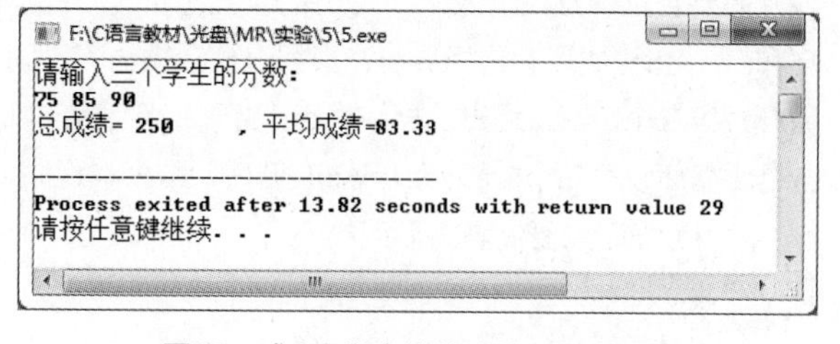

图19　求3个学生的总成绩和平均成绩

实验步骤

（1）在Dev C++中创建一个C文件。

（2）引用头文件，代码如下：

```
#include <stdio.h>
```

（3）程序主要代码如下：

```
void main()
{
    int a,b,c,sum;                                        /*定义变量*/
    float ave;
    printf("请输入3个学生的分数:\n");                       /*输出提示信息*/
    scanf("%d%d%d",&a,&b,&c);                             /*输入3个学生的成绩*/
    sum=a+b+c;                                            /*求总成绩*/
    ave=sum/3.0;                                          /*求平均成绩*/
    printf("总成绩=%4d\t，平均成绩=%5.2f\n",sum,ave);       /*输出总成绩和平均成绩*/
}
```

实验6：模拟ATM机界面程序

实验目的

（1）熟练掌握if条件判断语句。

（2）熟练掌握switch条件分支语句。

（3）应用逻辑表达式。

实验内容

模拟银行ATM机操作界面，主要实现取款功能：在取款操作前用户要先输入密码，密码正确才可进行取款操作，取款时将显示取款金额及剩余金额，操作完毕退出程序。运行结果如图20所示。

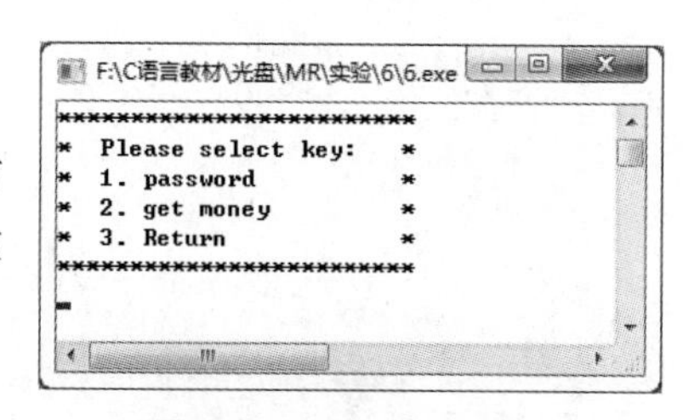

图20　模拟ATM机界面

实验步骤

（1）在Dev C++中创建一个C文件。

（2）引用头文件。

```
#include<stdio.h>
#include<stdlib.h>
```

（3）变量类型声明，分别定义了字符型和基本整型变量。

（4）使用do...while循环，当输入数据不是1，2，3中任意一个，将始终进行do循环体中的语句，否则进行下面switch语句的操作。

（5）使用switch语句构成本程序的选择功能，当输入1时进行用户密码确认，此时用到if语句判断输入密码是否正确及数输入密码次数是否超过3次。当输入2时进行用户取款操作，此时再次使用do...while循环和switch构成取款选择界面，根据取款金额输入不同数据，输入数据4时，第一个break跳出内层switch循环，第二个break跳出外层switch循环，回到最初while控制下的主界面。当输入3时，第一个break跳出switch循环，第二个break跳出while循环，结束本程序。

（6）程序主要代码如下：

```
main()
{
   char Key,CMoney;
   int password,password1=123,i=1,a=1000;                    /*定义变量*/
   while(1)
   {
      do{
         system("cls");
         printf("*************************\n");
         printf("*  Please select key:  *\n");
         printf("*  1. password         *\n");
         printf("*  2. get money        *\n");
         printf("*  3. Return           *\n");
         printf("*************************\n");
         Key = getch();
      }while( Key!='1' && Key!='2' && Key!='3' );
      /*当输入值不是1、2、3中任意值时显示do循环体中的内容*/
      switch(Key)
      {
      case '1':                                               /*当输入值为1时执行case1*/
         system("cls");
         do
         {
            i++;
            printf("   please input password   ");
            scanf("%d",&password);
            if(password1!=password)                           /*如果输入密码不正确，执行下面语句*/
            {
               if(i>3)                                        /*如果3次密码输入均不正确将退出程序*/
               {
                  printf(" Wrong! Press any key to exit... ");
                  getch();
                  exit(0);
               }
               else
                  puts("wrong,try again");                    /*输入次数未到3次，可继续输入*/
            }
         }
         while(password1!=password&&i<=3);
         /*如果密码不正确且输入次数小于等于3次，执行do循环体中语句*/
         printf("OK! Press any key to continue... ");/*密码正确返回初始界面开始其他操作*/
         getch();
      case '2':                                               /*输入值为2时执行case2*/
```

```
do{
  system("cls");
  if(password1!=password)
    /*如果在case1中密码输入不正确将无法进行后面操作*/
  {printf("please logging in,press any key to continue...");
  getch();
  break;}
  else
  {
    printf("*********************************\n");
    printf("  Please select:           *\n");
    printf("*  1. $100                 *\n");
    printf("*  2. $200                 *\n");
    printf("*  3. $300                 *\n");
    printf("*  4. Return               *\n");
    printf("*********************************\n");
    CMoney = getch();              }
}while( CMoney!='1' && CMoney!='2' && CMoney!='3'&&CMoney!='4');
/*当输入值不是1，2，3，4中任意数将继续执行do循环体中语句*/
switch(CMoney)
{
case '1':                                          /*输入1时执行case1中的操作*/
  system("cls");
  a=a-100;
  printf("*****************************************\n");
  printf("*  Your Credit money is $100,Thank you! *\n");
  printf("*        The balance is $%d.        *\n",a);
  printf("*      Press any key to return...     *\n");
  printf("*****************************************\n");
  getch();
  break;
case '2':
  system("cls");                                   /*输入2时执行case2中的操作*/
  a=a-200;
  printf("*****************************************\n");
  printf("*  Your Credit money is $200,Thank you! *\n");
  printf("*         The balance is $%d.       *\n",a);
  printf("*      Press any key to return...     *\n");
  printf("*****************************************\n");
  getch();
  break;
case '3':                                          /*输入3时执行case3中的操作*/
  system("cls");
  a=a-300;
  printf("*****************************************\n");
  printf("*  Your Credit money is $300,Thank you!  *\n");
  printf("*          the balance is $%d        *\n",a);
  printf("*       Press any key to return...     *\n");
  printf("*****************************************\n");
  getch();
  break;
case '4':                                          /*输入4时执行case4中的操作*/
  break;
}
break;
case '3':
  printf("*****************************************\n");
  printf("*  Thank you for your using!          *\n");
```

```
            printf("*        Goodbye!                *\n");
            printf("******************************************\n");
            getch();
            break;
        }
        break;
    }
}
```

实验7：猜数字游戏

实验目的

（1）应用for循环语句。

（2）应用循环嵌套语句。

（3）掌握跳转语句。

实验内容

猜数字游戏具体要求如下。开始时应输入要猜的数字的位数，这样计算机可以根据输入的位数随机分配一个符合要求的数据，计算机输出guess后便可以输入数字，注意数字间需用空格键或回车键加以区分，计算机会根据输入信息给出相应的提示信息：A表示位置与数字均正确的个数，B表示位置不正确但数字正确的个数，这样便可以根据提示信息进行下次输入，直到正确为止，这时会根据输入的次数给出相应的评价。运行结果如图21所示。

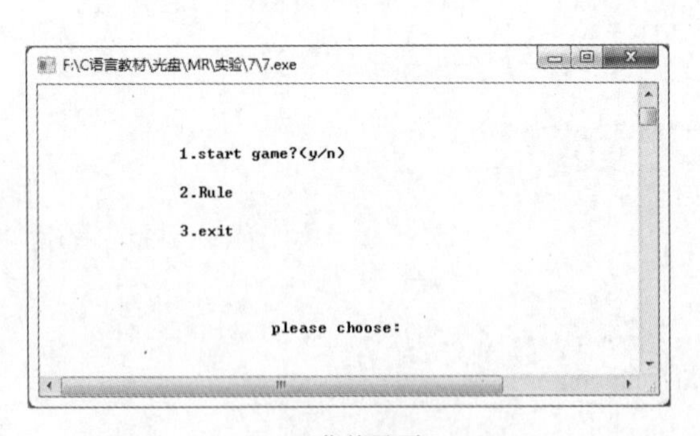

（a）菜单界面

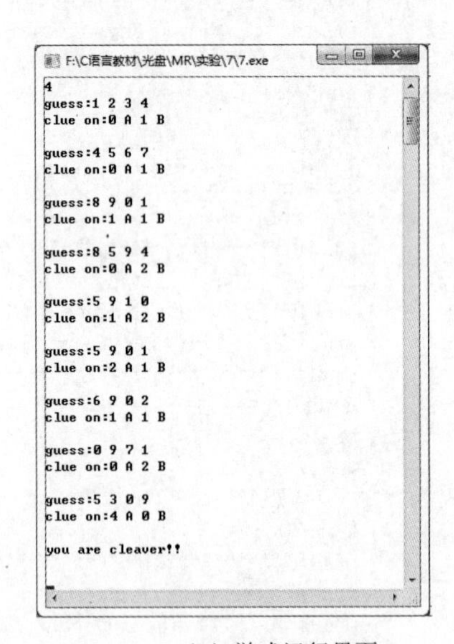

（b）游戏运行界面

图21　猜数字游戏

实验步骤

（1）在Dev C++中创建一个C文件。

（2）引用头文件、进行宏定义及数据类型的指定。

```
#include <stdio.h>
#include <stdlib.h>
#include <time.h>
```

```
#include <conio.h>
#include <dos.h>
```

（3）自定义guess()函数，作用是产生随机数并将输入的数与产生的数作比较，并将比较后的提示信息输出。

```
void guess(int n)
{
    int acount,bcount,i,j,k=0,flag,a[10],b[10];
    do
    {
        flag=0;
        srand((unsigned)time(NULL));            /*利用系统时钟设定种子*/
        for(i=0;i<n;i++)
        a[i]=rand()%10;                         /*每次产生0—9范围内任意的一个随机数并存到数组a中*/
        for(i=0;i<n-1;i++)
        {
            for(j=i+1;j<n;j++)
            if(a[i]==a[j])                      /*判断数组a中是否有相同数字*/
            {
                flag=1;                         /*若有上述情况则标志位置1*/
                break;
            }
        }
    }while(flag==1);                            /*若标志位为1则重新分配数据*/
    do
    {
        k++;                                    /*记录猜数字的次数*/
        acount=0;                               /*每次猜的过程中位置与数字均正确的个数*/
        bcount=0;                               /*每次猜的过程中位置不正确但数字正确的个数*/
        printf("guess:");
        for(i=0;i<n;i++)
        scanf("%d",&b[i]);                      /*输入猜测的数据到数组b中*/
        for(i=0;i<n;i++)
            for(j=0;j<n;j++)
            {
                if(a[i]==b[i])                  /*检测输入的数据与计算机分配的数据相同且位置相同的个数*/
                {
                    acount++;
                    break;
                }
                if(a[i]==b[j]&&i!=j)            /*检测输入的数据与计算机分配的数据相同但位置不同的个数*/
                {
                    bcount++;
                    break;
                }
            }
        printf("clue on:%d A %d B\n\n",acount,bcount);
        if(acount==n)                           /*判断acount是否与数字的个数相同*/
        {
            if(k==1)
                printf(" you are the topmost rung of Fortune's ladder!! \n\n");
            else if(k<=5)
                printf("you are genius!!\n\n");
            else if(k<=10)
                printf("you are cleaver!!\n\n");
            else
                printf("you need try hard!!\n\n");
```

```
            break;
        }
    }while(1);
}
```

（4）定义获取屏幕光标位置函数，程序代码如下：

```
/**
 * 获取屏幕光标位置
 */
void gotoxy(int x, int y)
{
    COORD c;
    c.X = x;
    c.Y = y;
    SetConsoleCursorPosition(GetStdHandle(STD_OUTPUT_HANDLE), c);
}
```

（5）main()函数作为程序的入口函数，通过输入相应的数字选择不同的功能，程序代码如下：

```
main()
{
    int i, n;
    while (1)
    {
        system("cls");
        gotoxy(15, 6);                                    /*将光标定位*/
        printf("1.start game?(y/n)");
        gotoxy(15, 8);
        printf("2.Rule");
        gotoxy(15, 10);
        printf("3.exit\n");
        gotoxy(25, 15);
        printf("please choose:");
        scanf("%d", &i);
        switch (i)
        {
            case 1:
                system("cls");
                printf("please input n:\n");
                scanf("%d", &n);
                guess(n);                                 /*调用guess函数*/
                sleep(5);                                 /*程序停止5秒钟*/
                break;
            case 2:                                       /*输出游戏规则*/
                system("cls");
                printf("\t\tThe Rules Of The Game\n");
                printf(" step1: input the number of digits\n");
                printf(" step2: input the number,separated by a space between two numbers\n");
                printf(" step3: A represent location and data are correct\n");
                printf("\tB represent location is correct but data is wrong!\n");
                sleep(10);
                break;
            case 3:                                       /*退出游戏*/
                exit(0);
            default:
            break;
        }
    }
}
```

实验8：使用数组统计学生成绩

实验目的

（1）一维数组的定义和使用。

（2）输出数组元素。

（3）初步使用宏定义。

实验内容

输入学生的学号及语文、数学、英语成绩，输出学生各科成绩信息及平均成绩。运行结果如图22所示。

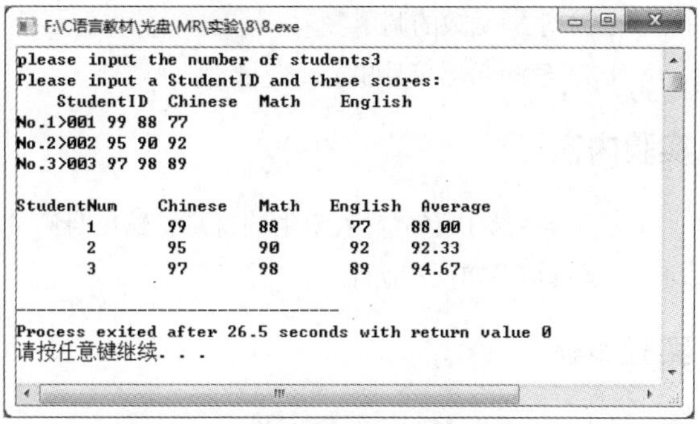

```
F:\C语言教材\光盘\MR\实验\8\8.exe
please input the number of students3
Please input a StudentID and three scores:
    StudentID  Chinese  Math    English
No.1>001 99 88 77
No.2>002 95 90 92
No.3>003 97 98 89

StudentNum     Chinese    Math    English  Average
       1         99        88       77     88.00
       2         95        90       92     92.33
       3         97        98       89     94.67

--------------------------------
Process exited after 26.5 seconds with return value 0
请按任意键继续. . .
```

图22　统计学生成绩

实验步骤

（1）在Dev C++中创建一个C文件。

（2）引用头文件并进行宏定义。

```
#include<stdio.h>
#define MAX 50                                          /*定义MAX为常量50*/
```

（3）定义变量及数组的数据类型。

（4）输入学生数量。

（5）输入每个学生学号及3门学科的成绩。

（6）将输入的信息输出并同时输出每个学生3门学科的平均成绩。

```
main()
{
    int i,num;                                          /*定义变量i，num为基本整型*/
    int Chinese[MAX],Math[MAX],English[MAX];            /*定义数组为基本整型*/
    long StudentID[MAX];                                /*定义StudentID为长整形*/
    float average[MAX];
    printf("please input the number of students");
    scanf("%d",&num);                                   /*输入学生数*/
    printf("Please input a StudentID and three scores:\n");
    printf("   StudentID  Chinese  Math    English\n");
    for( i=0; i<num; i++ )                              /*根据输入的学生数量控制循环次数*/
    {
        printf("No.%d>",i+1);
        scanf("%ld%d%d%d",&StudentID[i],&Chinese[i],&Math[i],&English[i]);
        /*依次输入学号及语文、数学、英语成绩*/
        average[i] = (float)(Chinese[i]+Math[i]+English[i])/3;     /*计算出平均成绩*/
    }
    puts("\nStudentNum    Chinese   Math   English  Average");
    for( i=0; i<num; i++ )                              /*for循环将每个学生的成绩信息输出*/
    {
        printf("%8ld %8d %8d %8d %8.2f\n",StudentID[i],Chinese[i],Math[i],English[i],average[i]);
    }
    return 0;
}
```

实验9：设计函数计算学生平均身高

实验目的

（1）掌握函数的声明和定义。

（2）掌握函数的调用。

（3）理解局部变量和全局变量。

实验内容

输入学生数并逐个输入学生的身高，输出身高的平均值。运行结果如图23所示。

```
F:\C语言教材\光盘\MR\实验\9\9.exe
请输入学生的数量:
10
请输入学生们的身高:
170 185 175 169 173
180 183 163 174 176

学生的平均身高为：174.80

--------------------------------
Process exited after 30.26 seconds with return value 0
请按任意键继续. . .
```

图23　求学生的平均身高

实验步骤

（1）在Dev C++中创建一个C文件。

（2）引用头文件。

```
#include<stdio.h>
```

（3）自定义求平均身高函数。

```
float average(float array[],int n)                    /*自定义求平均身高函数*/
{
    int i;
    float aver,sum=0;
    for(i=0;i<n;i++)
    sum+=array[i];                                    /*用for循环实现sum累加求和*/
    aver=sum/n;                                       /*总和除以人数求出平均值*/
    return(aver);                                     /*返回平均值*/
}
```

（4）程序主要代码如下：

```
int main()
{
    float average(float array[],int n);               /*函数声明*/
    float height[100],aver;
    int i,n;
    printf("请输入学生的数量:\n");
    scanf("%d",&n);                                   /*输入学生数量*/
    printf("请输入学生们的身高:\n");
    for(i=0;i<n;i++)
    scanf("%f",&height[i]);                           /*逐个输入学生的身高*/
    printf("\n");
    aver=average(height,n);                           /*调用average函数求出平均身高*/
    printf("学生的平均身高为：%6.2f\n",aver);          /*将平均身高输出*/
    return 0;
}
```

实验10：使用指针交换两个数组中的最大值

实验目的

（1）使用指针作函数参数。

（2）定义返回指针值的函数。

实验内容

在屏幕上输入两个分别带有5个元素的数组，使用指针实现将两个数组中的最大值交换，并输入交换最大值之后的两个数组。程序运行结果如图24所示。

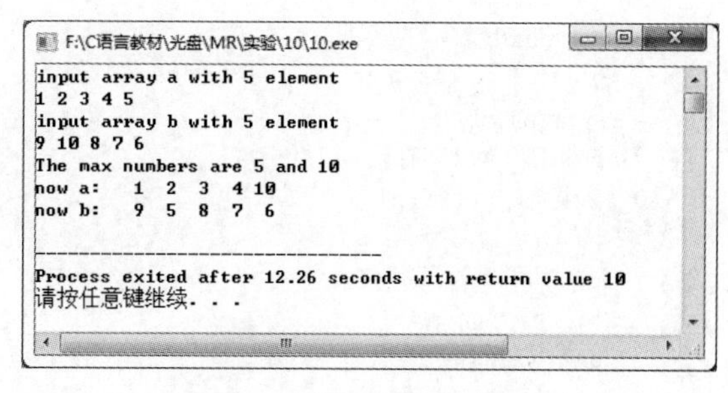

图24 交换两个数组中最大值

实验步骤

（1）在Dev C++中创建一个C文件。

（2）引用头文件，进行宏定义。

```
#include <stdio.h>
#define N 5
```

（3）自定义函数max()用于获取数组中最大值的位置，并返回这个位置，max()函数的返回值为指针型数据。其代码如下：

```
*max(int *a, int n)                        /*自定义函数返回数组最大值地址*/
{
    int *p, *q;                            /*定义指针变量*/
    q=a;                                   /*获取首地址*/
    for(p=a+1;p<a+n;p++)                   /*判断查找最大值*/
    {
        if(*p>*q)
            q=p;                           /*将最大值地址保存在q中*/
    }
    return q;                              /*返回最大值地址*/
}
```

（4）自定义函数swap()用于将两个数组元素值交换，这里的参数为指针型，表示要交换数据的两个数组元素的地址。其代码如下：

```
swap(int *pa, int *pb)                     /*交换两个数值的自定义函数*/
{
    int temp;                              /*定义变量*/
    temp=*pa;                              /*进行交换*/
    *pa=*pb;
    *pb=temp;
}
```

（5）main()函数中实现输入两个数组，调用自定义函数实现查找数组中最大值并将两个最大值交换。代码如下：

```
main()
{
    int a[N], b[N];                        /*定义两个数组*/
    int *pa, *pb, *p;                      /*定义指针变量*/
    printf("input array a with 5 element\n");
    for(p=a;p<a+N;p++)                     /*输入数组元素*/
    {
        scanf("%d",p);
    }
    printf("input array b with 5 element\n");
    for(p=b;p<b+N;p++)                     /*输入数组b的元素*/
    {
        scanf("%d",p);
    }
    pa=max(a,N);                           /*获取数组a中的最大值地址*/
```

```
    pb=max(b,N);                                          /*获取数组b中的最大值地址*/
    printf("The max numbers are %d and %d\n",*pa,*pb);
    swap(pa,pb);                                          /*交换两个元素值*/
    printf("now a: ");
    for(p=a;p<a+N;p++)                                    /*输出数组a*/
    {
        printf ("%3d",*p);
    }
    printf("\nnow b: ");
    for(p=b;p<b+N;p++)                                    /*输出数组b*/
    {
        printf ("%3d",*p);
    }
    printf("\n");
}
```

实验11：设计通信录

实验目的

（1）掌握结构体变量的定义。

（2）掌握结构体变量的引用。

实验内容

设计一个通信录，设定包含姓名和电话号码两个成员的结构体类型，存储通信信息，以“#”结束输入，并且可对输入的数据进行查找，运行结果如图25所示。

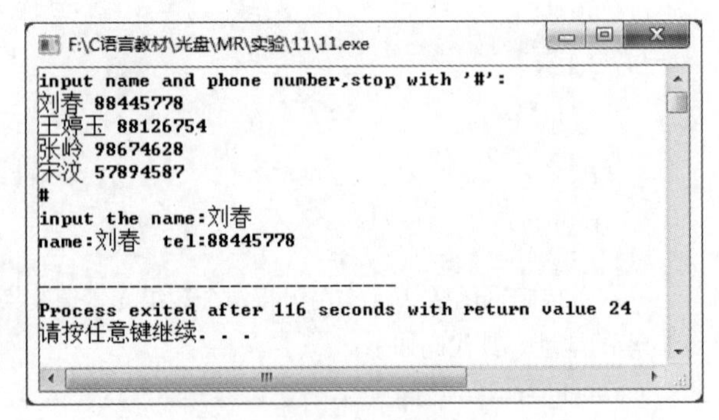

图25 通信录

实验步骤

（1）在Dev C++中创建一个C文件。

（2）引用头文件。

```
#include <stdio.h>
#include <string.h>
#define MAX 101
```

（3）定义结构体aa，用来存储姓名和电话号码，代码如下：

```
struct aa                                  /*定义结构体aa存储姓名和电话号码*/
{
    char name[15];
    char tel[15];
};
```

（4）自定义函数readin()，用来实现姓名和电话号码存储的过程，代码如下：

```
int readin(struct aa *a)                   /*自定义函数readin，用来存储姓名及电话号码*/
{
    int i = 0, n = 0;
    while (1)
    {
        scanf("%s", a[i].name);            /*输入姓名*/
        if (!strcmp(a[i].name, "#"))
            break;
```

```
        scanf("%s", a[i].tel);                                  /*输入电话号码*/
        i++;
        n++;                                                    /*记录的条数*/
    }
    return n;                                                   /*返回条数*/
}
```

（5）自定义函数search()，用来查找输入的姓名所对应的电话号码，代码如下：

```
void search(struct aa *b, char *x, int n)       /*自定义函数search，查找姓名所对应的电话号码*/
{
    int i;
    i = 0;
    while (1)
    {
        if (!strcmp(b[i].name, x))                              /*查找与输入姓名相匹配的记录*/
        {
/*输出查找到的姓名所对应的电话号码*/
            printf("name:%s  tel:%s\n", b[i].name, b[i].tel);
            break;
        }
        else
            i++;
        n--;
        if (n == 0)
        {
            printf("No found!");                                /*若没查找到记录输出提示信息*/
            break;
        }
    }
}
```

（6）主函数中代码如下：

```
main()
{
    struct aa s[MAX];                                           /*定义结构体数组s*/
    int num;
    char name[15];
    printf("input name and phone number,stop with '#':\n");
    num = readin(s);                                            /*调用函数readin*/
    printf("input the name:");
    scanf("%s", name);                                          /*输入要查找的姓名*/
    search(s, name, num);                                       /*调用函数search*/
}
```

实验12：取出给定16位二进制数的奇数位

实验目的

（1）掌握位运算符。

（2）巧妙运用中间变量。

实验内容

取出给定的16位二进制数的奇数位，构成新的数据并输出。运行结果如图26所示。

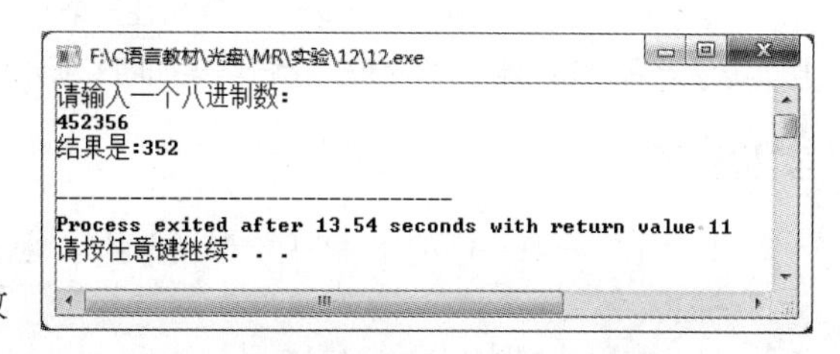

图26　取出给定16位二进制数的奇数位

实验步骤

（1）在Dev C++中创建一个C文件。

（2）引用头文件，代码如下：

```
#include <stdio.h>
```

（3）程序主要代码如下：

```
void main()
{
    unsigned short a,s=0,q;
    int i,j,n=7,m;                          /*m为中间变量*/
    printf("请输入一个八进制数:\n");
    scanf("%o", &a);                        /*输入一个八进制数*/
    m=1<<15;                                /*m的最高位为1，其他位为0*/
    a<<=1;                                  /*左移一位，使第15位成为最高位*/
    for(i=1;i<=8;i++)                       /*得到8位数*/
    {
        q=1;
        if(m & a)                           /*如果本位上值为1则进行计算*/
        {
                for(j=1;j<=n;j++)
                        q*=2;               /*得到权值*/
                s+=q;                       /*累加*/
        }
        a<<=2;                              /*向左移2位*/
        n--;
    }
    printf("结果是:%o\n", s);               /*将结果输出*/
}
```

实验13：编写头文件包含圆面积的计算公式

实验目的

（1）使用带参的宏定义。

（2）使用#include进行文件引用。

（3）注意文件引用时“”和<>的区别。

实验内容

编写程序，将计算圆面积的宏定义存储在一个头文件中，输入半径便可得到圆的面积，运行结果如图27所示。

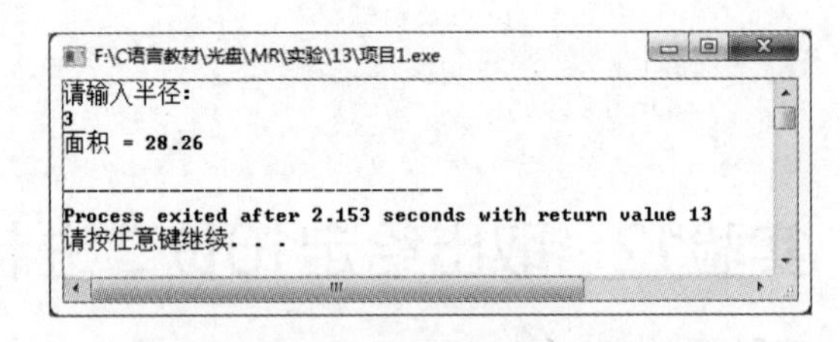

图27 编写头文件包含圆面积的计算公式

实验步骤

（1）在Dev C++中创建一个H文件，命名为“Area.H “，代码如下：

```
#define PI 3.14
#define Area(r) PI*(r)*(r)
```

（2）创建一个C文件，引用头文件，代码如下：

```
#include <stdio.h>
```

（3）将定义的头文件Area.H引用到C文件中，代码如下：

```
#include "Area.H"
```

（4）程序主要代码如下：

```
void main()
{
    float r;                                              /*定义浮点型变量，存储圆的半径*/
    printf("请输入半径:\n");                               /*提示用户输入圆的半径*/
    scanf("%f",&r);                                       /*接收用户的输入*/
    printf("面积 =%.2f\n",Area(r));                        /*输出圆的面积*/
}
```

实验14：复制文件内容到另一文件

实验目的

（1）掌握文件的打开和关闭命令。

（2）使用文件读写函数。

（3）注意最后需进行文件关闭的操作。

实验内容

编程实现将一个已存在的文本文档的内容复制到新建的文本文档中，运行结果如图28所示。

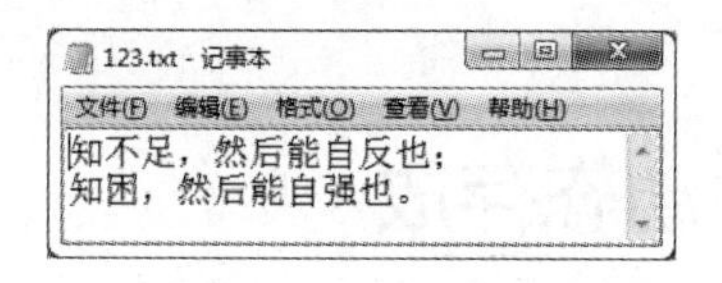

（a）已存在的名为123文本文档中的内容

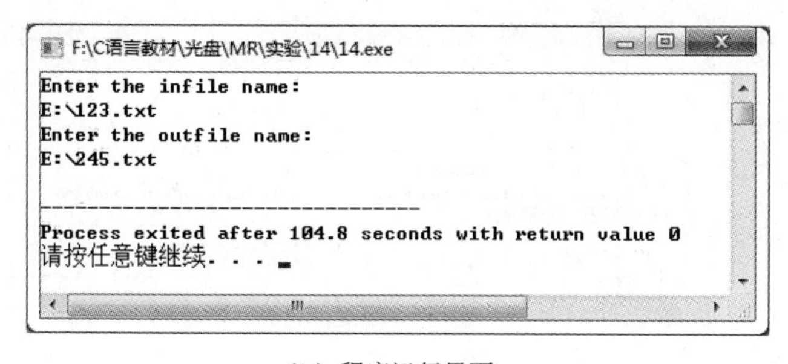

（b）程序运行界面

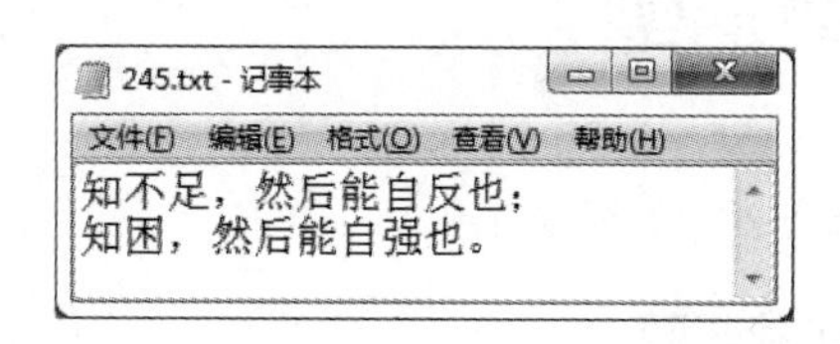

（c）程序运行后新建的名为245文本文档中的内容

图28　复制文件内容到另一文件

实验步骤

（1）在Dev C++中创建一个C文件。

（2）引用头文件。

```
#include <stdio.h>
```

（3）使用while循环从被复制的文件中逐个读取字符到另一个文件中。

（4）main()函数作为程序的入口函数，代码如下：

```
main()
{
    FILE *in,*out;                                  /*定义两个指向FILE类型结构体的指针变量*/
    char ch, infile[50], outfile[50];               /*定义数组及变量为基本整型*/
    printf("Enter the infile name:\n");
    scanf("%s", infile);                            /*输入将要被复制的文件所在路径及名称*/
    printf("Enter the outfile name:\n");
    scanf("%s", outfile);                           /*输入新建的将用于复制的文件所在路径及名称*/
    if ((in = fopen(infile, "r")) == NULL)          /*以只写方式打开指定文件*/
    {
        printf("cannot open infile\n");
        exit(0);
    }
    if ((out = fopen(outfile, "w")) == NULL)
    {
        printf("cannot open outfile\n");
        exit(0);
    }
    ch = fgetc(in);
    while (ch != EOF)
    {
        fputc(ch, out);                             /*将in指向的文件的内容复制到out所指向的文件中*/
        ch = fgetc(in);
    }                                               /*关闭文件*/
    fclose(in);
    fclose(out);
}
```

实验15：商品信息的动态存放

实验目的

（1）使用malloc函数开辟内存空间。

（2）使用结构体类型的指针。

实验内容

动态分配一块内存区域，并存放一个商品信息。运行结果如图29所示。

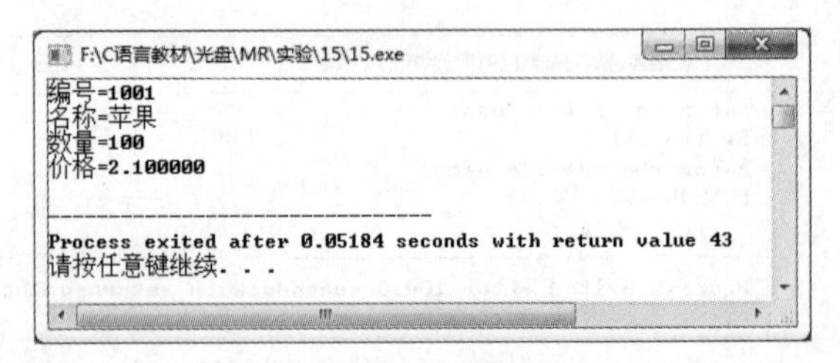

图29　商品信息的动态存放

实验步骤

（1）在Dev C++中创建一个C文件。

（2）引用头文件，代码如下：

```
#include<stdio.h>
#include<stdlib.h>
```

（3）使用malloc函数为具有3个数组元素的数组分配内存空间，然后为其赋值，并将值输出。

（4）程序主要代码如下：

```
void main()
{
    struct com                                      /*定义商品信息的结构体*/
    {
```

```
        int num;                                          /*编号*/
        char *name;                                       /*名称*/
        int count;                                        /*数量*/
        double price;                                     /*价格*/
    }*commodity;
    commodity=(struct com*)malloc(sizeof(struct com));    /*分配内存空间*/
    commodity->num=1001;                                  /*赋值商品编号*/
    commodity->name="苹果";                               /*赋值商品名称*/
    commodity->count=100;                                 /*赋值商品数量*/
    commodity->price=2.1;                                 /*赋值商品单价*/
    printf("编号=%d\n名称=%s\n数量=%d\n价格=%f\n",
    commodity->num,commodity->name,commodity->count,commodity->price);
}
```

实验16：利用UDP实现广播通信

实验目的

（1）掌握函数的声明和定义。

（2）掌握函数的调用。

（3）理解局部变量和全局变量。

实验内容

在网络通信中有时需要将一条信息发送给多台计算机，此时无法通过TCP来实现，需要通过UDP来发送广播消息实现。发送广播消息的作为服务端，接收广播消息的作为客户端，客户端可以在多台计算机上运行。运行结果如图30所示。

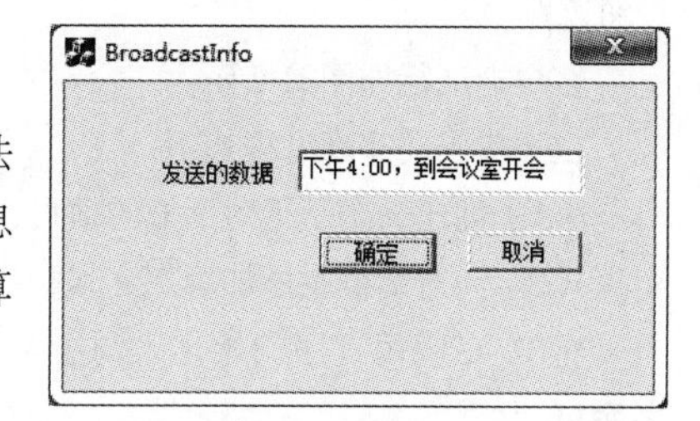

图30　信息广播服务器端运行效果

实验步骤

主要代码及实现过程如下：

（1）使用Visual C++6.0，创建一个基于对话框的项目，项目名称为“BroadcastInfo”。

（2）向对话框中添加静态文本、编辑框和按钮控件。

（3）在应用程序初始化时调用AfxSocketInit初始化套接字库。

（4）在对话框类BroadcastInfo的头文件中引用头文件“afxsock.h”。

（5）在对话框类CBroadcastServerDlg中定义一个CSocket对象作为成员变量。

（6）处理“发送”按钮的单击事件，创建数据包套接字，设置为多播形式，然后向网络中发送数据。

```
void CBroadcastInfoDlg::OnOK()
{
    //创建套接字
    CServerSocket *m_pServerSoket;
    m_pServerSoket = new CServerSocket(this);

    char name[MAX_PATH];
    gethostname(name,MAX_PATH);                          /*获取主机名称*/
    hostent* hostInfo =  gethostbyname(name);            /*获取主机信息*/

    CString ip =  inet_ntoa(*(in_addr*)hostInfo->h_addr_list[0]);
```

```
    if (!m_pServerSoket->Create(100,SOCK_DGRAM,ip))                    /*创建数据包套接字*/
    {
        MessageBox("套接字创建失败");
    }
    else
    {


        BOOL value = TRUE;
        /*设置套接字为广播套接字*/
        m_pServerSoket->SetSockOpt(SO_BROADCAST,(void*)&value,1);
        CString str;                                                   /*发送信息*/
        m_Data.GetWindowText(str);                                     /*获取发送信息*/
        SOCKADDR_IN addr;
        addr.sin_family = AF_INET;
        addr.sin_addr.S_un.S_addr= INADDR_BROADCAST;                   /*设置广播地址*/
        addr.sin_port = htons(4920);
        int len =  m_pServerSoket->SendTo(str.GetBuffer(0),
        str.GetLength(),(SOCKADDR*)&addr,sizeof(addr));                /*向网络发送数据*/
    }
    delete m_pServerSoket;
}
```

信息广播服务器端设计完成之后，接下来设计信息广播客户端应用程序，在对话框中添加编辑框控件和按钮控件。

客户端运行如图31所示。

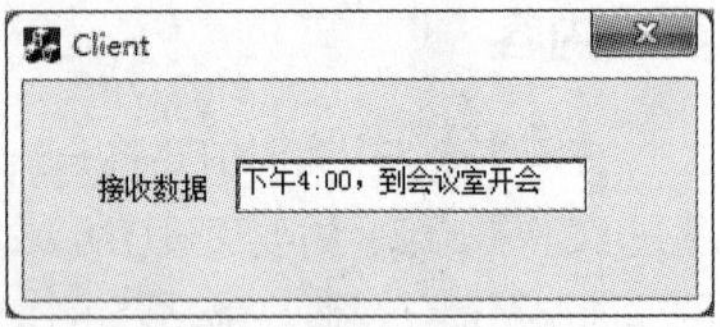

图31　信息广播客户端应用程序窗口

主要代码及实现过程如下：

（1）创建一个基于对话框的项目，项目名称为“Client”。

（2）向对话框中添加静态文本和编辑框。

（3）在应用程序初始化时调用AfxSocketInit函数初始化套接字库。

（4）创建一个套接字类CClientSocket，基类为CSocket。在该类的头文件中引用“afxsock.h”头文件，并前导声明ClientDlg类。

（5）改写ClientSocket类的OnReceive()方法，在套接字中有数据接收时调用自定义的方法接收数据。

```
void CClientSocket::OnReceive(int nErrorCode)
{
    m_pDlg->ReceiveData()         ;                                   /*调用自定义方法接收数据*/
    CSocket::OnReceive(nErrorCode);
}
```

（6）向对话框类ClientDlg中添加ReceiveData()方法，在套接字有数据接收时调用，接收服务器端发来的数据，将其显示在窗口中。

```
void CClientDlg::ReceiveData()
{
    char buffer[1024] = {0};
    CString ip;
    UINT port;
    int len = m_pSocket->ReceiveFrom(buffer,1024,ip,port);             /*接收数据*/
    if (len != -1)
    {
        m_Data.SetWindowText(buffer);                                  /*显示数据*/
    }
}
```